21世纪高等学校规划教材 | 计算机应用

单片机原理、接口及应用
——嵌入式系统技术基础（第2版）

肖　看　李群芳　编著

清华大学出版社
北京

内容简介

本书以目前使用最为广泛的MCS-51系列单片机为背景，介绍嵌入式系统应用的基本技术。全书分为4篇共13章，系统地介绍了MCS-51系列单片机的硬件结构、指令系统、功能特点、功能扩展、典型外围接口技术、C51及其应用、系统开发设计、单片机实验等内容。本书覆盖了单片机与嵌入式系统课程教学的基本内容，同时结合了当前新技术、新器件的发展，具有很强的实用性。

本书融入了Proteus最新的单片机系统仿真技术，开辟了一条单片机教学的新思路。无需硬件"参与"，为单片机的教与学提供了极好的实践性与操作性。与此同时，本书每章均带有思考题与习题，本书结尾给出了实验指导，附录还提供了部分习题参考答案。本书内容由浅入深，条理清晰，通俗易懂。

本书可作为高等学校计算机、电气信息类相关专业"单片机与嵌入式系统基础"课程的教材，也可供从事单片机嵌入式系统应用的工程技术人员参考，同时还可以作为全国大学生电子设计竞赛的培训教材。

图书在版编目（CIP）数据

单片机原理、接口及应用——嵌入式系统技术基础/肖看，李群芳编著．—2版．—北京：清华大学出版社，2010.9(2023.8重印)
(21世纪高等学校规划教材·计算机应用)
ISBN 978-7-302-23124-0

Ⅰ.①单… Ⅱ.①肖… ②李… Ⅲ.①单片微型计算机－理论－高等学校－教材 ②单片微型计算机－接口－高等学校－教材 Ⅳ.①TP368.1

中国版本图书馆CIP数据核字(2010)第114238号

责任编辑：闫红梅 顾 冰
责任校对：梁 毅
责任印制：宋 林

出版发行：清华大学出版社
网 址：http://www.tup.com.cn，http://www.wqbook.com
地 址：北京清华大学学研大厦A座　　邮 编：100084
社 总 机：010-83470000　　邮 购：010-62786544
投稿与读者服务：010-62776969，c-service@tup.tsinghua.edu.cn
质 量 反 馈：010-62772015，zhiliang@tup.tsinghua.edu.cn
印 装 者：北京国马印刷厂
经 销：全国新华书店
开 本：185mm×260mm　　**印 张**：23.5　　**字 数**：565千字
版 次：2010年9月第2版　　**印 次**：2023年8月第16次印刷
印 数：34301～35300
定 价：69.00元

产品编号：033420-05

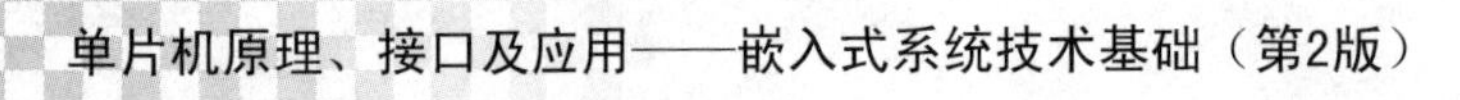

出版说明

随着我国改革开放的进一步深化，高等教育也得到了快速发展，各地高校紧密结合地方经济建设发展需要，科学运用市场调节机制，加大了使用信息科学等现代科学技术提升、改造传统学科专业的投入力度，通过教育改革合理调整和配置了教育资源，优化了传统学科专业，积极为地方经济建设输送人才，为我国经济社会的快速、健康和可持续发展以及高等教育自身的改革发展做出了巨大贡献。但是，高等教育质量还需要进一步提高以适应经济社会发展的需要，不少高校的专业设置和结构不尽合理，教师队伍整体素质亟待提高，人才培养模式、教学内容和方法需要进一步转变，学生的实践能力和创新精神亟待加强。

教育部一直十分重视高等教育质量工作。2007 年 1 月，教育部下发了《关于实施高等学校本科教学质量与教学改革工程的意见》，计划实施"高等学校本科教学质量与教学改革工程(简称'质量工程')"，通过专业结构调整、课程教材建设、实践教学改革、教学团队建设等多项内容，进一步深化高等学校教学改革，提高人才培养的能力和水平，更好地满足经济社会发展对高素质人才的需要。在贯彻和落实教育部"质量工程"的过程中，各地高校发挥师资力量强、办学经验丰富、教学资源充裕等优势，对其特色专业及特色课程(群)加以规划、整理和总结，更新教学内容、改革课程体系，建设了一大批内容新、体系新、方法新、手段新的特色课程。在此基础上，经教育部相关教学指导委员会专家的指导和建议，清华大学出版社在多个领域精选各高校的特色课程，分别规划出版系列教材，以配合"质量工程"的实施，满足各高校教学质量和教学改革的需要。

为了深入贯彻落实教育部《关于加强高等学校本科教学工作，提高教学质量的若干意见》精神，紧密配合教育部已经启动的"高等学校教学质量与教学改革工程精品课程建设工作"，在有关专家、教授的倡议和有关部门的大力支持下，我们组织并成立了"清华大学出版社教材编审委员会"(以下简称"编委会")，旨在配合教育部制定精品课程教材的出版规划，讨论并实施精品课程教材的编写与出版工作。"编委会"成员皆来自全国各类高等学校教学与科研第一线的骨干教师，其中许多教师为各校相关院、系主管教学的院长或系主任。

按照教育部的要求，"编委会"一致认为，精品课程的建设工作从开始就要坚持高标准、严要求，处于一个比较高的起点上；精品课程教材应该能够反映各高校教学改革与课程建设的需要，要有特色风格、有创新性(新体系、新内容、新手段、新思路，教材的内容体系有较高的科学创新、技术创新和理念创新的含量)、先进性(对原有的学科体系有实质性的改革和发展，顺应并符合 21 世纪教学发展的规律，代表并引领课程发展的趋势和方向)、示范性(教材所体现的课程体系具有较广泛的辐射性和示范性)和一定的前瞻性。教材由个人申报或各校推荐(通过所在高校的"编委会"成员推荐)，经"编委会"认真评审，最后由清华大学出版社审定出版。

目前，针对计算机类和电子信息类相关专业成立了两个“编委会”，即“清华大学出版社计算机教材编审委员会”和“清华大学出版社电子信息教材编审委员会”。推出的特色精品教材包括：

（1）21世纪高等学校规划教材·计算机应用——高等学校各类专业，特别是非计算机专业的计算机应用类教材。

（2）21世纪高等学校规划教材·计算机科学与技术——高等学校计算机相关专业的教材。

（3）21世纪高等学校规划教材·电子信息——高等学校电子信息相关专业的教材。

（4）21世纪高等学校规划教材·软件工程——高等学校软件工程相关专业的教材。

（5）21世纪高等学校规划教材·信息管理与信息系统。

（6）21世纪高等学校规划教材·财经管理与计算机应用。

（7）21世纪高等学校规划教材·电子商务。

清华大学出版社经过二十多年的努力，在教材尤其是计算机和电子信息类专业教材出版方面树立了权威品牌，为我国的高等教育事业做出了重要贡献。清华版教材形成了技术准确、内容严谨的独特风格，这种风格将延续并反映在特色精品教材的建设中。

清华大学出版社教材编审委员会

联系人：魏江江

E-mail：weijj@tup.tsinghua.edu.cn

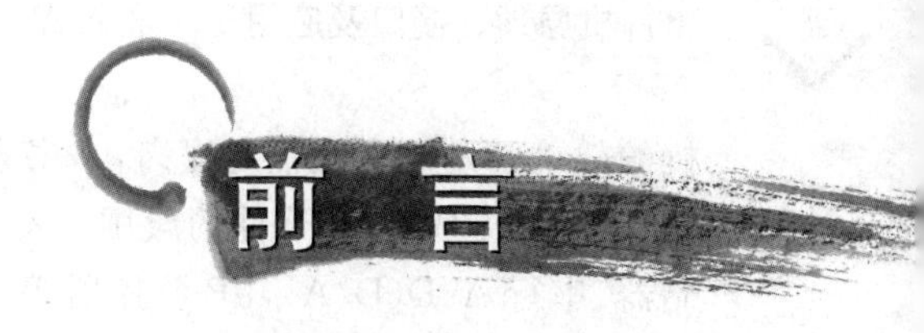

单片机(又称为微控制器)的出现是计算机发展史上的一个重要里程碑,它以体积小、功能全、性价比高等诸多优点而独具特色,在工业控制、尖端武器、通信设备、信息处理、家用电器等嵌入式应用领域中独占鳌头。51系列单片机是国内目前应用最广泛的一种8位单片机之一,经过二十多年的推广与发展,51系列单片机形成了一个规模庞大、功能齐全、资源丰富的产品群。当前,随着嵌入式系统、片上系统等概念的提出并普遍被人们接受,而且也被应用到实际工作中,51单片机的发展又进入了一个新的阶段。许多专用功能芯片中集成了51核,51兼容的微控制器不断地以IP核的方式在以FPGA为基础的片上系统中出现,国内目前众多高校也大量以51单片机作为单片机原理与接口技术课程的基本内容。可谓是"众人拾柴火焰高",特别是近年来,基于51单片机的嵌入式实时操作系统不断出现并且被人们加以推广。这都表明了51系列单片机在今后的许多年中依然会活跃如故,而且在很长一段时间中将占据嵌入式系统产品的低端市场。

本书选择51系列单片机作为背景,介绍嵌入式系统应用软硬件设计的基本技术。其主要特点如下所示。

(1) 系统性强。本书主要分为基础篇、接口篇和应用篇三大部分。基础篇重点介绍了51单片机的基本知识;接口篇较全面地介绍了单片机的外围接口硬件设计,这种设计具有普遍的意义;应用篇则突出了以C51为主的嵌入式单片机系统的开发设计。本书还在预备篇中补充了计算机的基础知识,这样本书既可以作为单片机与嵌入式系统或类似课程的教材,也可以直接作为微机原理课程的学习教材。

(2) 可读性强。本书在内容的编排上注意由浅入深,方便读者自学。以"必须"、"够用"、"适用"、"会用"为过渡,通过典型例题,使学生重点掌握基本原理、基本分析方法和软硬件设计方法。全书将表、图与文字描述相结合,使基本理论的表述一目了然,便于记忆。

(3) 操作性强。为便于教学,我们将教学大纲中要求的基本内容尽量集中且靠前安排,其中标有"*"的内容为任选或作为毕业设计、竞赛、应用时的参考资料。本书可为任课教师在授课时提供一个操作性很强的组织形式。

(4) 融入Proteus仿真技术,实践性强。本书部分例题或习题将采用Proteus软件绘制而成,读者只需一台能运行Proteus仿真软件的计算机,即可在实验室或家中完成对实验的验证。本书结尾部分还编有基于Proteus的实验指导一章,可以作为独立的实验教程使用。Proteus的引入,使得实验不再受到实验场地与设备的限制,极大地方便了学习者,同时又不失其一般性。离开Proteus或者在真实的实验板上进行,本书介绍的这些实验同样具有指导意义。在教材选材的过程中,本书还兼顾到全国大学生电子设计竞赛和PAEE认证,因此本书也适合电子竞赛培训和PAEE认证培训使用。

(5) 力图反映新技术的发展。当前非并行总线结构的单片机及其应用方式日趋增多,本书顺应这一发展趋势,将串行接口扩展集中到一章讲解。C51的普遍应用,使得51单片机的软件开发效率大幅度提高，本书在应用篇中以较大的篇幅介绍了C51的使用。

（6）力图体现新器件的应用。本书介绍了一些实用的新型器件，如双口RAM、铁电存储器、串行A/D(D/A)，μP监控器等，并用一定的篇幅介绍了增强型单片机中的定时器/计数器及其应用，同时还提到一些新型51单片机所具有的一些新的开发技术，如在系统编程ISP技术、在应用编程IAP技术、JTAG非侵入式调试技术等。

本书由肖看和李群芳编写。谢瑞和教授提出了宝贵的指导意见。张志军、杨明、黄建、丁国荣、王贞炎等老师给予了我们大力帮助。梁国泓、齐晓莉、李熠、冷岩松、张祎然、陶云彬、姚方、姚园等人完成了书中部分例题和习题的实验验证、文字录入及电路绘制等工作。在此，对他们的辛勤劳动表示感谢。在本书编写过程中，我们获得了广州市风标电子技术有限公司的大力支持与帮助，在此也表示衷心的感谢。由于时间仓促，编者水平有限，书中难免有错误或不妥之处，敬请读者批评指正。

本书备有与教材实验配套的Proteus电路设计文档等资料，如果需要可到出版社相关网站下载或来信索取。

编　者

2010年3月

预 备 篇

基 础 篇

接 口 篇

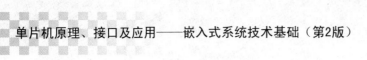

应 用 篇

预　备　篇

*第0章 计算机的基础知识

0.1 绪论

0.1.1 计算机的新分类

长期以来，计算机按照体系结构、运算速度、结构规模、适用领域，分为大型计算机、中型计算机、小型计算机和微型计算机。随着计算机技术的迅速发展以及计算机技术和产品对其他行业的广泛渗透，人们以应用为中心，按计算机的嵌入式应用和非嵌入式应用对计算机进行了新的分类，将计算机分为嵌入式计算机和通用计算机。

通用计算机具有计算机的标准形态，通过装配不同的应用软件，以类似的形式存在，并应用在社会的各个方面，其典型产品为PC；而嵌入式计算机则以嵌入式系统的形式隐藏在各种装置、产品和系统中。

嵌入式系统是以应用为中心，以计算机技术为基础，软件和硬件可增减，针对具体应用系统，对功能、可靠性、成本、体积、功耗进行严格要求的专用计算机系统。

嵌入式计算机在应用数量上远远超过了各种通用计算机，一台通用计算机的外部设备中就包含了5～10个嵌入式微处理器，键盘、鼠标、软驱、硬盘、显卡、显示器、网卡、Modem、声卡、打印机、扫描仪、数码相机、USB集线器等均是由嵌入式微处理器控制的。制造工业、过程控制、通信、仪器、仪表、汽车、船舶、航空、航天、军事装备、家电产品等都是嵌入式计算机的应用领域。

0.1.2 嵌入式系统

嵌入式系统是将先进的计算机技术、半导体技术和电子技术以及各个行业的具体应用相结合的产物，这决定了它必然是一个技术密集、资金密集、高度分散、不断创新的知识集成系统。

1. 嵌入式系统的种类

嵌入式系统的核心部件有以下3类：

(1) 嵌入式微处理器(Embedded Microprocessor Unit，EMPU)

其功能与标准的CPU相同，但在工作温度范围、抗电磁干扰、可靠性等方面有所提高。

(2) 微控制器(Microcontroller Unit，MCU，又称单片机)

顾名思义，单片机就是将整个计算机系统集成到一块芯片中。它以某一种微处理器为核心，芯片内部集成ROM/EPROM、RAM、总线、总线逻辑、定时/计数器、看门狗、并行I/O接口、串行I/O接口、脉宽调制输出、A/D、D/A。和嵌入式微处理器相比，微控制器的最大特点是单片化，体积大幅减小，从而使功耗和成本降低、可靠性提高。微控制器是目前嵌入式系统工业的主流，以MCU为核心的嵌入式系统约占市场份额的70%。

(3) 嵌入式DSP处理器(Embedded Digital Signal Processor，EDSP)

DSP处理器普遍采用了哈佛结构和流水线技术，使其适合执行DSP算法，编译效率较高，指令执行速度也较快。在数字滤波、FFT、谱分析等方面，DSP算法目前广泛应用于嵌入式领域，DSP应用正从在单片机中以普通指令实现DSP功能，过渡到采用嵌入式DSP处理器。

2. 嵌入式系统的特征

(1) 分散、创新、不可垄断性

从某种意义上来说，通用计算机行业的技术是垄断的。占整个计算机行业90%的PC产业，80%采用Intel的8X86体系结构，芯片基本上出自Intel、AMD等几家公司。在几乎每台计算机必备的操作系统和文字处理软件方面，Microsoft公司的Windows及Word占据了80%～90%的市场。嵌入式系统则不同，它是一个分散的工业，充满了竞争、机遇与创新，没有哪一个系列的微处理器和操作系统能够垄断全部市场。即便在体系结构上存在主流，但各不相同的应用领域决定了不可能由少数公司、少数产品垄断全部市场。

(2) 产品发展的稳定性

嵌入式微处理器的发展具有稳定性。一个体系结构及其相关的片上外设、开发工具、库函数、嵌入式应用产品是一套复杂的知识系统，用户和半导体厂商都不会轻易地放弃某一种微处理器。嵌入式系统产品一旦进入市场，就具有较长的生命周期。它的软件一般都固化在只读存储器中，而不是以磁盘为载体(可以随意更换)，它更强调软件的可继承性和技术衔接性，发展比较稳定。而通用计算机(如PC)则更新很快，十几年时间，从286到586，从奔腾Ⅰ代到奔腾Ⅳ代，更新速度很快。嵌入式系统新产品虽层出不穷，但其旧产品依然存在，如单片4位机、8位机、16位机、32位机并存于市场上，各自有各自的应用领域。尽管8051单片机已问世二十多年，至今依然是方兴未艾。

3. 嵌入式系统软件的特征

嵌入式系统软件所使用的语言可以是汇编语言，也可以是高级语言。软件要求固态化存储，一般都固化在存储器芯片或单片机本身中，而不是存储于磁盘等载体中。代码要求质量高、可靠性高、实时性高，并尽量减少占用存储器空间，抗干扰能力强。

4. 嵌入式系统开发需要的开发工具和环境

通用计算机具有完善的人机接口界面，在上面增加一些开发应用程序和环境即可进行对自身的开发。而嵌入式系统本身不具备开发能力，系统设计完成以后，用户必须有一套开发工具和环境才能对系统进行调试、修改，这些工具和环境一般是基于通用计算机上的软硬件设备以及各种仿真器、编程器、逻辑分析仪、示波器等。

本课程以市场占有率最高的 MCS-51 单片机(或称 8051、51 系列、8XX51 单片机)为核心,介绍嵌入式系统设计的基本技术。

0.1.3 单片机

单片机的全称是单片微型计算机(Single Chip Microcomputer),又称 MCU(Microcontroller Unit),是将计算机的基本部分微型化,使之集成在一块芯片上的微机。片内含有 CPU、ROM、RAM、并行 I/O 接口、串行 I/O 接口、定时/计数器、A/D、D/A、中断控制、系统时钟及系统总线等。

为适应不同的应用需求,一般一个系列的单片机具有多种衍生产品,每种衍生产品的处理器内核都是一样的,只是存储器和外设的配置及封装不同,这样可以使单片机最大限度地和应用需求相匹配,功能不多不少,从而减少了功耗和成本。因此,MCS-51 单片机发展成了一个庞大的家族,有上千种产品可供用户选择。

1. 单片机的发展趋势

(1) 单片机的字长由 4 位、8 位、16 位发展到 32 位。这几种字长的单片机目前同时存在于市场中,各自有各自的用武之地,用户可以根据需要进行选择。

(2) 运行速度不断提高。单片机的使用最高频率由 6MHz、12MHz、24MHz、33MHz,发展到 40MHz 乃至更高。

(3) 单片机内的存储器的发展体现在 3 个方面:

- 存储容量越来越大。由 1KB、2KB、4KB、8KB、16KB、32KB,发展到 64KB 乃至更多。
- ROM 存储器的编程也越来越方便,有 ROM 型(掩膜型)、OTP 型(一次性编程)、EPROM(紫外线擦除编程)、EEPROM(电擦除编程)及 FLASH(闪速编程)等。
- 存储器的编程(烧录)方式也越来越方便,目前有脱机编程、在系统编程(ISP)、在应用编程(IAP)等。

以上各类产品并存,可供用户选择。

(4) I/O 端口多功能化。单片机除集成有并行接口、串行接口外,还集成有 A/D、D/A、LED/LCD 显示驱动、DMA 控制、PWM(脉宽调制器)、PLC(锁相环控制)、PCA(可编程计数阵列)、WDT(看门狗)等。

(5) 功耗越来越低。采用 CHMOS 制作工艺使单片机集 HMOS 的高速、高集成度和 CMOS 的低功耗技术为一体,使单片机的功耗进一步降低,适应的电压范围更宽(2.6～6V)。

(6) 结合专用集成电路 ASIC、精简指令集 RISC 技术,使单片机发展成为嵌入式的微处理器,深入到数字信号处理、图像处理、人工智能、机器人等领域。

以上单片机的各种系列并非一代淘汰一代,均可供用户根据情况选择。

2. 目前较有影响的单片机种类

目前世界上各个大的 IC 生产厂家都生产单片机,市场上较有影响的单片机有如下一些系列。

- Intel:MCS-51、MCS-96 系列。
- Motorola:68HCXX 系列。
- Microchip:16C5X/6X/7X/8X 系列。

• Zilog：Z86EXXXPSC 系列。
• Texas：MSP430FXX 系列。
• 诸多公司的 32 位 ARM 系列，但其具有更多的嵌入式微处理器的特征，而不仅仅是单片机的特征。

各类单片机的指令系统各不相同，功能各有所长，其中市场占有率最高的是 MCS-51 系列，因为世界上很多知名的 IC 生产厂家都生产兼容 MCS-51 的芯片。生产 MCS-51 系列单片机的厂家有 AMD 公司、ATMEL 公司、Intel 公司、WINBOND 公司、Philips 公司、ISSI 公司、TEMIC 公司、LG 公司、NEC 公司、SIEMENS 公司等。到目前为止，MCS-51 单片机已有数百个品种，并且还在不断推出功能更强的新产品。其他系列的单片机均未发展到如此规模。近年来，Philips 公司又推出了指令和 MCS -51 兼容的 16 位单片机，这样保证了 MCS-51 单片机的先进性，因此 MCS-51 单片机成为教学的首选机型。

3. MCS-51 系列单片机类型

MCS-51 系列单片机品种很多，如果按照存储器配置状态，可划分为：片内 ROM 型，如 80(C)5X；片内 EPROM 型，如 87(C)5X；片内 Flash EEPROM 型，如 89C5X；内部无 EPROM 型，如 80(C)3X。如果按照其功能，则可划分为以下一些类型。

(1) 基本型

基本型有 8031、8051、8031AH、8751、89C51 和 89S51 等。基本型的代表产品是 8051，其基本特性如下：

① 具有适于控制的 8 位 CPU 和指令系统。
② 128 字节的片内 RAM。
③ 21 个特殊功能寄存器。
④ 32 线并行 I/O 接口。
⑤ 两个 16 位定时/计数器。
⑥ 一个全双工串行接口。
⑦ 5 个中断源、两个中断优先级的中断结构。
⑧ 4KB 片内 ROM。
⑨ 1 个片内时钟振荡器和时钟电路。
⑩ 片外可扩展 64KB ROM 和 64KB RAM。

由此可见，它本身就是一个功能相当强大的 8 位微型机。

(2) 增强型

增强型有 8052、8032、8752、89C52 和 89S52 等，此类型单片机内的 ROM 和 RAM 容量比基本型的增大了一倍，同时把 16 位定时/计数器增加到 3 个。87C54 内部 ROM 为 16KB，87C58 增加到 32KB，89C55 内部 ROM 为 20KB。

(3) 低功耗型

低功耗型有 80C5X、80C3X、87C5X、89C5X 等。型号中带有“C”字样的单片机采用 CHMOS 工艺，其特点是功耗低。另外，87C51 还有两级程序存储器保密系统，可防止非法复制程序。

(4) 高级语言型

例如，8052AH-BASIC 芯片内固化有 MCS BASIC52 解释程序，其 BASIC 语言能与汇编语言混用。

(5) 可编程计数阵列(PCA)型

例如,83C51FA、80C51FA、87C51FA、83C51FB 等产品都是 CHMOS 器件,具有两个特点:一个特点是具有 5 个比较/捕捉模块,每个模块可执行 16 位捕捉正跳变触发、16 位捕捉负跳变触发、16 位软件定时器、16 位高速输出以及 8 位脉冲宽度调制等功能;另一个特点是有一个增强的多机通信串行接口。

(6) A/D 型

例如,83C51GA、80C51GA、87C51GA 等系列单片机具有下述新功能:带有 8 路 8 位 A/D 及半双工同步串行接口;拥有 16 位监视定时器;扩展了 A/D 中断和串行接口中断,使中断源达到 7 个;可进行振荡器失效检测。

(7) DMA 型

一类是 DMA、GSC 型,如 83C152JA、80C152JA、80C152JB 等。此类单片机由新的特殊功能寄存器支持,具有 DMA 目的地址、DMA 源地址、DMA 字节计数等 58 个特殊功能寄存器。它们除了具有局部串行通道 LSC 外,还有一个全局串行通道 GSC(多规程、高性能的串行接口)。

另一类是 DMA、FIFO 型,如 83C452、80C452、87C452P 等。此类单片机新增加的功能是:128 字节的双向先进先出(FIFO)RAM 阵列,采用环形指针管理读和写;有两个相同的 DMA 通道,允许从一个可写入的存储器到另一个可写入的存储器的高速数据传送;特殊功能寄存器增至 34 个;增加了先进先出人机接口、DMA0 和 DMA1 三个中断源。

(8) 多并行接口型

如 83C451C、80C451,此类单片机是在 80C51 基础上,增加了与 P1 相同的两个 8 位准双向接口 P4 和 P5;还增加了一个特殊的内部具有上拉电阻的 8 位双向接口 P6,它既可以作为标准的输入输出接口,也可以进行选通方式操作(新增 4 位控制线)。

(9) 在系统可编程(ISP)型

ATMEL 公司已经宣布停产 AT89C51、AT89C52 等 C 系列的产品,转而全面生产 AT89S51、AT89S52 等 S 系列的产品。S 系列的产品最大的特点就是具有在系统可编程功能。用户只要连接好下载电路,就可以在不拔下 51 芯片的情况下,直接在系统中进行编程。在编程期间系统是不能运行程序的。

(10) 在应用可编程(IAP)型

在应用可编程 IAP 比在系统可编程 ISP 更进了一步。IAP 型的单片机允许应用程序在运行时通过自己的程序代码对自己进行编程,一般是达到更新程序的目的。通常在系统芯片中采用多个可编程的程序存储区来实现这一功能,如 SST 公司的 ST89XXXX 系列产品等。

(11) JTAG 调试型

JTAG 技术是先进的调试和编程技术。它支持在系统、全速、非侵入式调试和编程,不占用任何片内资源。目前具有 JTAG 调试功能的 51 系列单片机的种类很少,美国 Cygnal 公司(目前已被美国 Silicon Lab 公司收购)的 C8051FXXX 系列高性能单片机便是典型的一款。

表 0.1 和表 0.2 中列出了 Intel、Philips、ATMEL、SST、Cygnal 等公司生产的几种型号的单片机的性能资料,供用户参考。

表 0.1　MCS-51 系列单片机产品(一)

公司	型　号	片内存储器		I/O 接口		中断源	定　时　器				最大晶振频率(MHz)	引脚数	A/D	
		ROM// /EPROM/ //Flash 存储器	RAM (B)	并行	串行		数量	看门狗	PMW	PCA			通道数	位数
Intel	80(C)31	—	128	32	UART	5	2	N	N	N	24	40	—	—
	80(C)51	4KB//	128	32	UART	5	2	N	N	N	24	40	—	—
	87(C)51	/4KB/	128	32	UART	5	2	N	N	N	24	40	—	—
	80(C)32	—	256	32	UART	6	3	Y	N	N	24	40	—	—
	80(C)52	8KB//	256	32	UART	6	3	Y	N	N	24	40	—	—
	87(C)52	/8KB/	256	32	UART	6	3	Y	N	N	24	40	—	—
	80C58	32KB//	256	32	UART	6	3	Y	N	N	33	40	—	—
	87C54	/16KB/	256	32	UART	6	3	Y	N	N	33	40	—	—
	87C58	/32KB/	256	32	UART	6	3	Y	N	N	33	40	—	—
	80C51FA/B/C	—	256	32	UART	5	2	N	N	N	33	40	—	—
	83C51FA/B/C	8～32KB//	256	32	UART	5	2	N	N	N	33	40	—	—
	87C51FA/B/C	/8～32KB/	256	32	UART	5	2	N	N	N	33	40	—	—
	80C51RA/B/C	—	512	32	UART	5	2	N	N	N	33	40	—	—
	83C51RA/B/C	8～32KB//	512	32	UART	5	2	N	N	N	33	40	—	—
	87C51RA/B/C	/8～32KB/	512	32	UART	5	2	N	N	N	33	40	—	—
	80C252	8KB//	256	32	UART	7	3	Y	N	N	24	40	—	—
	87C252	/8KB/	256	32	UART	7	3	Y	N	N	24	40	—	—
	83C252	—	256	32	UART	7	3	Y	N	N	24	40	—	—
NXP	P87LPC762	/2KB/	128	18	IIC,UART	12	2	Y	N	N	20	20	—	—
	P87LPC764	/4KB/	128	18	IIC,UART	12	2	Y	N	N	20	20	—	—
	P87LPC767	/4KB/	128	18	IIC,UART	12	2	Y	N	N	20	20	4	8
	P87LPC768	/4KB/	128	18	IIC,UART	12	2	Y	Y	N	20	20	4	8
	P83C591	16KB//	512	32	IIC,UART	15	3	Y	Y	Y	12	44	6	10
	P89C51RX2	//6～64KB	1024	32	UART	7	4	Y	Y	Y	33	44	—	—
	P89C66X	//16～64KB	2048	32	IIC,UART	8	4	Y	Y	N	33	44	—	—
	P83C554	16KB//	512	48	IIC,UART	15	3	Y	Y	N	16	64	8	10
Atmel	AT89C51	//4KB	128	32	UART	5	2	N	N	N	24	40	—	—
	AT89C52	//8KB	256	32	UART	6	3	Y	N	N	24	40	—	—
	AT89C55	//20KB	256	32	UART	6	3	Y	N	N	24	40	—	—
	AT89C1051	//1KB	64	15	UART	3	1	N	N	N	24	20	—	—
	AT89C2051	//2KB	128	15	UART	5	2	N	N	N	24	20	—	—
	AT89C4051	//4KB	128	15	UART	5	2	N	N	N	24	20	—	—

表 0.2 MCS-51 系列单片机产品(二)

公司	型号	片内存储器			I/O 接口		最大晶振频率(MHz)	定时器			A/D		D/A		封装//其他特性
		程序存储器(KB)	EEPROM	RAM(B)	并行	串行		数量	看门狗	PCA	通道数	位数	通道数	位数	
Atmel	AT89S51	4	—	128	32	UART	33	2	Y	N	—	—	—	—	PDIP40/PLCC44/TQFP44//ISP
	AT89S52	8	—	256	32	UART	33	3	Y	N	—	—	—	—	
	AT89S8252	8	2KB	256	32	UART	12	3	Y	N	—	—	—	—	
	AT89S53	12	—	256	32	UART	24	3	Y	N	—	—	—	—	
SST	SST89C54	16+4	—	256	32	UART	33	3	Y	N	—	—	—	—	PDIP40/PLCC44/TQFP44//IAP
	SST89C58	32+4	—	256	32	UART	33	3	Y	N	—	—	—	—	
	SST89E554RC	32+8	—	1K	32	SPI,UART	40	3	Y	Y	—	—	—	—	
	SST89E564RD	64+8	—	1K	32	SPI,UART	40	3	Y	Y	—	—	—	—	
Silicon Lab	C8051F005	32	—	2304	32	UART,IIC,SPI	25	4	Y	Y	8	12	2	12	TQ64//JTAG
	C8051F020	64	—	4352	64	UART,IIC,SPI	25	5	Y	Y	8	12	2	12	TQ100//JTAG
	C8051F022	64	—	4352	64	UART,IIC,SPI	25	5	Y	Y	8	10	2	12	TQ100//JTAG
	C8051F120	128	—	8448	64	UART,IIC,SPI	100	5	Y	Y	8	12	2	12	TQ100//JTAG
	C8051F124	128	—	8448	64	UART,IIC,SPI	50	5	Y	Y	8	12	2	12	TQ100//JTAG
	C8051F221	8	—	256	22	UART,SPI	25	3	Y	N	32	8	—	—	LQ32//JTAG
	C8051F300	8	—	256	8	UART,IIC	25	3	Y	Y	8	8	—	—	MLP11//JTAG
	C8051F310	16	—	1280	29	UART,IIC,SPI	25	4	Y	Y	21	10	—	—	LQ32//JTAG
	C8051F330	8	—	768	17	UART,IIC,SPI	25	4	Y	Y	16	10	1	10	MLP20//JTAG
	C8051F331	8	—	768	17	UART,IIC,SPI	25	4	Y	Y	—	—	—	—	MLP20//JTAG

0.2 微型计算机的基本结构和工作原理

0.2.1 微机的系统结构

众所周知，一台微型计算机的系统结构如图 0.1 所示。

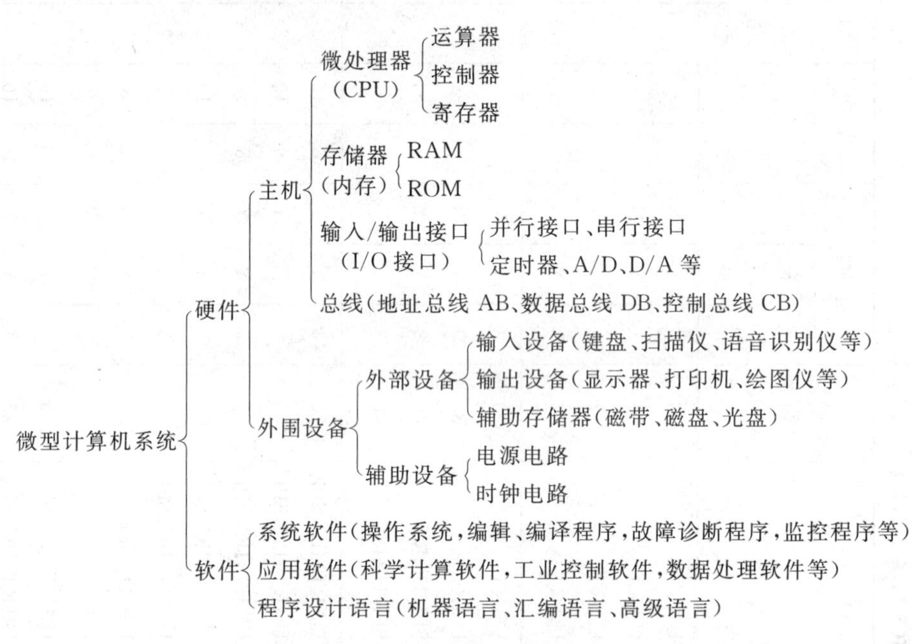

图 0.1　微型计算机的系统结构

其中，CPU 是计算机的控制核心，它的功能是执行指令，完成算术运算、逻辑运算，并对整机进行控制。存储器用于存储程序和数据，它由成千上万个单元组成，每个单元都有一个编号(称为地址)，每个单元存放一个 8 位二进制数，这个二进制数可以是程序的代码，也可以是数据。输入/输出接口(又称 I/O 接口)是 CPU 和外设(外部设备)之间相连的逻辑电路，外设必须通过接口才能和 CPU 相连。不同的外设所用的接口不同，有并行接口、串行接口、定时器、A/D、D/A 等；每个 I/O 接口也有一个地址，CPU 通过对不同地址的 I/O 接口进行操作来完成对外设的操作。存储器、I/O 接口和 CPU 之间通过总线相连。用于传送程序或数据的总线称为数据总线；地址总线用于传送地址，以识别不同的存储单元或 I/O 接口；控制总线用于控制数据总线上数据流传送的方向、对象等。在程序指令的控制下，存储器或 I/O 接口通过控制总线和地址总线的联合作用，分时地占用数据总线，和 CPU 交流信息。

0.2.2 微机的基本工作原理

程序存放在存储器中，CPU 按照严格的时序关系，不断地从存储器中取指令、译码、执行指令规定的操作，即按照指令的指示发出地址信号和控制信号，打开某些门和关闭某些门，使信号(数据或命令)通过数据总线在 CPU 和存储器及 I/O 接口之间交流。这就是计算机的工作原理。简而言之，存储程序、执行程序是微机的基本工作原理，取指、译码、执行是微机的基本工作过程。

单片机是微型计算机的一种，是将计算机主机（CPU、存储器和I/O接口）集成在一小块硅片上的微机，又称微控制器。它专为工业测量与控制而设计，具有三高优势（集成度高、可靠性高、性价比高），它的特点是小而全（体积小、功能全），主要应用于工业检测与控制、计算机外设、智能仪器、仪表、通信设备、家用电器等，特别适合嵌入式微型机应用系统。

0.2.3　微机的主要技术指标

微型计算机主要有如下一些技术指标。

- 字长：CPU并行处理数据位，由此定为8位机、16位机、32位机等。
- 存储容量：存储器单元数，例如256B、8KB、1MB等（1B即1个字节，也就是1个8位二进制数，是计算机数据的基本单位）。
- 运算速度：CPU处理速度，它和内部的工艺结构以及外接的时钟频率有关。
- 时钟频率：在CPU极限频率以下，时钟频率越高，执行指令速度越快。对单片机而言，有6MHz、12MHz、24MHz等。

0.3　计算机中的数制与码制

0.3.1　计算机中的数

计算机由触发器、计数器、加法器、逻辑门等基本的数字电路构成。数字电路具有两种不同的稳定状态且能相互转换，用“0”和“1”表示最为方便，因此计算机处理的一切信息（包括数据、指令、字符、颜色、语音、图像等）均用二进制数表示。但是二进制数书写起来太长，且不便于阅读和记忆，所以微型计算机中的二进制数都采用十六进制数来缩写。十六进制数用0～9、A～F等16个数码表示十进制数0～15。然而人们最熟悉、最常用的是十进制数。为此，要熟练地掌握二进制数、十六进制数、十进制数的表示方法及它们相互之间的转换。它们之间的关系如表0.3所示。为了区别十进制数、二进制数及十六进制数3种数制，在数的后面加一个字母以进行区别。用B(binary)表示二进制数制；D(decimal)或不带字母表示十进制数制；H(hexadecimal)表示十六进制数制。

表0.3　不同进制数制对照表

十进制	二进制(B)	十六进制(H)	十进制	二进制(B)	十六进制(H)
0	0000	0	8	1000	8
1	0001	1	9	1001	9
2	0010	2	10	1010	A
3	0011	3	11	1011	B
4	0100	4	12	1100	C
5	0101	5	13	1101	D
6	0110	6	14	1110	E
7	0111	7	15	1111	F

1. 二进制数和十六进制数之间的相互转换

将二进制整数转换为十六进制数，其方法是将二进制数从右(最低位)向左每4位为1组分组，最后一组若不足4位，则在其左边添加0，以凑成4位，每组用1位十六进制数表示。如：

1111111000111B→1 1111 1100 0111B→0001 1111 1100 0111B=1FC7H

将十六进制数转换为二进制数，只需用4位二进制数代替1位十六进制数即可。

例如：

3AB9H=0011 1010 1011 1001B

2. 十六进制数和十进制数之间的相互转换

将十六进制数转换为十进制数的方法十分简单，只需将十六进制数按权展开相加即可。

例如：

$$\begin{aligned}\text{1F3DH} &= 16^3\times1+16^2\times15+16^1\times3+16^0\times13\\ &= 4096\times1+256\times15+16\times3+1\times13\\ &= 4096+3840+48+13=7997\end{aligned}$$

将十进制整数转换为十六进制数可用除16取余法，即用16不断地去除待转换的十进制数，直至商等于0为止。将所得的各次余数，按倒序排列，即可得到所转换的十六进制数。例如，将38947转换为十六进制数，其方法及算式如下：

```
16 |38947   3
  16 |2434   2
    16 |152  8
      16 |9  9
           0
```

即38947=9823H。

0.3.2 计算机中数的几个概念

1. 机器数与真值

- 机器数：机器中数的表示形式，它将数的正、负符号和数值部分一起进行二进制编码，其位数通常为8的整数倍。
- 真值：机器数所代表的实际数值的正负和大小，是人们习惯表示的数。
- 有符号数：机器数最高位为符号位，“0”表示正数，“1”表示负数。
- 无符号数：机器数最高位不作为符号位，而是当作数值。

2. 数的单位

- 位(bit)：一个二进制数中的1位，其值不是1，便是0。
- 字节(byte)：一个字节，就是一个8位的二进制数，是计算机数据的基本单位。
- 字(word)：两个字节，就是一个16位的二进制数，它需要两个单元存放。
- 双字：两个字，即4个字节，一个32位二进制数，它需要4个单元存放。

因此只有8位、16位或32位机器数的最高位才是符号位。

0.3.3 计算机中的有符号数的表示

有符号数有原码、反码和补码3种表示法。

1. 原码

数值部分用其绝对值，正数的符号位用"0"表示，负数的符号位用"1"表示。例如：

$X_1=+5=+00000101B$　　$[X_1]_{原}=\underline{0}0000101B$

$X_2=-5=-00000101B$　　$[X_2]_{原}=\underline{1}0000101B$

└符号位

8位原码数的范围为FFH～7FH(－127～127)。原码数00H和80H的数值部分相同，符号位相反，它们分别为＋0和－0。16位原码数的数值范围为FFFFH～7FFFH(－32 767～32 767)。原码数0000H和8000H的数值部分相同，符号位相反，它们分别为＋0和－0。

原码表示简单易懂，而且与真值的转换方便。但若是两个异号数相加，或两个同号数相减，就要做减法。为了把减法运算转换为加法运算，简化计算机的结构，引进了反码和补码。

2. 反码

正数的反码与原码相同；负数的反码为：符号位不变，数值部分按位取反。

例如，求8位反码机器数：

$X_1=+4$　　$[X_1]_{原}=00000100B$　　$[X_1]_{反}=00000100B=04H$

$X_2=-4$　　$[X_2]_{原}=1\ \underline{0000100}B$　　$[X_2]_{反}=1\ \underline{1111011}B=FBH$

└数值部分取反────↑

3. 补码

正数的补码与原码相同；负数的补码为其反码加1。

例如，求8位补码机器数：

$X_1=+4$　　$[X_1]_{原}=[X_1]_{反}=[X_1]_{补}=00000100B=04H$

$X_2=-4$　　$[X_2]_{原}=10000100$

$[X_2]_{反}=11111011B$　　$[X_2]_{补}=[X_2]_{反}+1=11111100B=FCH$

8位补码数的数值范围为－128～127(80H～7FH)。16位补码数的数值范围为8000H～7FFFH(－32 768～32 767)。字节80H和字8000H的真值分别是－128(－80H)和－32 768(－8000H)。补码数80H和8000H的最高位既代表了符号为负，又代表了数值为1。

除了上面的反码加1的方法外，还有以下方法用于求补码。

(1) 快速求法：将负数原码的最前面的1和最后一个1之间的每一位取反。例如：

$X=-4$　　$[X]_{原}=1\ \underline{0000}100B$　　$[X]_{补}=1\ \underline{1111}100B=FCH$

└────取反────↑

(2) 两数互补是针对一定的“模”而言，“模”即计数系统的过量程回零值，例如，时钟以 12 为模(12 点也称 0 点)，4 和 8 互补；一位十进制数 3 和 7 互补(因为 3＋7＝10，个位回零，模为 $10^1=10$)；两位十进制数 35 和 65 互补(因为 35＋65＝100，十进制数两位回零，模为 $10^2=100$)；而对于 8 位二进制数，模为 $2^8=100000000B=100H$；同理，16 位二进制数模为 $2^{16}=10000H$。由此得出求补的通用方法：一个数的补数＝模－该数。这里，补数是对任意的数而言，包括正、负数；而补码是针对有符号机器数而言。

假设有原码机器数 X：

当
$$X>0,[X]_{补}=[X]_{原}$$
$$X<0,[X]_{补}=模-|X|$$

例如，对于 8 位二进制数：

$$X_1=+4 \qquad [X_1]_{补}=00000100B=04H$$
$$X_2=-4 \qquad [X_2]_{补}=100H-04H=FCH$$

对于 16 位二进制数：

$$X_1=+4 \qquad [X_1]_{补}=0004H$$
$$X_2=-4 \qquad [X_2]_{补}=10000H-0004H=FFFCH$$

针对上述介绍，有几点说明：

(1) 根据两数互为补数的原理，对补码数求补码就可以得到其原码，将原码的符号位变为正、负号，即是该补码数的真值。

例如，求补码数 FAH 的真值。因为 FAH 为负数，$[FAH]_{补}=86H=-6$。

例如，求补码数 78H 的真值。因为 78H 为正数，$[78H]_{补}=78H=+120$。

(2) 一个用补码表示的机器数，若最高位为 0，其余几位即为此数的绝对值；若最高位为 1，其余几位不是此数的绝对值，必须把该数按位取反(包括符号位)再加 1，才能得到它的绝对值。如：$X=-15$，$[-15]_{补}=F1H=11110001B$，对其按位取反并加 1，得到：

$$00001110+1=00001111B=15$$

(3) 当数采用补码表示时，就可以把减法转换为加法。

例如，64－10＝64＋(－10)＝54

$[64]_{补}=40H=0100\ 0000B$

$[10]_{补}=0AH=0000\ 1010B$

$[-10]_{补}=1111\ 0110B$

做减法运算的过程如下：

```
  0100 0000
- 0000 1010
-----------
  0011 0110
```

用补码相加的过程如下：

```
   0100 0000
+  1111 0110
------------
 1 0011 0110
 ↑
 └进位自然丢失
```

可以看出，两种方法的计算结果相同，其真值为 36H(54)。由于数的 8 位限制，最高位

的进位是自然丢失的(在计算机中,进位被存放在进位标志 CY 中)。用补码表示后,减法均可以用补码相加完成。因此,在微机中,凡是有符号数一律是用补码表示的。用加法器完成加、减运算,用加法器和移位寄存器完成乘、除运算,可以简化计算机的硬件结构。

例如,34－68＝34＋(－68)＝－34

34＝22H＝0010 0010B

68＝44H＝0100 0100B

$[-68]_{补}$＝1011 1100B

做减法运算的过程如下:

```
   0010 0010
 － 0100 0100
 ────────────
 1 1101 1110
 ↑
 └─借位自然丢失
```

用补码相加的过程如下:

```
   0010 0010
 ＋ 1011 1100
 ────────────
   1101 1110
```

可以看出,两种方法的计算结果相同。因为符号位为 1,对其求补,得其真值为－00100010B,即－34(－22H)。

由上面两个例子还可以看出:

(1) 用补码相加完成两数相减,相减若无借位,化为补码相加就会有进位;相减若有借位,化为补码相加就不会有进位。

(2) 补码运算后的结果为补码,需再次求补,才能得到运算结果的真值。

0.3.4 进位和溢出

例如,105＋50＝155

105＝69H＝0110 1001B

50＝32H＝0011 0010B

```
   0110 1001
 ＋ 0011 0010
 ──────────────────
   1001 1011 ＝ 9BH
```

若把结果视为无符号数,为 155,结果是正确的。若将此结果视为有符号数,其符号位为 1,结果为－101,这显然是错误的。其原因是和数 155 大于 8 位有符号数所能表示的补码数的最大值 127,使数值部分占据了符号位的位置,产生了溢出,从而导致结果错误。又如:

－105－50＝－155

```
   1001 0111
 ＋ 1100 1110
 ────────────
 1 0110 0101
 ↑
 └─进位 CY ＝ 1
```

两个负数相加,和应为负数,而结果 01100101B 却为正数,这显然是错误的。其原因是和数－155小于8位有符号数所能表示的补码数的最小值－128，也产生了溢出。

因此，当两个补码数相加的结果超出补码表示范围时，就会产生溢出，导致结果错误。

计算机中设立了溢出标志位OV，通过最高位的进位（符号位的进位）C_Y和次高位进位（低位向符号位的进位）C_{Y-1}异或产生。

例如，74＋74＝4AH＋4AH

```
    01001010
   ₀₁01001010
  ──────────
  0 1
  ↙ ↙10010100      C_Y ⊕ C_{Y-1}=0⊕1=1…… 有溢出 OV=1
 C_Y C_{Y-1}                             无进位 C_Y=0
```

从以上看出，前一个例子中的OV＝1、C_Y＝1，后一个例子的OV＝1、C_Y＝0，可见溢出和进位并没有必然的联系，这是由于两者产生的原因是不同的，两者判断的方法也是不同的，重述如下。

- 溢出OV：两个补码数相加时结果超出补码表示范围而产生，OV＝$C_Y \oplus C_{Y-1}$。
- 进位C_Y：当运算结果超出计算机位数的限制（8位、16位），会产生进位，它是由最高位计算产生的，在加法中表现为进位，在减法中表现为借位。

0.3.5 BCD码

生活中人们习惯使用十进制数，而计算机只能识别二进制数，为了将十进制数转变为二进制数，出现了BCD(Binary Coded Decimal)码，即用二进制代码表示的十进制数。顾名思义，它既是逢十进一，又是一组二进制代码。用4位二进制数编码表示1位十进制数称为压缩的BCD码，8位二进制数可以表示两个十进制数位。也可以用8位二进制数表示1个十进制数位，这种BCD码称为非压缩的BCD码。十进制数和BCD码的对照表如表0.4所示。

表0.4 BCD编码表

十进制数	压缩的BCD码		非压缩的BCD码	
	二进制表示	十六进制表示	二进制表示	十六进制表示
0	0000B	0H	0000 0000B	00H
1	0001B	1H	0000 0001B	01H
2	0010B	2H	0000 0010B	02H
3	0011B	3H	0000 0011B	03H
4	0100B	4H	0000 0100B	04H
5	0101B	5H	0000 0101B	05H
6	0110B	6H	0000 0110B	06H
7	0111B	7H	0000 0111B	07H
8	1000B	8H	0000 1000B	08H
9	1001B	9H	0000 1001B	09H
10	0001 0000B	10H	0000 0001 0000 0000	0100H
11	0001 0001B	11H	0000 0001 0000 0001	0101H
28	0010 1000B	28H	0000 0010 0000 1000	0208H

例如，求十进制数876的BCD码。

压缩的BCD码为：

$$[876]_{BCD}=1000\ 0111\ 0110B=876H$$

非压缩的BCD码为：

$$[876]_{BCD}=0000\ 1000\ 0000\ 0111\ 0000\ 0110B=080706H$$

又如，十进制数1994的压缩的BCD码为1944H；1994的非压缩的BCD码为01090404H。

0.3.6　BCD码的运算

BCD码的运算结果应该是BCD码，但由于计算机是按二进制运算，结果不为BCD码，因此要进行十进制调整。调整方法为：当计算结果有非BCD码或产生进位/借位时，加法进行加6、减法进行减6的调整运算。

例0-1　计算BCD码，78和69的和。

```
  78H
+ 69H
-----
  E1H ……未调整，结果为二进制
+ 66H ……进行调整，高4位产生非BCD码，进行加6操作；低4位有半进位，进行加6操作
-----
 147H ……调整结果：147(带进位一起)为十进制结果
```

例0-2　计算BCD码，38与29的差。

```
  38H
- 29H
-----
  0FH
- 06H ……低4位有半借位，进行减6调整；高4位未产生非BCD码且无借位，不调整
-----
  09H ……结果：9
```

在计算机中，有专门的调整指令来完成调整操作。

0.3.7　ASCII码

美国标准信息交换码(American Standard Code for Information Interchange，ASCII码)用8位二进制编码表示字符，用于在计算机与计算机、计算机与外设之间传递信息。每一个符号都有对应的ASCII码，常用数字和字母的ASCII码如表0.5所示。在程序中，字符可用ASCII码表示，也可以用加引号的形式表示，例如字符4，可以用34H表示，也可以用“4”表示，此时，它只有符号的意义，而无数量的概念。

表0.5　常用字符的ASCII码

字符	ASCII码(H)	字符	ASCII码(H)
0～9	30～39	Blank (空格)	20
A～Z	41～5A	$	24
a～z	61～7A		

0.4　小结

1. 要求读者掌握计算机的系统结构，明确单片机是微机的一种。
2. 计算机的基本数制是二进制，所有的信息都是以二进制数的形式存放，为方便阅读，

以十六进制表示，要熟练掌握对于二、十、十六进制之间的转换。

3. 计算机中的有符号数一律以补码表示，要熟练掌握补码、原码、真值之间的转换。

4. 计算机中的计算一律为二进制运算，符号位也参与运算，运算中会产生进位和溢出，应明确概念，掌握判断方法。

5. 编码是用一组特定的数码来表示特定的信息，计算机常用的编码有 BCD 码和 ASCII 码，应记住常用的字符编码。

特别需要指出的是，计算机只识别 0 和 1，至于是有符号数还是无符号数，是补码还是原码，是 BCD 码、ASCII 码还是一般的二进制数，这些计算机是不能识别的，完全是人的认定，人根据不同的认定进行不同的分析和处理。例如，机器数 FFH 作为无符号数，它代表 255；作为原码，它代表－127；作为补码，它代表－1。又如 32H，作为 ASCII 码，它是字符 2；作为 BCD 码，它是十进制数 32；作为二进制数，它是 50……这就是根据不同的认定进行不同的分析和编程处理，如果认定是 BCD 码，运算后加调整指令；如果认定不是 BCD 码，而是一般的二进制数，运算后不加调整指令。

思考题与习题

1. 将下列十进制数转换为十六进制数。

64，98，80，100，125，255

2. 将下列十六进制无符号数转换为十进制数。

32CH，68H，D5H，100H，B78H，3ADH

3. 写出下列十进制数(8 位或 16 位)的原码和补码，要求用十六进制数填入表中。

十进制数	原码	补码	十进制数	原码	补码
28			250		
－28			－347		
100			928		
－130			－928		

4. 用十进制数写出下列补码表示的机器数的真值。

1BH，97H，80H，F8H，397DH，7AEBH，9350H，CF42H

5. 用补码运算完成下列算式，并指出溢出 OV 和进位 C_Y。

(1) 33H＋5AH　　(2) －29H－5DH　　(3) 65H－3EH　　(4) 4CH－68H

6. 将十进制数按要求转换后用十六进制数填入表中。

十进制数	压缩的 BCD 码	非压缩的 BCD 码	ASCII 码
38			
255			
483			
764			
1000			
1025			

7. 将下列 ASCII 码转换为十六进制数。

313035H，374341H，32303030H，38413530H

基　础　篇

第1章 MCS-51单片机结构

MCS-51 系列单片机有多种型号的产品，如基本型(51 子系列)8031、8051、8751、89C51、89S51 等，增强型(52 子系列)8032、8052、8752、89C52、89S52 等。它们的结构基本相同，其主要差别反映在存储器的配置上。8031 片内没有程序存储器 ROM，8051 内部设有 4KB 的掩膜式 ROM 程序存储器，8751 是将 8051 片内的 ROM 换成 EPROM，89C51 则换成 4KB 的 FLASH EEPROM，89S51 是 4KB 可在线编程的 FLASH EEPROM；MCS-51 增强型的存储容量为基本型的一倍。本教材将使用以 8XX51 为代表的一系列的单片机。

1.1 MCS-51 单片机内部结构

1.1.1 概述

单片机是在一块芯片中集成了 CPU、RAM、ROM、定时/计数器和多功能 I/O 接口等计算机所需要的基本功能部件的大规模集成电路，又称 MCU。51 系列单片机内包含下列几个部件：

- 1 个 8 位 CPU。
- 1 个片内振荡器及时钟电路。
- 4KB ROM 程序存储器。
- 128B RAM 数据存储器。
- 可寻址 64KB 外部数据存储器和 64KB 外部程序存储器的控制电路。
- 32 条可编程的 I/O 线(4 个 8 位并行 I/O 接口)。
- 两个 16 位的定时/计数器。
- 1 个可编程全双工串行接口。
- 5 个中断源和两个优先级嵌套中断结构。

51 系列单片机内部结构如图 1.1 所示，各个功能部件由内部总线连接在一起。程序存储器部分用 ROM 代替即为 8051/8052；用 EPROM 代替即为 8751/8752；若去掉 ROM 即为 8031/8032；用 FLASH EEPROM 代替即为 89C51/89S51。

1.1.2 CPU

CPU 是单片机的核心部件，它由运算器和控制器等部件组成。

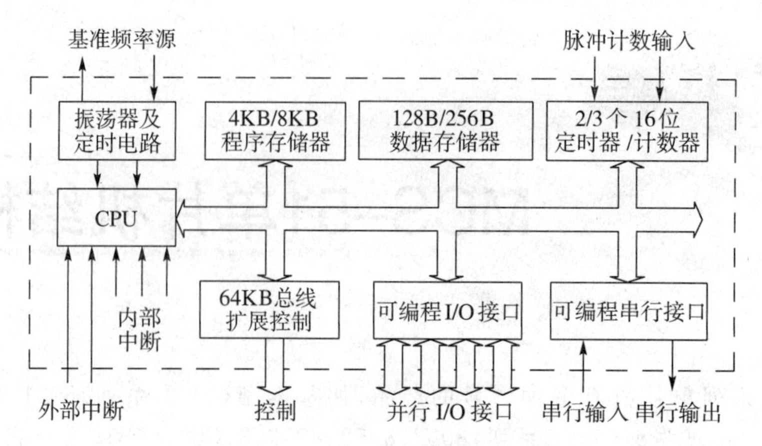

图 1.1　MCS-51 单片机内部结构框图

1. 运算器

运算器的功能是进行算术、逻辑运算。它可以对半字节(4 位)、单字节等数据进行操作。例如能完成加、减、乘、除、加 1、减 1、BCD 码十进制调整、比较等算术运算,完成与、或、异或、求反、循环等逻辑操作,将操作结果的状态信息送至状态寄存器。

运算器还包含一个布尔处理器,用来处理位操作。它以进位标志位 C_Y 为累加器,可执行置位、复位、取反、位判断转移、在进位标志位与其他可位寻址的位之间进行位数据传送等操作,还可以完成进位标志位与其他可寻址的位之间的逻辑与、或操作。

2. 程序计数器 PC

程序计数器 PC 用来存放即将要执行的指令地址,共 16 位,可对 64KB 程序存储器直接寻址。执行指令时,PC 内容的低 8 位经 P_0 口输出,高 8 位经 P_2 口输出。

3. 指令寄存器

指令寄存器用于存放指令代码。CPU 执行指令时,将程序存储器中读取的指令代码送入指令寄存器,经指令译码器译码后由定时与控制电路发出相应的控制信号,完成指令功能。

1.2 存储器

存储器用于存放程序和数据。半导体存储器由一个个单元组成,每个单元有一个编号(称为地址),一个单元存放一个 8 位的二进制数(即一个字节),当一个数据多于 8 位时,就需要多个单元来存放。

微机的存储器地址空间有两种结构形式:普林斯顿结构和哈佛结构,如图 1.2 所示。

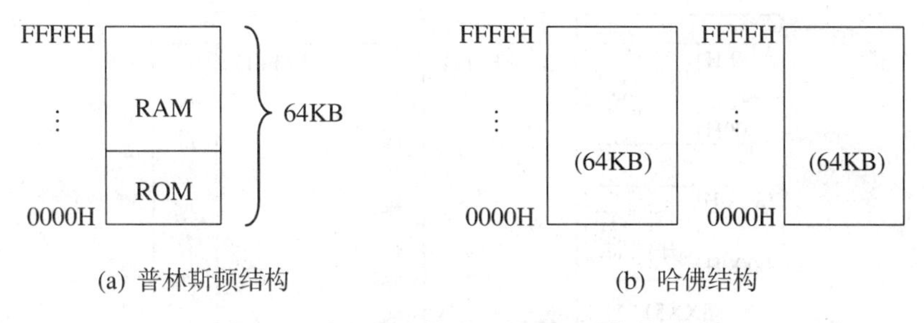

(a) 普林斯顿结构　　(b) 哈佛结构

图 1.2　微机的存储器地址的两种结构形式

普林斯顿结构的特点是微机只有一个地址空间，ROM 和 RAM 被安排在这一地址空间的不同区域，一个地址对应唯一的一个存储器单元，CPU 访问 ROM 和访问 RAM 使用的是相同的访问指令。8086、奔腾等微机采用了这种结构。

哈佛结构的特点是微机的 ROM 和 RAM 被分别安排在两个不同的地址空间，ROM 和 RAM 可以有相同的地址，CPU 访问 ROM 和访问 RAM 使用的是不同的访问指令。

ROM 用来存放程序、表格和始终要保留的常数，在单片机中我们称它为程序存储器。RAM 通常用来存放程序运行中所需要的数据（常数或变量）或运算的结果，在单片机中我们称它为数据存储器。8XX51 单片机的存储器采用哈佛结构，它将程序存储器和数据存储器分开，有各自的寻址方式、控制信号和访问指令。

从物理地址空间看，8XX51 单片机有 4 个存储器地址空间，即片内程序存储器（简称片内 ROM）、片外程序存储器（片外 ROM）、片内数据存储器（片内 RAM）和片外数据存储器（片外 RAM）。

8XX51 单片机的存储器结构如图 1.3 所示。其中，引脚$\overline{EA}$的接法决定了程序存储器 0000H～0FFFH 的 4KB 地址范围是在单片机片内还是片外。当$\overline{EA}$引脚接＋5V（即图 1.3(a)中$\overline{EA}$＝1）时，程序存储器的地址分为两部分，片内 4KB 的程序存储器地址范围为 0000H～0FFFH，片外程序存储器地址范围为 1000H～FFFFH；当$\overline{EA}$引脚接地（即图 1.3(b)中$\overline{EA}$＝0）时，片外程序存储器占地址范围为 0000H～FFFFH 的全部 64KB 的地址空间，而不管片内是否实际存在程序存储器。

由于片内、片外程序存储器统一编址，因此从逻辑地址空间看，8XX51 单片机有 3 个存储器地址空间，即片内数据存储器、片外数据存储器以及片内、片外统一编址的程序存储器。

1.2.1 程序存储器

程序存储器用来存放编制好的始终保留的固定程序、表格和常数。程序存储器以程序计数器 PC 作为地址指针，通过 16 位地址总线，可寻址 64KB 的地址空间。

在 8051/8751/89C51/89S51 片内，分别有最低地址空间为 4KB 的 ROM/EPROM/EEPROM 程序存储器；而在 8031/8032 片内，无内部 ROM，必须外部扩展程序存储器 EPROM。

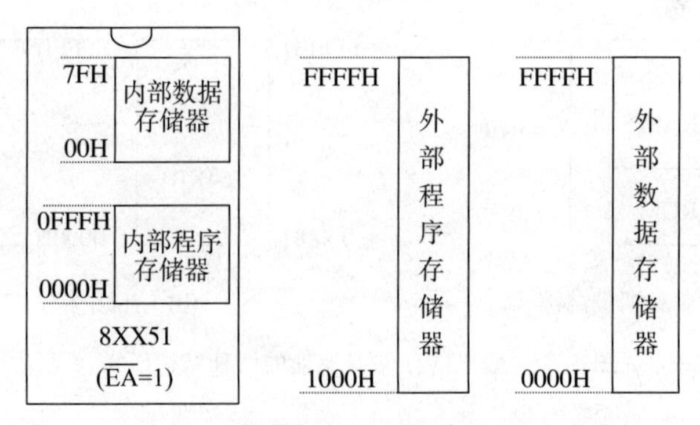

(a) $\overline{EA}$=1 的存储器物理地址

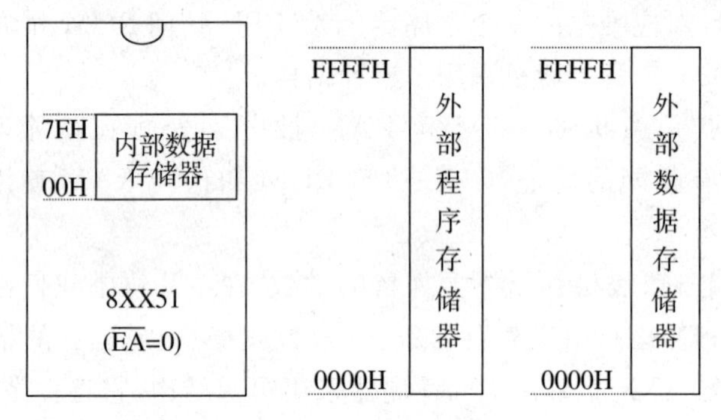

(b) $\overline{EA}$=0 的存储器物理地址

图 1.3　8XX51 单片机存储器的物理地址空间

8XX51 单片机中 64KB 程序存储器的地址空间是统一编排的。对于有内部 ROM 的单片机，在正常运行时，应把$\overline{EA}$引脚接高电平，使程序从内部 ROM 开始执行。当 PC 值超出内部 ROM 的容量时，会自动转向外部程序存储器地址为 1000H 后的地址空间执行。对这类单片机，若把$\overline{EA}$接地，可用于调试程序，即把要调试的程序放在与内部 ROM 空间重叠的外部程序存储器内，以便进行调试和修改。8031 单片机无内部程序存储器，地址 0000H～FFFFH 都是外部程序存储器空间。因此$\overline{EA}$应始终接地，使系统只从外部程序存储器中取指令。访问程序存储器使用 MOVC 指令。

51 系列单片机执行程序时由程序计数器 PC 指示指令地址，复位后的 PC 内容为 0000H，因此系统从 0000H 单元开始取指令码，并执行程序。程序存储器的 0000H 单元是系统执行程序的起始地址，程序存储器中的还有些地址被用于中断程序的入口地址，如表 1.1 所示。

表 1.1　中断程序入口地址

地址	用　途	地址	用　途
0000H	复位操作后的程序入口	001BH	定时器 1 中断服务程序入口
0003H	外部中断 0 服务程序入口	0023H	串行 I/O 中断服务程序入口
000BH	定时器 0 中断服务程序入口	002BH	定时器 2 中断服务程序入口
0013H	外部中断 1 服务程序入口		

由于两入口地址之间的存储空间有限，当系统中有中断程序时，通常在这些入口地址开始的两三个单元中，放置一条转移类指令，使相应的程序绕过中断服务程序入口地址，转到指定的程序存储器区域中执行。

1.2.2 外部数据存储器

8XX51单片机具有扩展64KB外部数据存储器RAM和I/O端口的能力，外部数据存储器和外部I/O端口实行统一编址，并使用相同的选通控制信号、相同的访问指令MOVX，以及相同的寄存器间接寻址。

1.2.3 内部数据存储器

内部数据存储器是使用最多的地址空间，所有的操作指令(算术运算、逻辑运算、位操作运算等)的操作数只能在此地址空间或特殊功能寄存器(缩写为SFR，将在第1.3节进行介绍)中。

在基本型51子系列单片机中，只有128字节RAM，地址为00H～7FH，它和SFR的地址空间是连续的(SFR的地址范围为80H～FFH)，如图1.4(a)所示；而在增强型52子系列单片机中，共有256字节内部RAM，地址范围为00H～FFH，高128字节RAM和SFR的地址是重合的，如图1.4(b)所示，究竟访问哪一块，是通过不同的寻址方式加以区分的。访问高128字节RAM采用寄存器间接寻址；访问SFR则只能采用直接寻址；访问低128字节RAM时，两种寻址方式均可采用。

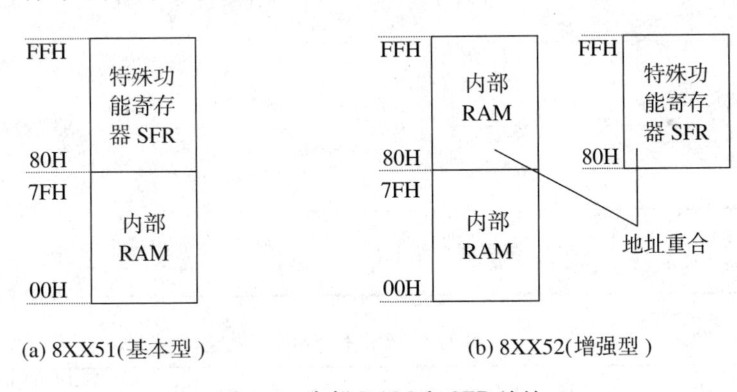

(a) 8XX51(基本型)　　(b) 8XX52(增强型)

图1.4 内部RAM和SFR地址

地址为00H～7FH的内部数据存储器使用分配如表1.2所示，各部分的特点如下。

(1) 前32个单元(00H～1FH)为寄存器区，共分4组(0～3组)，每组有8个8位寄存器R_0～R_7。

内部数据存储器的前32个单元区域的用途为：作为通用寄存器；R_0与R_1可作为间址寄存器使用。

使用时应注意以下几点：

- 寄存器的选组用程序状态字PSW的RS_1和RS_0位决定，如表1.3所示。
- 一旦选中了一组寄存器，其他3组只能作为数据存储器使用，而不能作为寄存器使用。

表 1.2 内部数据存储器（内部 RAM）

BYTE(MSB)								(LSB)		
7FH ⋮ 30H	≈							≈		通用存储区
2FH	7F	7E	7D	7C	7B	7A	79	78	位地址区	通用存储区
2EH	77	76	75	74	73	72	71	70		
2DH	6F	6E	6D	6C	6B	6A	69	68		
2CH	67	66	65	64	63	62	61	60		
2BH	5F	5E	5D	5C	5B	5A	59	58		
2AH	57	56	55	54	53	52	51	50		
29H	4F	4E	4D	4C	4B	4A	49	48		
28H	47	46	45	44	43	42	41	40		
27H	3F	3E	3D	3C	3B	3A	39	38		
26H	37	36	35	34	33	32	31	30		
25H	2F	2E	2D	2C	2B	2A	29	28		
24H	27	26	25	24	23	22	21	20		
23H	1F	1E	1D	1C	1B	1A	19	18		
22H	17	16	15	14	13	12	11	10		
21H	0F	0E	0D	0C	0B	0A	09	08		
20H	07	06	05	04	03	02	01	00		
1FH ⋮ 18H	R_7 ⋮ R_0	寄存器 3 组							通用寄存器区	
17H ⋮ 10H	R_7 ⋮ R_0	寄存器 2 组								
0FH ⋮ 08H	R_7 ⋮ R_0	寄存器 1 组								
07H ⋮ 00H	R_7 ⋮ R_0	寄存器 0 组								

表 1.3 RS_1 和 RS_0

RS_1	RS_0	选中寄存器组	RS_1	RS_0	选中寄存器组
0	0	0 组	1	0	2 组
0	1	1 组	1	1	3 组

• 初始化或复位时，自动选中 0 组。

(2) 20H～2FH 为位地址区，共 16 个字节，每字节有 8 位，共 128 位，每位有一个编号（称为位地址），位地址范围为 00H～7FH。该区既可位寻址，又可字节寻址。例如 MOV C,20H，这里 C 是进位标志位 C_Y，该指令将位地址为 20H 的单元内容送至 C_Y；而 MOV A,20H 将字节地址为 20H 的单元内容送至 A 累加器。可见 20H 是位地址还是字节地址要看另一个操作数的类型。

(3) 除选中的寄存组以外的存储器可作为通用存储区。

(4) 除选中的寄存组以外的存储器可作为堆栈区，当初始化时堆栈指针 SP 指向 07H。

1.3 特殊功能寄存器

MCS-51 单片机的特殊功能寄存器(Special Function Registers，SFR)，起着专用寄存器的作用，用来设置片内电路的运行方式，记录电路的运行状态，并表明有关标志等。此外，并行和串行 I/O 端口也映射到特殊功能寄存器，对这些寄存器的读写，可实现从相应 I/O 端口的输入和输出操作。

基本型 51 单片机有 21 个 SFR，增强型 52 单片机有 32 个 SFR，它们不连续地分布在 80H～FFH 的 128 个字节的地址空间中，地址为 X0H 和 X8H 的寄存器是可位寻址的寄存器，如表 1.4 所示。表中用“*”表示可位寻址的寄存器。在这片 SFR 空间中，包含 128 个位地址空间，位地址也是 80H～FFH，但基本型只有 83 个有效位地址，可对 11 个特殊功能寄存器的某些位进行位寻址操作。表 1.4 中可位寻址的寄存器的上下格分别表示位名称和位地址，它们在位操作指令中同时有效。

21 个特殊功能寄存器的名称及主要功能如下，详细的用法见后面各章节中的内容。

A——累加器，带有全零标志 Z，A=0，则 Z=1；A≠0，则 Z=0。该标志常用于程序分支转移的判断条件。

B——寄存器，常用于乘除法运算(见第 2 章)。

PSW——程序状态字，主要起着标志寄存器的作用，其 8 位定义如表 1.4 中的 PSW 所示。

- C_Y：进/借位标志。反映运算中最高位有无进/借位情况。
  加法为进位，减法为借位。有进/借位时，$C_Y=1$；无进/借位时，$C_Y=0$。
- AC：辅助进/借位标志。反映运算中低半字节与高半字节间的进/借位情况。
  AC=1，有进/借位；AC=0，无进/借位。
- F0：用户标志位。可由用户设定其含义。
- RS_1，RS_0：工作寄存器组选择位。
  RS_1，RS_0 取值范围为 00～11，分别选中工作寄存器组 0～3。
- OV：溢出标志位。补码运算的运算结果有溢出，OV=1；无溢出，OV=0。
  OV 的状态由补码运算中的最高位进位(D_7 位的进位 C_Y)和次高位进位(D_6 位的进位 C_{Y-1})的异或结果决定，即 $OV=C_Y \oplus C_{Y-1}$。
- -：无效位。
- P：奇偶标志位。反映对累加器 A 操作后，A 累加器中“1”个数的奇偶。
  A 累加器中有奇数个“1”，P=1；A 累加器中有偶数个“1”，P=0。

各指令对标志的影响可参见第 2 章。

表 1.4　特殊功能寄存器的名称及主要功能

D_7			位地址				D_0	地址	SFR	寄存器名
$P_{0.7}$	$P_{0.6}$	$P_{0.5}$	$P_{0.4}$	$P_{0.3}$	$P_{0.2}$	$P_{0.1}$	$P_{0.0}$	80	P_0	* P_0 端口
87	86	85	84	83	82	81	80			
								81	SP	堆栈指针
								82	DPL	数据指针
								83	DPH	
SMOD								87	PCON	电源控制
TF_1	TR_1	TF_0	TR_0	IE_1	IT_1	IE_0	IT_0	88	TCON	* 定时器控制
8F	8E	8D	8C	8B	8A	89	88			
GATE	C/T	M_1	M_0	GATE	$C/\overline{T}$	M_1	M_0	89	TMOD	定时器模式
								8A	TL_0	T_0 低字节
								8B	TL_1	T_1 低字节
								8C	TH_0	T_0 高字节
								8D	TH_1	T_1 高字节
								8E	AUXR	辅助寄存器
$P_{1.7}$	$P_{1.6}$	$P_{1.5}$	$P_{1.4}$	$P_{1.3}$	$P_{1.2}$	$P_{1.1}$	$P_{1.0}$	90	P_1	* P_1 端口
97	96	95	94	93	92	91	90			
SM_0	SM_1	SM_2	REN	TB_8	RB_8	TI	RI	98	SCON	* 串行口控制
9F	9E	9D	9C	9B	9A	99	98			
								99	SBUF	串行口数据
$P_{2.7}$	$P_{2.6}$	$P_{2.5}$	$P_{2.4}$	$P_{2.3}$	$P_{2.2}$	$P_{2.1}$	$P_{2.0}$	A0	P_2	* P_2 端口
A_7	A_6	A_5	A_4	A_3	A_2	A_1	A_0			
								A2	$AUXR_1$	辅助寄存器 1
								A6	WDTRST	看门狗复位寄存器
EA			ES	ET_1	EX_1	ET_0	EX_0	A8	IE	* 中断允许
AF	—	—	AC	AB	AA	A9	A8			
$P_{3.7}$	$P_{3.6}$	$P_{3.5}$	$P_{3.4}$	$P_{3.3}$	$P_{3.2}$	$P_{3.1}$	$P_{3.0}$	B0	P_3	* P_3 端口
B7	B6	B5	B4	B3	B2	B1	B0			
			PS	PT_1	PX_1	PT_0	PX_0	B8	IP	* 中断优先权
—	—	—	BC	BB	BA	B9	B8			
TF_2	EXF_2	RCLK	TCLK	$EXEN_2$	TR_2	C/T_2	DP/RL_2	C8	T2CON	定时器 2 控制
CF	CE	CD	CC	CB	CA	C9	C8			
								C9	T2MOD	定时器 2 模式
								CA	$RCAP_{2L}$	捕捉寄存器低字节
								CB	$RCAP_{2H}$	捕捉寄存器高字节
								CC	TL_2	T_2 低字节
								CD	TH_2	T_2 高字节
C_Y	A_C	F_0	RS_1	RS_0	OV	—	P	D0	PSW	* 程序状态字
D7	D6	D5	D4	D3	D2	D1	D0			
								E0	A	A 累加器
E7	E6	E5	E4	E3	E2	E1	E0			
								F0	B	* B 寄存器
F7	F6	F5	F4	F3	F2	F1	F0			

注：* 为可位寻址的特殊功能寄存器。

IP——中断优先级控制寄存器

TMOD——定时/计数器 0、1 方式控制寄存器

TH_0，TL_0——定时/计数器 0

TH_2，TL_2——定时/计数器 2

SCON——串行端口控制寄存器

PCON——电源控制寄存器

T2MOD——定时/计数器 2 方式控制寄存器

$RCAP_2$——定时/计数器 2 捕捉寄存器

$AUXR_1$——辅助寄存器 1

IE——中断允许控制寄存器

TCON——定时/计数器 0、1 控制寄存器

TH_1，TL_1——定时/计数器 1

SBUF——串行数据缓冲器

T2CON——定时/计数器 2 控制寄存器

AUXR——辅助寄存器

WDTRST——看门狗复位寄存器

SP——堆栈指针寄存器。8XX51 单片机的堆栈设在片内 RAM 中，对堆栈的操作包括压入(PUSH)和弹出(POP)两种方式，并且遵循后进先出的原则。但在堆栈生成的方向上，与 8086 正好相反，8XX51 单片机的堆栈操作遵循先加后压，先弹后减的顺序，按字节进行操作。

DPTR——16 位寄存器，可分成 DPL(低 8 位)和 DPH(高 8 位)两个 8 位寄存器。DPTR 用来存放 16 位地址值，以便用间接寻址或变址寻址的方式对片外数据存储区或程序存储器进行 64KB 范围内的数据操作。

P_0～P_3——I/O 端口寄存器。它是 4 个并行 I/O 端口映射到 SFR 中的寄存器。通过对该寄存器的读/写，可实现从相应 I/O 端口的输入/输出。例如：指令 MOV P1,A 实现了把 A 累加器中的内容从 P_1 端口输出的操作。指令 MOV A,P3 实现了把 P_3 端口中的信息输入到 A 累加器中的操作。

1.4 时钟电路与复位电路

单片机的时钟信号用来提供单片机内各种微操作的时间基准；复位操作则使单片机的片内寄存器初始化，使单片机从一种确定的状态开始运行。

1.4.1 时钟电路

8XX51 单片机的时钟信号通常用两种电路形式得到：内部振荡方式和外部振荡方式。

在引脚$XTAL_1$ 和$XTAL_2$ 外接晶体振荡器(简称晶振)或陶瓷谐振器，就构成了内部振荡方式。由于单片机内部有一个高增益反相放大器，当外接晶振后，就构成了自激振荡器并产生振荡时钟脉冲。晶振通常选用 6MHz、12MHz 或 24MHz。内部振荡方式如图 1.5 所示。

在图 1.5 中，电容器C_1、C_2 起稳定振荡频率、快速起振的作用，电容值一般为 5～30pF。内部振荡方式所得的时钟信号比较稳定，电路中使用较多。

外部振荡方式是把已有的时钟信号引入单片机内。这种方式可使单片机的时钟与外部信号保持一致。外部振荡方式如图 1.6 所示。

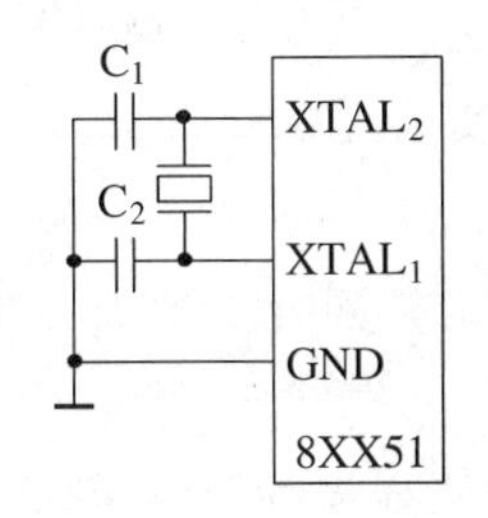

图 1.5 内部振荡器方式

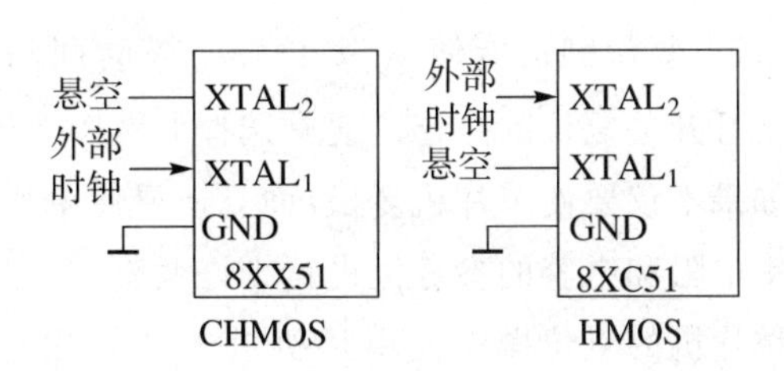

图 1.6 外部振荡器方式

对于 HMOS 的单片机（8031、8031AH 等），外部时钟信号由 $XTAL_2$ 引入；对于 CHMOS 的单片机(8XCXX)，外部时钟信号由 $XTAL_1$ 引入。

1.4.2 单片机的时序单位

单片机的时序单位有：

- 时钟周期，晶振的振荡周期，为最小的时序单位。
- 机器周期(MC)，1 个机器周期由 12 个时钟周期组成。它是计算机执行一种基本操作的时间单位。
- 指令周期，执行一条指令所需要的时间。1 个指令周期由 1～4 个机器周期组成，依据指令不同而不同，见附录 A。

3 种时序单位中，时钟周期和机器周期是单片机内计算其他时间值（例如，波特率、定时器的定时时间等）的基本时序单位。下面是单片机外接晶振频率（f_{osc}）12MHz 时的各种时序单位的大小。

$$时钟周期=1/f_{osc}=1/12MHz=0.0833\mu s$$
$$状态周期=2/f_{osc}=2/12MHz=0.167\mu s$$
$$机器周期=12/f_{osc}=12/12MHz=1\mu s$$
$$指令周期=(1\sim4)机器周期=1\sim4\mu s$$

1.4.3 复位电路

复位操作完成单片机片内电路的初始化，使单片机从一种确定的状态开始运行。

当 8XX51 单片机的复位引脚 RST 出现 5ms 以上的高电平时，单片机就完成了复位操作。如果 RST 持续为高电平，单片机就处于循环复位状态，而无法执行程序。因此要求单片机复位后能脱离复位状态。

根据应用的要求，复位操作通常有两种基本形式：上电复位、开关复位。

上电复位要求接通电源后，自动实现复位操作。开关复位要求在电源接通的条件下，在单片机运行期间，如果发生死机，用按钮开关操作使单片机复位。

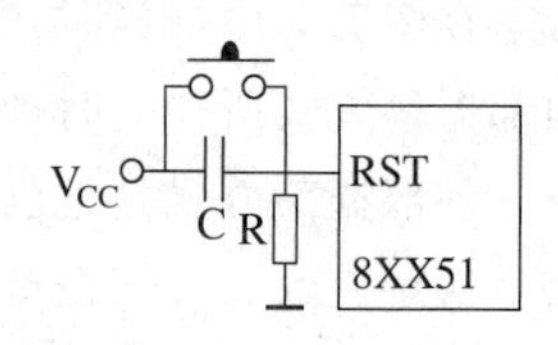

图 1.7　8XX51 复位电路

常用的上电且开关复位电路如图 1.7 所示。上电后，由于电容充电，使 RST 持续一段高电平时间。当单片机已在运行之中时，按下复位键也能使 RST 持续一段时间的高电平，从而实现上电且开关复位的操作。通常选择 C=10～30μF，R=10～1kΩ。

如果不仅要使单片机复位，而且还要使单片机的一些外围芯片同时复位，那么应对上述电路中电阻和电容的参考值进行少许调整。

单片机的复位操作使单片机进入初始化过程，其中包括使程序计数器 PC=0000H，P_0～P_3=FFH，SP=07H，其他寄存器处于零。这表明程序从 0000H 地址单元开始执行。单片机复位后不改变片内 RAM 区中的内容，21 个特殊功能寄存器复位后的状态如表 1.5

所示。

表 1.5 8031 单片机复位后特殊功能寄存器的初始状态

特殊功能寄存器	初始状态	特殊功能寄存器	初始状态
A	00H	TMOD	00H
B	00H	TCON	00H
PSW	00H	TH_0	00H
SP	07H	TL_0	00H
DP_L	00H	TL_1	00H
DP_H	00H	TL_1	00H
$P_0 \sim P_3$	FFH	SBUF	不定
1P	XXX00000B	SCON	00H
1E	0XX00000B	PCON	0XXXXXXXB

注：表中的符号 X 为随机状态。

需要指出的是，记住一些特殊功能寄存器复位后的状态，对于熟悉单片机操作，减短应用程序中的初始化部分是十分必要的。

1.5 引脚功能

有总线扩展的 51 单片机有 44 个引脚的方形封装形式和 40 个引脚的双列直插式封装形式，无总线扩展的 51 单片机有 20 个引脚双列直插式封装，如 89C2051 等。40 引脚和 20 引脚封装的引脚图分别见图 1.8 和图 1.9，各个引脚的功能说明如下。

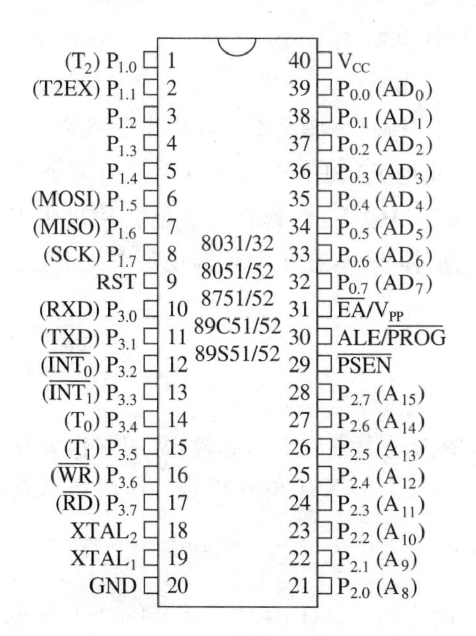

图 1.8 8XX51/52 单片机引脚

注：T_2 和 T2EX 为 8XX52 的定时器 2 引脚 MISO、MOSI 和 SCK 为 8XS51/52 的在系统编程中的引脚。

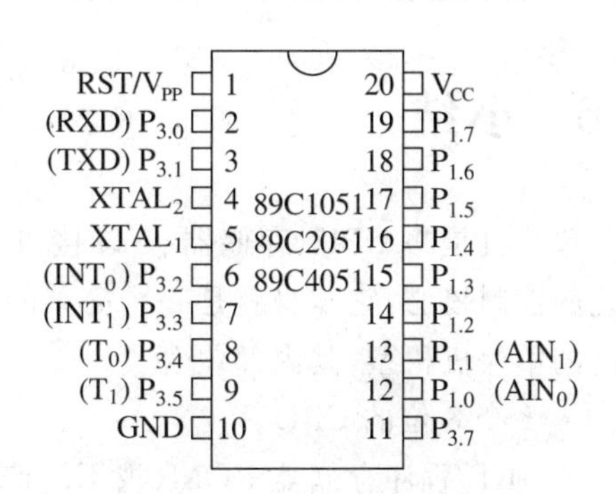

图 1.9 89C1051/2051/4051 单片机引脚

- GND：接地端。
- V_{CC}：电源端，接+5V。
- $XTAL_1$：接外部晶体的一个引脚。CHMOS单片机采用外部时钟信号时，外部时钟信号由此引脚接入。
- $XTAL_2$：接外部晶体的一个引脚。HMOS单片机采用外部时钟信号时，外部时钟信号由此引脚接入。
- RST：①复位信号输入。②V_{CC}掉电后，此引脚可接备用电源，低功耗条件下保持内部RAM中的数据。
- ALE/$\overline{PROG}$：①地址锁存允许。当单片机访问外部存储器时，该引脚的输出信号ALE用于锁存P_0端口的低8位地址。ALE输出的频率为时钟振荡频率的1/6。②对8751单片机片内EPROM编程时，编程脉冲由该引脚接入。
- $\overline{PSEN}$：程序存储器允许。输出读外部程序存储器的选通信号。取指令操作期间，$\overline{PSEN}$的频率为振荡频率的1/6；但若此期间有访问外部数据存储器的操作，则有一个机器周期中的$\overline{PSEN}$信号不出现。
- $\overline{EA}/V_{PP}$：①$\overline{EA}$=0，单片机只访问外部程序存储器。对于8031单片机此引脚必须接地。$\overline{EA}$=1，单片机访问内部程序存储器。对于内部有程序存储器的8XX51单片机，此引脚应接高电平，但若地址值超过4KB范围（0FFFH），单片机将自动访问外部程序存储器。②在8751单片机片内EPROM编程期间，此引脚接入21V编程电源V_{PP}。
- $P_{0.0}$～$P_{0.7}$：P_0数据/低8位地址复用总线端口（详见第4.1节）。
- $P_{1.0}$～$P_{1.7}$：P_1静态通用端口（详见第4.1节）。
- $P_{2.0}$～$P_{2.7}$：P_2高8位地址总线动态端口（详见第4.1节）。
- $P_{3.0}$～$P_{3.7}$：P_3双功能静态端口（详见第4.1节）。

51系列的2051/1051型号的单片机只有20个引脚（见图1.9），其中由于没有P_0端口和P_2端口总线引脚，因此不能进行外部扩展，因此也无$\overline{PSEN}$引脚。它内部有一个模拟比较器，相比较的模拟信号由$P_{1.0}$（AIN_0）和$P_{1.1}$（AIN_1）输入，而模拟比较器的输出由$P_{3.6}$输入，在内部已连接，因此外部无$P_{3.6}$引脚。由于它们体积小，在小型仪器设备中使用广泛。

1.6 小结

单片机是集CPU、存储器、I/O接口于一体的大规模集成电路芯片，常用它作为嵌入式系统的控制核心，它本身就是一个简单的嵌入式系统。8XX51单片机是目前市场上应用最广泛的单片机机型，其内部包含：

- 1个8位的CPU。
- 4KB程序存储器ROM（视不同产品型号而不同：8031内部无ROM；8051内部为掩膜式ROM；8751为EPROM；89C51内部为FLASH EEPROM），89S51为4KB可在线编程的FLASH EEPROM。
- 128字节RAM数据存储器。

- 两个 16 位定时/计数器。
- 可寻址 64KB 外部数据存储器和 64KB 外部程序存储器空间的控制电路。
- 32 条可编程的 I/O 线(4 个 8 位并行 I/O 接口)。
- 1 个可编程全双工串行接口。
- 具有两个优先级嵌套中断结构的 5 个中断源。

本章重点介绍 51 系列单片机各存储空间的地址分配、使用特点及数据操作方法。现将这些内容归纳于表 1.6 中,此表是编程和硬件扩展的基础,相当重要,要求读者熟记和掌握。

表 1.6　MCS-51 单片机存储器的特点及数据操作

名称	容量和地址	位寻址	功能	适用指令	寻址方式	选通信号
内部数据存储器	128 字节(00H～7FH)	占 20H～2FH 的 128 位	(1) 存放数据 (2) 通用寄存器 R_0～R_7 (3) 堆栈区 (4) 逻辑运算指令	(1) 传送指令、MOV 交换指令 (2) 算术运算指令、逻辑运算指令 (3) 堆栈操作指令	直接寻址、间接寻址、位寻址、寄存器寻址	无
特殊功能寄存器 SFR	21 个寄存器占 80H～FFH 的 21 个不连续地址	地址为 X8H 和 X0H 的寄存器可位寻址	(1) A 累加器 (2) 各功能部件的控制寄存器和数据锁存器	(1) 传送指令、MOV 交换指令 (2) 算术运算指令、逻辑运算指令 (3) 专对 A 指令(A 取反、清零、移位)	直接寻址、位寻址、寄存器寻址	无
程序存储器	最大容量可达64KB (1) 8X51: EA=1,片内 0000H～0FFFH,片外 1000H～FFFFH (2) 8X31: EA=0,片外 0000H～FFFFH	无	(1) 存放程序的机器码 (2) 5 个中断源的服务程序入口地址 0003H～0023H (3) 存放表格、常数	读入 A 指令(两条) MOV A,@A+PC MOVC,@A+DPTR	变址寻址	$\overline{\text{PSEN}}$

片外数据存储器	最大容量可达 64KB (0000H～FFFFH)	无	(1) 存放参与运算的数据
			(2) 作为 I/O 端口地址
				和 A 互传指令(4 条)
				MOVX A,@Ri
				MOVX A,@DPTR
				MOVX @Ri,A
				MOVX @DFTP,A
					寄存器间接寻址	读$\overline{\text{RD}}$
						写$\overline{\text{WR}}$

思考题与习题

1. 单片机与微处理器在结构上和使用中有什么差异?

2. 51 系列单片机内部有哪些功能部件?

3. 51 系列单片机有哪些型号? 结构有什么不同? 各适用于什么场合?

4. 51 系列单片机的存储器可划分为几个空间? 各自的地址范围和容量是多少? 在使用上有什么不同?

5. 在单片机的 RAM 中哪些字节有位地址,哪些没有位地址? 特殊功能寄存器 SFR 中哪些可以位寻址? 位寻址的好处是什么?

6. 已知 PSW=10H，通用寄存器 R_0～R_7 的地址分别是多少？

7. 程序存储器和数据存储器可以有相同的地址，而单片机在对这两个存储区的数据进行操作时，不会发生错误，其原因是什么？

8. 填空：堆栈设在________存储区，程序存放在________存储区，I/O 接口设置在________存储区，中断服务程序存放在________存储区。

9. 若单片机使用频率为 6MHz 的晶振，机器周期和指令周期分别是多少？

10. 填空：复位时 A=________，PSW=________，SP=________，P_0～P_3=________。

第2章 MCS-51单片机的指令系统

计算机通过执行程序完成人们指定的任务，程序由一条一条指令构成，能为CPU识别并执行的指令的集合就是该CPU的指令系统。

51系列单片机的指令系统包括数据传送交换类、算术运算类、逻辑运算与循环类、子程序调用与转移类、位操作类和CPU控制类等指令。它有如下3个特点。

(1) 指令执行时间快。大多数指令执行时间为1个机器周期，少数指令(45条)为两个机器周期，仅有乘、除两条指令为4个机器周期。

(2) 指令短。大多数为1或2字节，少数为3字节。

(3) 具有丰富的位操作指令。可对内部数据存储器和特殊功能寄存器中的可寻址位进行多种形式的位操作。

单片机指令的这些特点使之具有极强的实时控制和数据运算功能。

51系列单片机的指令格式为：

操作符 目的操作数，源操作数

其中，操作符用来指明该指令完成什么操作，操作数则用来指明该指令的操作对象。指令中操作数提供的方式称为寻址方式。

下面先介绍指令系统中的寻址方式，然后分别叙述各类指令，附录A中列有指令表。

在学习指令之前，指令中的符号介绍如下。

- R_n：当前工作寄存器组中的R_0～R_7(其中$n=0,1,\cdots,7$)。
- R_i：当前工作寄存器组中的R_0、R_1(其中$i=0,1$)。
- dir：8位直接字节地址(片内RAM和SFR地址)。
- #data：8位立即数。
- #data16：16位立即数。
- addr16：16位地址值。
- addr11：11位地址值。
- bit：位地址(在位地址空间中)。
- rel：相对偏移量(在相对转移指令中使用，为1字节补码)。
- ( )：用于注释中表示存储单元的内容。

2.1 寻址方式

众所周知，寻址方式是指令中提供操作数的形式，即寻找操作数或操作数所在地址的方式。在51系列单片机中，存放数据的存储器空间有4种：内部RAM、特殊功能寄存器SFR、外部RAM和程序存储器ROM。其中，内部RAM和SFR统一编址，外部RAM和程序存储器ROM是分开编址的。为了区别指令中操作数所处的地址空间，对于不同存储器中的数据操作，采用不同的寻址方式，这是51系列单片机在寻址方式上的一个显著特点。

2.1.1 立即寻址

指令中直接给出操作数的寻址方式称为立即寻址。在51系列单片机的指令系统中，立即数用一个前面加“＃”号的8位数（＃data，如＃30H）或16位数（＃data16，如＃2052H）表示。在指令的机器码中，立即数在操作码（op）之后，因此立即寻址的指令多为两字节或三字节指令，机器码可由附录A查出，以下以传送指令为例进行讲解。

例如：

```
MOV A, #80H              ;80H→A, 机器码为 7480
MOV DPTR, #2000H         ;2000H→DPTR, 机器码为 902000
```

注意：16位数的存放顺序不同于8086（例2-1中的2000H在8086中以“0020”的形式存放）。

2.1.2 直接寻址

指令中直接给出操作数的地址（dir）的寻址方式称为直接寻址。

寻址对象为：①内部数据存储器，在指令中以直接地址表示；②特殊功能寄存器SFR，在指令中用寄存器名表示。

直接寻址的指令码中应有直接地址字节，因此多为两字节或三字节指令，当指令中的两个操作数均为直接地址时，指令码为op $dir_{源}$ $dir_{目的}$。

例如：

```
MOV A, 25H               ;内部 RAM 的(25H)→A, 机器码为 E525
MOV P0, #45H             ;45H→P0, P0 为直接寻址的 SFR,其地址为 80H(见表 1.4), 机器码
                          为 758045
MOV 30H, 20H             ;内部 RAM 的(20H)→(30H),机器码为 852030
```

2.1.3 寄存器寻址

以通用寄存器的内容为操作数的寻址方式称为寄存器寻址。

通用寄存器包括A、B、DPTR、R_0～R_7。其中B寄存器仅在乘、除法指令中为寄存器寻址，在其他指令中为直接寻址。A寄存器可以寄存器寻址，又可以直接寻址（此时写作ACC）。直接寻址和寄存器寻址的差别在于，直接寻址是操作数所在的字节地址（占一个字

节)出现在指令码中，寄存器寻址是寄存器编码出现在指令码中。由于使用寄存器寻址的寄存器少、编码位数少(少于3位二进制数)，通常操作码和寄存器编码合用一个字节，因此寄存器寻址的指令机器码更短、执行速度更快。除上面所指出的几个寄存器外，其他特殊功能寄存器一律为直接寻址。

例如：

```
MOV A, R0          ;R0→A, A、R0均为寄存器寻址, 机器码为E8, 仅占1个字节
MUL AB             ;A*B→BA, A、B为寄存器寻址, 机器码为A4
MOV B,R0           ;R0→B,R0为寄存器寻址, B为直接寻址, 机器码为88F0, 其中
                    F0为B的字节地址(见表1.4)
PUSH ACC           ;A的内容压入堆栈,机器码为C0E0,其中E0为A的字节地址,A为
                    直接寻址
ADD A,ACC          ;A为寄存器寻址, ACC为直接寻址,因为指令只有ADD A,dir形
                    式,而无ADD A,A形式,否则不能通过汇编
```

2.1.4　寄存器间接寻址

以寄存器中的内容为地址，该地址中的内容为操作数的寻址方式称为寄存器间接寻址，简称寄存器间址。能够进行寄存器间址的寄存器有 R_0、R_1、DPTR，用前面加@表示，如@R0、@R1、@DPTR。寄存器间接寻址的存储器空间包括内部数据存储器和外部数据存储器。由于内部数据存储器共有128B，因此用1字节的 R_0 或 R_1 可间接寻址整个空间。而外部数据存储器最大可达64KB，仅 R_0 或 R_1 无法寻址整个空间。为此，需由 P_2 端口提供外部RAM高8位地址，由 R_0 或 R_1 提供低8位地址，由此共同寻址64KB的范围。也可用16位的DPTR寄存器间接寻址64KB的存储空间。

在指令中，是对内部RAM还是对外部RAM寻址，区别在于对外部RAM的操作仅有数据传送类指令，并且用MOVX作为操作码助记符。

例如：

```
MOV @R0, A         ;A→以R0内容为地址的内部RAM
MOVX A, @R1        ;外部RAM(地址为P2 R1)的内容→A
MOVX @DPTR,A       ;A→以DPTR内容为地址的外部RAM
```

以上各指令的操作分别如图2.1～图2.3所示。

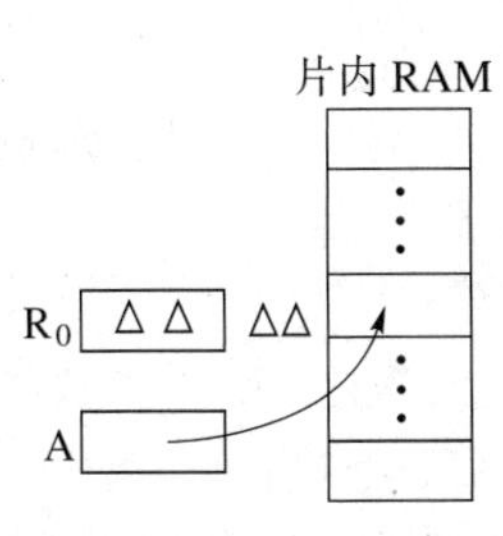

图2.1　MOV @R0,A

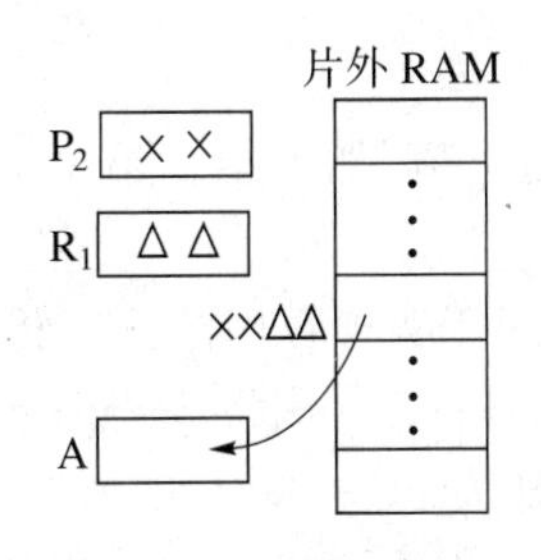

图2.2　MOVX A,@R1

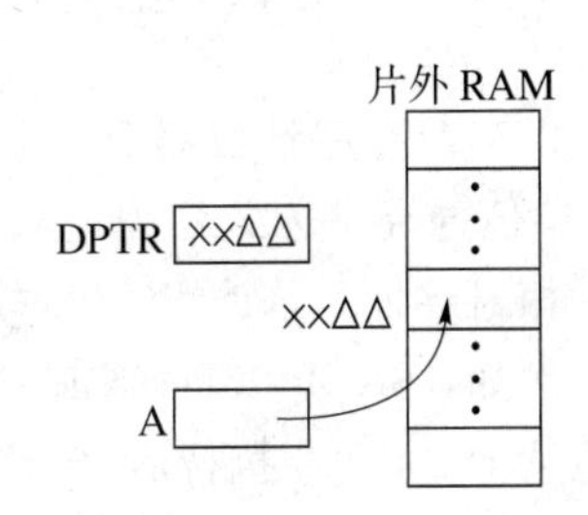

图2.3　MOVX @DPTR,A

2.1.5 变址寻址

由寄存器DPTR或PC中内容加上A累加器内容之和而形成操作数地址的寻址方式称为变址寻址。变址寻址只能对程序存储器中的数据进行寻址操作。由于程序存储器是只读存储器，因此变址寻址操作只有读操作而无写操作。在指令符号上，采用MOVC的形式。

例如：

```
MOVC A, @A+DPTR            ;(A+DPTR)→A
MOVC A, @A+PC              ;(A+PC)→A
```

以上两指令的操作如图2.4和图2.5所示。

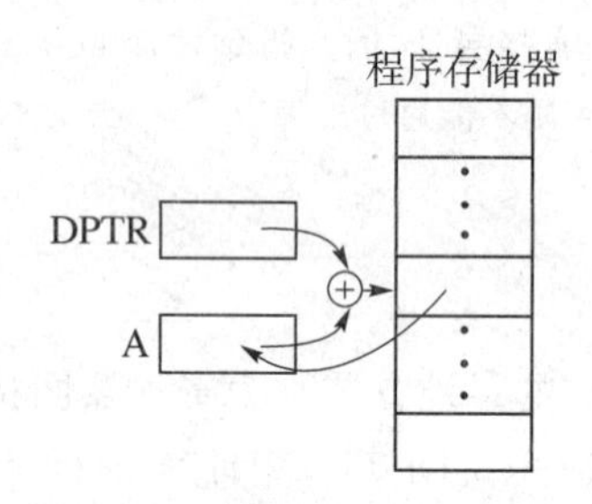

图2.4 MOVC A,@A+DPTR

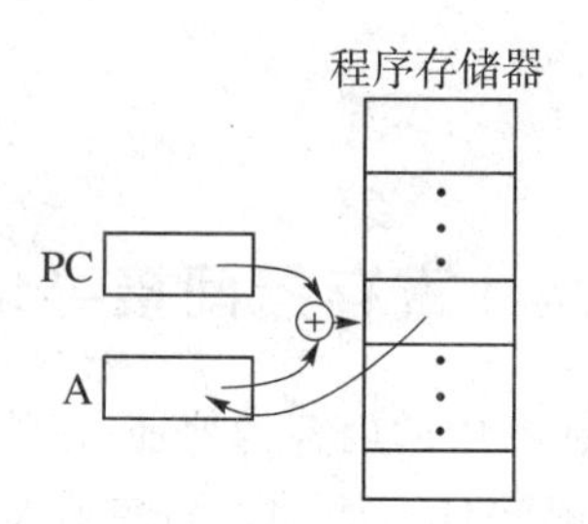

图2.5 MOVC A,@A+PC

2.1.6 位寻址

对位地址中的内容进行位操作的寻址方式称为位寻址。

由于单片机中只有内部RAM和特殊功能寄存器的部分单元有位地址，因此位寻址只能对有位地址的这两个空间进行寻址操作。位寻址是一种直接寻址方式，由指令给出直接位地址。与直接寻址不同的是，位寻址只给出位地址，而不是字节地址。

例如：

```
SETB 20H              ;1→20H位，机器码为D220
MOV 32H, C            ;进位位Cy(即指令中的C)→32H位，机器码为9232
ORL C, 5AH            ;Cy∨5AH位→Cy，机器码为725A
```

2.1.7 相对寻址

以当前程序计数器PC的内容为基值，加上指令给出的一字节补码数（偏移量）形成新的PC值的寻址方式称为相对寻址。

相对寻址只修改PC值，故主要用于实现程序的分支转移。

例如：SJMP 08H；当前PC＋08H→PC（该指令为两字节，这里的当前PC是指该指令的地址加2）指令执行后，转移到地址为PC＋08H（即指令地址＋0AH）处执行程序。

从前面内容可知，MCS-51系列单片机的寻址方式形式简单、类型少、容易掌握。但由于单片机严格遵守存储器空间分配，因此，指令中应根据操作数所在的存储空间选用不同的寻址方式。

在统一编址的内部 RAM 和特殊功能寄存器的操作数中，特殊功能寄存器中的操作数常使用符号字节地址或符号位地址的形式(例如，PSW、TMOD、P_0、IE 等使用符号字节地址；C、RS_0、EA、$P_{1.1}$ 等使用符号位地址)，而不用直接字节地址或直接位地址形式。

各种寻址方式的适用范围在表 1.6 中归纳得很清楚。

2.2 数据传送与交换指令

本类指令共有 28 条，包括以 A、R_n、DPTR、直接地址单元、间接地址单元为操作数的指令；访问外部 RAM 的指令；读程序存储器的指令；数据交换指令以及堆栈操作指令。

2.2.1 传送类指令

1. 内部 RAM 和 SFR 间的传送指令 MOV

图 2.6 示意了 MOV 的操作，图中"→"表示单向传送，"↔"表示互相传送，箭头指向目的操作数。

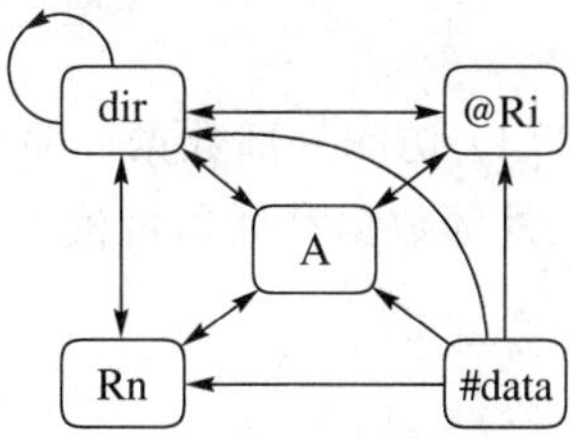

(1) 以 A 为目的操作数

$$\text{MOV A,}\begin{cases}\text{Rn} & \text{;Rn} \rightarrow \text{A} \\ \text{dir} & \text{;dir} \rightarrow \text{A} \\ \text{@Ri} & \text{;(Ri)} \rightarrow \text{A} \\ \text{\#data} & \text{;\#data} \rightarrow \text{A}\end{cases}$$

图 2.6 MOV 指令示意图

例如：R_1=20H，(20H)=55H，指令 MOV A，@R1 执行后，A=55H。

(2) 以 Rn 为目的操作数

$$\text{MOV Rn,}\begin{cases}\text{A} & \text{;A} \rightarrow \text{Rn} \\ \text{dir} & \text{;dir} \rightarrow \text{Rn} \\ \text{\#data} & \text{;\#data} \rightarrow \text{Rn}\end{cases}$$

例如：(40H)=30H，指令 MOV R7，40H 执行后，R_7=30H。

(3) 以 DPTR 为目的操作数

MOV DPTR，#data16 ;#data16→DPTR

例如：执行指令 MOV DPTR，#0A123H 后，DPTR=A123H。

(4) 以直接地址为目的操作数

$$\text{MOV dir,}\begin{cases}\text{A} & \text{;A} \rightarrow \text{dir} \\ \text{Rn} & \text{;Rn} \rightarrow \text{dir} \\ \text{dir} & \text{;dir} \rightarrow \text{dir} \\ \text{@Ri} & \text{;(Ri)} \rightarrow \text{dir} \\ \text{\#data} & \text{;\#data} \rightarrow \text{dir}\end{cases}$$

例如：R_0=50H，(50H)=10H，指令 MOV 35H，@R0 执行后，(35H)=10H。这一操

作也可用指令 MOV 35H,50H 来完成。

(5) 以间接地址为目的操作数

$$\text{MOV @Ri,}\begin{cases}\text{A} & ;\text{A}\rightarrow(\text{Ri})\\ \text{dir} & ;\text{dir}\rightarrow(\text{Ri})\\ \#\text{data} & ;\#\text{data}\rightarrow(\text{Ri})\end{cases}$$

例如：R_0=50H,执行指令 MOV @R0,#67H 后,(50H)=67H。

2. 外部存储器和 A 累加器之间的传送

外部数据存储器及程序存储器只能和 A 累加器进行数据传送,而不能与内部 RAM 和 SFR 进行数据传送,指令如图 2.7 所示。

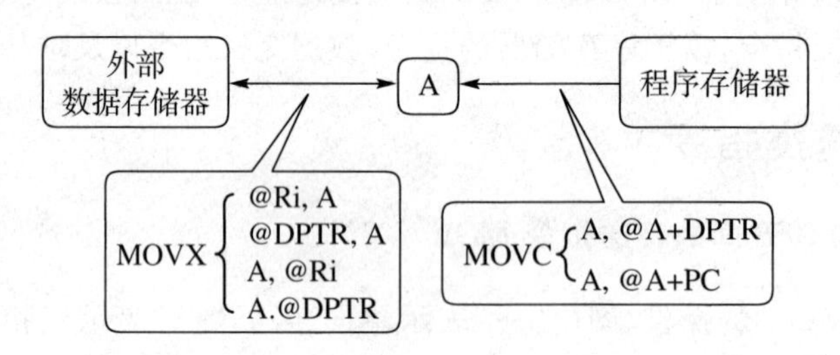

图 2.7　外部数据存储器及程序存储器的传送指令

(1) 访问外部数据存储器指令

外部数据存储器可读、可写,故和 A 累加器可以互相传送数据,共有 4 条指令:

```
MOVX @Ri, A              ;A→(P2Ri)
MOVX @DPTR, A            ;A→(DPTR)
MOVX A, @Ri              ;(P2Ri)→A
MOVX A, @DPTR            ;(DPTR)→A
```

例如,将立即数 23H 送入外部 RAM 的 0FFFH 单元:

```
MOV A, #23H
MOV DPTR, #0FFFH
MOVX @ DPTR, A
```

也可以采用下列指令:

```
MOV A, #23H
MOV P2, #0FH
MOV R1, #0FFH
MOVX @R0, A
```

(2) 访问程序存储器指令

程序存储器只能读,不能写,故只有两条读指令:

```
MOVC A, @A+PC            ;(A+PC)→A
MOVC A, @A+DPTR          ;(A+DPTR)→A
```

这两条指令常用于查表。

例 2-1 分析执行下列程序后，A 的值是多少？

```
    MOV A, #01H              ;A=01
    MOV DPTR, #M2            ;M2 的地址送至 DPTR
    MOVC A, @A+DPTR          ;执行完该指令,A=(01+DPTR)=(1+M2)=77H
M1: RET                      ;子程序返回指令
M2: DB 66H, 77H, 88H, 99H    ;定义字节数据
```

程序中 DB 为在程序存储器定义字节伪指令，MOVC 指令把地址为(M2＋1)单元的内容送到 A，因此该程序段执行结果：A＝77H。

以上程序段也可用下列程序段代替：

```
    MOV A, #02H              ;A=02
    MOVC A, @A+PC            ;取完该指令,PC=M1,执行(2+M1)→A
M1: RET                      ;子程序返回指令,为 1 字节指令
M2: DB 66H, 77H, 88H, 99H
```

由于在执行 MOVC 指令时 PC＝M1，A＋PC＝2＋M1，RET 指令占一个字节，(2＋M1)＝77H，因此执行 MOVC A,@A＋PC 指令后 A＝77H。

3. 堆栈操作指令

(1) 入栈操作指令

```
PUSH dir                     ;SP+1→SP, (dir) →(SP)
```

(2) 出栈操作指令

```
POP dir                      ;(SP)→(dir), SP-1→SP
```

堆栈操作指令说明：

- 初始化时 SP＝07H，如不重置 SP，将从内部数据存储器 08H 单元开始压入。
- 堆栈操作是字节数据操作，每次压入或弹出一个 8 位数。
- 堆栈的生长方向和 8086 相反，入栈时栈顶向地址增加的方向生长，即 SP 先加 1，再压入；弹出时按地址减少的方向进行，即先弹出，SP 再减 1。

例如：

```
MOV A, #90H
MOV SP, #15H
PUSH ACC                     ;SP=16H, (16H)=90H(这里 A 累加器为直接寻址,写作 ACC)
POP 20H                      ;(20H)=90H, SP=15H
```

2.2.2 字节交换指令

1. 字节交换指令

$$\text{XCH A,}\begin{cases}\text{Rn} & ;\text{Rn}\leftrightarrows\text{A}\\ \text{dir} & ;\text{dir}\leftrightarrows\text{A}\\ @\text{Ri} & ;(\text{Ri})\leftrightarrows\text{A}\end{cases}$$

字节交换指令如图 2.8 所示。

例如：A＝FFH，R_1＝30H，(30H)＝87H，执行 XCH A，@R1 后 A＝87H，(30H)＝FFH。

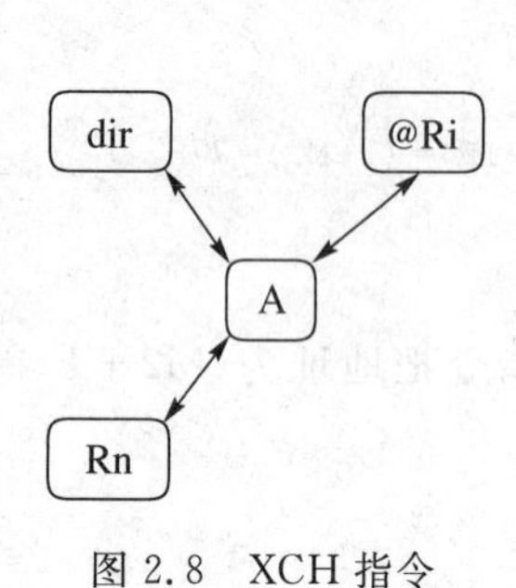

图 2.8　XCH 指令

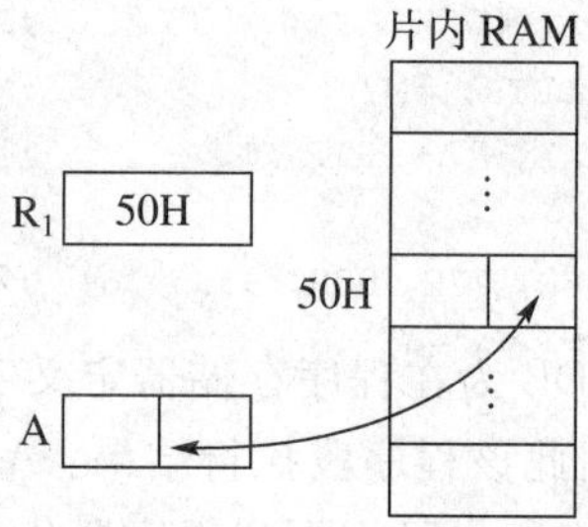

片内 RAM

R_1　50H

50H

A

图 2.9　XCHD A，@R1 示意图

2. 低半字节交换指令

XCHD　A，@Ri ；$A_{0\sim3}\leftrightarrows(Ri)_{0\sim3}$，内部 RAM(Ri)的低 4 位和 A 累加器的低 4 位交换。例如：

```
A=34H,(50H)=96H
MOV R1, #50H
XCHD A, @R1
```

执行后 A＝36H，(50H)＝94H，操作如图 2.9 所示。

3. A 累加器的高、低半字节交换

操作如图 2.10 所示。

```
SWAP A          ;A0~3⇆A4~7
```

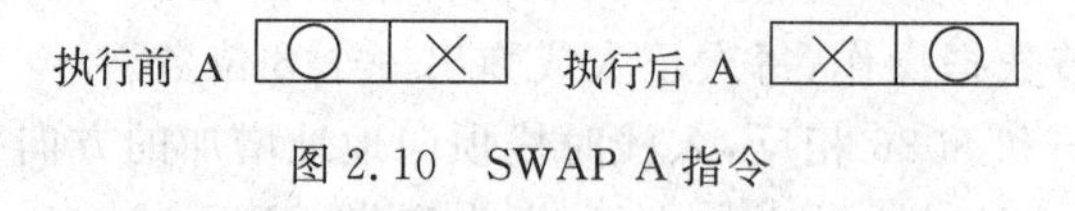

图 2.10　SWAP A 指令

例如：A＝0FH，执行 SWAP A 后 A＝F0H。

2.3　算术运算和逻辑运算指令

51 系列单片机指令系统中算术运算有加、进位加(两数相加后还加进位位 C_Y)、借位减(两数相减后还减去借位位 C_Y)、加 1、减 1、乘、除指令；逻辑运算有与、或、异或指令。

2.3.1　算术运算和逻辑运算指令对标志位的影响

在 51 系列单片机程序状态字 PSW 寄存器中有 4 个测试标志位：P(奇偶)、OV(溢出)、C_Y(进位)、AC(辅助进位)，算术运算、逻辑运算指令对标志位的影响和 8086 微机有所不同，归纳如下：

(1) P(奇偶)标志仅对A累加器操作的指令有影响，凡是对A累加器操作的指令(包括传送指令)都将A中“1”个数的奇偶性反映到PSW的P标志位上。即A累加器中有奇数个“1”，P=1；有偶数个“1”，P=0。

(2) 传送指令、加1、减1指令、逻辑运算指令不影响C_Y、OV、AC标志位。

(3) 加、减运算指令影响P、OV、C_Y、AC 4个测试标志位；乘、除指令使C_Y=0，当乘积大于255，或除数为0时，OV=1。

具体指令对标志位的影响可参阅附录A。标志位的状态是控制转移指令的条件，因此指令对标志位的影响应该熟记。

2.3.2　以A为目的操作数的算术运算和逻辑运算指令

以A为目的操作数的算术运算和逻辑运算指令如图2.11所示。

$$\left.\begin{array}{ll}\text{加：} & \text{ADD}\\ \text{进位加：} & \text{ADDC}\\ \text{借位减：} & \text{SUBB}\\ \text{与：} & \text{ANL}\\ \text{或：} & \text{ORL}\\ \text{异或：} & \text{XRL}\end{array}\right\}\text{A,}\left\{\begin{array}{l}@\text{Ri}\\ \text{dir}\\ \text{Rn}\\ \#\text{data}\end{array}\right.$$

以A为目的操作数的指令中，每一类运算对应有4个源操作数，共计24条指令。

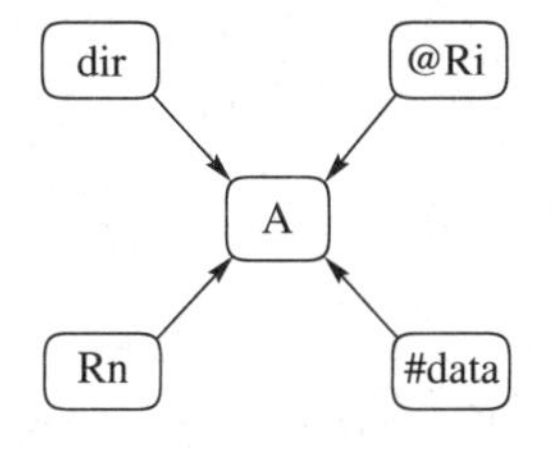

图2.11　以A为目的操作数的算术运算和逻辑运算指令

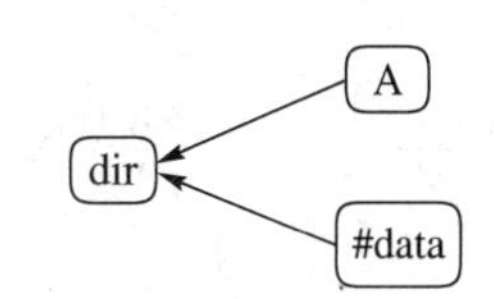

图2.12　以dir为目的操作数的逻辑运算指令

2.3.3　以dir为目的操作数的逻辑运算指令

逻辑运算指令共6条，如图2.12所示。

$$\left.\begin{array}{ll}\text{与：} & \text{ANL}\\ \text{或：} & \text{ORL}\\ \text{异或：} & \text{XRL}\end{array}\right\}\text{dir,}\left\{\begin{array}{l}\text{A}\\ \#\text{data}\end{array}\right.$$

以dir为目的操作数的逻辑运算指令中每一类运算对应两个源操作数，共计6条指令。

以上30条指令这样列出是为了方便读者掌握和记忆。

各类指令的操作意义非常明确，不再一一赘述，要注意减指令只有带借位减，因此在多字节减法中，最低位字节进行减法时，注意先清C_Y。

逻辑运算指令常用于对数据位进行加工。

逻辑运算是按位进行的，两数运算的运算法则如下。

- 与：有“0”则为“0”。
- 或：有“1”则为“1”。
- 异或：同为“0”，异为“1”；与“0”异或，值不变；与“1”异或，值变反。

例如，A＝0FH，执行 ORL A，#80H 后 A＝8FH。

例如，P_1＝0FH，执行 XRL P1，#0FFH 后 P_1＝F0H（这里 P_1 属于直接寻址）。

例如，A＝9BH，执行 ADD A，#9BH 指令后 A＝9BH＋9BH＝34H，C_Y＝1，AC＝1，OV＝1，P＝1。

例如，A＝97H，C_Y＝1，执行 ADDC A，#95H 后 A＝97H＋95H＋C_Y＝2DH，C_Y＝1。

例如，A＝95H，C_Y＝1，执行 SUBB A，#62H 后 A＝32H，C_Y＝0。

2.3.4 加 1、减 1 指令

加 1 指令是内部 RAM 或寄存器自增 1 指令，减 1 指令是内部 RAM 或寄存器自减 1 指令，如图 2.13 所示。加 1 指令格式如下：

```
     ⎧A       ;A+1→A
     ⎪@Ri     ;(Ri)+1→(Ri)
INC  ⎨dir     ;(dir)+1→(dir)
     ⎪Rn      ;Rn+1→Rn
     ⎩DPTR    ;DPTR+1→DPTR（见图 2.14）
```

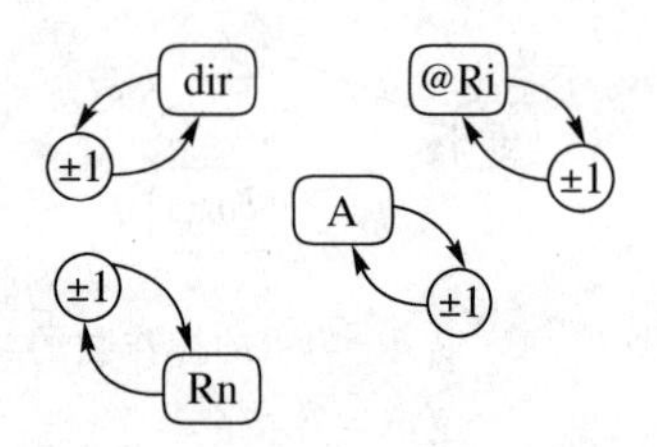

图 2.13 INC、DEC 指令

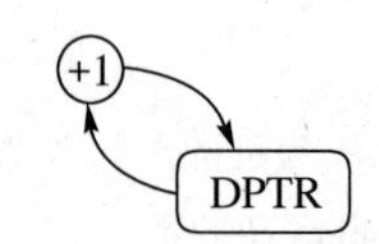

图 2.14 INC DPTR 指令

减 1 指令格式如下：

```
     ⎧A       ;A-1→A
     ⎪@Ri     ;(Ri)-1→Ri
DEC  ⎨dir     ;(dir)-1→dir
     ⎩Rn      ;Rn-1→Rn
```

例如，(20H)＝55H，执行 INC 20H 后(20H)＝56H。

例如，R_7＝80H，执行 DEC R_7 后 R_7＝7FH。

2.3.5 十进制调整指令

计算机进行二进制加法，其和也为二进制。如果是十进制相加（即 BCD 码相加），想得到十进制的结果，就必须进行十进制调整(即 BCD 码调整)。调整指令如下：

```
DA A                ;将 A 中二进制相加和调整成 BCD 码
```

(1) 指令按下列原则进行调整：和的低 4 位大于 9 或有半进位，则低 4 位加 6；如果和的高 4 位大于 9 或有进位，则高 4 位加 6。指令根据相加和及标志位自行进行判断，因此该指令应紧跟在加指令之后，至少在加指令和该指令之间不能有影响标志位的指令。

(2) DAA 指令只对 1 个字节和进行调整，如为多字节相加，必须进行多次调整。

(3) 此指令不能对减法结果进行调整。

例 2-2 完成 56＋17 的编程。

```
MOV A, #56H             ;A 存放十进制码 56H
MOV B, #17H             ;B 存放十进制码 17H
ADD A,B                 ;A=6DH
DA A                    ;A=73H
SJMP $
```

程序中 SJMP 为相对转移指令，$ 表示该指令首址，用循环执行该转移指令以实现动态停机操作，这是由于 MCS-51 单片机没有停机指令，如果不动态停机，将顺序执行后面随机代码而造成死机。

2.3.6 专对 A 的指令

(1) A 取反

```
CPL A                   ;/A→A
```

(2) A 清零

```
CLR A                   ;0→A
```

(3) A 左环移

```
RL A                    ;见图 2.15
```

(4) A 右环移

```
RR A
```

(5) A 左大环移

```
RLC A
```

(6) A 右大环移

```
RRC A
```

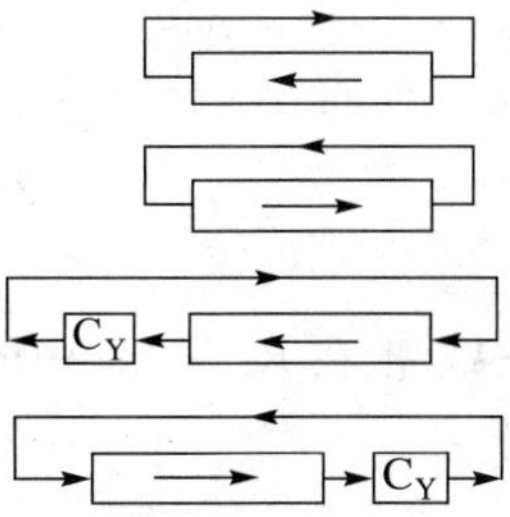

RL A
RR A
RLC A
RRC A

图 2.15 循环移位指令

循环移位指令通常用于位测试、位统计、乘 2、除 2 等操作。

例如，A＝84H，执行 RLA 指令后，A＝09H。

例如，A＝84H，C_Y＝1，执行 RRCA 指令后，A＝C2H，C_Y＝0。

2.3.7 乘、除法指令

1. 乘法指令

```
MUL AB                    ;A×B→BA
```

说明：该指令实现8位无符号乘法。A、B中各放置一个8位乘数，指令执行后，16位积的高8位在B中，低8位在A中。

例如，A=50H，B=A0H，指令 MUL AB 执行后，A=00H，B=32H。

2. 除法指令

```
DIV AB                    ;A÷B→商在A中，余数在B中
```

说明：该指令实现两个8位无符号数除法。A中放置被除数，B中放置除数，指令执行后，A中为商，B中为余数。若除数B=00H，则指令执行后，溢出标志OV=1，且A、B内容不变。

例如，A=28H，B=12H，指令 DIV AB 执行后，A=02H，B=04H。

例如，A=08H，B=09H，指令 DIV AB 执行后，A=00H，B=08H。

2.3.8 指令综合应用举例

例 2-3 编写程序，将21H单元的低3位和20H单元的低5位合并为一个字，并送至30H单元，要求(21H)的低3位放在高位上。

```
MOV 30H, 20H              ;(30H)=(20H)
ANL 30H, #1FH             ;保留低5位
MOV A, 21H                ;A=(21H)
SWAP A                    ;高、低4位交换
RL  A                     ;低3位移到高3位位置
ANL A, #0E0H              ;保留高3位
ORL 30H, A                ;和(30H)的低5位合并
SJMP $
```

例 2-4 把在 R_4 和 R_5 中的两字节数取补（高位在 R_4 中）。

```
CLR C                     ;CY 清零
MOV A, R5
CPL A
ADD A, #01H               ;低位取反加1
MOV R5, A
MOV A, R4
CPL A                     ;高位取反
ADDC A, #00H              ;加低位的进位
MOV R4, A
SJMP $
```

例 2-5 把 R_7 中的无符号数扩大 10 倍。

```
MOV A, R7
MOV B, #0AH
MUL AB
MOV R7, A                   ;R7保存乘积的低位
MOV R6, B                   ;R6保存乘积的高位
SJMP $
```

例 2-6 把 R_1R_0 和 R_3R_2 中的两个 4 位 BCD 码数相加，结果送至 R_5R_4 中，如有进位，则保存于进位位 C 中。

```
CLR C                       ;清进位
MOV A, R0
ADD A, R2                   ;低字节相加
DA  A                       ;十进制调整
MOV R4, A
MOV A, R1
ADDC A, R3                  ;高字节相加
DA  A                       ;十进制调整
MOV R5, A
SJMP $
```

2.4 控制转移指令

这一类指令的功能是改变指令的执行顺序，转到指令指示的新的 PC 地址执行。

MCS-51 单片机的控制转移指令有以下类型。

- 无条件转移：无须判断，执行该指令就转移到目的地址。
- 条件转移：需判断标志位是否满足条件，若满足条件，则转移到目的地址，否则顺序执行。
- 绝对转移：转移的目的地址用绝对地址指示，通常为无条件转移。
- 相对转移：转移的目的地址用相对于当前 PC 的偏差(偏移量)指示，通常为条件转移。
- 长转移或长调用：目的地址距当前 PC 64KB 地址范围内。
- 短转移或短调用：目的地址距当前 PC 2KB 地址范围。

以上指令共 14 条，下面将分别介绍。

2.4.1 程序调用和返回类指令

1. 长调用

```
LCALL addr16                ;addr16→PC0~15
```

说明：

(1) 该指令功能如下。

① 保护断点,即将当前PC(本指令的下一条指令的首地址)压入堆栈。

② 将子程序的入口地址addr16送至PC,转到子程序执行。

(2) 该指令为64KB地址范围内的调用子程序指令,子程序可在64KB地址空间的任意一处。

(3) 该指令的机器码为3字节12 addr16。

2. 短调用

```
ACALL addr11                    ;addr11→PC0~10
```

说明：

(1) 该指令的功能如下。

① 保护断点,即将当前PC压入堆栈。

② addr11→$PC_{0\sim10}$,而$PC_{11\sim15}$保持原值不变。

(2) 该指令为2KB地址范围的调用子程序指令,子程序入口距当前PC不得超过2KB地址范围。

(3) 该指令的机器码为两字节,假设addr11的各位是$a_{10}a_9a_8\cdots a_2a_1a_0$,则ACALL指令机器码为$a_{10}a_9a_8 10001 a_7a_6a_5a_4a_3a_2a_1a_0$,其中10001是ACALL指令的操作码。

例2-7 子程序调用指令ACALL在程序存储器中的首地址为0100H,子程序入口地址为0250H。试确定能否使用ACALL指令实现调用?如果能使用,则确定该指令的机器码。

因为ACALL指令首地址在0100H,而ACALL是两字节指令,所以下一条指令的首地址在0102H。0102H和0250H在同一2KB地址范围内,故可用ACALL指令调用。子程序入口地址为0250H,ACALL指令的机器码形式为:0101000101010000B=5150H。

3. 返回指令

(1) 子程序返回指令　RET

功能:从栈顶弹出断点到PC,从子程序返回到主程序。

(2) 从中断服务程序返回指令　RETI

功能:从栈顶弹出断点到PC,并恢复中断优先级状态触发器,从中断服务程序返回到主程序。

2.4.2 转移指令

1. 无条件转移指令

(1) 短转移

```
AJMP addr11                    ;addr11→PC0~10
```

说明：

① 转移范围。该指令为 2KB 地址范围内的转移指令。对转移目的地址的要求与 ACALL 指令对子程序入口地址的要求相同。

② 机器码形式。该指令为两字节指令。假设 addr 11的各位是 $a_{10}a_9a_8\cdots a_2a_1a_0$，则指令的机器码为 $a_{10}a_9a_8 00001 a_7a_6a_5a_4a_3a_2a_1a_0$。

例 2-8 短转移指令 AJMP 在程序存储器中的首地址为 2500H，要求转移到 2250H 地址处执行程序，试确定能否使用 AJMP 指令实现转移？如能实现，其指令的机器码是什么？

因为 AJMP 指令的首地址为 2500H，其下一条指令的首地址为 2502H，2502H 与转移目的地址 2250H 在同一 2KB 地址范围内，故可用 AJMP 指令实现程序的转移。指令的机器码为 0100000101010000B＝4150H。

（2）长转移

```
LJMP addr16              ;addr16→PC0~15
```

说明：

① 该指令为 64KB 程序存储空间的全范围转移指令。转移地址可为 16 位地址中的任意值。

② 该指令为 3 字节指令 02 addr16。

（3）间接转移

```
JMP @A+DPTR              ;A+DPTR→PC
```

例如：A＝02H，DPTR＝2000H，指令 JMP @A＋DPTR 执行后，PC＝2002H。也就是说，程序转移到 2002H 地址单元去执行。

例如：现有一段程序如下：

```
        MOV DPTR, #TABLE
        JMP @A+DPTR
TABLE:  AJMP PROC0
        AJMP PROC1
        AJMP PROC2
        AJMP PROC3
```

根据 JMP @A＋DPTR 指令的操作可知，当 A＝00H 时，程序转到地址 PROC0 处；当 A＝02H 时，转到 PROC1 处……可见这是一段多路转移程序，进入的路数由 A 确定。因为 AJMP 指令是两字节指令，所以 A 必须为偶数。

以上均为绝对转移指令，下面介绍相对转移指令。

（4）无条件相对转移

```
SJMP rel                 ;PC+rel→PC，即 As+2+rel→PC，机器码为 80 rel
```

说明：设 As 为源地址(该指令的首地址)，该指令为两字节指令，执行该指令时的当前 PC＝As＋2，rel 为转移的偏移量，转移可以向前转(目的地址小于源地址)，也可以向后转(目的地址大于源地址)，因此偏移量 rel 是 1 字节有符号数，用补码表示(－128～＋127)，所以指令转移范围在离源地址 As 的－126～＋129 字节之间。

2. 条件转移指令

(1) 累加器为零(非零)转移

```
JZ rel                  ;A=0, 则转移,执行(As+2+rel)→PC
                        ;A≠0, 程序顺序执行, 机器码为 60rel
JNZ rel                 ;A≠0, 则转移, 执行(As+2+rel)→PC
                        ;A=0, 程序顺序执行, 机器码 70rel
```

(2) 减 1 非零转移

```
DJNZ Rn, rel            ;Rn-1→Rn, Rn≠0, 则转移到(As+2+rel)→PC
                        ;Rn=0, 程序顺序执行
DJNZ dir, rel           ;(dir)-1→(dir), (dir)≠0,则转移到(As+3+rel)→PC
                        ;(dir)=0, 程序顺序执行
```

说明：

① 该指令有自动减 1 功能。

② DJNZ Rn,rel 是 2 字节指令,而 DJNZ dir,rel 是 3 字节指令,所以在满足转移的条件后,前者是 As+2+rel→PC,而后者是 As+3+rel→PC。

例 2-9 试说明以下一段程序运行后 A 中的结果。

```
      MOV  23H, #0AH
      CLR  A
LOOP: ADD  A, 23H
      DJNZ 23H, LOOP
      SJMP $
```

根据程序可知,A＝10＋9＋8＋7＋6＋5＋4＋3＋2＋1＝55＝37H。

(3) 比较转移

```
CJNE A, dir, rel            ;A≠dir, 则转移,执行(As+3+rel)→PC
                            ;A=dir, 程序顺序执行
CJNE A, #data, rel          ;A≠# data, 则转移,执行(As+3+rel)→PC
                            ;A=#data, 程序顺序执行
CJNE Rn, #data, rel         ;Rn≠#data, 则转移,执行(As+3+rel)→PC
                            ;Rn=#data, 程序顺序执行
CJNE @Ri, #data, rel        ;(Ri)≠#data, 则转移,执行(As+3+rel)→PC
                            ;(Ri)=#data, 程序顺序执行
```

说明：

① CJNE 指令都是 3 字节指令,进行减操作,不回送结果,影响 C_Y 标志位。

② 若第一操作数大于或等于第二操作数,则标志位 $C_Y=0$。若第一操作数小于第二操作数,则 $C_Y=1$。这几条指令除实现两操作数相等与否的判断外,利用对 C_Y 的判断,还可完成两数大小的比较。

DJNZ 和 CJNE 指令的助记图如图 2.16 所示。

例如，$R_7=56H$，指令 CJNE R7，#34H，$+08H 执行后，程序转移到存放本条 CJNE 指令的首地址($)加 08H 后的地址单元去执行。

例 2-10　编写程序，要求读 P_1 端口上的信息，若不为 55H，则程序等待，直到 P_1 端口为 55H 时，程序往下顺序执行。程序为

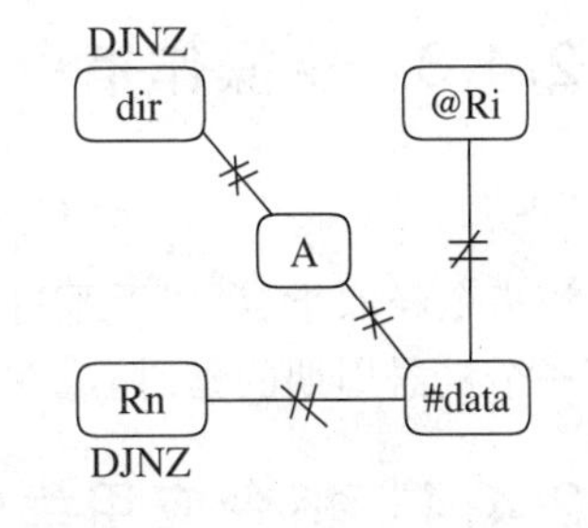

图 2.16　CJNE 和 DJNZ 指令示意图

```
MOV A, #55H          ;A=55H
CJNE A, P1, $        ;P1≠55H, 则程序循环执行本指令
                     …
```

在实际编程中，转移的目的地址不管是 addr11、addr16，还是 rel，均是用一符号地址表示的(如 SJMP ABC，AJMP LOOP，…)，转移的类型是通过指令的操作符来决定的。

3. 相对偏移量 rel 的求法

在相对转移中，用偏移量 rel 和转移指令所处的地址值来计算转移的目的地址。rel 是 1 字节补码值，如果程序往地址增加方向转移，rel 是正数的补码；如果程序往地址减少的方向转移，rel 是负数的补码。在填写机器码时，需计算 rel，下面介绍计算 rel 的方法。

设本条转移指令的首地址为 As(源地址)，指令字节数为 Bn(两字节或 3 字节)，要转移的目标地址为 Ad(目的地址)，这三者之间的关系为：

$$Ad=As+Bn+rel_{补}$$

于是

$$rel=(Ad-As-Bn)_{补}$$

这就是在已知源地址、目的地址和指令的长度时，计算 rel 大小的公式。

例 2-11　MCS-51 单片机指令系统中，没有停机指令，通常用短转移指令 SJMP $ ($ 为本条指令的首地址)来实现动态停机的操作，试写出这条指令的机器码。

查附录 A，SJMP rel 的指令码为 80rel。根据题意，本条指令的首地址 As=$，转移的目的地址是本条指令地址，即 Ad=$ 该指令为 2 字节指令，即 Bn=2，则：

$$rel=(Ad-As-Bn)_{补}=(\$-\$-2)_{补}=(-2)_{补}=FEH$$

所以 SJMP $ 指令的机器码是 80FEH。

例 2-12　计算下面程序中 CJNE 指令的偏移量。

```
LOOP: MOV A, P1
      CJNE A, #55H, LOOP
```

由于 MOV A，P1 是 2 字节指令，故 CJNE 指令的首地址是 LOOP+2。又因为 CJNE 指令是 3 字节指令，于是有：

```
Ad=LOOP, As=LOOP+2, Bn=3
rel=[LOOP-(LOOP+2)-3]补=[-5]补=FBH
```

所以 CJNE A，#55H，LOOP 指令的机器码为 B455FBH。

2.4.3 空操作指令

```
NOP                        ;机器码为 00
```

该指令经取指、译码后不进行任何操作(空操作)而后执行下一条指令。该指令常用于产生一个机器周期的延时,或在上机修改程序时作填充指令,以方便增减指令。

2.4.4 指令应用举例

例 2-13 将 A 累加器的低 4 位取反 4 次,高 4 位不变。每变换一次,从 P_1 端口输出。

因为异或运算的规则是一个数与“0”异或,该数不变;与“1”异或,该数变反。欲使高 4 位不变,则高 4 位与“0”异或;低 4 位取反,则低 4 位与“1”异或;因此 A 和 0FH 异或可实现要求。4 次的计数可以采用加 1 计数,也可以采用减 1 计数,程序如下。

方法一:加 1 计数。

```
    MOV R0, #0              ;计数初值为 0
LL: XRL A, #0FH             ;高 4 位不变,低 4 位取反
    INC R0                  ;次数加 1
    MOV P1, A               ;从 P1 端口输出
    CJNE R0, #04, LL        ;不满 4 次则循环
    RET
```

方法二:减 1 计数。

```
    MOV R0, #04H            ;计数初值为 4
LL: XRL A, #0FH
    MOV P1, A
    DJNZ R0, LL             ;次数减 1, 不等于 0 则循环
    RET
```

例 2-14 有如下程序段,试在括号内填入机器码。

```
地址(H)     机器码              源程序
① 010D      75()()              MOV SP, #50H
② 0110      (      )            ACALL D1MS
③ 0112      12()()              LCALL D2MS
              ⋮                   ⋮
④ 012D      7F64         D1MS:  MOV R7, #64H
              ⋮                   ⋮
                                  RET
⑤ 0131      7405         D2MS:  MOV A, #05H
              ⋮                   ⋮
                                  RET
```

第①句 MOV dir,#data 的机器码为 75 dir #data,SP 的地址为 81H,因此为 75(81)(50)。在第②句中,因为 ACALL 指令的机器码为 $a_{10}a_9a_8$10001a_7～a_0,D1MS 的地址为 012DH,展开为 0000000100101101B,其中 $a_{10}a_9a_8$=001,a_7～a_0=00101101,ACALL 指令的操作码为 001**10001**00101101B=312DH。第②句为(312D)。第③句为长调用,直接填写 D2MS 的入口地址即可,第③句为 12(01)(31)。

例 2-15 在内部 RAM 的 40H 地址单元中，有 1 字节符号数，编写求其绝对值后并放回原单元的程序。

程序如下：

```
     MOV  A, 40H
     ANL  A, #80H
     JNZ  NEG                     ;为负数，则转移
     SJMP $                       ;为正数，绝对值=原数，不改变原单元内容
NEG: MOV  A, 40H                  ;为负数，则求补，得其绝对值
     CPL  A
     INC  A
     MOV  40H, A
     SJMP $
```

有符号数在计算机中以补码形式存放，例如－5，存放在内部 RAM 中为 FBH，求补后得 5，即|－5|＝5。

2.5 位操作指令

MCS-51 单片机的特色之一就是具有丰富的位处理功能，在其硬件结构中有位处理机，包括位累加器 C（即进位标志 C_Y）和位存储器（即内部 RAM 和 SFR 的可寻址位），使得开关量控制系统的设计变得十分方便。

在程序中位地址的表达有多种方式：

- 用直接位地址表示，如 D4H。
- 用“.”操作符号表示，如 PSW.4，或 D0H.4。
- 用位名称表示，如 RS1。
- 用用户自定义名表示。如 ABC BIT D4H，其中 ABC 定义为 D4H 位的位名，BIT 为位定义伪指令。
- 以上各例均表示 PSW.4 的 RS_1 位。

位操作类指令的对象是 C 和直接位地址，由于 C 是位累加器，所以位的逻辑运算指令的目的操作数只能是 C，这就是位操作指令的特点。下面将介绍位操作的 17 条指令。

1. 位清零

```
CLR C               ;0→CY
CLR bit             ;0→bit
```

2. 位置 1

```
SETB C              ;1→CY
SETB bit            ;1→bit
```

3. 位取反

```
CPL C               ;/CY→CY
```

```
CPL bit            ;bit→ bit
```

4. 位与

```
ANL C, bit         ;CY∧(bit)→CY
ANL C, /bit        ;CY∧(/bit)→CY
```

5. 位或

```
ORL C, bit         ;CY∨(bit)→CY
ORL C, /bit        ;CY∨(/bit)→CY
```

6. 位传送

```
MOV C, bit         ;(bit)→CY
MOV bit, C         ;CY→bit
```

7. 位转移

位转移指令根据位的值决定转移，均为相对转移指令，设 As 为下面各指令的首地址。

```
JC rel             ;CY=1,则转移到(As+2+rel), 否则程序顺序执行
JNC rel            ;CY=0, 则转移到(As+2+rel), 否则程序顺序执行
JB bit, rel        ;(bit)=1, 则转移到(As+3+rel), 否则程序顺序执行
JNB bit, rel       ;(bit)=0, 则转移到(As+3+rel), 否则程序顺序执行
JBC bit, rel       ;(bit)=1, 则转移到(As+3+rel), 且该位清零, 否则程序顺序执行
```

例 2-16 用位操作指令实现 $X=X_0 \oplus X_1$，设 X_0 为 $P_{1.0}$，X_1 为 $P_{1.1}$，X 为 ACC.0。

方法一：因位操作指令中无异或指令，依据 $X=X_0 \oplus X_1=X_0\overline{X}_1+\overline{X}_0X_1$，用与、或指令完成，编程如下。

```
X BIT   ACC.0
X0 BIT   P1.0
X1 BIT   P1.1      ;位定义
MOV C,   X0
ANL C,   /X1       ;C=X0∧/X1
MOV 20H, C         ;暂存于 20H 单元
MOV C,   X1
ANL C,   /X0       ;C=/X0∧X1
ORL C,   20H       ;C=X0 /X1+X0 /X1
MOV X, C
SJMP $
```

方法二：根据异或规则，一个数与"0"异或，该数值不变；与"1"异或，该数值变反，编程如下。

```
    MOV C, X0
    JNB X1, NCEX          ;X1=0, X=C=X0
```

```
      CPL C
NCEX: MOV X, C              ;X1=1, X=C=X0
      SJMP $
```

2.6 小结

(1) 51系列单片机指令系统的特点是不同的存储空间的寻址方式不同，适用的指令不同，必须进行区分。

(2) 指令是程序设计的基础，应重点掌握传送指令、算术运算指令、逻辑运算指令、控制转移指令和位操作指令，指令的功能、操作的对象和结果、对标志位的影响等应熟记。

思考题与习题

1. MCS-51单片机有哪几种寻址方式？适用于什么地址空间？用表格表示。

2. MCS-51单片机的PSW程序状态字中无ZERO(零)标志位，怎样判断某内部数据存储单元的内容是否为0？

3. 设A=0，执行下列两条指令后，A的内容是否相同，请说明道理。

```
MOVC A, @A+DPTR
MOVX A, @DPTR
```

4. 指出下列各指令中操作数的寻址方式。

指　令	目的操作数的寻址方式	源操作数的寻址方式
ADD A，40H		
PUSH ACC		
MOV B,20H		
ANL P1，#35H		
MOV @R1,PSW		
MOVC A,@A+DPTR		
MOVX @DPTR,A		

5. 执行下列程序段

```
MOV A, #56H
ADD A, #74H
ADD A, ACC
```

后 C_Y=________，OV=________，A=________。

6. 在错误的指令后面的括号中打×。

```
MOV @R1, #80H     ( )    |    MOV R7, @R1       ( )
MOV 20H, @R0      ( )    |    MOV R1, #0100H    ( )
CPL R4            ( )    |    SETB R7.0         ( )
```

```
MOV 20H, 21H        ( )    |    ORL A, R5          ( )
ANL R1, #0FH        ( )    |    XRL P1, #31H       ( )
MOVX A, 2000H       ( )    |    MOV 20H, @DPTR     ( )
MOV A, DPTR         ( )    |    MOV R1, R7         ( )
PUSH DPTR           ( )    |    POP 30H            ( )
MOVC A, @R1         ( )    |    MOVC A, @DPTR      ( )
MOVX @DPTR, #50H    ( )    |    RLC B              ( )
ADDC A, C           ( )    |    MOVC @R1, A        ( )
```

7. 设内部 RAM 中(59H)＝50H，执行下列程序段

```
MOV A, 59H
MOV R0, A
MOV A, #0
MOV @R0, A
MOV A, #25H
MOV 51H, A
MOV 52H, #70H
```

若 A＝________，(50H)＝________，(51H)＝________，(52H)＝________。

8. 设 SP＝60H，内部 RAM 的(30H)＝24H，(31H)＝10H，在下列程序段注释的括号中填写执行结果。

```
PUSH 30H   ;SP=( ), (SP)=( )
PUSH 31H   ;SP=( ), (SP)=( )
POP  DPL   ;SP=( ), DPL=( )
POP  DPH   ;SP=( ), DPH=( )
MOV  A, #00H
MOVX @DPTR, A
```

最后的执行结果是(　　)。

9. 对下列程序中各条指令作出注释，并分析程序运行的最后结果。

```
MOV 20H,#A4H
MOV A, #D6H
MOV R0, #20H
MOV R2, #57H
ANL A, R2
ORL A, @R0
SWAP A
CPL A
ORL 20H, A
SJMP $
```

10. 将下列程序译为机器码。

```
机器码          源程序
          LA: MOV   A, #01H
```

```
LB: MOV   P1, A
    RL    A
    CJNE  A, #10, LB
    SJMP  LA
```

11. 将A累加器的低4位数据送至P_1口的高4位，P_1口的低4位保持不变。

12. 编程，将R_0的内容和R_1的内容互相交换。

13. 试用3种方法将A累加器中的无符号数乘以4，乘积存放于B和A寄存器中。

14. 编程，将内部RAM 40H单元的中间4位变反，其余位不变，放回原单元。

15. 有两个BCD码，存放在(20H)和(21H)单元，完成(21H)+(20H)→(23H)(22H)。

16. 如果R_0的内容为0，将R_1置为0，如果R_0内容非0，置R_1为FFH，试进行编程。

17. 完成(51H)×(50H)→(53H)(52H)的编程(式中均为内部RAM)。

18. 将$P_{1.1}$和$P_{1.0}$同时取反10次。

19. 将内部RAM单元3字节数(22H)(21H)(20H)×2，送至(23H)(22H)(21H)(20H)单元。

MCS-51单片机汇编语言程序设计

3.1 概述

MCS-51 单片机的编程语言可以是汇编语言,也可以是高级语言(如 C 语言)。高级语言编程快捷,但程序长、占用存储空间大、执行时间长;汇编语言产生的目标程序简短、占用存储空间小、执行时间短,能充分发挥计算机的硬件功能。无论是高级语言还是汇编语言,源程序都要转换成目标程序(机器语言),单片机才能执行。支持写入单片机或仿真调试的目标程序有两种文件格式: BIN 文件和 HEX 文件。BIN 文件是由编译器生成的二进制文件,是程序的机器码;HEX 文件是由 Intel 公司定义的一种格式,这种格式包括地址、数据和校验码,并用 ASCII 码来存储,可供显示和打印。HEX 文件需通过符号转换程序 OHS51 进行转换。两种语言的操作过程如图 3.1 所示。

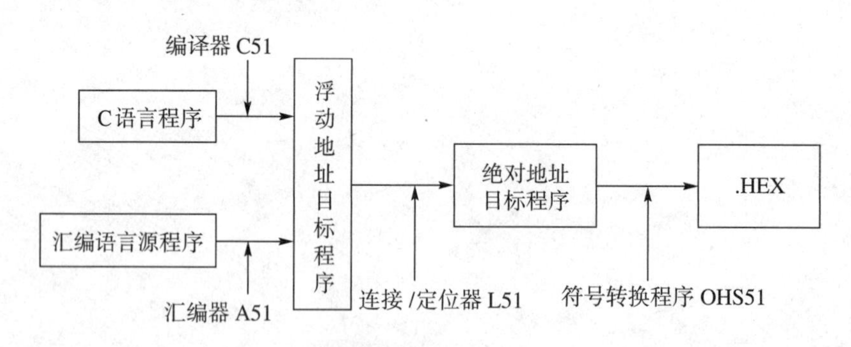

图 3.1　两种语言源程序转换成目标程序

目前很多公司将编辑器、汇编器、编译器、连接/定位器、符号转换程序做成集成软件包,用户进入该集成环境,编辑好程序后,只需单击相应菜单就可以完成上述的各步,如 WAVE、KEIL 等。

汇编语言是面向机器的,只有掌握了汇编语言程序设计,才能真正理解单片机的工作原理,以及软件对硬件的控制关系。虽然 C 语言编程快捷,无须考虑单元分配等细节,然而它的目标程序的反汇编依然是汇编语言程序,如果调试中出了问题,有时还需从反汇编的汇编语言程序分析原因。一些公司提供的资料是汇编语言程序,现有的大量的资料也是汇编语言程序，因此，本章重点介绍汇编语言程序设计的方法和技巧，在后面的应用篇中再介绍单片机的C语言程序设计。

汇编语言程序设计的步骤与方法如下：

(1) 分析任务，确定算法或解题思路。

(2) 按功能划分模块，确定各模块之间的相互关系及参数传递。

(3) 根据算法和解题思路画出程序流程图。

(4) 合理分配寄存器和存储器单元，编写汇编语言源程序，并进行必要的注释，以方便阅读、调试和修改。

(5) 将汇编语言源程序进行汇编和连接，生成可执行的目标文件(BIN或HEX文件)。

(6) 仿真调试、修改，直至满足任务要求。

(7) 将调试好的目标文件(BIN或HEX文件)烧录进单片机内，上电执行。

任何大型的、复杂的程序都是由基本结构程序构成的，通常有顺序结构、分支结构、循环结构、子程序等形式。本章通过编程实例，使读者进一步熟悉和掌握单片机的指令系统及程序设计的方法和技巧，提高编程能力。

由于51单片机复位时PC＝0000H，本章例题不涉及中断，所以各例均以ORG 0000H作为起始指令。上机的调试方法见本教材的第12章。

3.2 伪指令

用汇编语言编写的源程序计算机是不能执行的，必须译成机器语言程序，这个翻译过程被称为汇编。汇编有两种方式：手工汇编和机器汇编。手工汇编是通过查指令码表(见附录A)，查出每条指令的机器码；机器汇编是通过计算机执行汇编程序(能完成翻译工作的软件)自动完成的。

当使用机器汇编时，必须为汇编程序提供一些信息，例如，哪些是指令，哪些是数据；数据是字节还是字；程序的起始点和程序的结束点在何处等。这些控制汇编的指令称为伪指令，它不是控制单片机操作的指令，因此不是可执行指令，也就无机器代码。现对常用的伪指令进行如下说明。

1. 起始指令

标号：ORG nn

作用：改变汇编器的地址计数器初值，指示此语句后面的程序或数据块以nn为起始地址连续存放在程序存储器中。

例如：

```
ORG 1000H                 ;后面的程序或数据块以1000H为起始地址连续存放
```

2. 字节定义

标号：DB(字节常数、字符或表达式)

作用：指示在程序存储器中以标号为起始地址的单元里存放的数为字节数据(8 位二进制数)。

例如：

```
LN: DB 32, 'C', 25H    ;LN~LN+2 地址单元依次存放 20H、43H、25H
```

3. 字定义

标号：DW(字常数或表达式)

作用：指示在程序存储器中以标号为起始地址的单元里存放的数为字数据(即 16 位的二进制数)，每个数据需要两个单元存放。

例如：

```
MN: DW 1234H, 08H       ;MN~MN+3 地址单元中顺次存放 12H、34H、00H、08H
```

4. 保留字节

标号：DS(数值表达式)

作用：指示在程序存储器中保留以标号为起始地址的若干字节单元，其单元个数由数值表达式指定。

例如：

```
L1: DS 32               ;从 L1 地址开始保留 32 个存储单元
```

5. 等值指令

标号：EQU(数值表达式)

作用：表示 EQU 两边的量等值。

例如：

```
ABC EQU 38H             ;程序中凡是出现 ABC 的地方汇编程序将代之以 38H
```

6. 位定义

标号：BIT (位地址)

作用：同 EQU 指令，不过定义的是位操作地址。

例如：

```
AIC BIT P1.1            ;程序中凡是对 AIC 的操作即表示对 P1.1 操作
```

7. 汇编结束

标号：END

作用：指示源程序段结束。

单片机 A51 汇编程序还有一些其他的伪指令，如表 3.1 所示。

表 3.1　A51 伪指令

分　类	指　令	功　能
符号定义	SEGMENT EQU SET DATA IDATA XDATA BIT CODE	声明欲产生段的再定位类型 给特定的符号名赋值 将特定符号赋值且可重新定义 将内部 RAM 地址赋给指定符号 间接寻址，将内部 RAM 地址赋给指定符号 将外部 RAM 地址赋给指定符号 将位地址赋给指定符号 将程序存储器地址赋给指定符号
保留/初始化	DS DBIT DB DW	以字节为单位保留空间 以位为单位保留空间 以字节初始化程序空间 以字初始化程序空间
程序连接	PUBLIC EXTRN NAME	为其他模块所使用 列出其他模块中定义的符号 用来表明当前程序模块
状态控制和段选择	ORG END RSEG CSEG DSEG XSEG ISEG USING	用来改变汇编器的地址计数器 设定源程序的最后一行 选择定义过的再定位段作为当前段 程序绝对段 内部数据绝对段 外部数据绝对段 内部间址数据绝对段 通知汇编程序使用哪一寄存器组

注：不同的 A51 汇编系统，其伪指令会略有不同。

3.3　顺序程序设计

例 3-1　编写程序，将外部数据存储器的 000EH 和 000FH 单元的内容互相交换。

分析：外部数据存储器的数据操作只能用 MOVX 指令，且只能和 A 累加器之间传送，因此必须用一个中间环节作为暂存，假设用 20H 单元。用 R_0 和 R_1 指示两个单元的低 8 位地址，高 8 位地址由 P_2 指示，程序如下。

```
ORG 0000H
MOV P2, #0H                ;送地址高 8 位至 P2 端口
MOV R0, #0EH               ;R0=0EH
MOV R1, #0FH               ;R1=0FH
MOVX A, @R0                ;A=(000EH)
MOV 20H, A                 ;(20H)=(000EH)
MOVX A, @R1                ;A=(000FH)
XCH A, 20H                 ;(20H)←→A, A=(000EH), (20H)=(000FH)
MOVX @R1, A
MOV A, 20H
```

```
MOVX @R0, A                ;交换后的数送至各自单元
SJMP $
END
```

例 3-2 将内部数据存储器的(31H)(30H)中的16位数求补码后放回原单元。

分析：先判断数的正、负，因为正数补码＝原码，负数补码＝反码＋1，因此算法是低8位取反加1，高8位取反后再加上低位的进位 C_Y，由于INC指令不影响 C_Y 标志，低位加1不能用INC指令，只能用ADD指令，程序如下。

```
        ORG 0000H
        MOV A, 31H
        JB ACC.7, CPLL          ;如为负数，转至CPLL
        SJMP $                  ;如为正数，补码=原码
CPLL:   MOV A, 30H
        CPL A
        ADD A, #1               ;低8位取反加1
        MOV 30H, A
        MOV A, 31H
        CPL A                   ;高8位取反
        ADDC A, #0              ;加低8位的进位
        ORL A, #80H             ;恢复负号
        MOV 31H, A
        SJMP $
        END
```

例 3-3 设变量保存在片内RAM的20H单元，取值范围为00H～05H，编查写表程序，查出变量的平方值，并存入片内RAM的21H单元。

分析：在程序存储器的一指定地址单元存放一张平方表，以DPTR指向表首址，A存放变量值，利用查表指令MOVC A,@A＋DPTR，即可求得。表中数据用BCD码表示，这样合乎人们的习惯，程序如下。

```
       ORG     0000H
       MOV     DPTR, #TAB2                  ;DPTR指向平方表首址
       MOV     A, 20H
       MOVC    A, @A+DPTR                   ;查表
       MOV     21H, A
       SJMP    $
TAB2:  DB 00H, 01H, 04H, 09H, 16H, 25H      ;平方表
       END
```

查表技术是汇编语言程序设计的一种重要技术，通过查表可避免复杂的计算和编程，例如查平方表、立方表、函数表、数码管显示的段码表等，所以应熟练掌握查表技术。请读者考虑，如果变量对应的函数值为两个字节，程序应如何编写。

例 3-4 设内部RAM的ONE地址单元存放着一个8位无符号二进制数，要求将其转化为压缩的BCD码，将百位放在HUND地址单元，十位和个位放在TEN地址单元。

分析：8位无符号二进制数范围在0～255之间，将此数除以100，商即为百位，将其余

数除以10得十位，余数即为个位，题目中的标号在程序中应通过伪指令定义为具体的地址，程序如下。

```
        ORG 0000H
        MOV A, ONE
        MOV B, #64H
        DIV AB
        MOV HUND, A                 ;存百位值
        MOV A, #0AH
        XCH A, B                    ;余数送 A, 0AH 送 B
        DIV AB                      ;商 0X 为十位, 余数 0Y 为个位
        SWAP A                      ;商变为 X0
        ADD A, B                    ;十位和个位合并, X0+0Y=XY
        MOV TEN, A                  ;存十位和个位
        SJMP $
ONE     EQU 20H
HUND    EQU 22H
TEN     EQU 23H
        END
```

3.4 分支程序设计

分支程序很多是根据标志决定程序转移方向的，因此应善于利用指令产生的标志。对于多分支转移，还应画出流程图。下面举例说明3分支和多分支程序的编制。

例3-5 在内部RAM的40H和41H地址单元中，有两个无符号数，试编程，比较这两个数的大小，将大数存于内部RAM的GR单元，小数存于LE单元。如果两数相等，则分别送入GR和LE地址单元。

分析：采用CJNE指令，即可以判断两数相等与否，还可以通过C_Y标志判断大小，程序如下。

```
        ORG 0000H
        MOV A, 40H
        CJNE A, 41H, NEQ            ;两数不相等, 则转至 NEQ
        MOV GR, A                   ;两数相等, GR 单元和 LE 单元中存放的均为此数
        MOV LE, A
        SJMP $
NEQ:    JC LESS                     ;A 小, 则转至 LESS
        MOV GR, A                   ;A 大, 大数存于 GR 单元
        MOV LE, 41H                 ;小数存于 LE 单元
        SJNE $
LESS:   MOV LE, A                   ;A 小, 小数存于 LE 单元
        MOV GR, 41H                 ;大数存于 GR 单元
        SJMP $
   GR   EQU 30H
```

```
LE  EQU 31H
    END
```

例 3-6 设变量 x 以补码形式存放在片内 RAM 的 30H 单元，变量 y 与 x 有如下关系式：

$$y=\begin{cases}x, & x>0\\ 20\text{H}, & x=0\\ x+5, & x<0\end{cases}$$

试编制程序，根据 x 的取值求出 y，并放回原单元。

分析：取出变量后进行取值范围的判断，对符号的判断可用位操作类指令，也可用逻辑运算类指令，本例用逻辑运算指令，流程如图 3.2 所示，程序如下。

```
      ORG 0000H
      MOV A, 30H
      JZ NEXT            ;判断是否为零
      ANL A, #80H        ;判断符号位
      JZ ED              ;X>0, 转 ED, Y=X
      MOV A, #05H        ;X<0, 完成 X+5
      ADD A, 30H
      MOV 30H, A
      SJMP ED
NEXT: MOV 30H, #20H      ;X=0, Y=20H
ED:   SJMP $
      END
```

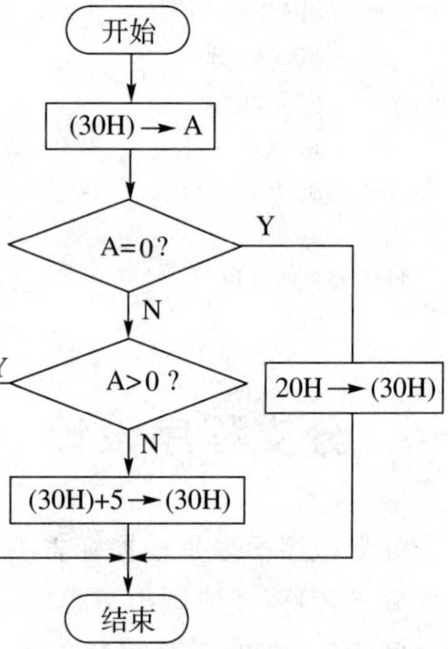

图 3.2 例 3-6 的程序流程

有一类分支程序，它根据不同的输入条件或不同的运算结果，转向不同的处理程序，称之为散转程序。这类程序通常利用 JMP@A+DPTR 间接转移指令实现转移，有如下两种设计方法：

(1) 查转移地址表，将转移地址列成表格，将表格的内容作为转移的目标地址。

(2) 查转移指令表，将转移到不同程序的转移指令列成表格，判断条件后查表，转到表中指令执行。

下面用两个例子说明。

1. 利用转移地址表实现转移

例 3-7 根据 R_3 的内容转向对应的程序，R_3 的内容为 $0\sim n$，处理程序的入口地址分别为 PR0～PRn($n<128$)。

分析：将 PR0～PRn 入口地址列在表格中，每一项占两个单元，PRn 在表中的偏移量为 $2n$，因此将 R_3 的内容乘 2 即得到 PRn 在表中的偏移地址，从偏移地址 $2n$ 和 $2n+1$ 两个单元分别取出 PRn 的高 8 位地址和低 8 位地址送至 DPTR 寄存器，用 JMP@A+DPTR 指令(A 先清零)即转移到 PRn 入口执行。程序如下。

```
PR0 EQU 0110H              ;用伪指令定义 PRn 的具体地址
PR1 EQU 0220H
```

```
      PR2 EQU 0330H
      ⋮
      ORG 0000H
      MOV A,R3                    ;R3→A
      ADD A,ACC                   ;A*2
      MOV DPTR,#TAB
      PUSH ACC
      MOVC A,@A+DPTR              ;取地址表中高字节
      MOV B,A                     ;暂存于 B
      INC DPL
      POP ACC
      MOVC A,@A+DPTR              ;取地址表中低字节
      MOV DPL,A
      MOV DPH,B                   ;DPTR 为表中地址
      CLR A                       ;A=0
      JMP @A+DPTR                 ;JMP PRn
TAB:  DW PR0,PR1, PR2,…,PRn
      END
```

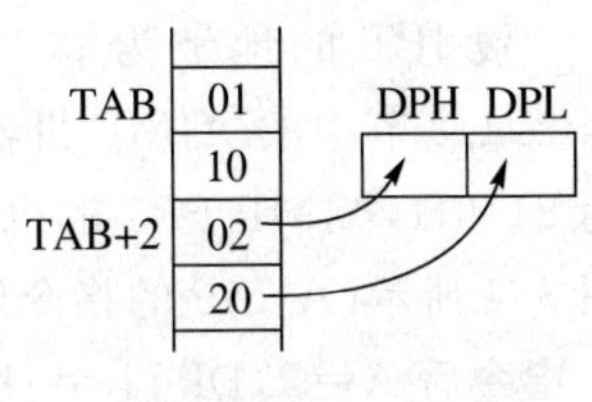

图 3.3 转移地址表

转移地址表如图 3.3 所示(只画出了两项)。设 $R_3=1$，$R_3\times2=2$，程序取出 TAB+2 和 TAB+3 单元中 PR1 入口地址 0220H 并送至 DPTR。由于执行了 CLR A，A=0，JMP @A+DPTR 即为 JMP 0220H，从而转到 PR1 执行。

2. 利用转移指令表实现转移

例 3-8 设有 5 个按键 0、1、2、3、4，其编码分别为 3AH、47H、65H、70H、8BH，要求根据按下的键转向不同的处理程序，分别为 PR0、PR1、PR2、PR3、PR4，设按键的编码已在 B 寄存器中。

分析：将键码排成表，将键码表中的值和 B 中的按键编码比对，记下在键码表中和 B 中的按键编码相等的序号，另编制一个转移表，存放 AJMP 指令(机器码)，因为每条 AJMP 指令占两字节，将刚才记下的序号乘 2 即为转移表的偏移地址，利用 JMP @A+DPTR 执行表内的 AJMP 指令，从而实现多分支转移，程序如下。

```
       PR0 EQU 0110H
       PR1 EQU 0220H
       PR2 EQU 0330H
       PR3 EQU 0440H
       PR4 EQU 0550H
       ORG 0000H
       MOV DPTR, #TAB             ;置键码表首址
       MOV A, #0                  ;表的起始位的偏移量为 0
NEXT:  PUSH ACC
       MOVC A, @A+DPTR            ;A 是键码表的编码
       CJNE A, B, AGAN            ;将 B 中的值和键码表的值比较
```

```
        POP ACC
        RL A                      ;如相等，序号乘以 2，得到分支表内偏移量 2n
        MOV DPTR, #JPT            ;置分支表首址
        JMP @A+DPTR               ;执行表 JPT+2n 中的 AJMP PRn 指令
  AGAN: POP ACC                   ;不相等，则比较下一个
        INC A                     ;序号加 1
        CJNE A, #5, NEXT
        SJMP $                    ;键码查完还没有 B 中按键编码，程序结束
   JPT: AJMP PR0                  ;分支转移表
        AJMP PR1
        AJMP PR2
        AJMP PR3
        AJMP PR4
   TAB: DB 3AH, 47H, 65H, 70H, 8BH ;键码表
        END
```

设 JPT 的地址为 001AH，PR0 入口地址为 0110H，PR1 入口地址为 0220H，参见第 2.4.2 节中的 AJMP 机器码形式，求得 AJMP PR0 的机器码为 2110H，AJMP PR1 的机器码为 4120H，…JPT 转移地址表如图 3.4 所示（AJMP 的指令码）。例如按键"1"，序号为 1，执行 RL A 指令后 A＝2，DPTR＝JPT＝001AH，因此 JMP @A＋DPTR 即为 JMP 001CH，执行 001CH 单元中的指令，而 001CH 单元存放 AJMP PR1 的指令码，从而执行 AJMP PR1 指令，转移到 PR1。

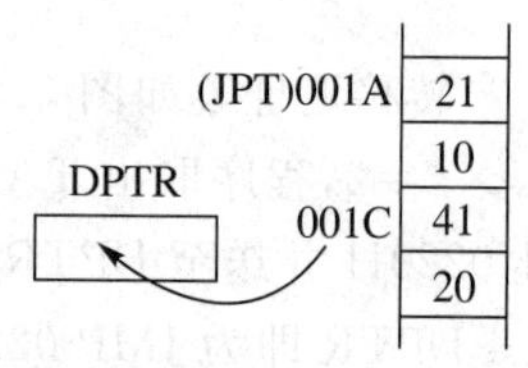

图 3.4 转移地址表

请读者考虑，如果分支程序的分支个数超过 128，程序该如何设计？

3.5 循环程序设计

当程序中的某些指令需要反复执行多次时，应采用循环程序的方式，这样会缩短程序，节省存储单元（并不节省执行时间）。循环程序设计的一个主要问题是对循环次数的控制，有两种控制方法。第一种方法是先判断再处理，即先判断是否满足循环条件，如不满足，就不循环，多以循环条件控制。第二种方法是先处理再判断，即循环执行一遍后，再判断下一轮是否需要进行，多以循环次数控制。循环可以是单重循环和多重循环，在多重循环中，内外循环不能交叉，也不允许外循环跳入内循环。下面通过几个实例说明循环程序的设计方法。

例 3-9 设计一个延时 10ms 的延时子程序，已知单片机使用的晶振为 6MHz。

分析：延时时间与两个因素有关，一个是晶振频率，另一个是循环次数。由于晶振采用 6MHz，一个机器周期是 2μs，用单循环可以实现 1ms 延时，外循环 10 次即可达到 10ms 延时。内循环如何实现 1ms 延时呢？在程序中可先以未知数 MT 代替，再根据程序的执行时间计算（机器周期可从附录 A 可以查到）。

```
机器周期数      ORG   0020H
    1           MOV   R0, #0AH        ;外循环 10 次
    1   DL2:    MOV   R1, #MT         ;内循环 MT 次 ─────┐
    1   DL1:    NOP                                ──┐  │
    1           NOP                   ;空操作指令    内│外│
    2           DJNZ  R1, DL1                      ──┘  │
    2           DJNZ  R0, DL2                      ─────┘
                RET
```

内循环 DL1 到指令 DJNZ R1,DL1 的时间计算：

$$(1+1+2)\times 2\mu s\times MT = 1000\mu s$$

$$MT = 125 = 7DH$$

将 7DH 代入上面的程序中，计算总的延时时间：

$$\{1+[1+(1+1+2)\times 125+2]\times 10\}\times 2\mu s = 10062\mu s = 10.062ms$$

若需要延时更长时间，可以采用多重循环。

例 3-10 编写多字节数乘 10 的程序。

内部 RAM 以 20H 为首址的一片单元中存放着一个多字节无符号数，字节数存放在 R_7 中，存放方式为低位字节在低地址，高位字节在高地址，要求乘 10 后的积仍存放在这一片单元中。

分析：用 R_1 作为该多字节的地址指针，部分积的低位仍存放于本单元，部分积的高位存放于 R_2，以便和下一位的部分积的低位相加。以 R_7 作为字节数计数。

程序如下：

```
      ORG 0000H
      CLR C                   ;清进位位 C
      MOV R1, #20H            ;R1 指示地址
      MOV R2, #00H            ;存积的高 8 位寄存器 R2 清 0
SH10: MOV A, @R1              ;取 1 字节送至 A
      MOV B, #0AH             ;10 送至 B
      PUSH PSW
      MUL AB                  ;字节乘 10
      POP PSW
      ADDC A, R2              ;上次积的高 8 位与本次积的低 8 位相加，得到本次积
      MOV @R1, A              ;送至原存储单元
      MOV R2, B               ;积的高 8 位送至 R2
      INC R1                  ;指向下一字节
      DJNZ R7, SH10           ;未乘完转至 SH10，否则向下执行
      MOV @R1, B              ;存最高位字节积的高位
      SJMP $
      END
```

由于低位字节乘 10，其积可能会超过 8 位，所以把本次乘积的低 8 位与上次(低位的字节)乘积的高 8 位相加，作为本次乘积存入。在进行相加时，有可能产生进位，因此使用了 ADDC 指令，这就要求进入循环之前 C 必须清 0(第一次相加无进位)，在循环体内未执行

ADDC 指令之前 C 必须保持原数值。由于执行 MUL 指令时清除 C，所以在该指令前后放置了保护和恢复标志寄存器 PSW 的指令。程序中实际上是逐字节进行这种相乘、相加运算，直到整个字节完毕，结束循环。

例 3-11 把片内 RAM 中地址 30H～39H 中的 10 个无符号数逐一比较，并按从小到大的顺序依次排列在这片单元中。

分析：为了把 10 个单元中的数按从小到大的顺序排列，可从 30H 单元开始，两数逐次进行比较，保存小数，取出大数，且只要有地址单元内容的互换就置位标志。多次循环后，若两数比较不再出现单元互换的情况，就说明 30H～39H 单元中的数已全部从小到大排列。

此流程如图 3.5 所示，程序如下：

```
        ORG 0000H
START:  CLR 00H
        CLR C
        MOV R7, #0AH
        MOV R0, #30H
        MOV A, @R0
 LOOP:  INC R0
        MOV R2, A
        SUBB A, @R0
        MOV A, R2
        JC NEXT
        SETB 00H
        XCH A, @R0
        DEC R0
        XCH A, @R0
        INC R0
 NEXT:  MOV A, @R0
        DJNZ R7, LOOP
        JB 00H, START
        SJMP $
        END
```

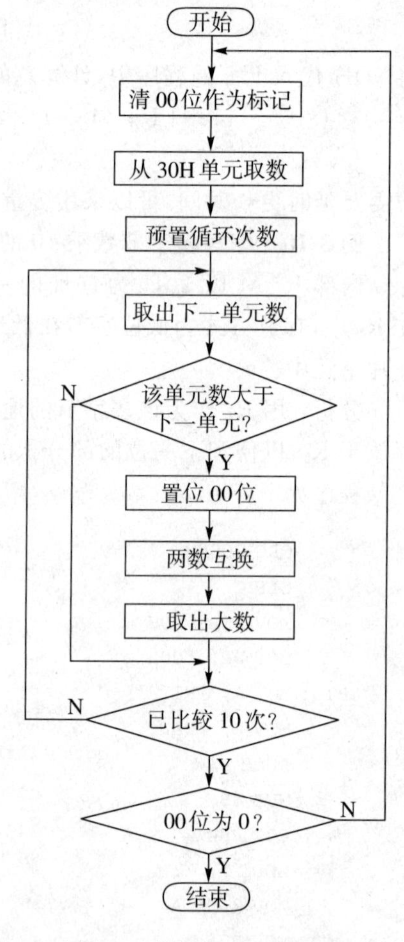

图 3.5 例 3-11 的程序流程

例 3-12 编写多字节 BCD 码减法程序。

分析：

(1) 对 BCD 码调整的考虑

由于 MCS-51 指令系统中只有十进制加法调整指令 DA A，无减法调整指令。因此，要对十进制减法进行调整，必须采用补码相加的办法，用 9AH 减去减数，即可得到以 10 为模的减数的补码。例如 45 的十进制补码为 55，因为 55＋45＝100；而对于计算机来说，55H＋45H＝9AH。由此得到多字节十进制 BCD 码减法程序。

(2) 对借位标志 C_Y 的考虑

由于是用补码相加运算完成两数相减运算，而这两种运算对 C_Y 标志是相反的，即补码相加时 C_Y＝1(相加有进位)，用原码相减无借位(C_Y＝0)。要正确反映其借位情况，必须对补码相加的进位标志 C_Y 进行求反操作。

(3) 寄存器的安排

设被减数低字节地址用 R_1 表示，减数地址用 R_0 表示，字节数用 R_2 表示。差(补码)的地址仍用 R_0 表示，差的字节数放在 R_3。用07H位作为结果的符号标志，0为正，1为负。

```
        ORG 0000H
SUBCD:  MOV R3,#00H             ;差的字节数置 0
        CLR 07H                 ;符号位清 0
        CLR C                   ;借位位清 0
SUBCD1: MOV A,#9AH              ;减数对 10 求补码
        SUBB A, @R0
        ADD A, @R1              ;补码相加
        DA A                    ;十进制加调整
        MOV @R0,A               ;保存结果
        INC R0                  ;地址值增 1
        INC R1
        INC R3                  ;差的字节数增 1
        CPL C                   ;进位求反,以形成正确借位
        DJNZ R2,SUBCD1          ;未减完则转至 SUBCD1;减完则向下执行
        JNC SUBCD2              ;无借位,则转至 SUBCD2,否则继续
        SETB 07H                ;有借位,置符号位为"1"
SUBCD2: SJMP #
        END
```

例如，两BCD码相减，求8943H减7649H的值。

对低位字节运算：

```
     10011010   9AH
 －) 01001001   49H
 ──────────────────────
     01010001   得 49H 对 100 的补码为 51H
 ＋) 01000011   加 43H，低字节和为 94H
 ──────────────────────
 [0] 10010100   进位为 0，即借位 CY＝1
```

对高位字节运算：

```
     10011010   9AH
 －) 01110110   76H
 ──────────────────────
     00100100   76H 对 100 的补码为 24H
 －) 00000001   减去借位位 1
 ──────────────────────
     00100011   减数减 1 后的值为 23H
 ＋) 10001001   加被减数 89H
 ──────────────────────
     10101100
 ＋) 01100110   对结果加 66H，进行修正(DA A)
 ──────────────────────
 [1] 00010010   高字节和为 12H，进位为 1，即借位 CY＝0
```

最后结果：8943H－7649H ＝1294H。

高位字节减数变补与被减数相加有进位，实际上表示两者相减无借位。为正确反映借位情况，应对进位标志求反，使 $C_Y=0$，最后运算结果为 1294H，且无借位，计算正确。

关于多字节 BCD 码加法程序，读者可自行编制。

例 3-13 编写将十进制数转换成二进制数程序。

分析：在计算机中，码制的变换是经常要进行的，而变换的算法都差不多，在汇编语言中都曾涉及过，在此，仅以十进制变换为二进制为例，说明怎样使用单片机的指令进行编程。

一个 n 位的十进制数 $D_{n-1}D_{n-2}\cdots D_1D_0$ 可表示为

$$((D_{n-1}\times 10+D_{n-2}\times 10+D_{n-3})\times 10+\cdots+D_1)\times 10+D_0$$

例如：

$$9345=((9\times 10+3)\times 10+4)\times 10+5$$

设十进制数 9345 以非压缩 BCD 码形式依次存放在内部 RAM 的 40H～43H 单元中，将其转换为二进制数并存于 R_2R_3 中。根据上述算法，画出流程图，如图 3.6 所示。程序如下：

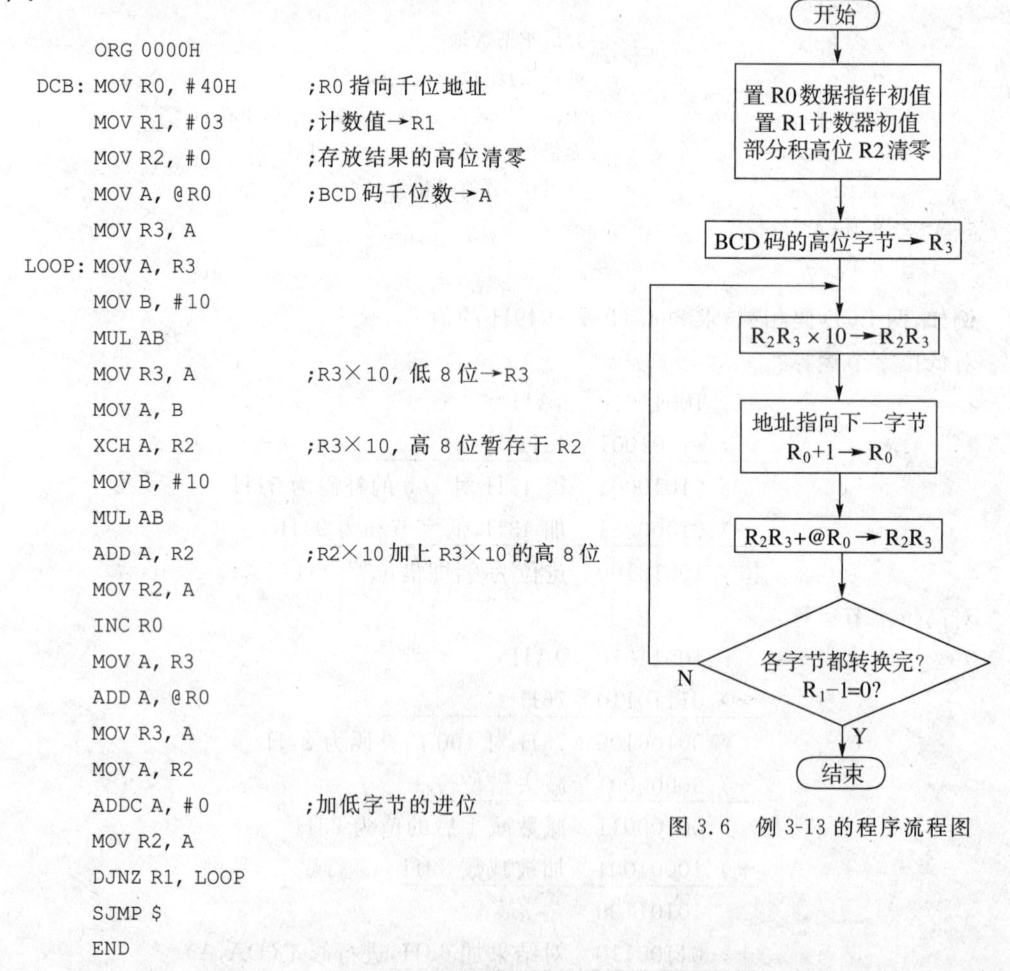


```
        ORG 0000H
  DCB:  MOV R0, #40H        ;R0 指向千位地址
        MOV R1, #03         ;计数值→R1
        MOV R2, #0          ;存放结果的高位清零
        MOV A, @R0          ;BCD 码千位数→A
        MOV R3, A
 LOOP:  MOV A, R3
        MOV B, #10
        MUL AB
        MOV R3, A           ;R3×10, 低 8 位→R3
        MOV A, B
        XCH A, R2           ;R3×10, 高 8 位暂存于 R2
        MOV B, #10
        MUL AB
        ADD A, R2           ;R2×10 加上 R3×10 的高 8 位
        MOV R2, A
        INC R0
        MOV A, R3
        ADD A, @R0
        MOV R3, A
        MOV A, R2
        ADDC A, #0          ;加低字节的进位
        MOV R2, A
        DJNZ R1, LOOP
        SJMP $
        END
```

图 3.6 例 3-13 的程序流程图

以上程序采用循环方式，运用了乘法指令来实现乘 10 运算，既缩短了程序长度，又加快了运算速度。

3.6 位操作程序设计

例 3-14　编写程序，以实现图 3.7 所示的逻辑运算电路。其中，$P_{1.1}$ 和 $P_{1.2}$ 分别是端口线上的信息，TF_0 和 IE_1 分别是定时器定时溢出标志和外部中断请求标志，25H 和 26H 分别是两个位地址，运算结果由端口线 $P_{1.3}$ 输出。

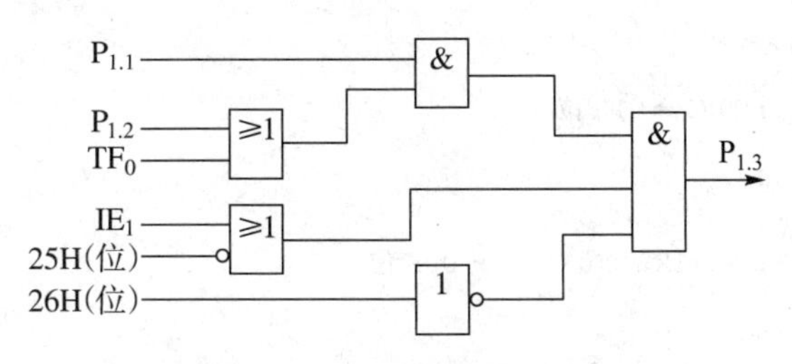

图 3.7　硬件逻辑运算电路

分析：MCS-51 单片机有着优异的位逻辑功能，可以方便地实现各种复杂的逻辑运算。这种用软件替代硬件的方法，可以大大简化甚至完全不用硬件，但比硬件花费的运算时间要多。

程序如下：

```
        ORG 0000H
START: MOV C, P1.2
        ORL C, TF0
        ANL C, P1.1
        MOV F0, C                          ;暂存在 F0 位
        MOV C, IE1
        ORL C, /25H
        ANL C, F0
        ANL C, /26H
        MOV P1.3, C
        SJMP $
        END
```

例 3-15　设累加器 A 的各位 ACC.0～ACC.7 分别记为 X_0～X_7(程序中为 X0～X7)，编制程序，用软件实现下式：

$$Y = \overline{X_0 X_1 X_2 + X_0 \overline{X_1}\ \overline{X_2}} + X_0\ \overline{X_1} X_2 X_3 + \overline{X_4}\ \overline{X_5}\ \overline{X_6} X_7$$

程序如下：

```
X0 BIT ACC.0
X1 BIT ACC.1
X2 BIT ACC.2
X3 BIT ACC.3
X4 BIT ACC.4
X5 BIT ACC.5
```

```
X6 BIT ACC.6
X7 BIT ACC.7
ORG 0000H
MOV C, X0
ANL C, X1
ANL C, X2
MOV 00H, C          ;X0X1X2→00H位
MOV C, X0
ANL C, /X1
MOV 01H, C          ;X0X1→01H位
ANL C, /X2
ORL C, 00H
MOV 00H, C          ; X0X1X2+X0X1X2→ 00H位
MOV C, X2
ANL C, 01H
ANL C, X3           ;计算 X0X1X2X3
ORL C, /00H
MOV 00H, C          ; X0X1X2+X0X1X2+X0 X1X2X3→00H位
MOV C, X7
ANL C, /X6
ANL C, /X5
ANL C, /X4          ;X4X5X6X7
ORL C, 00H          ;最终结果 Y→C
SJMP $
END
```

3.7 子程序

子程序是构成单片机应用程序必不可少的部分，MCS-51单片机有ACALL和LCALL两条子程序调用指令，可以十分方便地调用任何地址处的子程序。子程序节省占用的存储单元，使程序简短、清晰。善于灵活地使用子程序，是程序设计的重要技巧之一。

在调用子程序时，有以下几点应注意：

(1) 保护现场。如果在调用前主程序已经使用了某些存储单元或寄存器，在调用时，这些寄存器和存储单元又有其他用途，就应先把这些单元或寄存器中的内容压入堆栈进行保护，调用完后再从堆栈中弹出，以便加以恢复。如果有较多的寄存器要保护，应使主程序和子程序使用不同的寄存器组。

(2) 设置入口参数和出口参数。在调用之前，主程序要按子程序的要求设置好地址单元或寄存器(称为入口参数)，以便子程序从指定的地址单元或寄存器获得输入数据；子程序经运算或处理后的结果存放到指定的地址单元或寄存器(称为出口参数)，主程序调用后从指定的地址单元或寄存器读取运算或处理后的结果，只有这样，才能完成子程序和主程序间数据的正确传递。

(3) 子程序中可包含对另外子程序的调用，称为子程序嵌套。

例 3-16 用程序实现 $c=a^2+b^2$，设 a、b 均小于 10。a 存放在 31H 单元，b 存放在 32H 单元，把 c 存入 34H 和 33H 单元(要求和为 BCD 码)。

分析：因该算式两次用到平方值，所以在程序中采用把求平方的指令作为子程序的方法。主程序和子程序如下。

主程序：

```
      ORG 0000H
      MOV SP, #3FH              ;设置堆栈指针
      MOV A, 31H                ;取 a 值
      LCALL SQR                 ;求 a²
      MOV R1, A                 ;a² 的值存于 R1
      MOV A, 32H                ;取 b 值
      LCALL SQR                 ;求 b²
      ADD A, R1                 ;求 a²+b²
      DA A                      ;BCD 码调整
      MOV 33H, A                ;存入 33H
      MOV A, #0
      ADDC A, #0                ;取进位
      MOV 34H, A                ;保存进位
      SJMP $
```

子程序：

```
      ORG 0030H
SQR:  INC A                     ;RET 占 1 个字节，即查表指令到 TAB 表头之间偏差 1 个字节
      MOVC A, @A+PC             ;查平方表
      RET
TAB:  DB 00H, 01H, 04H, 09H, 16H, 25H, 36H, 49H, 64H, 81H
      END
```

主程序和子程序之间的参数传递均使用累加器 A，子程序中使用 INC A 指令是因为 MOVC A，@A+PC 指令执行时，当前 PC 指向 RET 指令，RET 指令为 1 字节指令，即当前 PC 和表头相隔 1 字节，所以变址调整值为 1。

例 3-17 求两个无符号数据块中的最大值的乘积。数据块的首地址分别为 60H 和 70H，每个数据块的第一个字节都用来存放数据块长度。结果存入 5FH 和 5EH 单元。

分析：本例可采用分别求出两个数据块的最大值然后求积的方法，求最大值的过程可采用子程序。

子程序的入口参数：数据块首地址，存放在 R_1 中；出口参数：最大值存放在 A 中。

主程序：

```
      ORG  0000H
      MOV  R1, #60H             ;置第一个数据块入口参数
      ACALL QMAX                ;调用求最大值子程序
      MOV  B, A                 ;第一个数据块的最大值暂存于 B
      MOV  R1, #70H             ;置第二个数据块入口参数
      ACALL QMAX                ;调用求最大值子程序
```

```
      MUL  AB                          ;求积
      MOV  5EH, A                      ;保存积的低位
      MOV  5FH, B                      ;保存积的高位
      SJMP $
```

子程序：

```
      ORG  0030H
QMAX: MOV  A @R1                       ;取数据块长度
      MOV  R2, A                       ;设置计数值
      CLR  A                           ;设 0 为最大值
 LP1: INC  R1                          ;修改地址指针
      CLR  C                           ;0→CY
      SUBB A, @R1                      ;两数相减，比较大小
      JNC  LP3                         ;原数仍为最大值，转至 LP3
      MOV  A, @R1                      ;否则，用此数代替最大值
      SJMP LP4                         ;无条件转移
 LP3: AND  A, @R1                      ;恢复原最大值(因用 SUBB 作为比较指令)
 LP4: DJNZ R2, LP1                     ;若没比较完，则继续
      RET                              ;比较完，返回
      END
```

3.8 小结

(1) 程序设计的关键在于指令要熟悉，算法(思路)要正确、清晰。对于复杂的程序，应先画出其流程图。只有多做练习和多上机调试，熟能生巧，才能编出高质量的程序。

(2) 伪指令是非执行指令，为汇编程序提供汇编信息，应正确使用。

(3) 应掌握顺序程序、分支程序、循环程序、子程序等各类程序的设计方法，并熟练应用查表技术，以简化程序的设计。

思考题与习题

1. 编写程序，把片外数据存储器 0000H～0050H 中的内容传送到片内数据存储器 20H ～70H 中。

2. 编写程序，实现双字节加法运算，要求 $R_1R_0+R_7R_6\rightarrow$(52H)(51H)(50H)(内部 RAM)。

3. 设 X 在累加器 A 中($0\leqslant X\leqslant 20$)，要求将 X 平方数的高位存放在 R_7 中，低位存放在 R_6 中。试用查表法编写子程序。

4. 设内部 RAM 的 20H 和 21H 单元中有两个带符号数，编写程序，将其中的大数存放在 22H 单元中。

5. 若单片机的晶振频率为 6MHz，求下列延时子程序的延时时间。

```
DELAY: MOV R1, #0F8H
```

```
LOOP: MOV R3, #0FAH
      DJNZ R3, $
      DJNZ R1, LOOP
      RET
```

6. 编写程序，将内部数据存储器 20H～24H 单元中存放的压缩的 BCD 码转换成 ASCII 码，并存放在从 25H 开始的单元中。

7. 从内部存储器 30H 单元开始，有 16 个数据，试编写一个程序，把其中的正数、负数分别存入 40H 和 50H 开始的存储单元，并分别将正数、负数和零的个数存入 R_4、R_5 和 R_6。

8. 内部存储单元 40H 中有一个 ASCII 字符，试编写一个程序，给该数的最高位加上奇校验。

9. 编写一段程序，将存放在自 DATA 单元开始的一个 4 字节数（高位在高地址），取补后送回原单元。

10. 以 BUF1 为起始地址的外存储区中，存放有 16 个单字节无符号二进制数，试编写一个程序，求其平均值并存入 BUF2 单元，余数存在 BUF 单元。

11. 将内部 RAM 的 20H 单元中的十六进制数变换成 ASCII 码，并存入 22H，21H 单元（高位存入 22H 单元）要求用子程序编写转换部分。

12. 编写一段程序，以实现图 3.8 中硬件的逻辑运算功能。

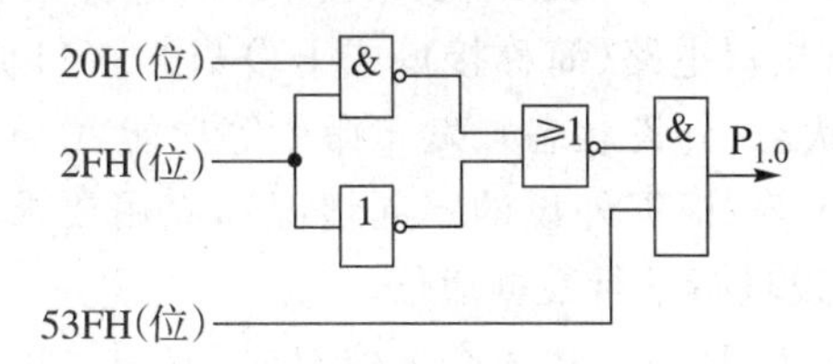

图 3.8 习题 12 的逻辑运算电路

13. 用位操作指令实现下面的逻辑方程（×表示逻辑乘，+表示逻辑加）：

$$P_{1.2} = (\text{ACC.3} \times P_{1.4} \times \overline{\text{ACC.5}}) + (\overline{\text{B.4}} \times \overline{P_{1.5}})$$

14. 试编写一个 3 字节无符号数乘 1 字节数的乘法程序。

第4章 并行接口$P_0 \sim P_3$和单片机的中断系统

4.1 单片机的并行接口 $P_0 \sim P_3$

计算机对外设进行数据操作时,外设的数据是不能直接连到CPU的数据线上的,必须经过接口。这是由于CPU的数据线是外设或存储器和CPU进行数据传输的唯一公共通道,为了使数据线的使用对象不产生使用总线的冲突,以及协调快速的CPU和慢速的外设,CPU和外设之间必须有接口电路(简称接口或I/O口),接口拥有缓冲、锁存数据、地址译码、信息格式转换、传递状态(外设状态)、发布命令等功能,I/O接口有并行接口、串行接口、定时/计数器、A/D、D/A等,根据外设的不同情况和应用要求,应选择不同的接口。本章介绍并行接口,用于和外设进行并行数据通信。

MCS-51单片机内部有P_0、P_1、P_2、P_3 4个8位双向I/O口,因此,外设可直接连接于这几个接口上,而无须另加接口芯片。$P_0 \sim P_3$的每个端口可以按字节输入或输出,也可以按位进行输入或输出,共32根口线,用作位控制十分方便。P_0口为三态双向口,能带8个TTL电路。P_1、P_2、P_3口为准双向口,负载能力为4个TTL电路。如果外设需要的驱动电流大,可加接驱动器。

4.1.1 $P_0 \sim P_3$接口的功能和内部结构

1. $P_0 \sim P_3$接口功能

P_0口——具有双重功能:①可以作为输入/输出口,外接输入/输出设备;②在有外接存储器和I/O接口时常作为低8位地址/数据总线,即低8位地址与数据线分时使用P_0口。此时低8位地址由ALE信号的下跳沿使它锁存到外部地址锁存器中,然后,P_0口出现数据信息。

P_1口——具有单一接口功能,P_1口每一位都能作为可编程的输入或输出口线。

P_2口——具有双重功能:①作为输入口或输出口使用,外接输入/输出设备;②在有外接存储器和I/O接口时,作为系统的地址总线,输出高8位地址,与P_0口低8位地址一起组成16位地址总线。对于内部无程序存储器的单片机来说,P_2口只作为地址总线使用,而不作为I/O口。

P_3 口——为双重功能口：①可以作为输入/输出口，外接输入/输出设备；②作为第二功能使用时，每一位功能定义如表 4.1 所示。

表 4.1 P_3 口的第二功能

端口引脚	第二功能
$P_{3.0}$	RXD（串行输入线）
$P_{3.1}$	TXD（串行输出线）
$P_{3.2}$	$\overline{INT_0}$（外部中断 0 输入线）
$P_{3.3}$	$\overline{INT_1}$（外部中断 1 输入线）
$P_{3.4}$	T_0（定时器 0 外部计数脉冲输入）
$P_{3.5}$	T_1（定时器 1 外部计数脉冲输入）
$P_{3.6}$	$\overline{WR}$（外部数据存储器写选通信号输出）
$P_{3.7}$	$\overline{RD}$（外部数据存储器读选通信号输出）

2. 接口的内部结构

4 个接口的位结构如图 4.1 所示，同一个接口的各位具有相同的结构。由图 4.1 可见，4 个接口的结构有相同之处：都有两个输入缓冲器，分别受内部读锁存器和读引脚信号的控制；都有锁存器(即专用寄存器 P_0～P_3)及场效应管输出驱动器。依据每个接口的不同功能，内部结构也有不同之处，以下重点介绍不同之处。

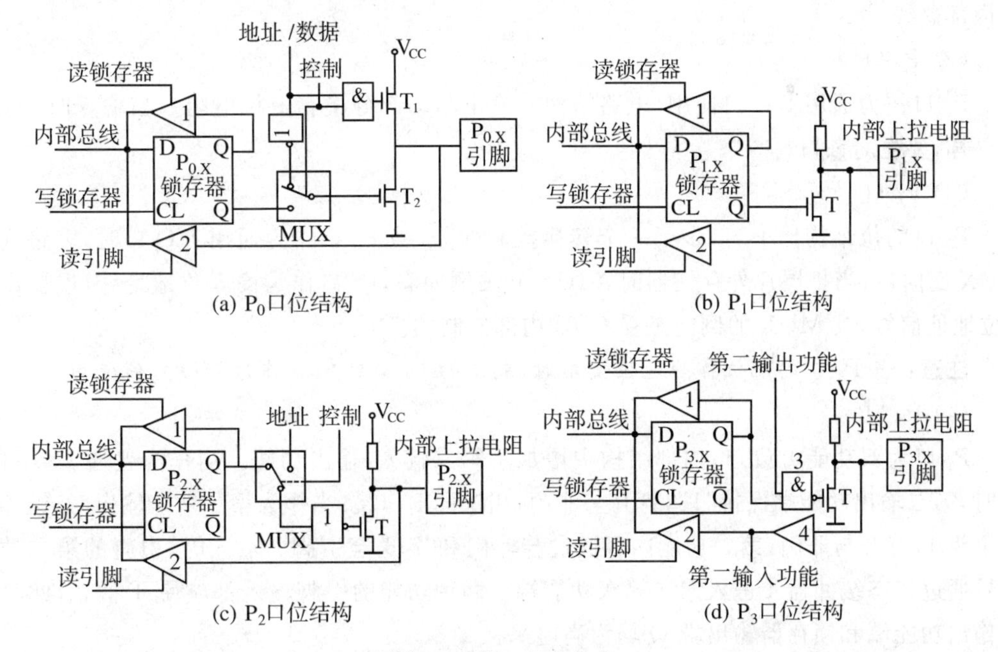

图 4.1 接口的位结构

(1) P_0 口

P_0 口的输出驱动电路由上拉场效应管 T_1 和驱动场效应管 T_2 组成，控制电路包括一个与门、一个非门和一个模拟开关 MUX。

当 P_0 口作为 I/O 口使用时，CPU 发出控制电平“0”封锁与门，使 T_1 管截止，同时使 MUX 开关同下面的触点接通，使锁存器的 $\overline{Q}$ 与 T_2 的栅极接通。由于输出驱动级是漏极开路电路（因 T_1 截止），P_0 口在作为 I/O 口使用时应外接 10kΩ 的上拉电阻。

当 CPU 向端口输出数据时，写脉冲加在锁存器的 CL 上，内部总线的数据经 $\overline{Q}$ 反相，再经 T_2 管反相，P_0 口的这一位引脚上出现正好和内部总线同相的数据。

当进行输入操作时，端口中两个三态缓冲器用于读操作。缓冲器 2 用于读端口引脚的数据。当执行端口读指令时，读引脚的脉冲打开三态缓冲器 2，于是端口引脚数据经三态缓冲器 2 送到内部总线。缓冲器 1 用于读取锁存器 Q 端的数据。当执行“读—修改—写”指令（即读端口信息，在片内加以运算修改后，再输出到该端口的某些指令，如 ANL P0，A 指令），即是读锁存器 Q 的数据。这是为了避免错读引脚的电平信号，例如用一根口线去驱动一个晶体管基极，当向口线写 1，晶体管导通，导通的 PN 结会把引脚的电平拉低，如读引脚数据，则会读为 0，而实际上原口线的数据为 1。因而采用读锁存器 Q 的值可以避免错读。究竟是读引脚还是读锁存器，CPU 内部会自动判断是发读引脚脉冲还是读锁存器脉冲，读者不必在意。但应注意，当作为输入端口使用时，应先对该口写入 1，使场效应管 T_2 截止，再进行读操作，以防场效应管处于导通状态，使引脚为零，而引起误读。

当 P_0 口作为地址/数据线使用时，CPU 及内部控制信号为 1，T_1 管导通，同时转换开关 MUX 打向上面的触点，使反相器的输出端和 T_2 管的栅极接通，输出的地址或数据信号通过与门驱动 T_1 管，同时通过反相器驱动 T_2 管，完成信息传送。数据输入时，通过缓冲器进入内部总线。

(2) P_1 口

P_1 口作为通用 I/O 口使用，电路结构中输出驱动部分接有上拉电阻。当输入时，同 P_0 口一样，要先对该口写“1”。

(3) P_2 口

P_2 口的位结构比 P_1 口多了一个转换控制部分，当 P_2 口作为通用 I/O 口时，多路开关 MUX 倒向左；当扩展片外存储器时，MUX 开关倒向右，P_2 口作为高 8 位地址线，以输出高 8 位地址信号，其 MUX 的倒向是受 CPU 内部控制的。

注意：当 P_2 口的几位作为地址使用时，剩下的 P_2 口线不能作为 I/O 口线使用。

(4) P_3 口

P_3 口为双功能 I/O 口，内部结构中增加了第二输入/输出功能。当作为普通 I/O 口使用时，第二输出功能端保持“1”，打开与非门，用法同 P_1 口。当作为第二功能输出时，锁存器输出为 1，打开与非门，第二功能内容通过与非门和 T 送至引脚。输入时，引脚的第二功能信号通过三态缓冲器 4 进入第二输入功能端。两种功能的引脚输入都应使 T 截止，此时第二输出功能端和锁存器输出端 Q 均为高电平。

在应用中，P_3 口的各位如不设定为第二功能，则自动处于第一功能。在更多情况下，根据需要，将几条口线设为第二功能，剩下的口线可作为第一功能（I/O）使用，此时，宜采用位操作形式。

对于内部有程序存储器目无须外部作总线扩展的单片机，4 个口均可作为 I/O 口。

4.1.2 编程举例

下面举例说明端口的输入、输出功能，我们将在后面的章节中说明其他功能的应用实例。

例 4-1 设计一个电路，监视某开关 K，用发光二极管 LED 显示开关状态。如果开关合上，LED 亮；如果开关打开，LED 熄灭。

采用 Proteus 设计电路，如图 4.2 所示。开关接在 $P_{1.1}$ 口线，LED 接 $P_{1.0}$ 口线，当开关断开时，$P_{1.1}$ 为高电平，开关合上时，P1.1 为低电平，这样就可以用 JB 指令对开关状态进行检测。LED 正偏时才能发亮，按电路接法，当 P1.0 输出高电平，LED 正偏而发亮，当 $P_{1.0}$ 输出低电平时，LED 的两端电压为 0 而熄灭。

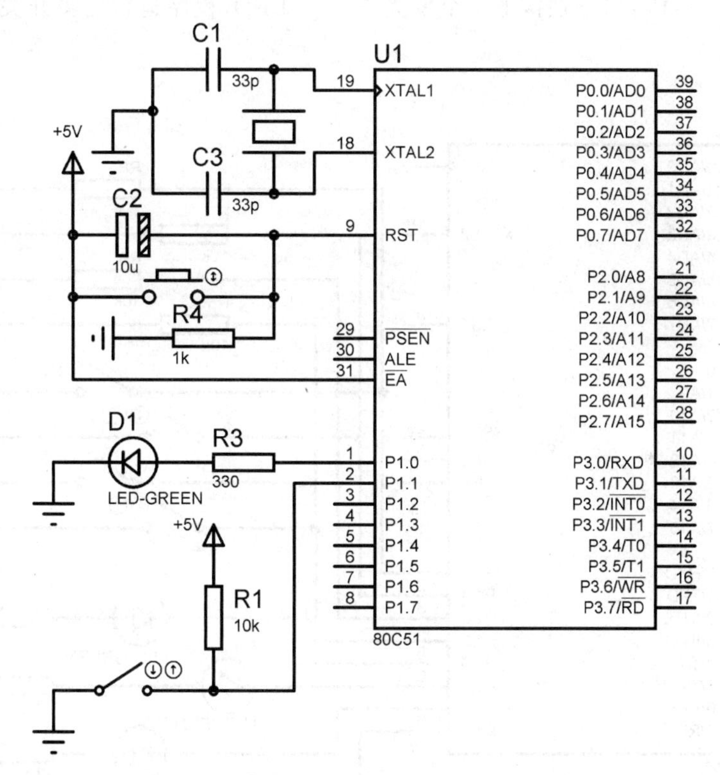

图 4.2 例 4-1 的电路图(出自 Proteus 软件)

在 Proteus 中仿真时可以直观地看到运行状态。闭合开关后，LED 点亮；开关断开后，LED 熄灭。

程序如下：

```
        ORG  0000H
        AJMP START
START:  CLR  P1.0                   ;使发光二极管发亮
AGA:    JB P1.1,LIG                 ;先对 P1.1 写"1"
        SETB P1.0                   ;开关开，转 LIG
        SJMP AGA                    ;开关合上，二极管亮
```

```
LIG:   CLR  P1.0
       SJMP AGA                    ;开关开,二极管灭
       END
```

程序处于监视开关状态，使发光二极管处于亮和灭的无限循环中。程序中每次在读开关状态前将 $P_{1.1}$ 置“1”，是为了使口内部输出场效应管截止，只有这样，才能正确读 $P_{1.1}$ 引脚电平。

例 4-2 在图 4.3 中 $P_{1.0}$～$P_{1.3}$ 接 4 个开关，$P_{1.4}$～$P_{1.7}$ 接 4 个发光二极管 LED，编程将开关的状态反映到发光二极管上。

采用 Proteus 设计电路如图 4.3 所示。为简单起见，从本图开始，我们通常情况下省去单片机系统中的时钟电路和复位电路，不影响在 Proteus 中的正常仿真。在 $P_{1.0}$～$P_{1.3}$ 口分别接上开关，$P_{1.4}$～$P_{1.7}$ 口分别接上 4 个发光二极管 LED，程序运行后将开关的状态反映到发光二极管上。

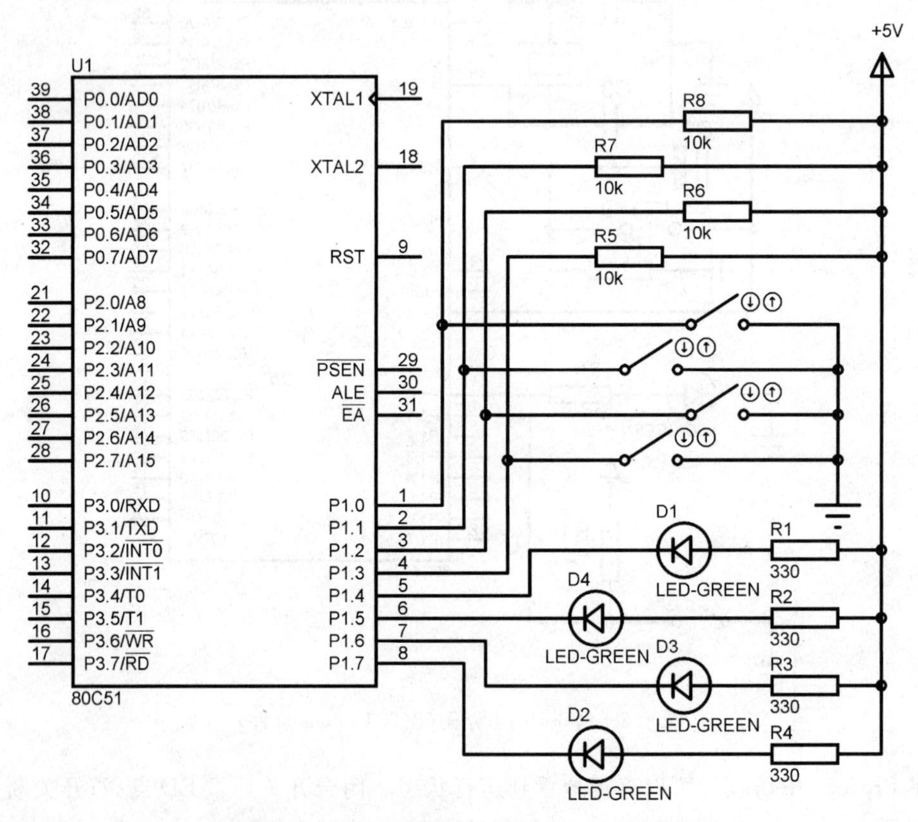

图 4.3 例 4-2 的电路图(出自 Proteus 软件)

在 Proteus 中仿真时可以直接观察到运行状态。闭合一开关后，其对应的 LED 灯亮起；反之断开开关，相应的 LED 灯熄灭。

程序如下：

```
       ORG  0000H
       AJMP START
START: ORL  P1,#00FH               ;高 4 位不变,低 4 位输入线送"1"
```

```
        MOV  A,P1               ;读 P1 口引脚开关状态并送入 A
        SWAP A                  ;低 4 位开关状态转换到高 4 位
        ANL  A,#0F0H            ;保留高 4 位
        MOV  P1,A               ;从 P1 口输出
        SJMP START              ;循环
        END
```

循环执行是为了方便反复调整开关状态，观察执行结果。上述程序中每次读开关之前，输入位都先置"1"，保证了开关状态的正确读入。

例 4-3　编写程序，用 $P_{1.0}$ 输出 1kHz 和 500Hz 的音频信号，以驱动扬声器，作为报警信号。要求 1kHz 信号响 100ms，500Hz 信号响 200ms，交替进行。$P_{1.7}$ 接一开关进行控制。当开关合上，报警信号响；当开关断开，报警信号停止。

采用 Proteus 设计电路，如图 4.4 所示。在 $P_{1.0}$ 口输出 1kHz 和 500Hz 的音频信号，用 74LS04 作功率放大，以驱动扬声器，作为报警信号。1kHz 信号响 100ms，500Hz 信号响 200ms，并且交替进行。在 $P_{1.7}$ 口接上开关，进行控制。合上开关报警器响，断开开关报警器停止。

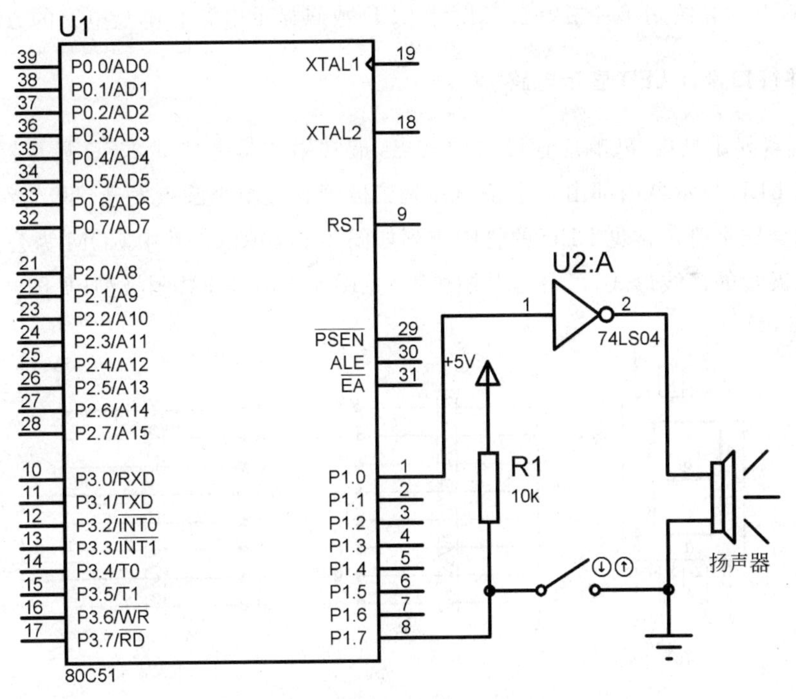

图 4.4　例 4-3 的电路图(出自 Proteus 软件)

程序如下：

```
        ORG  0000H
        AJMP START
START:  CLR  A                  ;A 作为 1kHz、500Hz 转换控制标志
BEG:    SETB P1.7
        JB   P1.7,$             ;检测 P1.7 的开关状态，开关断开，则等待
```

```
        MOV  R2,#200            ;开关闭合,执行报警,R2控制音响时间
DV:     CPL  P1.0
        CJNE A,#0FFH,N1         ;A不等于FFH, 延时500μs, P1.0变反
        ACALL D500              ;A等于FFH, 延时1ms, P1.0变反
N1:     ACALL D500
        DJNZ R2,DV
        CPL  A
        SJMP BEG
D500:   MOV  R7,#250            ;延时500μs的子程序
        DJNZ R7,$
        RET
        END
```

4.1.3 用并行口设计LED数码显示器和键盘电路

键盘和显示器是单片机应用系统中常用的输入/输出装置。LED数码显示器是常用的显示器之一，下面介绍用单片机并行口设计LED数码显示电路和键盘电路的方法。

1. 用并行口设计LED显示电路

LED有着显示亮度高、响应速度快的特点，最常用的是七段式LED显示器，又称数码管。七段式LED显示器内部由7个条形发光二极管和1个小圆点发光二极管组成，根据各管的亮暗组合成字符。常见LED的管脚排列如图4.5(a)所示，其中COM为公共点。根据内部发光二极管的接线形式，可分为共阴极型(见图4.5(b))和共阳极型(见图4.5(c))。

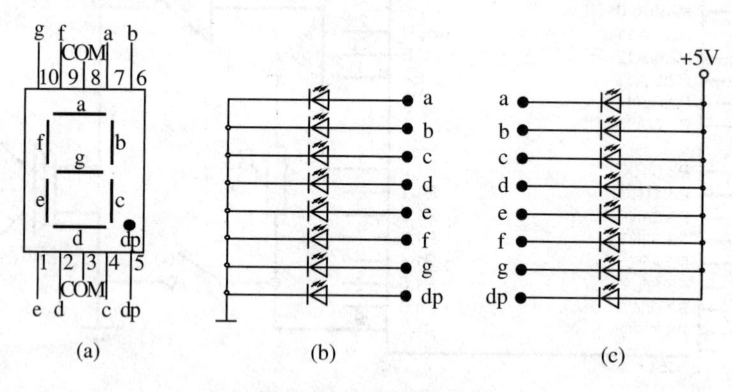

图4.5 LED显示器

LED数码管的a～g、dp 8个发光二极管因加正电压而发光，因加零电压而不能发光，不同亮暗的组合就能形成不同的字形，这种组合被称为字形码。显然共阳极和共阴极的字形码是不同的，按照a～g、dp各段分别接数据线D_0～D_7，其字形码如表4.2所示。如果要显示小数点，只需在表4.2中将dp位修改为“1”或“0”。LED数码管每段需10～20mA的驱动电流，可用TTL或CMOS器件驱动。

表 4.2　LED 数码管字形码

显示字符	段符号								十六进制代码	
	D_7 dp	D_6 g	D_5 f	D_4 e	D_3 d	D_2 c	D_1 b	D_0 a	共阴极	共阳极
0	0	0	1	1	1	1	1	1	3FH	C0H
1	0	0	0	0	0	1	1	0	06H	F9H
2	0	1	0	1	1	0	1	1	5BH	A4H
3	0	1	0	0	1	1	1	1	4FH	B0H
4	0	1	1	0	0	1	1	0	66H	99H
5	0	1	1	0	1	1	0	1	6DH	92H
6	0	1	1	1	1	1	0	1	7DH	82H
7	0	0	0	0	0	1	1	1	07H	F8H
8	0	1	1	1	1	1	1	1	7FH	80H
9	0	1	1	0	1	1	1	1	6FH	90H
A	0	1	1	1	0	1	1	1	77H	88H
B	0	1	1	1	1	1	0	0	7CH	83H
C	0	0	1	1	1	0	0	1	39H	C6H
D	0	1	0	1	1	1	1	0	5EH	A1H
E	0	1	1	1	1	0	0	1	79H	86H
F	0	1	1	1	0	0	0	1	71H	8EH
H	0	1	1	1	0	1	1	0	76H	89H
P	0	1	1	1	0	0	1	1	73H	8CH

字形码的控制输出可采用硬件译码方式，如采用 BCD-7 段译码/驱动器 74LS48、74LS49、CD4511(共阴极)或 74LS46、74LS47、CD4513(共阳极)，也可用软件查表方式将上述十六进制代码经接口输出。

2. 用单片机并行口设计 LED 数码显示器接口

数码管的接口有静态接口和动态接口。

静态接口为固定显示方式，无闪烁，其电路可采用一个并行口接一个数码管，数码管的公共端按共阴或共阳分别接地或 V_{CC}。采用这种接法，n 个数码管需要 n 个 8 位的接口，占用接口多。如果 P_0 口和 P_2 口要用作数据线和地址线，用单片机内的并行口只能接两个数码管。也可以用串行接口的方法接多个数码管，使之静态显示，这将在后面章节介绍。

动态接口采用各数码管循环显示的方法，当循环显示的频率较高时，利用人眼的暂留特性，看不出闪烁显示现象。这种显示方式是各个数码管的段选并接在同一个接口上，该接口称为段选口，输出字形码，完成字形选择控制；各个数码管的公共端接在另一接口的不同位，完成数位选择，控制各数码管轮流点亮。

例 4-4　图 4.6 是接有 5 个共阴极数码管的动态显示接口电路，用 74LS373 接成直通的方式作驱动电路，阴极用非门 74LS04 反相驱动，字形选择由 P_1 口提供，位选择由 P3 口控制。

当 $P_{3.0}$～$P_{3.4}$ 轮流输出 1 时，5 个数码管轮流显示。P1.7 接开关，当开关打向位置“1”时，显示“12345”字样，当开关打向“2”时，显示“HELLO”字样。

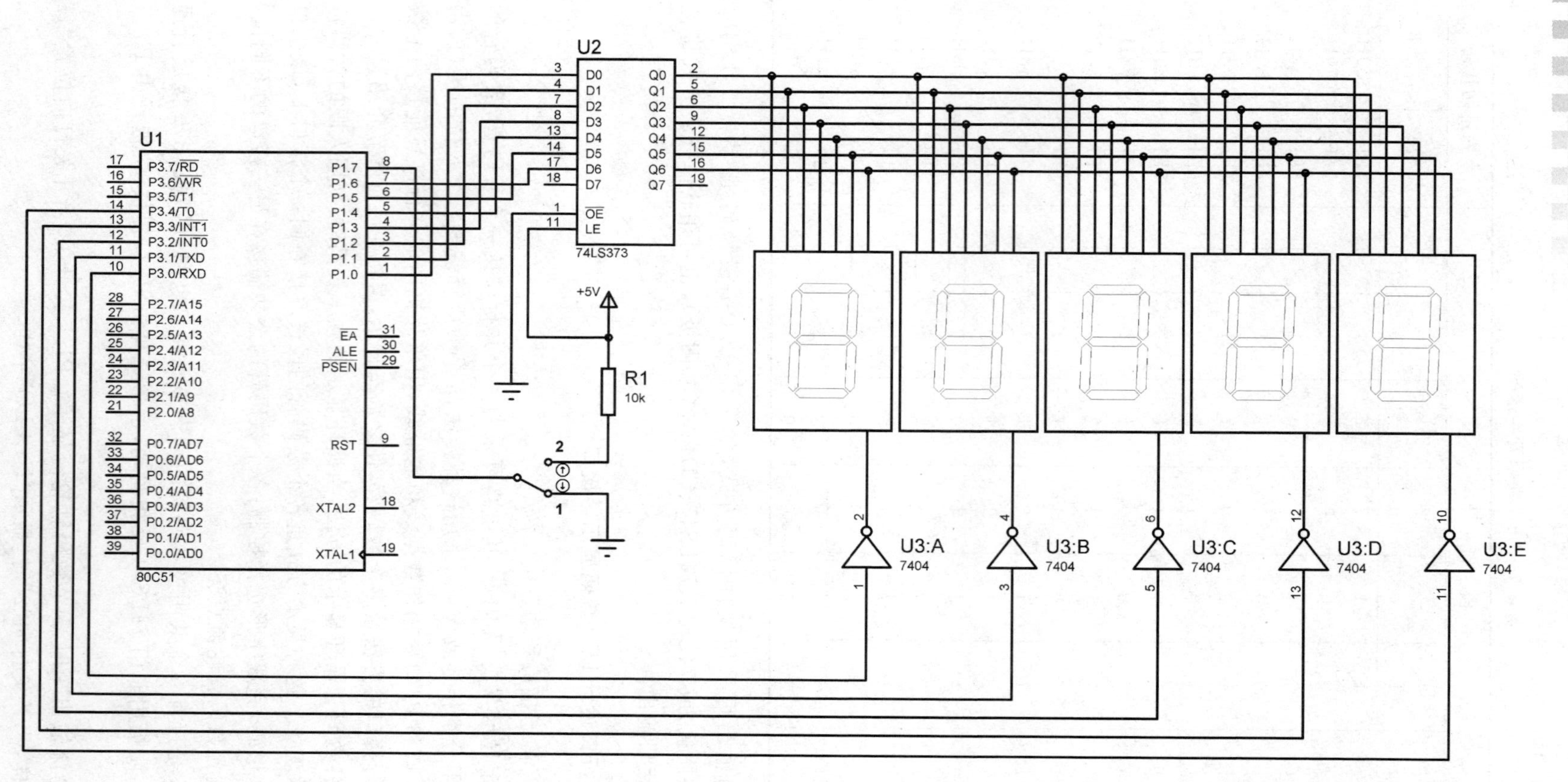

图 4.6 数码管动态显示接口 Proteus 电路图（出自 Proteus 软件）

程序如下：

```
        ORG  0000H
        AJMP START
START: SETB P1.7
        JB P1.7,DIR1                ;检测开关
        MOV  DPTR,#TAB1             ;开关置于 1, 指向"12345"字形表头地址
        SJMP DIR
DIR1:  MOV  DPTR,#TAB2             ;开关置于 2, 指向"HELLO"字形表头地址
DIR:   MOV  R0,#0                  ;R0 存放字形表偏移位
        MOV  R1,#01H                ;R1 存放数码表位选代码
NEXT:  MOV  A,R0
        MOVC A,@A+DPTR              ;查字形码表
        MOV  P3,#0H                 ;清显示
        MOV  P1,A                   ;送至 P1 口并输出
        MOV  A,R1
        MOV  P3,A                   ;输出位选码
        ACALL DAY                   ;延时
        MOV  A,R1
        INC  R0                     ;指向下一位字形
        RL A                        ;指向下一位
        MOV  R1,A
        CJNE R1,#20H,NEXT           ;5 个数码管是否显示完毕
        SJMP START
DAY:   MOV  R6,#20                 ;延时子程序, 在 focs=12MHz 时可延时 10ms
DL2:   MOV  R7,#7DH
DL1:   NOP
        NOP
        DJNZ R7,DL1
        DJNZ R6,DL2
        RET
TAB1:  DB 06H,5BH,4FH,66H,6DH;"1—5"的字形码
TAB2:  DB 76H,79H,38H,38H,3FH;"HELLO"的字形码
        END
```

3. 用并行口设计键盘电路

键盘是计算机系统中不可缺少的输入设备。当按键少时可接成线性键盘(见图 4.3)；当按键较多时，上述的接法占用口线较多，可以将键盘接成矩阵的形式，这种形式节省口线，例如两个 8 位接口可接 64 个按键(8×8 矩阵的形式)。

矩阵键盘按键的状态同样需要变成数字量 1 和 0。开关的一端(列线)通过电阻接 V_{CC}，开关另一端(行线)的接地是通过程序输出数字 0 实现的。矩阵键盘每个按键都有它的行值和列值，行值和列值的组合就是这个按键的编码。矩阵键盘的行线和列线分别通过两个并行接口和 CPU 通信，其中，一个输出扫描码，使按键逐行动态接地(称为行扫描、行值)，另一个并行口输入按键状态(称为回馈信号、列值)。由行扫描值和列回馈信号共同形成键编码。

用 8XX51 的并行口 P_1 设计 4×4 矩阵键盘的电路及各键编码如图 4.7 所示，图中 $P_{1.0}$～$P_{1.3}$接键盘行线，输出接地信号；$P_{1.4}$～$P_{1.7}$接列线，输入回馈信号，以检测按键是否按下。不同的按键有不同的编码，通过编码识别不同的按键，再通过软件查表，查出该键的功能，转向不同的处理程序。因此键盘处理程序应完成：①确定有无键按下；②判断哪一个键按下；③形成键编码；④根据键的功能，转至相应的处理程序。

键的编码可由软件对行、列值的运算完成（称为非编码键盘）；也可由硬件编码器完成，称为编码键盘。本章介绍非编码键盘，编码键盘将在后面章节介绍。此外，还要消除按键在闭合或断开时的抖动。消抖的方法可采用消抖电路（R-S 触发器闩锁电路）进行硬件消抖，也可采用延时方式进行软件消抖（延时后再重读，以跳过抖动期）。在矩阵键盘中，通常采用软件消抖。

图 4.7 所示的 4×4 矩阵键盘电路的键盘扫描程序流程如图 4.8 所示。

+5V
10kΩ×4
8XX51
a
5
P1.0
P1.1
P1.2
P1.3
P1.4
P1.5
P1.6
P1.7

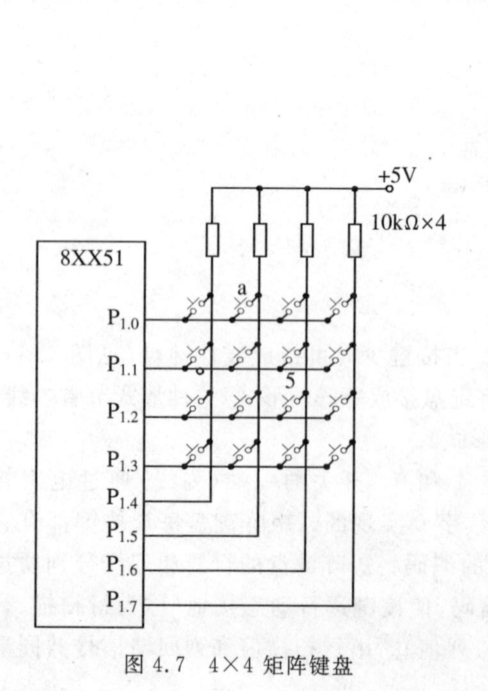

图 4.7　4×4 矩阵键盘

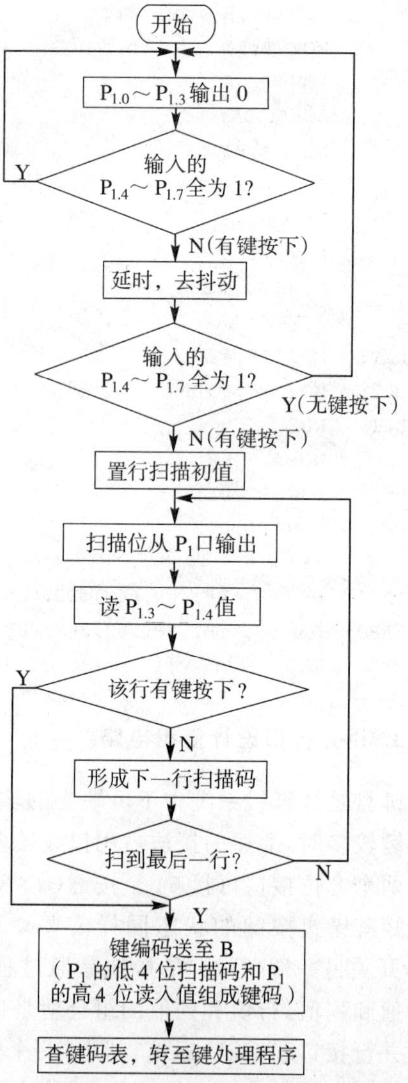

开始
P1.0～P1.3 输出 0
输入的
P1.4～P1.7 全为 1?
Y
N(有键按下)
延时，去抖动
输入的
P1.4～P1.7 全为 1?
Y(无键按下)
N(有键按下)
置行扫描初值
扫描位从 P1 口输出
读 P1.3～P1.4 值
该行有键按下？
Y
N
形成下一行扫描码
扫到最后一行?
N
Y
键编码送至 B
（P1 的低 4 位扫描码和 P1
的高 4 位读入值组成键码）
查键码表，转至键处理程序

图 4.8　键盘扫描程序流程

程序如下：

```
        ORG  0000H
TEST:   MOV  P1, #0F0H              ;P1.0~P1.3输出0, P1.4~P1.7输出1, 作为输入位
        MOV  A, P1                  ;读键盘, 检测有无键按下
        ANL  A, #0F0H               ;屏蔽P1.0~P1.3, 检测P1.4~P1.7是否全为1
        CJNE A, #0F0H, HAVE         ;P1.4~P1.7不全为1, 有键按下
        SJMP TEST                   ;P1.4~P1.7全为1, 无键按下, 重新检测键盘
HAVE:   MOV  A, #0FEH               ;有键按下, 逐行扫描键盘, 置扫描初值
NEXT:   MOV  B, A                   ;扫描码暂存于B
        MOV  P1, A                  ;输出扫描码
READ:   MOV  A, P1                  ;读键盘
        ANL  A, #0F0H               ;屏蔽P1.0~P1.3, 检测P1.4~P1.7是否全为1
        CJNE A, #0F0H, YES          ;P1.4~P1.7不全为1, 该行有键按下
        MOV  A, B                   ;被扫描行无键按下, 准备查下一行
        RL A                        ;置下一行扫描码
        CJNE A, #0EFH, NEXT         ;未扫描到最后一行, 则循环
YES:    ACALL DAY                   ;延时, 去抖动
AREAD:  MOV  A, P1                  ;再读键盘
        ANL  A, #0F0H               ;屏蔽P1.0~P1.3, 保留P1.4~P1.7(列码)
        MOV  R2, A                  ;暂存列码
        MOV  A, B
        ANL  A, #0FH                ;取行扫描码
        ORL  A, R2                  ;行码、列码合并为键编码
YES1:   MOV  B, A                   ;键编码存于B
        LJMP SAM38                  ;转键分析处理程序(见例3-8)
          ⋮
```

程序中DAY为延时子程序，通常延时10～20ms，读者可参考例3-9进行编写；SAM38为键分析处理程序，读者可参考例3-8进行编写，其中键码表要根据电路和按键的排列进行规划。

对键盘程序的键编码做如下说明。

开始检查0行有无键按下，使$P_{1.0}=0$，由于$P_{1.4}$～$P_{1.7}$是输入，为保证读入正确，$P_{1.4}$～$P_{1.7}$先写1，因此输出行扫描值1111 1110B(FEH)，且暂存于B，然后读P_1口，如该行有键按下，例如图4.7中的a键被按下，读入P_1口的值为1101XXXXB(DXH)，其高4位是a键的列值，原行扫描值低4位XXXX1110B(XEH)是a键行值，将行值、列值合并为a键编码，所以a键的编码为DEH。如果读入值为1111 XXXXB(FXH)，说明$P_{1.4}$～$P_{1.7}$全为高电平，该行无键按下，再检查1行，使$P_{1.1}=0$，输出行扫描值1111 1101B(FDH)，如该行仍无键按下，读入值$P_{1.4}$～$P_{1.7}$必定仍为1111。再扫描2行，使$P_{1.2}=0$，输出行扫描值1111 1011B(FBH)……直到扫描值为1110 1111B(EFH)，各行都检查完。图4.7中5键的编码为1011 1011B(BBH)，由此可见，键所在的行和列均为0，其他位为1，就是这个键的键码。将4×4矩阵键盘的16个按键的键码按0～15排成键码表，根据键功能要求，转至各自的功能处理程序。

4.1.4 并行接口小结

并行接口是单片机用得最多的部分,可直接接外部设备(要注意电平的匹配)。本章以最简单的实验室最容易实现的外部设备——开关和发光二极管为例,说明并行口的应用设计,其他外设的测控原理与其一样。

(1) 4个并行口均可作为输入/输出接口使用,但又有各自的特点。P_0 口是数据线和低8位的地址线,因此通常用它传输数据和低8位的地址信息。P_2 口通常作为高8位地址线使用,除非在不接其他外围芯片或不使用数据、地址线的情况下,P_0 和 P_1 两个口才作为I/O接口使用。此时应注意,由于 P_0 口内部漏极开路,需外接上拉电阻。P_1 口仅作为I/O口使用;P_3 口除作为I/O口外,还有第二功能。这4个口的使用特点是本章的重点。

(2) 当并行口作为输入口使用时,应对所用的口线写1,使其内部的驱动场效应管截止,以防止误读。写1以后不影响读引脚指令,因为读入的信息是经缓冲器2(见图4.1)进入CPU的,而不是读的锁存器。

(3) 在应用设计中应理解,计算机内部是由数字电路组成的,只存在TTL电平,高电平3.5～5V和低电平0V分别对应着数字1和0,外设的状态输入要通过电路转换成高、低电平,计算机才能识别(如开关电路)。计算机输出数据1即输出3.5～5V电压;输出数据0,即输出0V。根据外设需要的电平输出1或0,这就是程序控制外设的本质。

4.2 MCS-51单片机的中断系统

在CPU和外设交换信息时,存在着快速CPU和慢速外设间的矛盾,机器内部有时也可能出现突发事件,为此,计算机中通常采用中断技术。这样,CPU和外设并行工作,当外设数据准备好(或有某种突发事件发生)时向CPU提出请求,CPU暂停正在执行的程序,转而为该外设服务(或处理紧急事件),处理完毕再回到断点继续执行原程序。这个过程称为中断;引起中断的原因或发出中断申请的来源,称为中断源。当有多个中断源同时向CPU申请中断时,CPU优先响应最需紧急处理的中断请求,处理完毕再响应优先级别较低的中断请求,这种预先设置的响应次序,称为中断优先级。在中断系统中,高优先级的中断请求能中断正在进行的较低级的中断处理,这就称为中断的嵌套。能实现中断功能并能对中断进行管理的硬件和软件称为中断系统。本章将讨论MCS-51系列单片机的中断系统。

中断请求是在执行程序的过程中随机发生的,中断系统要解决的问题有:

(1) CPU在不断的指令执行中,如何检测到随机发生的中断请求?

(2) 如何使中断的双方(CPU方和中断源方)均能人为控制,允许中断或禁止中断?

(3) 由于中断产生的随机性,不可能在程序中放置调用子程序指令或转移指令,那么如何实现正确的转移,以便为该中断源服务呢?

(4) 中断源有多个,而CPU只有一个,当有多个中断源同时有中断请求时,用户怎么控制CPU按照自己的需要排列响应次序?

(5) 中断服务完毕,如何正确地返回到断点处继续执行后序指令?

本章将围绕上面的问题进行讨论。

4.2.1　8XX51中断系统结构

8XX51单片机有5个中断源，增强型8XX52单片机增加了1个定时/计数器2，共有6个中断源，它们除了两个中断源在片外，其余的中断源均在片内。这些中断源有两级中断优先级，可形成中断嵌套；两个特殊功能寄存器用于中断的控制和设置优先级别，另有两个特殊功能寄存器反映中断请求有、无标志，具体介绍如下。

1. 中断源

基本型8XX51单片机有5个中断源，增强型8XX52单片机有6个中断源，它们在程序存储器中各有固定的中断服务程序入口地址(称为矢量地址)，当CPU响应中断时，硬件自动形成各自的入口地址，由此进入中断服务程序，从而实现了正确的转移。这些中断源的符号、名称、产生条件及中断服务程序的入口地址如表4.3所示。

表4.3　8XX51/52单片机的中断源

中断源符号	名　称	中断引起原因	中断服务程序入口地址
$\overline{INT_0}$	外部中断0	$P_{3.2}$引脚的低电平或下降沿信号	0003H
$\overline{INT_1}$	外部中断1	$P_{3.3}$引脚的低电平或下降沿信号	0013H
T_0	定时器0中断	定时/计数器0计数回零溢出	000BH
T_1	定时器1中断	定时/计数器1计数回零溢出	001BH
T_2	定时器2中断	定时/计数器2中断(TF_2或T2EX)信号	002BH
TI/RI	串行口中断	串行通信完成一帧数据发送或接收(TI或RI)引起中断	0023H

2. 中断控制的相关寄存器

在中断系统中用户对中断的管理体现在两个方面：

(1) 中断能否进行，即对构成中断的双方进行控制，就是是否允许中断源发出中断和是否允许CPU响应中断，只有双方都被允许，中断才能进行。这是通过对特殊功能寄存器进行管理来实现的。

(2) 当有多个中断源有中断请求时，用户控制CPU按照自己的需要安排响应次序。用户对中断的这种管理是通过对特殊功能寄存器IP的设置完成的。

中断的允许和禁止——中断控制寄存器IE(地址A8H)

8XX51/52单片机的一个中断源对应IE寄存器的一位。如果允许该中断源中断，则该位置1；如果禁止该中断源中断，则该位置0。此外还有一个中断总控位，格式如下：

EA	-	ET_2	ES	ET_1	EX_1	ET_0	EX_0	IE (A8H)
中断总控允/禁	不用	T_2 允/禁	串行口允/禁	T_1 允/禁	$\overline{INT_1}$ 允/禁	T_0 允/禁	$\overline{INT_0}$ 允/禁	1/0

IE各位的具体意义如下。

EA：中断总控开关，EA=1，CPU开中断，是CPU是否响应中断的前提，在此前提下，如某中断源的中断允许位置1，才能响应该中断源的中断请求；EA=0，CPU关中断，无论哪个中断源有请求（被允许），CPU都不予响应。

ES：串行口中断允许位，ES=1，允许串行口发送/接收中断；ES=0，禁止串行口中断。

ET_2：定时器T_2中断允许位，$ET_2=1$，允许T_2中断；$ET_2=0$，禁止T_2中断。

ET_1：定时器T_1中断允许位，$ET_1=1$，允许T_1中断；$ET_1=0$，禁止T_1中断。

ET_0：定时器T_0中断允许位，$ET_0=1$，允许T_0中断；$ET_0=0$，禁止T_0中断。

EX_1：外部中断$\overline{INT_1}$允许位，$EX_1=1$，允许$\overline{INT_1}$中断；$EX_1=0$，禁止$\overline{INT_1}$中断。

EX_0：外部中断$\overline{INT_0}$允许位，$EX_0=1$，允许$\overline{INT_0}$中断；$EX_0=0$，禁止$\overline{INT_0}$中断。

中断请求标志及外部中断方式选择寄存器TCON（地址88H）

寄存器TCON的格式如下：

TF_1	TR_1	TF_0	TR_0	IE_1	IT_1	IE_0	IT_0	TCON (88H)
T_1请求 有/无	T_1工作 启/停	T_0请求 有/无	T_0工作 启/停	$\overline{INT_1}$请求 有/无	$\overline{INT_1}$方式 下沿/低电平	$\overline{INT_0}$请求 有/无	$\overline{INT_0}$方式 下沿/低电平	1/0

说明：

(1) TF_1、TF_0、IE_1、IE_0分别为中断源T_1、T_0、$\overline{INT_1}$、$\overline{INT_0}$的中断请求标志，若中断源有中断请求，该中断标志置1；若无中断请求，该中断标志置0。

(2) IT_0和IT_1为外中断$\overline{INT_0}$和$\overline{INT_1}$中断触发方式选择，若下降沿触发，则IT相应位置1；若选低电平触发，IT相应位置0。

(3) TR_1和TR_0为定时器T_1和T_0工作启动和停止的控制位，与中断无关，参阅第5章。

(4) 串行口的中断标志在特殊功能寄存器SCON的RI和TI位（SCON.0和SCON.1位），T_2的中断标志TF_2在特殊功能寄存器T2CON的TF_2位（T2CON.7），参阅第5章。

中断优先级管理寄存器IP（地址8BH）

8XX51/52单片机中断源的优先级别由IP寄存器管理，一个中断源对应一位，如对应位置1，该中断源优先级别高；如对应位置0，则优先级别低。

—	—	PT_2	PS	PT_1	PX_1	PT_0	PX_0	IP (8BH)
无用位	无用位	T_2 高/低	串行口 高/低	T_1 高/低	$\overline{INT_1}$ 高/低	T_0 高/低	$\overline{INT_0}$ 高/低	1/0

当某几个中断源在IP寄存器相应位同为1或同为0时，由内部查询确定优先级，优先响应先查询的中断请求。CPU查询的顺序是：

$$\overline{INT_0} \rightarrow T_0 \rightarrow \overline{INT_1} \rightarrow T_1 \rightarrow TI/RI \rightarrow T_2$$

综上所述，MCS-51系列单片机的中断结构可以用图4.9表示。

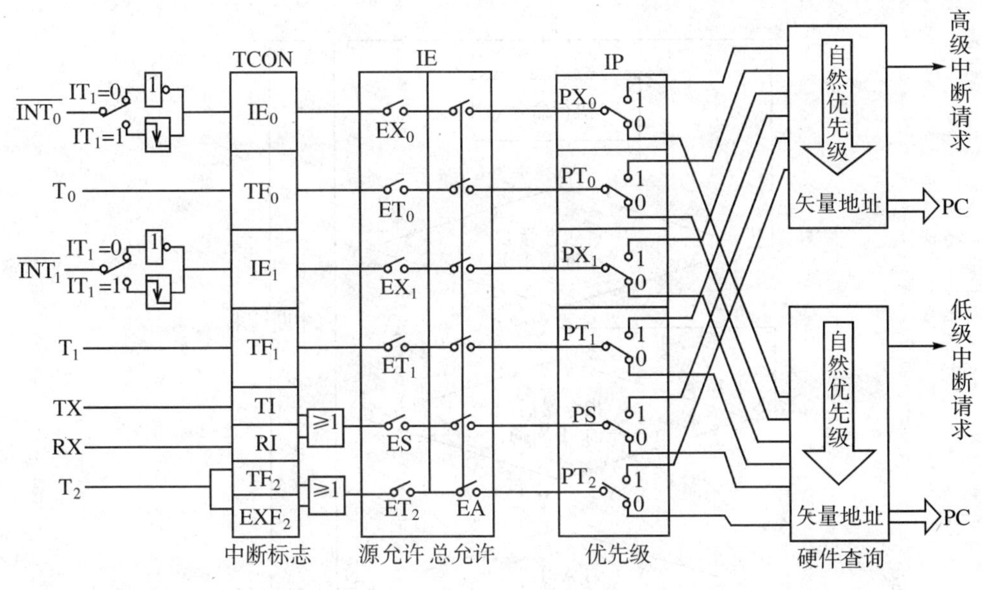

图 4.9 8XX51 单片机的中断系统

4.2.2 中断响应过程

1. 中断处理过程

中断处理过程分为 4 个阶段：中断请求、中断响应、中断服务和中断返回。

MCS-51 系列单片机的中断处理流程如图 4.10 所示。

CPU 执行程序时，在每一个指令周期的最后一个 T 周期都要检查是否有中断请求；如果有中断请求，寄存器 TCON 的相应位会置 1；CPU 查到 1 标志后，如果允许，进入中断响应阶段；如果中断被禁止，或没有中断请求，继续执行下条指令。

在中断响应阶段，如果有多个中断源，CPU 判断哪个的优先级高，优先响应优先级高的中断请求，阻断同级或低级的中断，硬件产生子程序调用指令，将断点 PC 压入堆栈，将所响应的中断源的矢量地址送主 PC 寄存器，转到中断服务程序执行。

中断服务是完成中断处理的事务，用户根据需要编写中断服务程序，程序中应注意将主程序中需要保护的寄存器内容进行保护，中断服务完毕后应恢复这些寄存器的内容。保护现场和恢复现场的过程可以通过堆栈操作完成。

中断返回是通过执行一条 RETI 中断返回指令完成的，该指令使堆栈中被压入的断点地址弹到 PC，从而返回主程序的断点，继续执行主程序。另外 RETI 指令还有恢复优先级状态触发器的作用，因此不能以 RET 指令代替 RETI 指令。

中断请求和中断响应过程都是由硬件完成的。

由上可见，51 系列单片机响应中断后，不会自动保护标志寄存器（PSW 程序状态字）、不会自动保护现场、不会自动关中断、不会自动发中断响应信号，这些是和 8086 CPU 有差别的。

若某个中断源通过编程设置，处于被打开的状态，并满足中断响应的条件。然而在下面

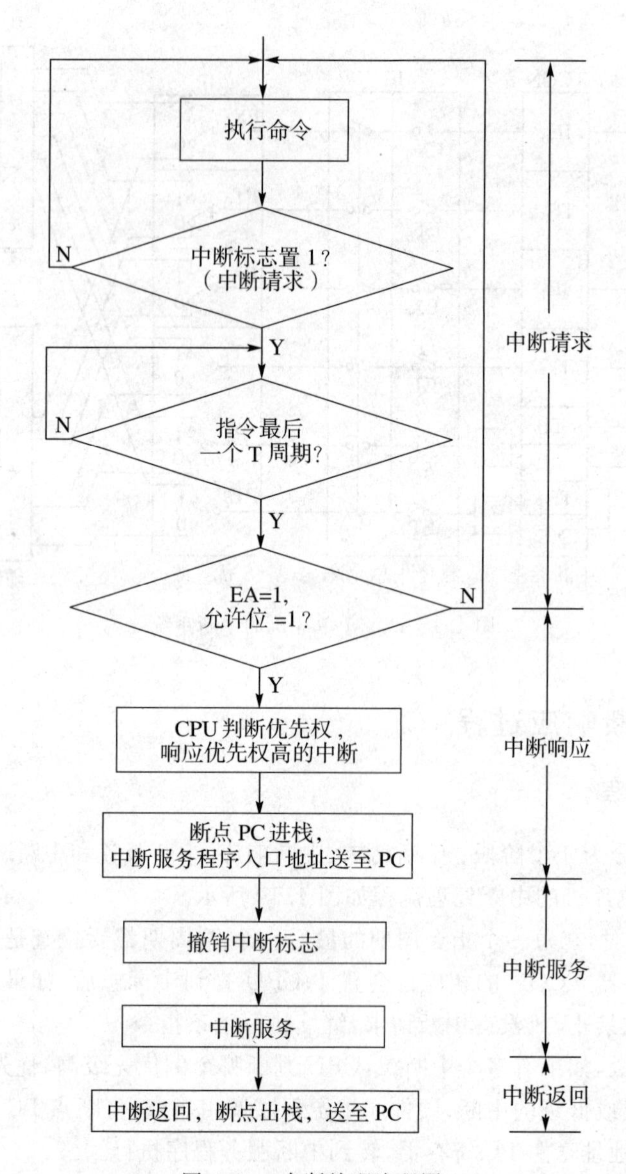

图 4.10　中断处理流程图

3 种情况下，单片机不响应此中断：

(1) 当前正在执行的那条指令没执行完。

(2) 当前响应了同级或高级中断。

(3) 正在操作 IE，IP 中断控制寄存器或执行 RETI 指令。

在正常的情况下，从中断请求信号有效开始，到中断得到响应，通常需要 3～8 个机器周期。

2. 中断请求的撤销

CPU 响应中断后，应撤销该中断请求，否则会引起再次中断。

对定时/计数器 T_0、T_1 的溢出中断，CPU 响应中断后，硬件清除中断请求标志 TF_0 和 TF_1，即自动撤销中断请求，除非 T_0、T_1 再次溢出，才产生中断。对边沿触发的外部中断

$\overline{INT_1}$和$\overline{INT_0}$，也是 CPU 响应中断后硬件自动清除 IE_0 和 IE_1。对于串行口和定时/计数器 T_2 中断，CPU 响应中断后，没有用硬件清除中断请求标志 TI、RI、TF_2 和 EXF_2，即这些中断标志不会自动清除，必须用软件清除，这是在编写中断服务中应该注意的。对电平触发的外部中断，CPU 在响应中断时也不会自动清除中断标志，因此，在 CPU 响应中断后应立即撤销$\overline{INT_1}$或$\overline{INT_0}$的低电平信号。

4.2.3　中断的程序设计

用户对中断的控制和管理，实际上是对 4 个与中断有关的寄存器 IE、TCON、IP、SCON 进行控制或管理。这几个寄存器在单片机复位时是清零的，因此必须根据需要对这几个寄存器的有关位进行预置。在中断程序的编制中应注意：

(1) 开中断总控开关 EA，置位中断源的中断允许位。

(2) 对于外部中断$\overline{INT_0}$和$\overline{INT_1}$，应选择中断触发方式是低电平触发，还是下降沿触发。

(3) 对于多个中断源中断，应设定中断优先级，预置 IP。

由于 8XX51/52 单片机的中断服务程序的入口地址分别是 0003H、000BH、0013H、001BH、0023H、002BH，这些中断矢量地址之间相距很近，往往装不下一个中断服务程序，通常将中断服务程序放置在程序存储器的其他地址空间，而在矢量地址的单元中安排一条转移指令。当然如果仅有一个中断源可另当别论。对于一个独立的应用系统，上电初始化时，PC 总是指向 0，所以在程序存储器的 0 地址单元放置一条转移地址，以绕过矢量地址空间。例 4-5 说明了中断程序的格式，例中的中断源为外部中断，对于定时器中断和串行口中断的应用实例，请参阅第 5 章。

例 4-5　在图 4.11 中，$P_{1.4}$～$P_{1.7}$接有 4 个发光二极管，$P_{1.0}$～$P_{1.3}$接有 4 个开关，消抖电路用于产生中断请求信号，当消抖电路的开关来回拨动一次，将产生一个下降沿信号，通过向 CPU 申请中断。要求：初时发光二极管全黑，每中断一次，$P_{1.0}$～$P_{1.3}$所接的开关状态反映到发光二极管上，且要求开关合上的对应的发光二极管亮。

程序如下：

```
         ORG 0000H
         AJMP START
         ORG 0003H                 ;INT0 中断的入口
         AJMP WBI                  ;转中断服务系统
         ORG 0100H                 ;主程序
START:   MOV P1,#0FFH              ;灯全灭,低 4 位输入
         SETB IT0                  ;边沿触发中断
         SETB EX0                  ;允许 INT0 中断
         SETB EA                   ;开中断开关
HERE:    AJMP HERE                 ;等待中断
WBI:     MOV P1,#0FH               ;P1 先写入 1 且灯灭
         MOV A,P1                  ;输入开关状态
         SWAP A
         MOV P1,A                  ;输出到 P1 口的高 4 位
         RETI
         END
```

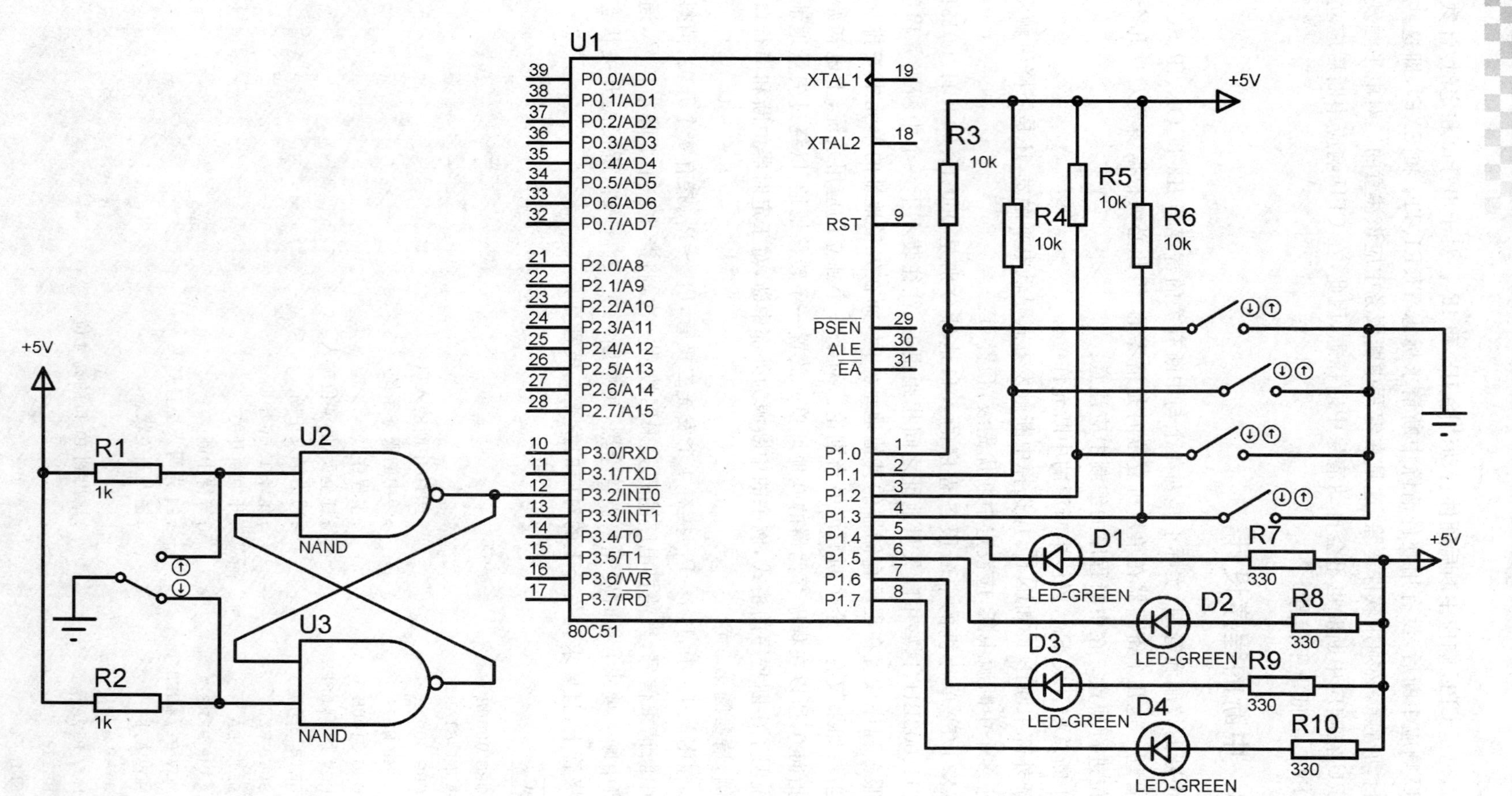

图 4.11 例 4-5 的 Proteus 电路图(出自 Proteus 软件)

在 Proteus 中仿真运行，每重置一次 4 个开关的开、合状态，4 个发光二极管维持原来的亮、灭状态，仅当来回拨动消抖电路开关，产生了中断后，程序退出等待中断的死循环语句，进入中断矢量地址 0003H 单元执行 AJMP WBI 转移语句，转移到 WBI 地址开始的中断服务程序执行，才读入所置的开关状态并显示到发光二极管。执行完中断服务程序后，通过 RETI 指令返回到 HERE，等待下次中断。

例 4-6 采用 AT89C2051 的 P_1 口接一个共阴极的数码管，利用消抖开关产生中断请求信号，每来回拨动一次开关，产生一次中断，用数码管显示中断的次数(最多不超过 15 次)。采用 Proteus 绘制的电路如图 4.12 所示。

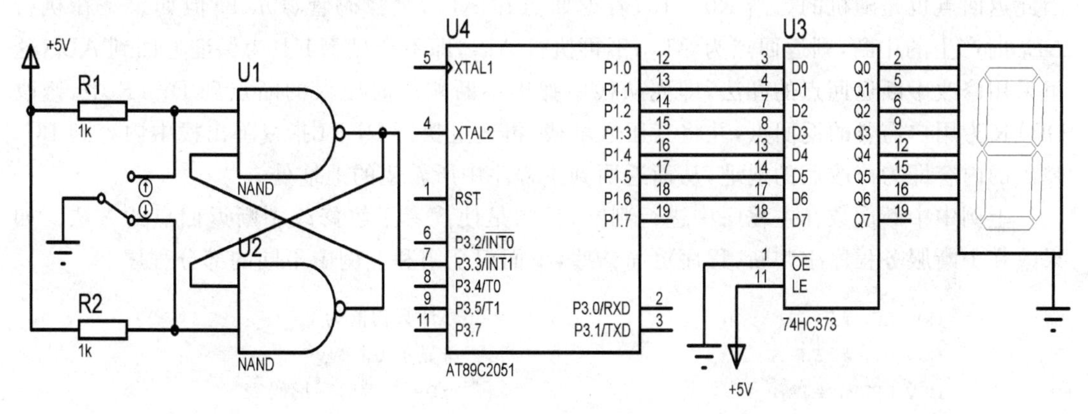

图 4.12 例 4-6 的 Proteus 电路图(出自 Proteus 软件)

程序如下：

```
        ORG 0000H
        AJMP START
        ORG 0013H                   ;INT1 中断入口
        AJMP INTV1                  ;转中断服务程序
        ORG 0100H                   ;主程序
START:  SETB IT1                    ;边沿触发中断
        SETB EX1                    ;允许 INT1 中断
        SETB EA                     ;开中断开关
        MOV R0,#0                   ;计数初值为 0
        MOV A,#3FH                  ;"0"的字行码送入 A
AL1:    MOV P1,A                    ;显示数码
AL2:    CJNE R0,#10H,AL1            ;没满 15 次,则循环显示
        MOV P1,A                    ;满 15 次, 则显示 F
        MOV R7,#0FFH                ;延时
        DJNZ R7,$
        MOV P1,#0                   ;关显示
        CLR EA                      ;关中断
        SJMP $                      ;结束
INTV1:  INC R0                      ;中断次数加 1
        MOV A,R0
        MOV DPTR,#TAB               ;DPTR 指向字形码表首址
```

```
        MOVC A,@A+DPTR                       ;查表
        RETI                                 ;返回主程序
TAB:    DB 3FH,06H,5BH,4FH,66H,6DH,7DH,07H   ;字形码表
        DB 7FH,6FH,77H,7CH,39H,5EH,79H,71H
        END
```

在 Proteus 中仿真运行后，上面程序每中断一次，执行一次中断服务程序 INTV1，在中断服务程序中，累计中断次数并查字形表，返回到主程序执行显示。

以上中断发生在 AL_1 或 AL_2 两指令循环执行处，究竟是在哪一指令处中断是随机的，因此返回点也是随机的。当 R0＝15，若返回点在 AL_1，则数码管显示 F；但如果是在执行 AL_1 时产生的中断，则返回点为 AL_2，不再执行 AL_1，即不会显示 F。为保证返回到 AL_1，这里采用修改中断返回点的办法，即先从栈中弹出中断响应时压入的断点到 DPTR 中，修改 DPTR 为用户需要的返回点，并将其压入堆栈，再通过执行 RETI 指令弹出栈中内容到 PC，弹出的内容即为修改后的地址，从而返回到主程序中所希望的地址处。

上例中中断次数在主程序中进行判断，目的是使读者了解修改中断返回点的方法。如果改在中断服务程序中判断，程序更简洁些，下面仅介绍和上例中不同的部分程序。

```
        MOV R0, #0                               ;计数初值为 0
        MOV P1, #3FH                             ;显示 0
        MOV DPTR, #TAB                           ;DPTR 指向字形码表
AGA:    SJMP $                                   ;等待中断
INT1:   INC R0                                   ;中断次数加 1
        MOV A, R0
        MOVC A, @A+DPTR                          ;查字形码表
        MOV P1, A                                ;显示
        CJNE R0, #0FH, RE                        ;中断未达到 15 次，转至 RE
        CLR EA                                   ;已中断 15 次，关中断
RE:     RETI                                     ;返回主程序的 AGA 处
TAB:    DB 3FH, 06H, 5BH, 4FH, 66H, 6DH, 7DH, 07H ;字形码表
        DB 7FH, 6FH, 77H, 7CH, 39H, 5EH, 79H, 71H
```

4.3 小结

(1) 中断技术是实时控制中的常用技术，51 系列单片机(基本型)有 3 个内部中断和两个外部中断。所谓外部中断就是在外部引脚上有产生中断所需要的信号。

每个中断源有固定的中断服务程序的入口地址(矢量地址)。当 CPU 响应中断后，单片机内部硬件保证它能自动地跳转到该地址。因此，此地址是应该熟记的。在汇编程序中，中断服务程序应存放在正确的矢量地址内(或存放一条转移指令)。

(2) 单片机的中断是靠内部的寄存器(即中断允许寄存器 IE 和中断优先权寄存器 IP)管理的，必须在 CPU 中开中断(即开全局中断开关 EA)，以及开各中断源的中断开关，CPU 才能响应该中断源的中断请求，缺一不可。

(3) 从程序表面看来，主程序和中断服务程序好像是没有关联的，只有掌握中断响应的

过程，才能理解中断的发生和返回，看懂中断程序并编写出高质量的中断程序。

(4) 本章重点是51系列单片机的中断结构、中断响应过程、中断程序的编制方法。

思考题与习题

1. 8XX51单片机的4个I/O端口的作用是什么？

2. 8XX51单片机的4个I/O端口在结构上有何异同？使用时应注意什么？

3. 为什么说8XX51单片机中能够全部作为I/O口使用的仅有P_1端口？

4. 利用8XX51单片机的P_1口监测某一按键开关，使每按键一次，输出一个正脉冲(脉宽随意)，画出电路，编写程序。

5. 利用8XX51单片机的P_1口控制8个发光二极管LED，相邻的4个LED为一组，使两组每隔0.5s交替发亮一次，周而复始，画出电路，编写程序(设延时0.5s的子程序为D05，并且已存在)。

6. 用89C51并行口设计显示一个数码电路，使数码管循环显示0～F。

7. 设计一个能显示4位数码的电路，并用8循环显示8遍。

8. 利用89C51并行口设计8×8的矩阵键盘，并用箭头标明信号的方向。

9. 8XX51单片机有几个中断源，各中断标志是如何产生的，又如何清除？

10. 8XX51单片机的中断源的中断请求被响应时，各中断入口地址是多少？在什么物理存储空间？

11. MCS-51系列单片机的中断系统有几个优先级，如何设定？

12. 简述8XX51单片机中断处理的过程，画出流程图。

13. 用8XX51单片机的P_1口接8个LED发光二极管，在$\overline{INT_0}$接一消抖开关，开始$P_{1.0}$的LED亮，以后每中断一次，下一个LED亮，顺序下移，且每次只有一个LED亮，周而复始。画出电路图，编制程序。

14. 电路同上，要求8个LED同时亮，或同时灭，每中断一次，变反一次，编写程序。

15. 要求同第14题，要求亮、灭变换5次(一亮、一灭为一次)。

16. 利用8XX51单片机的并行口接两个数码管，显示$\overline{INT_1}$中断次数(次数不超过FFH)。

17. 有3个故障源X_1、X_2、X_3，对应3个显示灯，显示其有无故障。无故障时，故障源输出为低电平，显示灯灭；当系统发生故障时，故障源输出为高电平，其对应的显示灯亮。用中断方式监视这3个故障源，即X_1～X_3无论哪个出现故障都引起中断，设计硬件电路，并编程，完成上述要求。

第5章 单片机的定时/计数器与串行接口

在测量控制系统中，常常要求有一些实时时钟，以实现定时控制、定时测量或延时动作，也往往要求有计数器，能对外部事件计数，如测量电机转速、频率等。

要实现定时/计数，有3种主要方法：软件定时、数字电路硬件定时和可编程定时/计数器。

软件定时，即让机器执行一个程序段，这个程序段本身没有具体的执行目的，通过正确地挑选指令和设置循环次数实现软件延时，由于执行每条指令都需要时间，执行这一程序段所需要的时间就是延时时间。这种软件定时占用CPU，降低了CPU利用率。

数字电路硬件定时采用小规模集成电路器件，外接定时部件（电阻和电容）构成。这样的定时电路简单，但要改变定时范围，必须改变电阻和电容，这种定时电路在硬件连接好以后，不方便修改。

可编程定时/计数器是为方便微型计算机系统的设计和应用而研制的，它是硬件定时，又可以很容易地通过软件来确定和改变它的定时值，通过初始化编程，能够满足各种不同的定时和计数要求，因而在嵌入式系统的设计和应用中得到广泛的应用。

MCS-51系列单片机中，8XX51单片机有两个16位的定时/计数器 T_0 和 T_1；增强型8XX52单片机有3个16位的定时/计数器 T_0、T_1 和 T_2，均是可编程定时/计数器。下面重点介绍8XX51单片机的定时/计数器。

5.1 定时/计数器 T_0 和 T_1

5.1.1 定时/计数器 T_0 和 T_1 的结构与工作原理

8XX51单片机的定时/计数器 T_1 由寄存器 TH_1 和 TL_1 组成，定时/计数器 T_0 由寄存器 TH_0 和 TL_0 组成，它们均为8位寄存器，映射在特殊功能寄存器中，地址为8AH～8DH。它们用于存放定时或计数的初始值。此外，单片机内部还有一个8位的方式控制寄存器TMOD和一个8位的控制寄存器TCON，用于选择定时/计数器的工作方式。定时/计数器 T_0 的内部结构和控制信号如图5.1所示，T_1 的内部结构和信号相同。

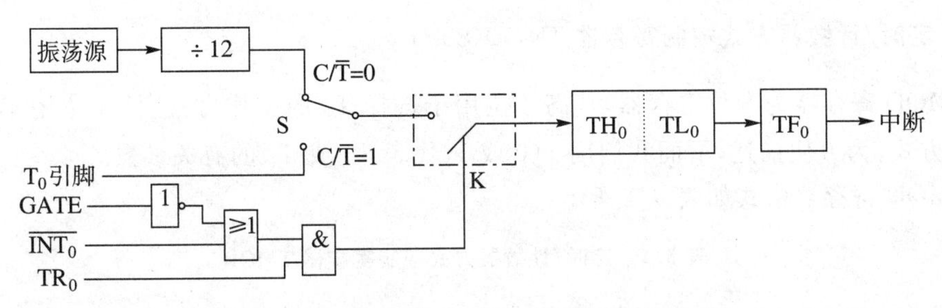

图 5.1 定时/计数器 T0 的内部结构和控制信号

定时/计数器实质上是一个加 1 计数器，它可以工作于定时方式，也可以工作于计数方式。两种工作方式实际上都是对脉冲计数，只不过所计脉冲的来源不同。

1. 定时方式

$C/\overline{T}=0$，开关 S 打向上，计数器 TH_0 和 TL_0 的计数脉冲来自振荡器的 12 分频后的脉冲($f_{osc}/12$)，即对系统的机器周期计数。当开关 K 受控合上时，每过一个机器周期，计数器 TH_0 和 TL_0 加 1，直至计满预设的个数，TH_0 和 TL_0 回零，定时/计数器溢出中断标志位 TF_0(或 TF_1)被置位，产生溢出中断。例如，机器周期为 2μs，计满 3 个机器周期，即定时了 6μs，中断标志位 TF_0(或 TF_1)被置位。由于是加 1 计数，预设计数初值应为负值(补码)，TH_0 和 TL_0 才可能加 1 回零。定时计数脉冲的最高频率为 $f=f_{osc}/12$。

2. 计数方式

$C/\overline{T}=1$，开关 S 打向下，计数器 T_0 和 T_1 的计数脉冲分别来自于引脚 $T_0(P_{3.4})$或引脚 $T_1(P_{3.5})$上的外部脉冲。当开关 K 受控合上时，计数器对此外部脉冲的下降沿进行加 1 计数，直至计满预定值，则回零，置位定时/计数器中断标志 TF_0(或 TF_1)，产生溢出中断。由于检测一个由 1 到 0 的跳变需要两个机器周期，前一个机器周期测出 1，后一个机器周期测出 0，故计数脉冲的最高频率不得超过 $f_{osc}/24$。对外部脉冲的占空比无特殊要求。

计数脉冲能否加到计数器上，受到启动信号控制。由图 5.1 可见，当 GATE=0 时，只要 $TR_x=1$($x=0$ 或 1)，则定时/计数器启动工作。当 GATE=1 时，$TR_x=1$ 和 $INT_x=1$ 同时满足才能启动定时/计数器，此时启动受到双重控制。

当软件设定了定时/计数器的工作方式并启动以后，定时/计数器就按规定的方式工作，不占用 CPU 的操作时间，此时 CPU 可执行其他程序，除非定时/计数器溢出，才可能中断 CPU 执行的程序。这种工作的方式如同人所戴的手表，人在工作或睡觉，而手表依然滴滴答答在走，到了设定的时间，闹钟会响。

5.1.2 定时/计数器的寄存器

51 系列单片机的定时/计数器为可编程定时/计数器，在定时/计数器工作之前必须将控制命令写入定时/计数器的控制寄存器，即进行初始化。下面介绍定时/计数器的方式控制寄存器 TMOD 及控制寄存器 TCON。

1. 定时/计数器方式控制寄存器 TMOD(89H)

TMOD 寄存器为 8 位寄存器，其高 4 位用于选择 T_1 的工作方式，低 4 位用于选择 T_0 的工作方式，为方便描述，下面我们用 x(0 或 1)代表 T_0 或 T_1 的有关参数。

TMOD 寄存器格式如表 5.1 所示。

表 5.1 定时/计数器方式控制寄存器 TMOD

←— T_1 —→				←— T_0 —→				
GATE	$C/\overline{T}$	M_1	M_0	GATE	$C/\overline{T}$	M_1	M_0	TMOD (89H) 1/0
门控 开/关	计数/定时	方式选择		门控 开/关	计数/定时	方式选择		

(1) GATE：门控位。

GATE=0，TR_x=1 时即可启动定时/计数器，是一种自启动的方式。

GATE=1，TR_x=1 且 INT_x=1 时才可启动定时/计数器。即是 INT_x 引脚加高电平时启动，是一种外启动的方式。

(2) $C/\overline{T}$：定时、计数选择。

$C/\overline{T}$=1，为计数方式。

$C/\overline{T}$=0，为定时方式。

(3) M_1/M_0：工作方式选择位，定时/计数器的 4 种工作方式由 M_1 和 M_0 设定，如表 5.2 所示。

表 5.2 由 M_1 和 M_0 设定定时/计数器

M_1	M_0	工作方式
0	0	工作方式 0 (13 位方式)
0	1	工作方式 1 (16 位方式)
1	0	工作方式 2 (8 位自动装入计数初值方式)
1	1	工作方式 3 (T_0 为两个 8 位方式)

例如：设置 T_0 工作于计数、自启动、方式 2 的语句为 MOV TMOD, #02H。

例如：设置 T_1 工作于定时、外启动、方式 1 的语句为 MOV TMOD, #0D0H。

2. 定时/计数器控制寄存器 TCON

TCON 寄存器在第 4 章中曾经介绍过，它是一个多功能的寄存器，各位的意义如表 5.3 所示。

表 5.3 定时/计数器控制寄存器 TCON

TF_1	TR_1	TF_0	TR_0	IE_1	IT_1	IE_0	IT_0	TCON (88H) 1/0
T_1 请求 有/无	T_1 工作 启/停	T_0 请求 有/无	T_0 工作 启/停	$\overline{INT_1}$ 请求 有/无	$\overline{INT_1}$ 方式 下沿/低电平	$\overline{INT_0}$ 请求 有/无	$\overline{INT_0}$ 方式 下沿/低电平	

在定时/计数控制中，仅用到 TCON 寄存器的高 4 位，其意义如下。

(1) TF_1：T_1 溢出中断请求标志，$TF_1=1$，T_1 有溢出中断请求；$TF_1=0$，T_1 无溢出中断请求。

(2) TR_1：T_1 运行控制位，$TR_1=1$，启动 T_1 工作；$TR_1=0$，停止 T_1 工作。

(3) TF_0：T_0 溢出中断请求标志，$TF_0=1$，T_0 有溢出中断请求；$TF_0=0$，T_0 无溢出中断请求。

(4) TR_0：T_0 运行控制位，$TR_0=1$，启动 T_0 工作；$TR_0=0$，停止 T_0 工作。

其他位的含义不再复述。

5.1.3 定时/计数器的工作方式

8XX51 单片机的定时/计数器有 4 种工作方式，不同工作方式有不同的工作特点。

1. 方式 0

当 TMOD 寄存器中 $M_1M_0=00$ 时，定时/计数器工作在方式 0。

方式 0 为 13 位定时/计数方式，由 TH_x 提供高 8 位、TL_x 提供低 5 位的计数初值(TL_x 的高 3 位无效)，最大计数值为 2^{13}(8192 个脉冲)。

当 $C/\overline{T}=0$ 时，工作于定时方式，以振荡源的 12 分频信号作为计数脉冲。

当 $C/\overline{T}=1$ 时，工作于计数方式，对外部脉冲输入端 T_0 或 T_1 输入的脉冲计数。

启动计数前需预置计数初值。启动后计数器立即加 1，TL_x 低 5 位的计数满并回零后，向 TH_x 进位，当 13 位计数满回零时，中断溢出标志 TF_x 置 1，产生中断请求，表示定时时间到或计数次数到。若允许中断($ET_x=1$)且 CPU 开中断($\overline{EA}=1$)，则 CPU 响应中断，转向中断服务程序，同时 TF_x 自动清 0。

2. 方式 1

当 TMOD 寄存器中 $M_1M_0=01$ 时，定时/计数器工作在方式 1。

方式 1 与方式 0 基本相同。唯一的区别在于寄存器的位数是 16 位的，由 TH_x 和 TL_x 各提供 8 位计数初值，最大计数值为 2^{16}(65 536 个脉冲)，是几种方式中计数值最大的方式。

3. 方式 2

当 TMOD 寄存器中 $M_1M_0=10$ 时，定时/计数器工作在方式 2。

方式 2 是 8 位的可自动重装载的定时/计数方式，最大计数值为 2^8(256 个脉冲)。

在这种方式下，TH_x 和 TL_x 两个寄存器中，TH_x 专用于寄存 8 位计数初值并保持不变，TL_x 进行 8 位加 1 计数。当 TL_x 计数溢出时，除产生溢出中断请求外，还自动将 TH_x 中不变的初值重装载到 TL_x。而在方式 0 和方式 1 中，TH_x 和 TL_x 共同作为计数器，TL_x 计数满后，向 TH_x 进位，直至计满，TH_x 和 TL_x 均回零。若要进行下一次定时/计数，由于上次计数时 TH_x 和 TL_x 均回零，因此需用软件向 TH_x 和 TL_x 重装计数初值。除需要重装初值之外，其他特征方式 2 与方式 0、1 相同。

4. 方式 3

方式 3 只适用于定时/计数器 0(T_0)。当定时/计数器工作在方式 3 时，TH_0 和 TL_0 成为两个独立的计数器。这时 TL_0 可作为定时/计数器，占用 T_0 在 TCON 和 TMOD 寄存器中的控制位和标志位；而 TH_0 只能作为定时器使用，占用 T_1 的资源 TR_1 和 TF_1。在这种情况下，T_1 仍可用于方式 0、1、2，但不能使用中断方式。

只有将 T_1 用作串行接口的波特率发生器时，T_0 才工作在方式 3，以便增加一个定时/计数器。

5.1.4 定时/计数器的应用程序设计

1. 定时/计数器的计数初值 C 的计算和装入

如前所述，8XX51 单片机的定时/计数器工作方式不同，其最大计数值也不同。即其模值不同，由于采用加 1 计数，为使计数满后回零，计数初值应为负值。计算机中负数是用补码表示的，求补码的方法是用模减去该负数的绝对值。

(1) 计数器初值(C)的求法

计数方式：计数初值 C＝模－X(其中 X 为要计的脉冲的个数)。

定时方式：计数初值 $C=[t/MC]_{补}=模-[t/MC]$，其中 t 为欲定时时间，MC 为 8XX51 单片机的机器周期，$MC=12/f_{osc}$。当采用 12MHz 晶振时，$MC=1\mu s$；当采用 6MHz 晶振时，$MC=2\mu s$。

例如，要计 100 个脉冲的计数初值。

方式 0 (13 位方式)：$C=(64H)_{补}=2000H-64H=1F9CH$。

方式 1 (16 位方式)：$C=(64H)_{补}=10000H-64H=FF9CH$。

方式 2 (8 位方式)：$C=(64H)_{补}=100H-64H=9CH$。

(2) 定时/计数器在不同工作方式下的初值装入方法

方式 0 是 13 位定时/计数方式，对 T_0 而言，计数初值的高 8 位装入 TH_0，低 5 位装入 TL_0 的低 5 位(TL_0 的高 3 位无效，可补零)。所以对于上例，要装入 1F9CH 初值时，应按如下方式进行。

$$1F9CH=0\,0\,0\,\overbrace{\underbrace{1\,1\,1\,1\,1\,1\,0\,0}_{TH0}\;\underbrace{1\,1\,1\,0\,0}_{TL0}}^{13位}$$

将 11111100B 装入 TH_0，将×××11100B(00011100B)装入 TL_0，用指令表示为：

```
MOV TH0, #0FCH          ;#FCH→TH0
MOV TL0, #1CH           ;#1CH→TL0
```

方式 1 为 16 位方式，只需将初值低 8 位装入 TL_0，初值高 8 位装入 TH_0，用指令表示为：

```
MOV TH0, #0FFH
MOV TL0, #9CH
```

方式 2 为 8 位方式，初值既要装入 TH_0，也要装入 TL_0，用指令表示为：

```
MOV TH0, #9CH
MOV TL0, #9CH
```

2. 定时/计数器的初始化编程

8XX51 单片机的定时/计数器是可编程器件,使用前应先对其内部的寄存器进行设置,以对它进行控制,这称为初始化编程。8XX51 单片机的定时/计数器的初始化编程步骤如下:

(1) 根据定时时间要求或计数要求,计算计数器初值。

(2) 填写工作方式控制字,送至 TMOD 寄存器。

(3) 送计数初值的高 8 位和低 8 位到 TH_x 和 TL_x 寄存器中。

(4) 启动定时(或计数),即将 TR_x 置位。

如果工作于中断方式,需置位 EA(中断总开关)及 ET_x(允许定时/计数器中断),并编写中断服务程序。

3. 应用编程举例

例 5-1 如图 5.2 所示,P_1 接有 8 个发光二极管,编写程序,使 8 个二极管轮流点亮,每个管亮 100ms,设晶振为 6MHz。

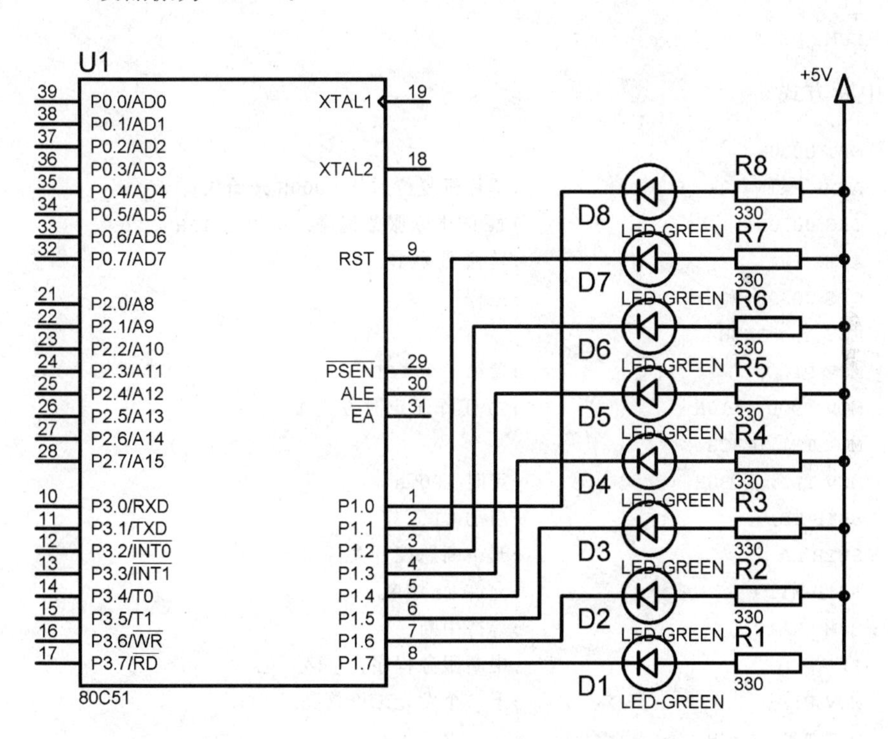

图 5.2 例 5-1 的 Proteus 仿真电路图(出自 Proteus 软件)

分析:可利用 T_1 完成 100ms 的定时,当 P_1 口线输出 0 时,发光二极管亮,每隔 100ms 左移一次。采用定时方式 1,先计算计数初值。

机器周期:

$$MC = 12/f_{osc} = 2\mu s$$

应计脉冲个数:

$$100\text{ms}/2\mu\text{s} = 100 \times 10^3(\mu\text{s})/2(\mu\text{s}) = 50000 = \text{C350H}$$

求补：

$$(\text{C350H})_{补} = 10000\text{H} - \text{C350H} = 3\text{CB0H}$$

汇编语言程序如下：

(1) 查询方式

```
      ORG 0000H
      MOV A,#0FEH             ;置第一个 LED 亮
NEXT: MOV P1,A
      MOV TMOD,#10H           ;T1 工作于定时方式 1
      MOV TH1,#3CH
      MOV TL1,#0B0H           ;定时 100ms
      SETB TR1                ;启动 T1 工作
AGAI: JBC TF1,SHI             ;100ms 到,即 TF1=1,转至 SHI, 并清 TF1
      SJMP AGAI               ;未到 100ms,再次检查 TF1
SHI:  RL A                    ;A 左移一位
      SJMP NEXT
```

(2) 中断方式

```
      ORG 0000H
      AJMP MAIN               ;单片机复位后从 0000H 开始执行
      ORG 001BH               ;T1 的中断服务程序入口为 001BH
      AJMP IV1                ;转移到 IV1
      ORG 0030H               ;主程序
MAIN: MOV A, #0FEH
      MOV P1, A               ;置第一个 LED 亮
      MOV TMOD, #10H          ;T1 工作于定时方式 1
      MOV TH1, #3CH
      MOV TL1, #0B0H          ;定时 100ms
      SETB TR1                ;启动 T1 工作
      SETB EA                 ;开中断总控开关
      SETB ET1                ;允许 T1 中断
WAIT: SJMP WAIT               ;等待中断
IV1:  RL A                    ;中断服务程序, 左移一位
      MOV P1, A               ;下一个发光二极管亮
      MOV TH1, #3CH
      MOV TL1, #0B0H          ;重装计数初值
      RETI                    ;中断返回
```

以上程序循环执行，8 个 LED 一直轮流被点亮。

例 5-2 在 $P_{1.7}$ 端接一个发光二极管 LED，要求利用定时器控制，使 LED 亮 1s、灭 1s，周而复始，设 $f_{osc}=6\text{MHz}$。

分析：16 位定时最大为 $2^{16}\times 2\mu\text{s}=131.072\text{ms}$，显然不能满足定时 1s 的要求，可用以下

两种方法解决。

方法1：采用T_0，产生周期为200ms的脉冲，即$P_{1.0}$每100ms取反一次，作为T_1的计数脉冲，T_1对该下降沿计数，因此T_1计5个脉冲正好1000ms，如图5.3所示。

T_0采用方式1，计数初值$x=2^{16}-(100\times10^3\div2)=3CB0H$。

T_1采用方式2，计数初值$x=2^8-5=FBH$，均采用查询方式，其流程图如图5.4所示。程序如下：

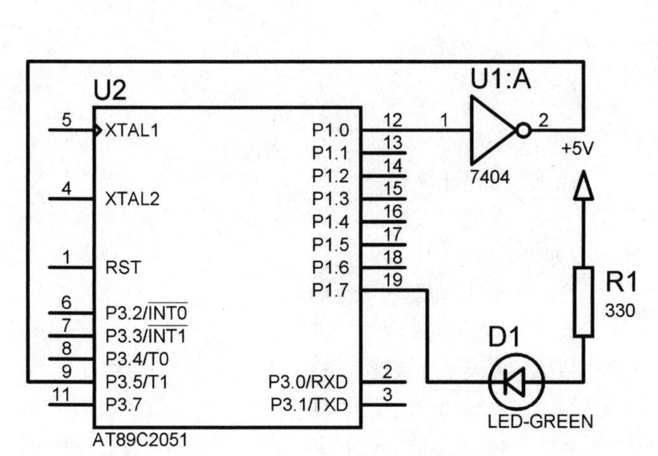

图5.3　例5-2的Proteus仿真电路图(出自Proteus软件)

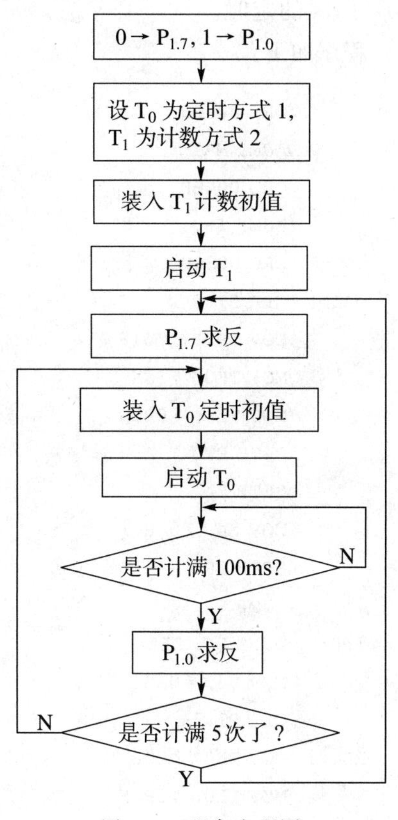

图5.4　程序流程图

```
        ORG 0000H
MAIN:   CLR P1.7
        SETB P1.0
        MOV TMOD, #61H
        MOV TH1, #0FBH
        MOV TL1, #0FBH
        SETB TR1
LOOP1:  CPL P1.7
LOOP2:  MOV TH0, #3CH
        MOV TL0, #0B0H
        SETB TR0
LOOP3:  JBC TF0, LOOP4
        SJMP LOOP3
LOOP4:  CPL P1.0
```

```
        JBC TF1, LOOP1
        AJMP LOOP2
        END
```

程序中用 JBC 指令对定时/计数溢出标志位进行检测，当标志位为 1 时跳转并清标志。

方法 2：T_0 每隔 100ms 中断一次，利用软件对 T_0 的中断次数进行计数，中断 10 次即实现了 1s 的定时。

程序如下：

```
        ORG 0000H
        AJMP MAIN
        ORG 000BH                     ;T0 中断服务程序入口
        AJMP IP0
        ORG 0030H                     ;主程序开始
MAIN:   CLR P1.7
        MOV TMOD, #01H                ;T0 定时 100ms
        MOV TH0, #3CH
        MOV TL0, #0B0H
        SETB ET0
        SETB EA
        MOV R4, #0AH                  ;中断 10 次计数
        SETB TR0
        SJMP $                        ;等待中断
IP0:    DJNZ R4, RET0                 ;10 次未到，继续等待中断
        MOV R4, #0AH
        CPL P1.7                      ;10 次到，P1.7 取反
RET0:   MOV TH0, #3CH
        MOV TL0, #0B0H
        SETB TR0
        RETI
```

例 5-3 由 $P_{3.4}$ 引脚（T_0）输入一个低频脉冲信号（其频率小于 0.5kHz），要求 $P_{3.4}$ 每发生一次负跳变时，$P_{1.0}$ 输出一个 500μs 的同步负脉冲，同时 $P_{1.1}$ 输出一个 1ms 的同步正脉冲。已知晶振频率为 6MHz。

分析：按题意，波形如图 5.5 所示。初始 $P_{1.0}$ 输出高电平（系统复位时实现），$P_{1.1}$ 输出低电平，T_0 采用方式 2 计数（计一个脉冲，初值为 FFH）。当加在 $P_{3.4}$ 上的外部脉冲负跳变时，T_0 加 1，计数器溢出，修改 T_0 为 500μs 定时工作方式，并使 $P_{1.0}$ 输出 0，$P_{1.1}$ 输出 1。T_0 第一次定时 500μs 溢出后，$P_{1.0}$ 恢复为 1，T_0 第二次定时 500μs 溢出后，$P_{1.1}$ 恢复为 0，T_0 恢复为对 $P_{3.4}$ 上的外部脉冲计数。

设定时 500μs 的初始值为 x，则

$$(256 - x) \times 2 \times 10^{-6} = 500 \times 10^{-6}$$

$$x = 6$$

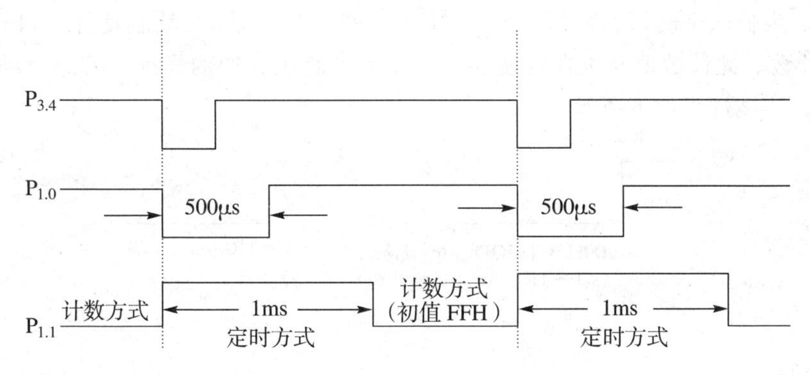

图 5.5 波形示意图

源程序如下：

```
        ORG  0000H
BEGIN:  MOV  TMOD, #6H              ;设 T0 为方式 2 外部计数
        MOV  TH0, #0FFH             ;计数一个脉冲
        MOV  TL0, #0FFH
        CLR  P1.1                   ;P1.1 初值为 0
        SETB TR0                    ;启动计数器
DELL:   JBC  TF0, RESP1             ;检测外跳变信号
        AJMP DELL
RESP1:  CLR  TR0
        MOV  TMOD, #02H             ;重置 T0 为 500μs 定时
        MOV  TH0, #06H              ;重置定时初值
        MOV  TL0, #06H
        SETB P1.1                   ;P1.1 置 1
        CLR  P1.0                   ;P1.0 清 0
        SETB TR0                    ;启动定时/计数器
DEL2:   JBC  TF0, RESP2             ;检测第一次 500μs 到否
        AJMP DEL2
RESP2:  SETB P1.0                   ;P1.0 恢复为 1
DEL3:   JBC  TF0, RESP3             ;检测第二次 500μs 到否
        AJMP DEL3
RESP3:  CLR  P1.1                   ;P1.1 恢复为 0
        CLR  TR0
        AJMP BEGIN
```

5.1.5 门控位的应用

当门控位 GATE 为 1 时，$TR_x=1$、$INT_x=1$ 才能启动定时器。利用这个特性，可以测量外部输入脉冲的宽度。

例 5-4 利用 T_0 门控位测试 $\overline{INT_0}$ 引脚上出现的正脉冲宽度，已知晶振频率为 12MHz，将所测得值的高位存入片内 71H 单元，低位存入 70H 单元。

分析：设外部脉冲由 $P_{3.2}$ 输入，T_0 工作于定时方式 1(16 位计数)，GATE 设为 1。测试时，应在$\overline{INT_0}$为低电平时，设置 TR_0 为 1；当$\overline{INT_0}$变为高电平时，就启动计数；$\overline{INT_0}$再次变低时，停止计数。此计数值与机器周期的乘积即为被测正脉冲的宽度。$f_{osc}=12MHz$，机器周期为 $1\mu s$。测试过程如下所示。

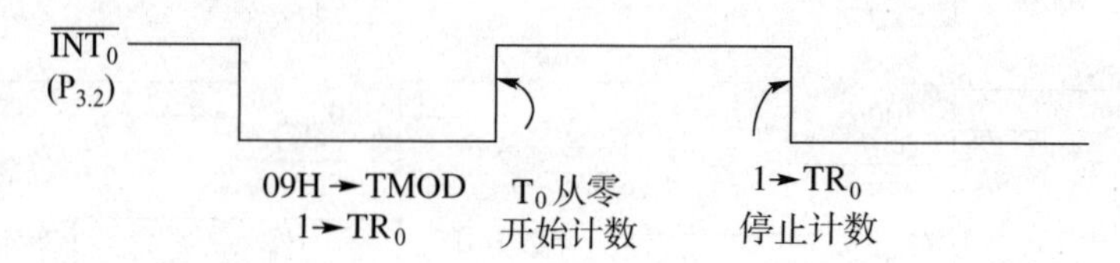

程序如下：

```
ORG 0000H
MOV TMOD, #09H              ;设 T0 为方式 1
MOV TL0, #00H               ;设定计数初值为最大值
MOV TH0, #00H
MOV R0, #70H
JB P3.2, $                  ;等待 P3.2, INT0变低
SETB TR0                    ;启动 T0, 准备工作
JNB P3.2, $                 ;等待 P3.2, INT0变高
JB P3.2, $                  ;等待 P3.2, INT0再变低
CLR TR0
MOV @R0, TL0
INC R0
MOV @R0, TH0
SJMP $
```

这种方案所测脉冲的宽度最大为 65 535 个机器周期。由于靠软件启动和停止计数，有一定的测量误差，其可能的最大误差与指令的执行时间有关。

此例中，在读取定时器的计数之前，已把它停住。但在某些情况下，不希望在读计数值时打断定时的过程。在这种情况下，读取时需特别注意，否则，读取的计数值有可能是错的，因为不可能在同一时刻读取 TH_x 和 TL_x 的内容。比如我们先读 TL_0，然后读 TH_0，由于定时器在不停地运行，读 TH_0 前，若恰好产生 TL_0 溢出向 TH_0 进位的情形，则读得的 TL_0 值就完全不对了。同样，先读 TH_0 再读 TL_0 也有可能出错(对于 T_1 情况相同)。

一种可以解决错读的方法是：先读 TH_x 后读 TL_x，再读 TH_x，若两次读得的 TH_x 没有发生变化，则可确定读到的内容是正确的。若前后两次读到的 TH_x 有变化，则再重复上述过程，重复读到的内容就应该是正确的了。下面是按此思路编写的程序段，读到的 TH_0 和 TL_0 放在 R_1 和 R_0 内。

```
    ⋮
RP: MOV A, TH0              ;读 TH0
    MOV R0, TL0             ;读 TL0
    CJNE A, TH0, RP         ;再读 TH0, 并和前次的 TH0 比较, 不等则重读
    MOV R1, A
    ⋮
```

在增强型的 51 系列单片机中，定时/计数器 T_2 的捕捉方式可解决此问题。

*5.2　定时/计数器 T_2

在 8XX52 增强型的 8 位单片机中，除了片内 RAM 和 ROM 增加一倍外，还增加了一个定时/计数器 T_2。T_2 除了具备有和定时/计数器 T_1、T_0 一样的定时/计数功能外，还具有 16 位自动重装载、捕获方式和加、减计数方式。所谓捕获方式就是把 16 位瞬时计数值同时记录在特殊功能寄存器的 $RCAP_{2H}$ 和 $RCAP_{2L}$ 中，这样 CPU 在读计数值时，就避免了在读高字节时低字节的变化引起读数误差。在此，增强型单片机又增加了一个 T_2 中断源，在 TF_2 或 EXF_2 为 1 时产生 T_2 中断，中断矢量地址为 002BH。

5.2.1　定时/计数器 T_2 的结构和外部引脚

定时/计数器 T_2 的内部结构和捕捉方式如图 5.6 所示。由图 5.6 可见，T_2 除了具有和 T_1 相同的定时/计数结构外，还在特殊功能寄存器中增加了 $RCAP_{2H}$、$RCAP_{2L}$ 和控制位，在不同的工作方式下有不同的作用。

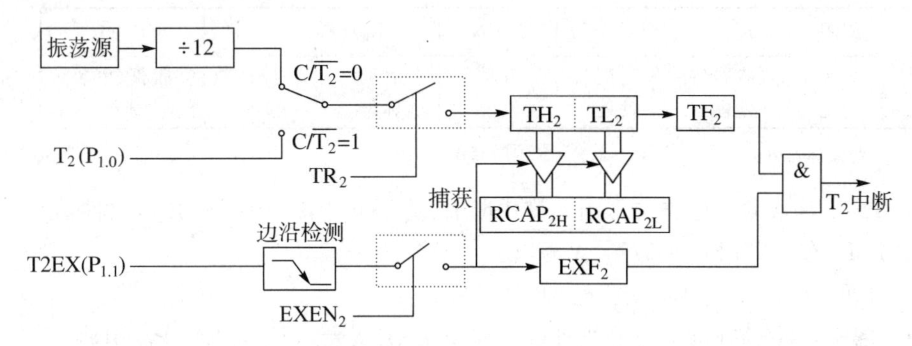

图 5.6　定时/计数器 T_2 的内部结构和捕捉方式

T_2 采用了两个外部引脚 $P_{1.0}$ 和 $P_{1.1}$，作用如下。

- $P_{1.0}$（T_2）：定时/计数器 T_2 的外部计数脉冲输入，定时脉冲输出。
- $P_{1.1}$（T2EX）：定时/计数器 T_2 的捕捉/重装方式中，触发和检测控制。

5.2.2　定时/计数器 T_2 的寄存器

1. T2MOD（地址 C9H）

T2MOD 为 8 位的寄存器，但只有两位有效，复位时为 XXXXXX00。

—	—	—	—	—	—	T2OE	DCEN	T2MOD (C9H)
无　用　位						输出允许/禁止	计数方式选择	

T2OE：输出允许位。T2OE＝1，允许定时时钟从 $P_{1.0}$ 输出；T2OE＝0，禁止定时时钟从

$P_{1.0}$输出。

DCEN：计数方式选择。DCEN＝1，T_2 的计数方式由 $P_{1.1}$引脚状态决定。$P_{1.1}$＝1，T_2 减计数；$P_{1.1}$＝0，T_2 加计数。DCEN＝0，计数方式与 $P_{1.1}$无关，同 T_0 和 T_1 一样，采用加计数方式。

2. TH_2 和 TL_2（地址分别为 CDH 和 CCH）

TH_2 存放计数值的高 8 位，TL_2 存放计数值的低 8 位。

3. $RCAP_{2H}$和 $RCAP_{2L}$（地址分别为 CBH 和 CAH）

在捕捉方式时，存放捕捉时刻 TH_2 和 TL_2 的瞬时值；在重装方式时存放重装初值。即当捕捉事件发生，$RCAP_{2H}=TH_2$，$RCAP_{2L}=TL_2$；当重装事件发生，$TH_2=RCAP_{2H}$，$TL_2=RCAP_{2L}$。

4. T2CON（地址 C8H）

T2CON 为 8 位寄存器，用于对定时/计数器 T_2 进行控制，当系统复位后其值为 00H。

TF_2	EXF_2	R_{CLK}	T_{CLK}	$EXEN_2$	TR_2	$C/\overline{T_2}$	$CP/\overline{RL_2}$	T2CON (C8H)
溢出标志	外部标志	接收时钟使能	发送时钟使能	外部使能	启动标志	定时/计数选择	捕获/重装选择	

注：有的编译器中位 $C/\overline{T_2}$写作 C_T2，位 $CP/\overline{RL_2}$写作 CP_RL2。

- TF_2：计数溢出标志位。当允许中断时，将引起中断，中断后必须软件清零。TF_2＝1，T_2 有溢出；TF_2＝0，T_2 无溢出。
  如果 R_{CLK}＝1 或 T_{CLK}＝1 时，此位无效。
- EXF_2：T_2 的外部标志。当外部使能位 $EXEN_2$＝1，且 T2EX（$P_{1.1}$引脚）有一个下降沿产生，EXF_2 被置 1。如果允许 T_2 中断，将引起中断，中断后 EXF_2 必须软件清零。
- T_{CLK}和 R_{CLK}：发送时钟、接收时钟允许。如果 T_{CLK}＝1 或 R_{CLK}＝1，则 8XX51 单片机的串行接口使用 T_2 作为波特率发生器，分别产生发送时钟或接收时钟，两个可以分别控制；如果 T_{CLK}＝0 或 R_{CLK}＝0，则定时器 T_1 作为串行接口的波特率发生器。
- TR_2：T_2 的启动/停止位。TR_2＝1，启动 T_2 工作；TR_2＝0，停止 T_2 工作。
- $C/\overline{T}_2$：定时/计数选择。$C/\overline{T}_2$＝1，工作于计数方式，对 T_2（$P_{1.0}$引脚）外部输入脉冲的下降沿计数；$C/\overline{T}_2$＝0，工作于定时方式，对 $f_{osc}/12$ 的脉冲（机器周期）计数。
- $CP/\overline{RL_2}$：捕捉/重装方式选择。$CP/\overline{RL_2}$＝1，工作于捕捉方式，$TH_2\rightarrow RCA\text{-}P_{2H}$，$TL_2\rightarrow RCAP_{2L}$；$CP/\overline{RL_2}$＝0，工作于 16 位重装方式，$RCAP_{2H}\rightarrow TH_2$，$RCAP_{2L}\rightarrow TL_2$。

5.2.3 定时/计数器 T_2 的工作方式

定时/计数器 T_2 的工作方式如表 5.4 所示。

表 5.4　定时/计数器 T_2 的工作方式

$R_{CLK}+T_{CLK}$	$CP/\overline{RL_2}$	TR_2	方式
0	0	1	16 位自动重装
0	0	1	16 位捕捉方式
1	x	1	波特率发生器
x	x	0	T_2 停止工作

1. 捕捉方式

当 $R_{CLK}=T_{CLK}=0$ 和 $CP/\overline{RL_2}=1$ 时，定时器工作于 16 位捕获方式。

如果从 $P_{1.1}$ 检测到一个下降沿，TH_2 和 TL_2 的当前值就会被捕捉到 $RCAP_{2H}$ 和 $RCAP_{2L}$ 中，同时，使 $EXF_2=1$。如果允许中断，将产生中断。

2. 自动重装方式

当 $R_{CLK}=T_{CLK}=0$、$CP/RL_2=0$ 时，定时器工作于 16 位自动重装方式。当 DCEN=0 时，工作于自动重装方式 1，在定时过程中，如果从 $P_{1.1}$ 检测到一个下降沿，$RCAP_{2H}$ 和 $RCAP_{2L}$ 中的值就会被重装到 TH_2 和 TL_2 中，同时使 $EXF_2=1$。当 DCEN=1 时，工作于自动重装方式 2，这时 $P_{1.1}$ 的电平控制 T_2 是加计数还是减计数。

当 $P_{1.1}$ 为低电平时，T_2 减计数，当计数溢出时，TH_2 和 TL_2 中自动重装为 FFH。

当 $P_{1.1}$ 为高电平时，T_2 加计数，当计数溢出时，TH_2 和 TL_2 中自动重装为 $RCAP_{2H}$ 和 $RCAP_{2L}$ 的值。

无论是加计数还是减计数，溢出时 $TF_2=1$。

3. 波特率发生器方式

当 R_{CLK} 或 T_{CLK} 为 1 时，T_2 就处于波特率发生器方式。T_2 的计数脉冲可以由 $f_{OSC}/2$ 或 $P_{1.1}$ 输入。此时 $RCAP_{2H}$ 和 $RCAP_{2L}$ 中的值用作计数初值，溢出后此值自动装到 TH_2 和 TL_2 中。如果 R_{CLK} 或 T_{CLK} 中某值为 1 时，表示收发时钟一个用 T_2，另一个用 T_1。在这种工作方式下，如果在 $P_{1.1}$ 检测到一个下降沿，则 EXF_2 变为 1，可引起中断。

$$f_{baud}(\text{波特率})=\frac{T_2\ \text{的溢出率}}{16}$$

$$=\frac{f_{osc}}{32\times(65536-(RCAP_{2H},RCAP_{2L}))}$$

4. 时钟输出方式

当 $R_{CLK}=T_{CLK}=0$、$T2OE=1$、$C/\overline{T_2}=0$ 时，T_2 处于时钟输出方式，T_2 的溢出脉冲从 $P_{1.0}$ 输出，输出脉冲的频率 f_{CLKout} 由下式决定：

$$f_{CLKout}=\frac{f_{osc}}{4\times(65536-(RCAP_{2H},RCAP_{2L}))}$$

有了 T_1 和 T_0 的编程知识，就不难编写 T_2 的应用程序。

例 5-5　利用定时/计数器 T_2 作为时钟发生器，从 $P_{1.0}$ 输出频率为 1kHz 的脉冲，设

$f_{osc}=12MHz$。

分析：根据上述公式计算计数初值。

$$1000=\frac{(12\times 10^6)}{4\times(65536-(RCAP_{2H},RCAP_{2L}))}$$

$$(RCAP_{2H},RCAP_{2L})=62536=F448H$$

程序如下：

```
MOV T2MOD, #02H                    ;T2OE=1
MOV T2CON, #00H                    ;RCLK=TCLK=0, 定时、自动重装
MOV RCAP2H, #0F4H                  ;置自动重装值
MOV RCAP2L, #48H
SETB TR2                           ;启动
RET
```

例 5-6 测量脉冲信号的周期，并存放于 R_6R_5 中。

分析：待测脉冲接 $P_{1.1}$ 引脚，T_2 在信号下降沿捕捉，两下降沿计时时间之差即为被测脉冲的周期，采用中断方式，程序如下。

```
      ORG  0000H
      AJMP MAIN
      ORG  002BH
      AJMP MS
      ORG  0040H
MAIN: MOV  T2MOD, #00H
      MOV  T2CON, #09H             ;设 T2 为 16 位捕捉方式
      MOV  TL2, #00H               ;设计数初值
      MOV  TH2, #00H
      MOV  R1, #70H                ;R1 为存放计数值的寄存器地址
      MOV  R0, #00H
      SETB EA                      ;开中断
      SETB ET2
      SETB TR2                     ;启动 T2 计数
WAIT: CJNE R0, #02H, WAIT          ;等待 P1.1 脚下降沿
      CLR  ET2
      CLR  EA                      ;关中断, 以便进行数据处理
      CLR  C                       ;将两次捕捉到的计数值相减, 即得脉冲周期宽度
      MOV  A, 72H
      SUBB A, 70H
      MOV  R5, A
      MOV  A, 73H
      SUBB A, 71H
      MOV  R6, A
MS:   JBC  EXF2, NEXT              ;P1.1 下降沿中断程序
      CLR  TF2                     ;非 P1.1 脚引起的中断不处理
      RETI
NEXT: MOV  @R1, RCAP2L             ;存放计数的低字节
```

```
INC  R1
MOV  @R1, RCAP2H              ;存放计数的高字节
INC  R1
INC  R0                       ;中断次数标志增 1
RETI
END
```

由于能引起 T_2 的中断可能是 EXF_2，也可能是 TF_2，所以中断服务中进行了判断，只处理 EXF_2 引起的中断。

5.2.4　定时/计数器小结

定时/计数器的应用非常广泛，定时的应用如定时采样、定时控制、时间测量、产生音响、产生脉冲波形、制作日历等。利用计数特性，可以检测信号波形的频率、周期、占空比，检测电动机转速、工件的个数(通过光电器件将这些参数变成脉冲)等，因此它是单片机应用技术中的一项重要技术，应该熟练掌握。

(1) 51 系列单片机具有两个 16 位的定时/计数器(T/C)，每个定时/计数器有 4 种不同的工作方式，各方式的特点如表 5.5 所示。

表 5.5　定时/计数器的工作方式

<table>
<tr><th>方式</th><th>方式 0
13 位定时/
计数方式</th><th>方式 1
16 位定时/
计数方式</th><th>方式 2
8 位自动再
装入方式</th><th>方式 3
T_0 的两个
8 位方式
(TH_0 和 TL_0)</th></tr>
<tr><td>模值
(即计数最大值)</td><td>$2^{13}=8192$
$=2000H$</td><td>$2^{16}=65536$
$=10000H$</td><td>$2^8=256$
$=100H$</td><td>$2^8=256$
$=100H$</td></tr>
<tr><td rowspan="2">计数初值 C 的装入</td><td>高 8 位→TH_x
低 5 位→TL_x</td><td>高 8 位→TH_x
低 8 位→TL_x</td><td>8 位 ↗ TH_x
↘ TL_x</td><td>同方式 2</td></tr>
<tr><td colspan="2">每启动一次工作，需装入一次计数初值</td><td>第一次装入、启动工作，以后每次 TL_x 回零后，不用程序装入，由 TH_x 自动装入到 TL_x</td><td>同方式 0、1</td></tr>
<tr><td>应用场合(设 $f_{osc}=12MHz$)</td><td>用于定时时间小于 8.19ms，
计数脉冲小于 8192 个的场合</td><td>用于定时时间小于 65.5ms，
计数脉冲小于 65536 个的场合</td><td>定时、计算范围小，不用重装时间常数，多用作串行通信的波特率发生器</td><td>TL_0 定时、计数占用 TR_0、TF_0，TH_0 定时使用 T_1 的 TR_1、TF_1，此时 T_1 只能工作于方式 2，作为波特率发生器</td></tr>
</table>

(2) 使用定时/计数器要先进行初始化编程，即写方式控制字 TMOD，置计数初值于 TH_x 和 TL_x，并要启动工作(TR_x 置 1)。如果工作于中断方式，还需开中断(EA 置 1 和 ET_x 置 1)。

(3) 由于 8XX51 单片机的定时/计数器是加 1 计数，输入的计数初值为负数，计算机中

的有符号数都是以补码表示，在求补时，不同的工作方式其模值不同，且置 TH_x 和 TL_x 的方式不同，这是必须注意的。

(4) 定时和计数实质上都是对脉冲的计数，只是被计的脉冲的来源不同。定时方式的计数初值和被计脉冲的周期有关，而计数方式的计数初值只和被计脉冲的个数（由高到低的边沿数）有关，在计算计数初值时应予以区分。

(5) 无论计数还是定时，当计满规定的脉冲个数，即计数初值回零时，会自动置位 TF_x 位，可以通过查询方式监视，查询后要注意清 TF_x。在允许中断情况下，定时/计数器自动进入中断，中断后会自动清 TF_x。若采用查询方式，CPU 不能执行别的任务；如果用中断方式，可提高 CPU 的工作效率。

5.3 串行接口

串行通信是 CPU 与外界交换信息的一种基本方式。单片机应用于数据采集或工业控制时，往往作为前端机安装在工业现场，远离主机，现场数据采用串行通信方式发往主机并进行处理，以降低通信成本，提高通信可靠性。51 系列单片机自身有全双工的异步通信接口，实现串行通信极为方便。本章将介绍串行通信的概念、原理及 51 系列单片机串行接口的结构和应用。

5.3.1 概述

计算机与外界的信息交换称为通信。基本的通信方式有两种：

- 并行通信——所传送数据的各位同时发送或接收。
- 串行通信——所传送数据的各位按顺序一位一位地发送或接收。

两种基本通信方式如图 5.7 所示。

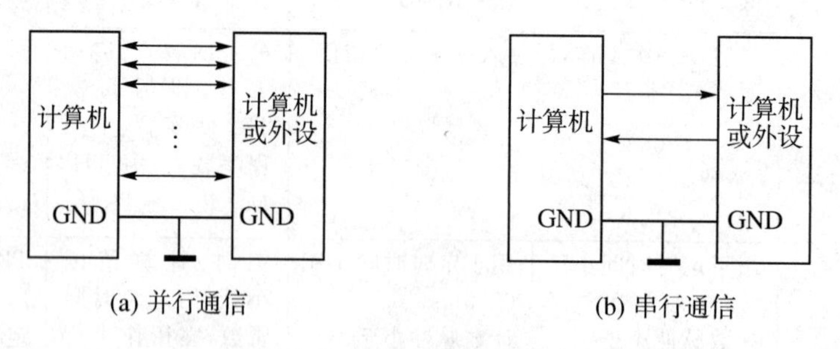

图 5.7 两种基本通信方式

在并行通信中，一个并行数据占多少二进制数位，就需要多少根数据传输线。这种方式的特点是通信速度快，但传输线多，价格较贵，适合近距离传输；而串行通信仅需 1 或 2 根数据传输线，故在长距离传送数据时，成本较低。但由于它每次只能传送一位，所以传送速度较慢。图 5.7(a)和图 5.7(b)分别为计算机与计算机或外设之间进行并行通信或串行通信的连接方法。

下面先介绍串行通信中的一些概念。

1. 同步和异步方式

串行通信根据帧信息的格式分为异步通信和同步通信。

(1) 异步通信

串行通信的数据或字符是分为一帧一帧地传送的，在异步通信中，一帧数据先用一个起始位 0 表示字符的开始，然后是 5～8 位数据，即该字符的代码，规定低位在前，高位在后，接下来是奇偶校验位(可省略)，最后一个停止位 1 表示字符的结束。下面是异步通信中一个数据为 11 位的帧格式。

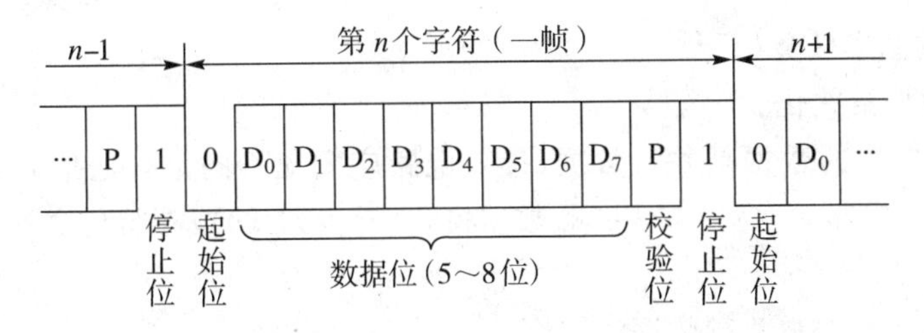

(2) 同步通信

在同步通信中，发送方在数据或字符前面用 1～2 个字节的同步字符指示一帧的开始。同步字符是双方约定好的，接收方一旦检测到与规定相符的同步字符，就连续按顺序传送 n 个数据。当 n 个数据传送完毕，发送 1～2 个字节的校验码，由时钟来实现发送端和接收端同步。同步通信的一帧数据的传送格式如下：

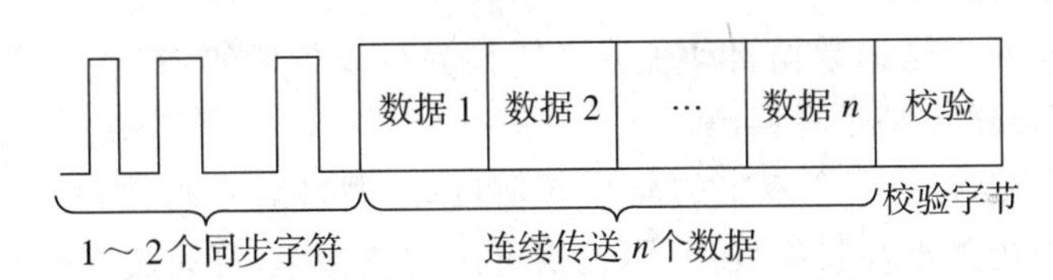

因为同步通信时数据块去掉了字符开始和结束的标志，一帧可以传送若干个数据，所以其速度高于异步传送，但这种方式对硬件结构要求较高。

2. 通信方向

在串行通信中，如果某机的通信接口只能发送或接收，这种单向传送的方法称为单工传送。而通常数据需要在两机之间双向传送，这种方式称为双工传送。

在双工传送方式中，如果接收和发送不能同时进行，只能分时接收和发送，这种传送称为半双工传送；若两机的发送和接收可以同时进行，则称为全双工传送，如图 5.8 所示。在半双工通信中，因收发使用同一根线，因此各机内还需有换向器，以完成发送、接收方向的切换。

3. 串行通信接口的任务

CPU 只能处理并行数据，要进行串行通信必须接串行接口，完成并行和串行数据的转换，并遵从串行通信协议。所谓通信协议就是通信双方必须共同遵守的一种约定，包括数据的格式、同步的方式、传送的步骤、纠错方式及控制字符的定义等。

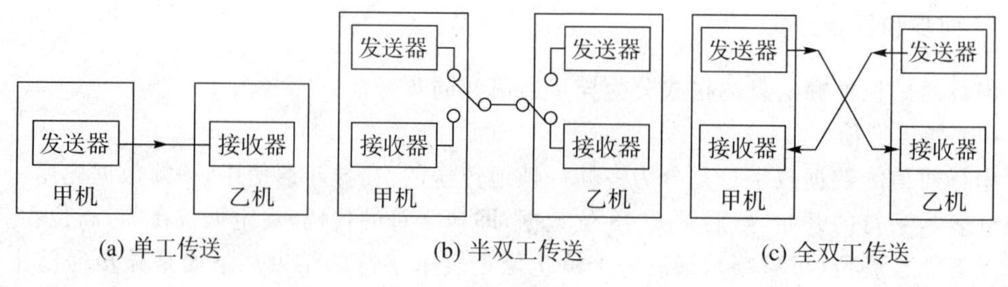

图 5.8　通信方向示意图

串行接口的基本任务如下。

(1) 实现数据格式化

因为CPU发出的数据是并行数据，接口电路应实现不同串行通信方式下的数据格式化任务，如自动生成起始、终止方式的帧数据格式(异步方式)或在待传送的数据块前加上同步字符等。

(2) 进行串行数据与并行数据的转换

在发送端，接口将CPU送来的并行信号转换成串行数据进行传送；而在接收端，接口要将接收到的串行数据变成并行数据送往CPU，由CPU进行处理。

(3) 控制数据的传输速率

接口应具备对数据传输速率——波特率的控制选择能力，即应具有波特率发生器。

(4) 进行传送错误检测

在发送时接口对传送的数据自动生成奇偶校验位或校验码，在接收时接口检查校验位或校验码，以确定传送中是否有误码。

51系列单片机内有一个全双工的异步通信接口，通过对串行接口写控制字，可以选择其数据格式。接口内部有波特率发生器，提供可选的波特率，可完成双机通信或多机通信。

4. 串行通信接口

串行接口通常分为两种类型：串行通信接口和串行扩展接口。

串行通信接口(Serial Communication Interface，SCI)是指设备之间的互连接口，它们之间距离比较长，例如，PC的COM接口(COM1～COM4)和USB接口等。

串行扩展接口是设备内部器件之间的互联接口，常用的串行扩展接口规范有SPI、I^2C等。采用串行扩展接口的芯片很多，在后面的相关章节中将会进行介绍。

数字信号的传输随着距离的增加和传输速率的提高，在传输线上的反射、衰减、共地噪声等影响将引起信号畸变，从而影响通信距离。普通的TTL电路由于驱动能力差、抗干扰能力差，因而传送距离短。国际上电子工业协会(EIA)制订了RS-232串行通信标准接口，通过增加驱动以及增大信号幅度，使通信距离增大到15m。近年来又推出了RS-422/423、RS-485等串行通信标准，其采用平衡通信接口，即在发送端将TTL电平信号转换成差分信号输出，接收端将差分信号变成TTL电平信号输入，提高了抗干扰能力，使通信距离增加到几十米至上千米，并且增加了多点、双向通信能力。USB(Universal Serial Bus，通用串行总线)是近几年开发的新规范，它使得设备的连接简单、快捷，并且支持热插拔，易于扩展，被广泛应用于PC和嵌入式系统上。以上标准都有专用芯片实现，这些接口芯片称为收发器。

PC上的COM1～COM4口使用的是RS-232C串行通信标准接口，本章仅介绍RS-232C接口，其他接口可参考有关资料。

5. 波特率和发送/接收时钟

(1) 波特率(baud rate)

波特率是通信中对数据传送速率的规定。在计算机通信中，其意义是每秒钟传送多少位二进制数。假如异步传送数据的速率每秒为120个字符，每个字符由1个起始位、8个数据位和1个停止位组成，则其传送波特率为：

$$10 \times 120 = 1200\text{bps} = 1200\text{ 波特}$$

传送一位数据所需的时间为波特率的倒数：

$$T_d = 1/1200 = 0.833\text{ms}$$

(2) 发送/接收时钟

在串行传输中，二进制数据序列是以数字波形表示的，发送时，在发送时钟作用下将移位寄存器的数据串行移位输出；接收时，在接收时钟的作用下将通信线上传来的数据串行移入移位寄存器。所以，发送时钟和接收时钟也可叫做移位时钟，能产生该时钟的电路叫做波特率发生器。

为提高采样的分辨率，准确地测定数据位的上升沿或下降沿，时钟频率总是高于波特率若干倍，这个倍数称为波特率因子。在单片机中，发送/接收时钟可以由系统时钟 f_{osc} 产生，其波特因子可为12、32和64，根据方式而不同。此时波特率由 f_{osc} 决定，称为固定波特率方式；也可以由单片机内部定时器 T_1 产生，T_1 工作于自动再装入八位定时方式(方式2)。由于定时器的计数初值可以人为改变，T_1 产生的时钟频率也就可变，因此称为可变波特率方式。单片机串行通信的波特率选择因工作方式不同而不同，参见第5.4节。

6. 通信线的连接

串行通信的距离和传输速率与传输线的电气特性有关，传输距离随传输速度的增加而减少。

根据通信距离不同，所需的信号线的根数是不同的。如果是近距离，又不使用握手信号，只需3根信号线：TXD(发送线)、RXD(接收线)和GND(地线)(见图5.9(a))；如果距离在15m左右，通过RS-232接口，提高信号的幅度，以加大传送距离(图5.9(b))；如果是远程通信，通过电话网通信，由于电话网是根据300～3400Hz的音频模拟信号设计的，而数字信号的频带非常宽，在电话线上传送势必产生畸变，因此传送中先通过调制器将数字信号变成模拟信号，通过公用电话线传送，在接收端再通过解调器解调，还原成数字信号。现在调制器和解调器通常做在一个设备中，这就是调制解调器(Modem)。该传送方式如图5.9(c)所示，注意：图中只标注了接收及发送数据线TXD和RXD，没有标注握手信号。

7. 关于RS-232

RS-232接口实际上是一种串行通信标准，是由美国EIA(电子工业协会)和BELL公司一起开发的通信协议，它对信号线的功能、电气特性、连接器等都作了明确的规定，

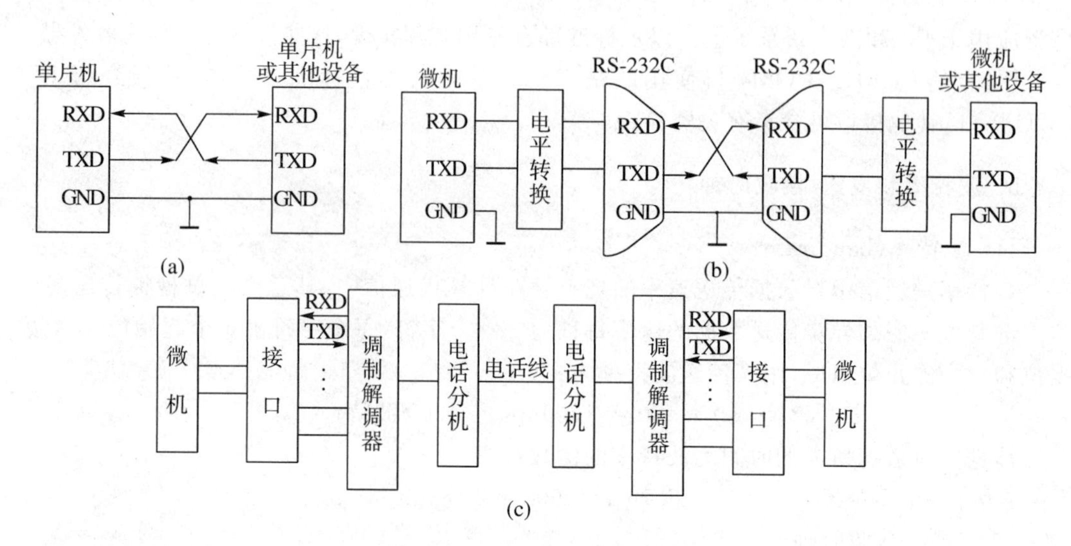

图 5.9　通信线的连接

RS-232C 是其中的一个版本。

(1) RS-232C 的信号

由于 RS-232 早期不是专为计算机通信设计的，因此有 25 针的 D 型连接器和 9 针的 D 型连接器，目前微机都是采用 9 针的 D 型连接器，因此这里只介绍 9 针 D 型连接器。9 针 D 型连接器的信号及引脚如图 5.10 所示。

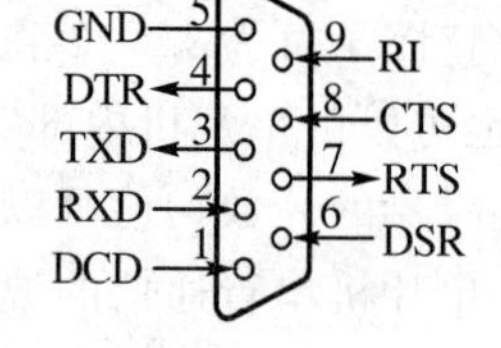

图 5.10　RS-232C 9 针 D 型插座引脚信号

RS-232C 除通过它传送数据（TXD 和 RXD）外，还对双方的互传起协调作用，这就是握手信号。9 根信号分为两类：

① 基本的数据传送引脚

TXD(transmitted data)：数据发送引脚。串行数据从该引脚发出。

RXD(received data)：数据接收引脚。串行数据由此输入。

GND(groud)：信号地线。

在串行通信中最简单的通信只需连接这 3 根线。在微机与微机、微机与单片机、单片机与单片机之间，多采用这种连接方式，如图 5.9(a)所示。

② 握手信号

RTS(request to send)：请求发送信号。输出信号。

CTS(clear to send)：清除传送。是对 RTS 的响应信号，输入信号。

DCD(data carrier detection)：数据载波检测。输入信号。

DSR(data set ready)：数据通信准备就绪。输入信号。

DTR(data terminal ready)：数据终端就绪。输出信号，表明计算机已做好接收准备。

以上握手信号在和 Modem 连接时使用，本节不作详细介绍。

(2) 电气特性

RS-232C 采用的是 EIA 电平，其规定如下：

① 在 TXD 和 RXD 数据线上

逻辑 1 (MARK)时，电压为－3～－15V。

逻辑 0 (SPACE)时，电压为+3～+15V。

② 在 RTS、CTS、DSR、DTR、DCD 等控制线上

信号有效(接通，ON 状态，正电压)时，电压为+3～+15V。

信号无效(断开，OFF 状态，负电压)时，电压为-3～-15V。

-3～+3V 之间的电压无意义，低于-15V 或高于+15V 的电压也认为无意义，因此，实际工作时，应保证电平在±(3～15)V 之间。

③ RS-232C 的 EIA 电平和 TTL 电平转换

很明显，RS-232 的 EIA 标准是以正负电压来表示逻辑状态，与 TTL 以高低电平表示逻辑状态的规定不同。因此，为了能够同计算机接口或终端的 TTL 器件连接，必须在 EIA 电平与 TTL 电平之间进行电平变换。目前较广泛地使用集成电路转换器件；如 MC1488 和 SN75150 芯片可完成 TTL 电平到 EIA 电平的转换；而 MC1489 和 SN75154 芯片可实现 EIA 电平到 TTL 电平的转换。但它们需要±12V 两种电源，使用不方便。而美国 MAXIM 公司的 MAX232 芯片可完成 TTL 和 EIA 之间的双向电平转换，且只需单一的+5V 电源，因此获得了广泛应用。

(3) 电平变换电路

新型电平转换芯片 MAX232 可以实现 TTL 电平与 RS-232 电平的双向转换。MAX232 内部有电压倍增电路和转换电路，仅需外接 5 个电容和+5V 电源便可工作，使用十分方便。图 5.11 是 MAX232 的引脚图和连线图。从该图可知，一个 MAX232 芯片可连接两对收/发线。MAX232 把通信接口的 TXD 和 RXD 端的 TTL 电平(0～5V)转换成 RS-232 的电平(+10～-10V)，并送到传输线上；也可以把传输线上 RS-232 的+10～-10V 电平转换成 0～5V 的 TTL 电平，并送到通信接口的 TXD 和 RXD 端。

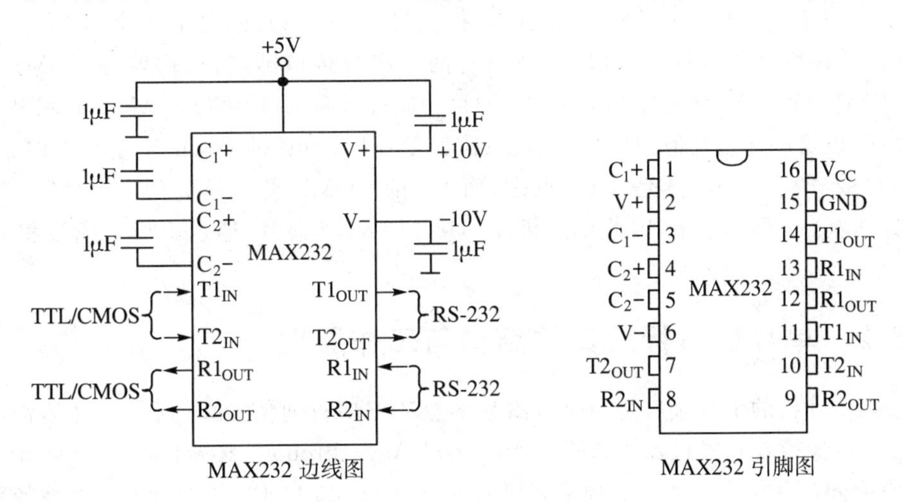

图 5.11 MAX232 的引脚和连线

8. 单片机串行通信电路

由于单片机的串行接口不提供握手信号，因此通常采用直接数据传送方式。如果需要握手信号，可由 P_1 口编程产生所需的信号。

(1) 单片机和单片机的连接

甲机的发送端 TXD 接乙机的接收端 RXD，两机的地线相连，即可完成单工通信连接。当启动甲机的发送程序和启动乙机的接收程序时，就能完成甲机发送而乙机接收的串行通信。

如果甲机和乙机的发送端与接收端交叉连接、地线相连，就可以完成甲机和乙机的双工通信。电路如图 5.9(a)所示，程序设计见后面章节。

(2) 单片机和主机(PC)的连接

单片机和 PC 的串行通信接口电路如图 5.12 所示。

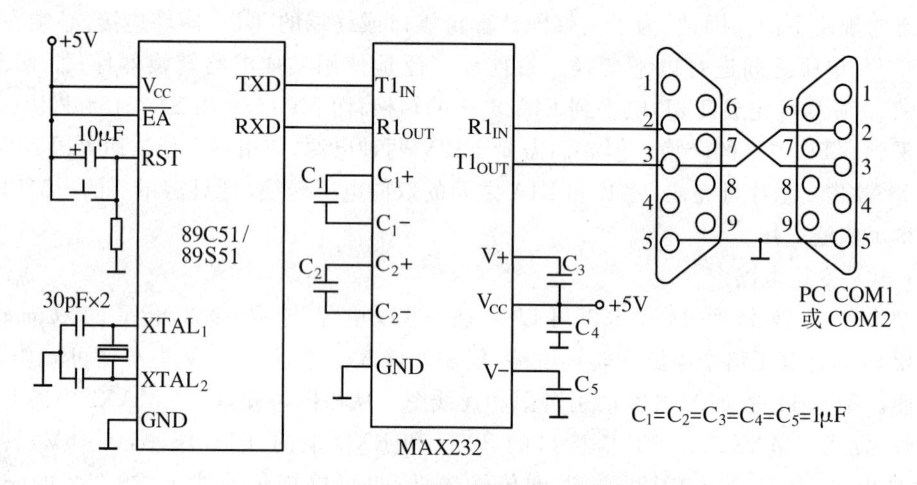

图 5.12　单片机和 PC 的串行通信接口

在 PC 内接有 PC16550(和 8250 兼容)串行接口、EIA-TTL 的电平转换和 RS-232C 连接器。除鼠标占用一个串行接口以外，还留有两个串行接口给用户，这就是 COM1(地址 3F8H～3FFH)和 COM2 (地址 2F8H～2FFH)。通过这两个口，可以连 Modem 和电话线，进入互联网；也可以连接其他的串行通信设备，如单片机、仿真机等。由于单片机的串行发送线和接收线 TXD 和 RXD 是 TTL 电平，而 PC 的 COM1 或 COM2 的 RS-232C 连接器(D 型 9 针插座)是 EIA 电平，因此单片机需加接 MAX232 芯片，通过串行电缆线和 PC 相连接。

5.3.2　单片机串行接口的结构与工作原理

51 系列单片机的串行接口是一个可编程的全双工串行通信接口，通过软件编程，它可以作为通用异步接收和发送器 UART(Universal Asynchronous Receiver/Transmitter)使用，也可作为同步移位寄存器。其帧格式可有 8 位、10 位和 11 位，并能设置各种波特率，在使用上很灵活方便。

1. 串行接口结构

51 系列单片机串行接口结构如图 5.13 所示，由图 5.13 可见，它主要由两个数据缓冲寄存器 SBUF 和一个输入移位寄存器组成，其内部还有一个串行控制寄存器 SCON 和一个波特率发生器(由 T_1 或内部时钟及分频器组成)。接收缓冲器与发送缓冲器占用同一个地址 99H,其名称也同样为 SBUF。CPU 写 SBUF,一方面修改发送寄存器,同时启动数据串行发送;读 SBUF,就是读接收寄存器,完成数据的接收。特殊功能寄存器 SCON 用于存放串行接口的控制和状态信息。根据对其写的控制字决定工作方式,从而决定波特率发生器的时钟源是来自系统时钟还是来自定时器 T_1。特殊功能寄存器 PCON 的最高位 SMOD 为串行接口波特率的倍增控制位。8XX51 单片机的串行接口正是通过对上述专用寄存器的设置、检测与读取来管理串行通信的。

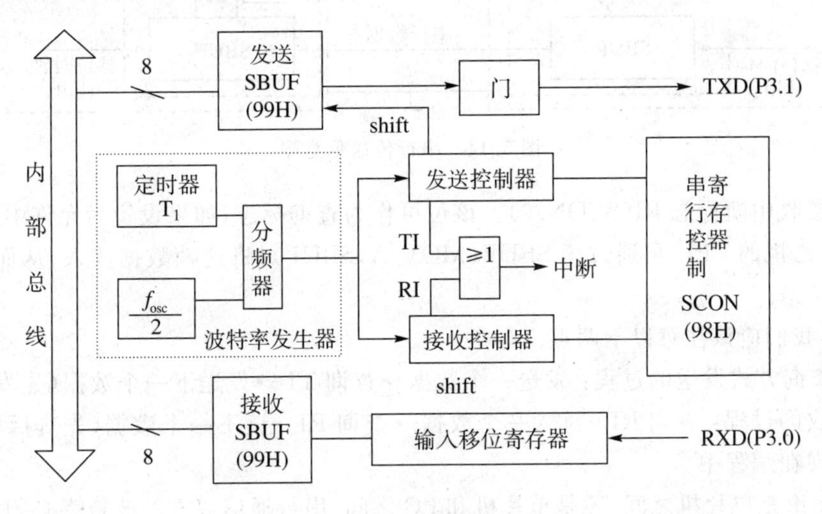

图 5.13 串行接口结构框图

在进行通信时,外界的串行数据是通过引脚 RXD($P_{3.0}$)输入的。输入数据先逐位进入输入移位寄存器,再送入接收 SBUF。在此采用了双缓冲结构,这是为了避免在接收到第二帧数据之前,CPU 未及时响应接收器的前一帧的中断请求而把前一帧数据读走,造成两帧数据重叠的错误。对于发送器,因为发送时 CPU 是主动的,不会产生写重叠问题,一般不需要双缓冲器结构,为了保持最大传送速率,仅用了 SBUF 一个缓冲器。图中 TI 和 RI 为发送和接收的中断标志,无论哪个为 1,只要中断允许,都会引起中断。

2. 工作原理

设有两个单片机串行通信,甲机发送,乙机接收,如图 5.14 所示。串行通信中,甲机 CPU 向 SBUF 写入数据(MOV SBUF,A),启动发送过程。A 中的并行数据送入 SBUF,在发送控制器的控制下,按设定的波特率,每来一个移位时钟,数据移出一位,由低位到高位一位一位发送到电缆线上,移出的数据位通过电缆线直达乙机。乙机按设定的波特率,每来一个移位时钟即移入一位,由低位到高位一位一位移入到 SBUF。一个移出,一个移进,很显然,如果两边的移位速度一致,甲移出的数据位正好被乙移进,就能完成数据的正确传送;如果不一致,必然会造成数据位的丢失。因此,两边的波特率必须一致。

当甲机一帧数据发送完毕(或称发送缓冲器空),硬件置位发送中断标志位 TI(SCON.1),该位可作为查询标志,如果设置为允许中断,将引起中断,甲机的 CPU 可发送下一帧数据。

作为接收方的乙机,需预先置位 REN(SCON.4),即允许接收,对方的数据按设定的波特率由低位到高位顺序进入乙机的移位寄存器。当一帧数据到齐(接收缓冲器满)后,硬件

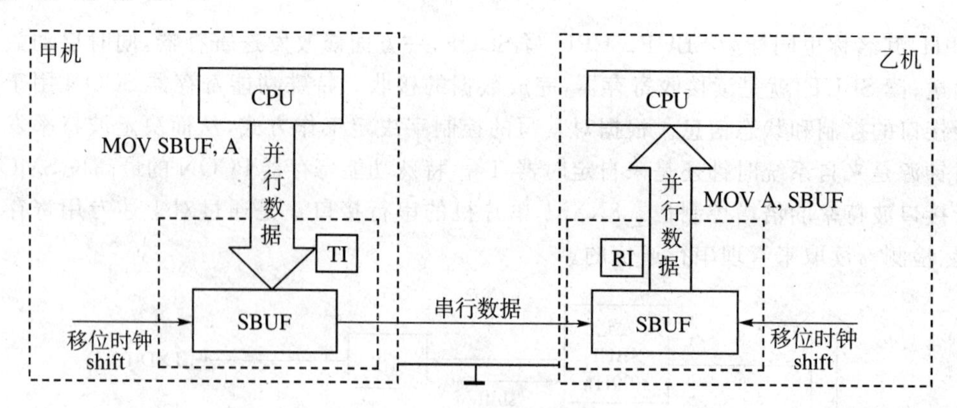

图 5.14　串行传送示意图

自动置位接收中断标志 RI(SCON.0)。该位可作为查询标志，如果设置为允许中断，将引起接收中断，乙机的 CPU 可通过读 SBUF(MOV A,SBUF)，将这帧数据读入，从而完成了一帧数据的传送。

由此，我们应该注意以下两点。

(1) 查询方式发送的过程：发送一个数据→查询 TI→发送下一个数据(先发后查)；查询方式接收的过程：查询 RI→读入一个数据→查询 RI→读下一个数据(先查后收)。以上过程将体现在编程中。

(2) 无论是单片机之间，还是单片机和 PC 之间，串行通信双方的波特率必须相同，这样才能完成数据的正确传送。

3. 波特率的设定

在串行通信中，收发双方对发送和接收数据的速率(即波特率)要有一定的约定。8XX51 单片机的波特率发生器的时钟来源有两种：一种是来自系统时钟的分频值，由于系统时钟的频率是固定的；所以此种方式的波特率是固定的；另一种是由定时器 1 提供，波特率由 T_1 的溢出率控制，T_1 的计数初值是可以用软件改写的，因此是一种可由用户变更波特率方式，此时 T_1 工作于定时方式 2 (8 位自动再装入方式)。波特率是否提高一倍，由 PCON 寄存器的 SMOD 值确定，SMOD=1 时波特率加倍。串行接口的工作方式中，方式 0 和方式 2 采用固定波特率，方式 1 和方式 3 采用可变波特率。

5.3.3　串行接口的控制寄存器

1. 串行接口的控制寄存器 SCON

8XX51 单片机的串行通信的方式选择、接收和发送控制及串行接口的标志均由专用寄存器 SCON 控制和指示，其格式如下：

SM_0	SM_1	SM_2	REN	TB_8	RB_8	TI	RI	SCON
方式选择		多机控制	串行接收允许/禁止	欲发的第 9 位	收到的第 9 位	发送中断有/无	接收中断有/无	(98H) 1/0

- SM_0 和 SM_1：串行接口工作方式控制位。
  0 0——方式 0；0 1——方式 1；1 0——方式 2；1 1——方式 3。
- REN：串行接收允许位。
  0——禁止接收；1——允许接收。
- TB_8：在方式 2 和方式 3 中，TB_8 是发送方要发送的第 9 位数据。
- RB_8：在方式 2 和方式 3 中，RB_8 是接收方接收到的第 9 位数据，该数据来自发送方的 TB_8。
- TI：发送中断标志位。发送前必须用软件清零，发送过程中 TI 保持零电平，发送完一帧数据后，由硬件自动置 1。如果再发送，必须用软件再清零。
- RI：接收中断标志位。接收前必须用软件清零，接收过程中 RI 保持零电平，接收完一帧数据后，由硬件自动置 1。如果再接收，必须用软件再清零。
- SM_2：多机通信控制位。其作用如下：
  当串行接口工作方式为方式 2 或方式 3 时，发送方设置 $SM_2=1$，第 9 位 TB_8 为 1，作为地址帧寻找从机；TB_8 为 0，作为数据帧进行通信。从机初始化时，设置 $SM_2=1$，若接收到的第 9 位数据 $RB_8=0$，不置位 RI，即不引起接收中断，亦即不接收数据帧，继续监听；若接收的 $RB_8=1$，置位 RI，引起接收中断，通过中断程序判断所接收的地址帧和本机的地址是否符合。若不符合，维持 $SM_2=1$，继续监听；若符合，则清 SM_2，接收发送方发来的后续信息。
  综上所述，SM_2 的作用为：
  (1) 在方式 2 和方式 3 中，发送方 $SM_2=1$（程序设置）。接收方 $SM_2=1$，若 $RB_8=1$，激活 RI，引起接收中断；$RB_8=0$，不激活 RI，不引起接收中断。若 $SM_2=0$，无论 $RB_8=0$ 还是 $RB_8=1$，均激活 RI，引起接收中断。
  (2) 在方式 1 中，当接收时，$SM_2=1$，则只有收到有效停止位才激活 RI。
  (3) 在方式 0 中，SM_2 应置为 0。

2. 电源控制寄存器 PCON

PCON 的地址为 87H，PCON 的格式如下所示。串行通信中只用了其中的最高位 SMOD。

SMOD	×	×	×	GF_1	GF_0	PD	IDL	PCON (87H)

SMOD：波特率加倍位。

在计算串行方式 1、2、3 的波特率时：SMOD=0，则波特率不加倍；SMOD=1，则波特率增加 1 倍。

顺便指出，对 CHMOS 的单片机而言，PCON 还有几位有效控制位。

- GF_1 和 GF_0：通用标志位。可作为软件使用标志。
- PD：掉电方式位。PD=1，激活掉电工作方式（片内振荡器停止工作，一切功能停止，V_{CC} 可降到 2V 以下）。
- IDL：待机方式位。IDL=1，激活待机工作方式（提供给 CPU 的内部时钟被切断，但串行接口定时器的时钟依然提供，工作寄存器状态被保留）。

PCON 地址为 87H，不能进行位寻址，只能进行字节寻址。初始化时，SMOD=0。

5.3.4 串行接口的工作方式

根据串行通信数据格式和波特率的不同，MCS-51 系列单片机的串行通信有 4 种工作方式，可以通过编程进行选择。

1. 方式 0(移位寄存器方式)

- 串行数据通过 RXD 输入或输出，TXD 输出频率为$\frac{f_{osc}}{12}$的时钟脉冲。
- 数据格式为 8 位，低位在前，高位在后。
- 波特率固定：波特率$=\frac{f_{osc}}{12}$（f_{osc}为单片机外接的晶振频率）。
- 发送过程以写 SBUF 寄存器开始，当 8 位数据传送完，TI 被置为 1，方可再发送下一帧数据。接收方必须预先置 REN=1(允许接收)和 RI=0，当 8 位数据接收完，RI 被置为 1，此时，可通过读 SBUF 指令，将串行数据读入。
- 移位寄存器方式多用于接口的扩展。当用单片机构成系统时，往往感到并行口不够用，此时可通过外接串入并出移位寄存器扩展输出接口；通过外接并入串出移位寄存器扩展输入接口。方式 0 也可应用于短距离的单片机之间的通信。

2. 方式 1(波特率可变 10 位异步通信方式)

- 方式 1 以 TXD 为串行数据的发送端，RXD 为数据的接收端。
- 每帧数据为 10 位：1 个起始位 0、8 个数据位、1 个停止位 1。其中起始位和停止位在发送时是自动插入的。
- 由 T_1 提供移位时钟，是波特率可变方式。

波特率的计算公式为：

$$波特率 = \frac{2^{SMOD}}{32} \times T_1 的溢出率 = \frac{2^{SMOD}}{32} \times \frac{f_{osc}}{12(256-x)}$$

根据给定的波特率，可以计算 T_1 的计数初值 x。

3. 方式 2(波特率固定 11 位异步通信方式)

- 方式 1 以 TXD 为串行数据的发送端，RXD 为数据的接收端。
- 每帧数据为 11 位：1 个起始位 0、9 个数据位和 1 个停止位 1。发送时第 9 个数据位由 SCON 寄存器的 TB8 位提供，接收到的第 9 位数据存放在 SCON 寄存器的 RB8 位。第 9位数据可作为检验位，也可作为多机通信中传送的是地址还是数据的特征位。
- 波特率固定：波特率$=\frac{2^{SMOD}}{64}\times f_{osc}$。

4. 方式 3(波特率可变 11 位异步通信方式)

引脚使用和数据格式同方式 2，所不同的是波特率可变，计算公式同方式 1。

5.3.5　串行接口的应用编程

当串行通信的硬件接好以后，要编制串行通信程序。串行通信的编程要点归纳如下。

- 定好波特率，串行接口的波特率有两种方式，固定波特率和可变波特率。当使用可变波特率时，应先计算 T_1 的计数初值，并对 T_1 进行初始化；如果使用固定波特率(方式 0 和方式 2)，则此步骤可省略。
- 填写控制字，即对 SCON 寄存器设定工作方式，如果是接收程序或双工通信方式，需要置 REN=1(允许接收)，同时也将 TI 和 RI 进行清零。
- 串行通信可采用两种方式，查询方式和中断方式。TI 和 RI 是一帧数据是否发送完或一帧数据是否到齐的标志，可用于查询；如果设置允许中断，可引起中断。
  两种方式的编程方法如下。
  - ◆ 查询方式发送程序：发送一个数据→查询 TI→发送下一个数据(先发后查)。
  - ◆ 查询方式接收程序：查询 RI→读入一个数据→查询 RI→读下一个数据(先查后收)。
  - ◆ 中断方式发送程序：发送一个数据→等待中断，在中断中再发送下一个数据。
  - ◆ 中断方式接收程序：等待中断，在中断中再接收一个数据。
- 两种方式中，当发送或接收数据后都要注意清 TI 或 RI。

为保证收、发双方的协调，除两边的波特率要一致外，双方可以约定以某个标志字符作为发送数据的起始，发送方先发送这个标志字符，待对方收到该字符并给予回应后再正式发送数据。以上是针对点对点的通信，如果是多机通信，标志字符就是各个分机的地址。

1. 查询方式

对于波特率可变的方式 1 和方式 3 来说，查询方式的发送流程如图 5.15(a)所示，接收流程如图 5.15(b)所示。

2. 中断法

中断法对定时器 T_1 和寄存器 SCON 的初始化类似于查询法，不同的是要置位 EA(中断总开关)和 ES(允许串行中断)，中断方式的发送和接收的流程如图 5.16(a)和图 5.16(b)所示。

3. 串行通信编程实例

例 5-7　在内部数据存储器 20H～3FH 单元中共有 32 个数据，要求采用方式 1 串行发送出去，传送速率为 1200 波特，设 $f_{osc}=12\text{MHz}$。

分析：T_1 工作于方式 2，作为波特率发生器，SMOD=0。T_1 的时间常数计算如下：

$$\text{波特率}=\frac{2^{\text{SMOD}}}{32}\times\frac{f_{osc}}{12(256-x)}$$

$$1200=\frac{1}{32}\times\frac{12\times10^6}{12(256-x)}$$

$$x=230=\text{E6H}$$

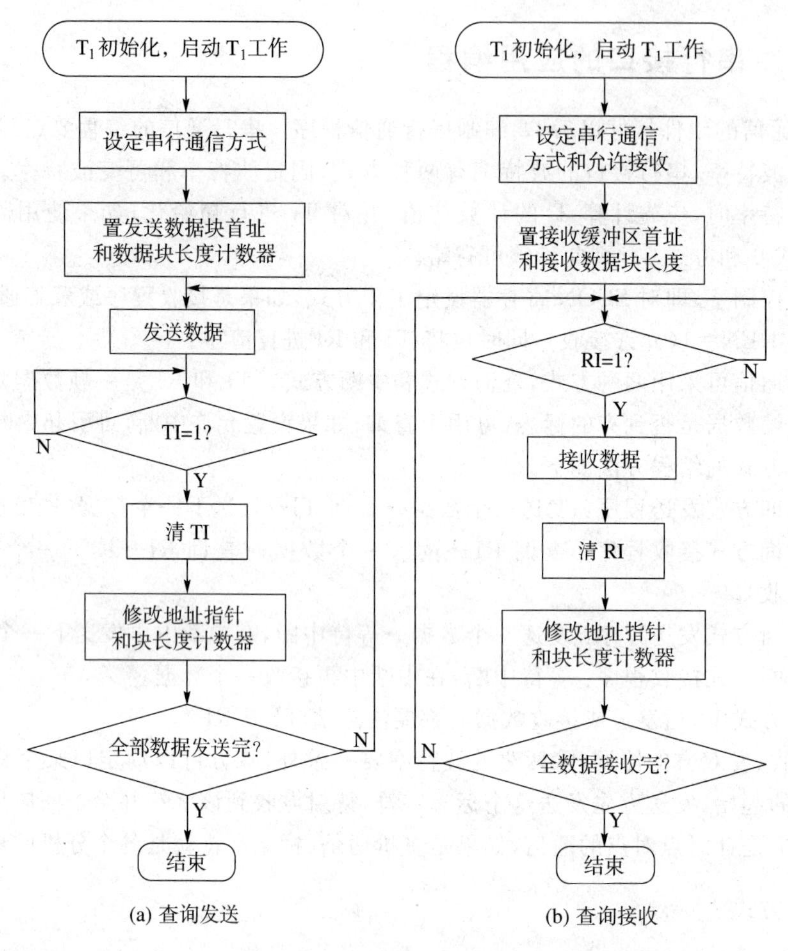

图 5.15　查询方式的程序流程

（1）查询方式

发送程序：

```
        ORG 0000H
        MOV TMOD, #20H              ;T1方式 2
        MOV TH1, #0E6H
        MOV TL1, #0E6H              ;T1时间常数
        SETB TR1                    ;启动 T1
        MOV SCON, #40H              ;串行接口工作于方式 1
        MOV R0, #20H                ;R0指示发送缓冲区首址
        MOV R7, #32                 ;R7作为发送数据计数
LOOP:   MOV SBUF, @R0               ;发送数据
        JNB TI, $                   ;一帧未发完，继续查询
        CLR TI                      ;一帧发完，清 TI
        INC R0
        DJNZ R7, LOOP               ;数据块未发完，继续
        SJMP $
        END
```

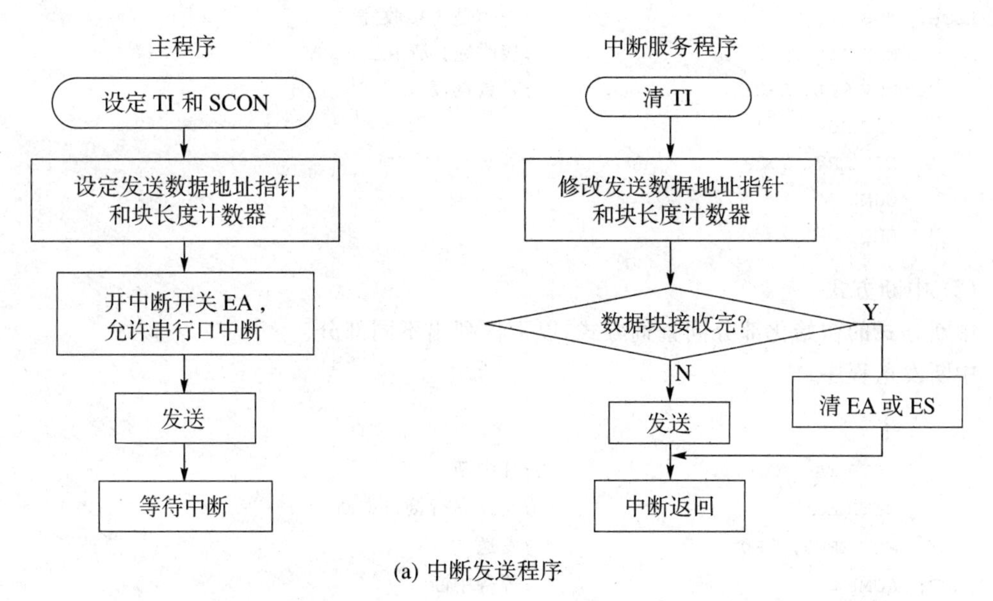

(a) 中断发送程序

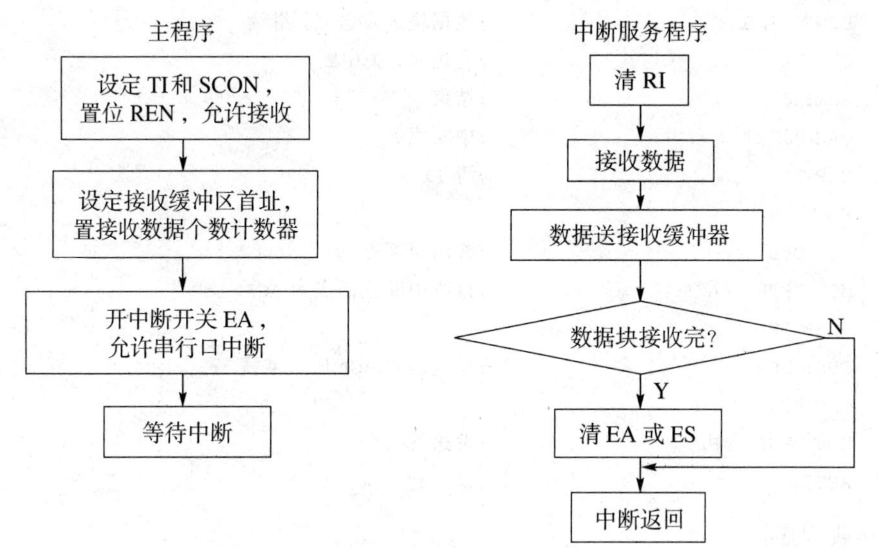

(b) 中断接收程序

图 5.16　串行通信中断方式的程序流程

接收程序：

```
ORG 0000H
MOV TMOD, #020H
MOV TH1, #0E6H
MOV TL1, #0E6H
SETB TR1                        ;初始化 T1, 并启动 T1
MOV SCON, #50H                  ;设定串行方式 1, 并允许接收
MOV R0, #20H
MOV R7, #32
```

```
LOOP:  JNB RI, $                     ;一帧是否接收完
       CLR RI                        ;接收完，清 RI
       MOV @R0, SBUF                 ;将数据读入
       INC R0
       DJNZ R7, LOOP
       SJMP $
       END
```

（2）中断方式

中断方式的初始化部分同查询方式，以下仅列出不同部分。

中断发送程序：

```
       ⋮
       SETB EA                       ;开中断
       SETB ES                       ;允许串行接口中断
       MOV SBUF, @R0                 ;发送
LOOP:  SJMP $                        ;等待中断
AGA:   DJNZ R7, LOOP                 ;数据块未发送完，继续
       CLR EA                        ;发送完，关中断
       SJMP $                        ;结束
       ORG 0023H                     ;中断服务
IOIP:  CLR TI                        ;清 TI
       POP DPH
       POP DPL                       ;弹出原断点
       MOV DPTR, #AGA                ;修改中断返回点为 AGA
       PUSH DPL
       PUSH DPH                      ;新返回点 AGA 压入堆栈
       INC R0
       MOV SBUF, @R0                 ;发送下一个
       RETI                          ;返回到 AGA
```

中断接收程序：

```
       ⋮
       SETB EA                       ;开中断
       SETB ES                       ;允许串行接口中断
LOOP:  SJMP $                        ;等待中断
AGA:   DJNZ R7, LOOP                 ;数据块未接收完，继续
       CLR EA                        ;发送完，关中断
       SJMP $                        ;结束
       ORG 0023H                     ;中断服务
IOIP:  CLR RI                        ;清 RI
       MOV @R0, SBUF                 ;接收
       POP DPH                       ;弹出原断点
       POP DPL
```

```
    MOV DPTR, #AGA            ;修改中断返回点为 AGA
    PUSH DPL
    PUSH DPH                  ;新返回点 AGA 压入堆栈
    INC R0
    RETI                      ;返回到 AGA
```

例 5-8　将 89C51/89S51 的 RXD($P_{3.0}$)和 TXD($P_{3.1}$)短接，将 $P_{1.0}$ 接一个发光二极管，如图 5.17 所示。编写一个自己发送自己接收的程序，检查单片机的串行接口是否完好。

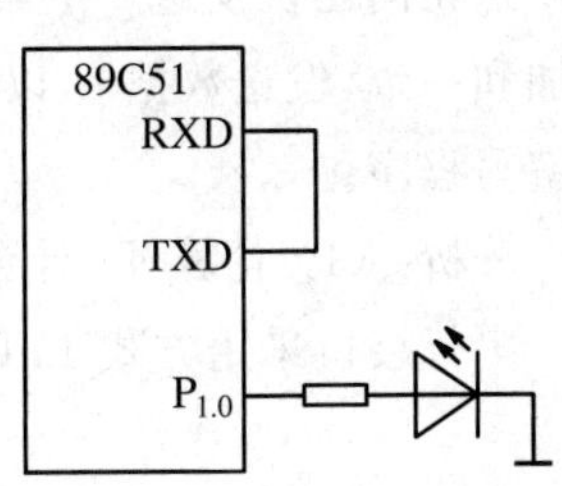

图 5.17　例 5-8 的电路图

分析：该例题能说明双工通信方式的编程方法。当将两机的 TXD 和 RXD 按规定连接后，下面程序能完成两机的双工通信。

f_{osc}=12MHz，波特率=600，SMOD=0。依据公式

$$波特率 = \frac{1}{32} \times \frac{f_{osc}}{12(256-x)}$$

求得 x=204=CCH。

汇编语言程序：

```
     ORG  0000H
     MOV  TMOD, #20H
     MOV  TH1, #0CCH
     MOV  TL1, #0CCH          ;设定波特率
     SETB TR1
     MOV  SCON, #50H
ABC: CLR  TI
     MOV  P1, #0FEH           ;LED 灭
     ACALL DAY                ;延时
     MOV  A, #0FFH
     MOV  SBUF, A             ;发送数据 FFH
     JNB  RI, $               ;RI≠1, 等待
     CLR  RI
     MOV  A, SBUF             ;接收数据, A=FFH
     MOV  P1, A               ;灯亮
     JNB  TI, $               ;TI≠1, 等待
     ACALL DAY                ;延时
     SJMP ABC
DAY: MOV  R0, #0
DAL: MOV  R1, #0
     DJNZ R1, $
     DJNZ R0, DAL
     RET
     END
```

如果发送和接收正确，可观察到 $P_{1.0}$ 接的发光二极管一闪一闪地发亮，如果断开 TXD

和 RXD 的连线，发光二极管将不会闪烁。

上面例题对发送和接收没有进行校验，这样往往不可靠。校验可以有多种方式，如加奇/偶校验、累加和校验等。下面例子采用累加和校验。

例 5-9 设甲、乙两机进行通信，波特率为 2400，晶振均采用 6MHz。甲机将外部数据存储器 4000H～40FFH 单元内容向乙机发送，发送数据之前将数据块长度发给乙机，当数据发送完向乙机发送一个累加和校验。乙机接收数据并进行累加和校验，如果和发送方的累加和一致，发送数据 0，以示接收正确；如果不一致，发送数据 FFH，甲方再重发。根据要求编写程序。

分析：(1) 计算 T_1 计数初值

串行接口采用方式 1，T_1 采用方式 2，取 SMOD＝0。

$$2400 = \frac{1}{32} \times \frac{6 \times 10^6}{12(256 - x)}$$

$$x = 249.5 = \text{FAH}$$

约定 R_6 为数据长度计数器，计数 256 个字节，采用减 1 计数，初值取 0。R_5 为累加和寄存器。

甲机发送程序如下：

```
TRT: MOV TMOD, #20H
     MOV TH1, #0FAH
     MOV TL1, #0FAH
     SETB TR1                    ;T1 初始化
     MOV SCON, #50H              ;串行接口初始化为方式 1, 允许接收
RPT: MOV DPTR, #4000H
     MOV R6, #00H                ;长度寄存器初始化
     MOV R5, #00H                ;校验和寄存器初始化
     MOV SBUF, R6                ;发送长度
L1:  JBC TI, L2                  ;等待发送
     AJMP L1
L2:  MOVX A, @ DPTR              ;读取数据
     MOV SBUF, A                 ;发送数据
     ADD A, R5                   ;形成累加和并送主 R5
     MOV R5, A
     INC DPTR
L4:  JBC TI, L3
     AJMPL4
L3:  DJNZ R6, L2                 ;判断是否发送完 256 个数据
     MOV SBUF, R5                ;发送校验码
     MOV R5, #00H
L6:  JBC TI, L5
     AJMP L6
L5:  JBC RI, L7                  ;等乙机回答
```

```
       AJMP L5
L7:    MOV A, SBUF
       JZ L8                       ;发送正确，返回
       AJMP RPT                    ;发送有错，重发
L8:    RET
```

(2) 乙机接收程序

乙机接收甲机发送的数据，并写入以4000H为首址的外部数据存储器中。它首先接收数据长度，接着接收数据。当接收256字节后，接收校验码，进行累加和校验。数据传送结束时，向甲机发送一个状态字节，表示传送正确或出错。

接收程序的约定同发送程序。

接收程序如下：

```
RSU:  MOV TMOD, #20H              ;T1初始化
      MOV TH1, #0FAH
      MOV TL1, #0FAH
      SETB TR1
      MOV SCON, #50H              ;串行通信方式1，允许接收
RPT:  MOV DPTR, #4000H            ;置接收缓冲区首址
L0:   JBC RI, L1
      AJMP L0
L1:   MOV A, SBUF                 ;接收发送长度
      MOV R6, A
      MOV R5, #00H                ;累加和寄存器清0
WTD:  JBC RI, L2
      AJMP WTD
L2:   MOV A, SBUF                 ;接收数据
      MOVX @DPTR, A
      INC DPTR
      ADD A, R5
      MOV R5, A                   ;计算累加和校验码
      DJNZ R6, WTD                ;未接收完，继续
L5:   JBC RI, L4                  ;接收对方发来的校验码
      AJMP L5
L4:   MOV A, SBUF
      XRL A, R5                   ;接收的校验码和计算的校验码是否相同
      MOV R5, #00H
      JZ  L6                      ;相同，正确，转至L6
      MOV SBUF, #0FFH             ;不同，出错，发送0FFH
L8:   JBC TI, L7
      AJMP L8
L7:   AJMP RPT                    ;重新接收
L6:   MOV SBUF, #00H              ;正确，发送00H
```

```
L9:  JBC TI, L10                         ;发送完, 返回
     AJMP L9
L10: RET
```

5.3.6 利用串行接口方式 0 扩展 I/O 接口

当串行接口工作于方式 0 时，RXD 端接收、发送数据，TXD 端发送移位脉冲，因此可用 TXD、RXD 方便地控制串入并出移位寄存器（如 74LS164），扩展并行输入接口。如果用 TXD，RXD 控制并入串出移位寄存器（如 74LS165），可以扩展并行输入接口。

例 5-10 用串行通信方式 0 和串入并出移位寄存器 74LS164 扩展输出接口，接 8 个数码管，使 STR 开始的 8 个字节单元的内容（1 位十六进制数）依次显示在数码管上。数码管为共阳极，字形码 0～F 列在表 TAB 中。

$P_{3.3}$ 用于显示器的输入控制，通过 8 片 74LS164 级联，连接 8 个数码管。采用 Proteus 绘制电路如图 5.18 所示。

程序如下：

```
        ORG  0000H
        AJMP START
        ORG  0100H
START:  SETB P3.3                              ;允许移位寄存器工作
        MOV  SCON,#0                           ;选择串行通信方式 0
        MOV  R7,#08H                           ;显示 8 个字符
        MOV  DPTR,#TAB                         ;DPTR 指向字形表首位
DL0:    MOV  A,#STR-TAB-1                      ;调整显示字符地址
        ADD  A,R7                              ;先发送最后一个显示字符
        MOVC A,@A+DPTR                         ;取出显示数码
        MOVC A,@A+DPTR                         ;查字形表
        MOV  SBUF,A                            ;送去显示
        JNB  TI,$                              ;判断一帧是否发完
        CLR  TI                                ;已完, 清中断标志
        DEC  R0                                ;修改显示数据地址
        DJNZ R7,DL0
        CLR  P3.3                              ;8 位送完, 关发送脉冲, 数码静态
        SJMP $                                 ;显示在数码管上
TAB:    DB 0C0H,0F9H,0A4H,0B0H,99H,92H         ;字形表
        DB 82H,0F8H,80H,90H,88H,83H
        DB 0C6H,0A1H,86H,8EH
STR:    DB 0,2,4,6,8,10,12,14
        RET
        END
```

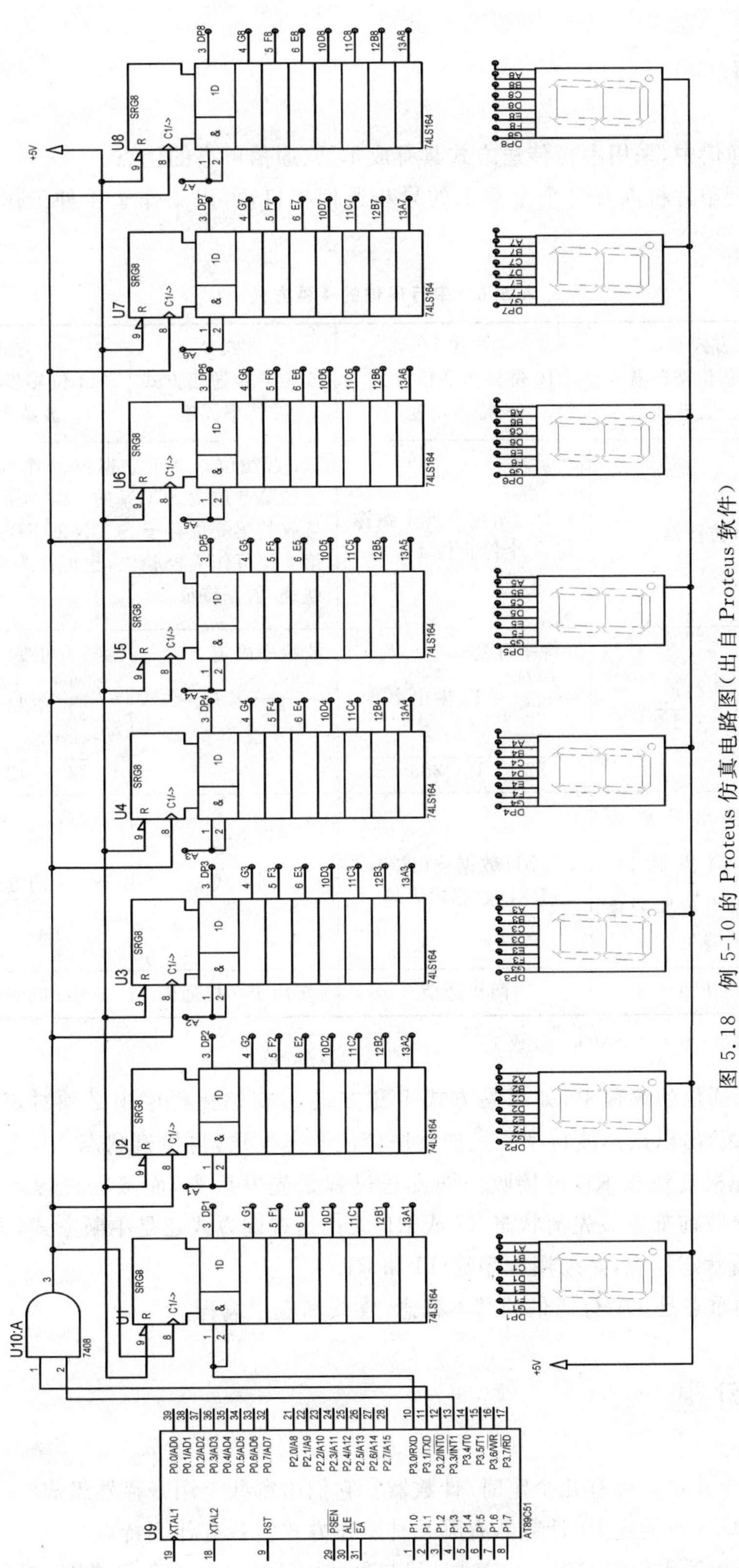

图 5.18 例 5-10 的 Proteus 仿真电路图(出自 Proteus 软件)

5.4 小结

在长距离通信中，采用串行传送方式具有成本低、通信可靠的优点。

(1) 51系列单片机内有一个全双工的异步通信接口，可以工作于4种工作方式，如表5.6所示。

表5.6 串行通信的4种方式

方式	方式0 8位移位寄存器 输入/输出方式	方式1 10位异步通信方式 波特率可变	方式2 11位异步通信方式 波特率固定	方式3 11位异步通信方式 波特率可变
一帧数据格式	8位数据	1个起始位0、8个数据位、1个停止位1	1个起始位0、9个数据位、1个停止位1；发送的第9位由SCON的TB8提供； 接收的第9位存于SCON的RB8位； 第9位可作为校验位，也可作为多机通信的地址/数据特征位	
波特率	固定为$\frac{f_{osc}}{12}$	波特率可变 $=\frac{2^{SMOD}}{32}\times T_1$ 溢出率 $=\frac{2^{SMOD}}{32}\times\frac{f_{osc}}{12(256-x)}$	波特率固定 $=\frac{2^{SMOD}}{64}\times f_{osc}$	波特率可变 $=\frac{2^{SMOD}}{32}\times T_1$ 溢出率 $=\frac{2^{SMOD}}{32}\times\frac{f_{osc}}{12(256-x)}$
引脚功能	TXD输出频率为$\frac{f_{osc}}{12}$的同步脉冲；RXD作为数据的输入、输出端	TXD数据输出端； RXD数据输入端	同方式1	同方式1
应用	常用于扩展I/O口	两机通信	多用于多机通信	多用于多机通信

注：f_{osc}为系统的时钟频率，SMOD=0或1。

(2) 在串行通信的编程中，如果是方式1和方式3，初始化程序中必须对定时/计数器T_1进行初始化编程，以选择波特率。发送程序应注意先发送，再检查状态TI，再发送；而接收程序应注意先检查状态RI，再接收。即发送过程是先发后查，而接收过程是先查后收。无论发送前或接收前都应该先清状态TI或RI，无论是查询方式还是中断方式，发送或接收后都不会自动清状态标志，必须用程序清TI和RI。

(3) 本章的重点是：串行通信的基本概念、连线和应用编程。

思考题与习题

1. 8XX51单片机内部有几个定时/计数器？它们由哪些专用寄存器组成？
2. 8XX51单片机的定时/计数器有哪几种工作方式？各有什么特点？
3. 定时/计数器用作定时时，其定时时间与哪些因素有关？进行计数时，对外界计数频率有何限制？

4. 设单片机的 f_{osc}=6MHz，定时器处于不同工作方式时，最大定时范围分别是多少？

5. 利用 8XX51 单片机的 T_0 计数，每计 10 个脉冲，$P_{1.0}$变反一次，用查询和中断两种方式编程。

6. 在 $P_{1.0}$引脚接一放大电路驱动扬声器，利用 T_1 产生 1000Hz 的音频信号，从扬声器输出。

7. 已知 8XX51 单片机的系统时钟频率为 6MHz，利用定时器 T_0，使 $P_{1.2}$每隔 350μs 输出一个 50μs 脉宽的正脉冲。

8. 在 8XX51 单片机中，已知时钟频率为 12MHz，编写程序使 $P_{1.0}$和 $P_{1.1}$分别输出周期为 2ms 和 50μs 的方波。

9. 设系统时钟频率为 6MHz，试用定时器 T_0 作为外部计数器，编写程序，实现每计到 1000 个脉冲后，使 T_1 定时 2ms，而后，T_0 又开始计数，这样反复循环。

10. 利用 8XX51 单片机的定时器 T_0 测量某正脉冲宽度，已知此脉冲宽度小于 10ms，主机频率为 12MHz。编写程序，测量脉宽，并把结果转换为 BCD 码，顺序存放在以片内 50H 单元为首地址的内存单元中(50H 单元存个位)。

11. 什么是串行异步通信，它有哪些特点，MCS-51 单片机的串行通信有哪几种帧格式？

12. 某异步通信接口按方式 3 传送，已知其每分钟传送 3600 个字符，计算其传送波特率。

13. 为什么定时器 T_1 用作串行接口波特率发生器时，常采用工作方式 2？若已知系统时钟频率、通信选用的波特率，如何计算其初值？

14. 已知定时器 T_1 设置成方式 2，用作波特率发生器，系统时钟频率为 6MHz，可能产生的最高和最低的波特率是多少？

15. 设甲、乙两机采用方式 1 通信，波特率为 4800，甲机发送 0，1，2，…，1FH，乙机接收并存放在内部 RAM 以 20H 为首址的单元，试用查询方式编写甲、乙两机的程序(两机的 f_{osc}=6MHz)。

16. 一个 8XX51 单片机的双机通信系统的波特率为 9600，f_{osc}=12MHz，用中断方式编写程序，将甲机片外 RAM 3400H～34A0H 的数据块通过串行接口传送到乙机的片外 RAM 4400H～44A0H 单元中。

17. 数据传送要求同习题 6，要求每帧传送一个奇校验位，编写查询方式的通信程序。

18. 利用 8XX51 串行接口设计 4 位静态数码管显示器，画出电路并编写程序，要求 4 位显示器上每隔 1s 交替地显示 0123 和 4567。

接　口　篇

第6章 单片机总线与存储器的扩展

MCS-51系列单片机的特点就是体积小、功能全、系统结构紧凑,硬件设计灵活,对于简单的应用,最小系统即能满足要求。所谓最小系统是指在最少的外部电路条件下,形成一个可独立工作的单片机应用系统。事实上一片89C51/89S51、一片8751,或者一片8031外接一片EPROM,就构成了一个单片机最小系统。但在很多复杂的应用情况下,单片机内的RAM、ROM和I/O接口数量有限,不够使用,这种情况下就需要进行扩展。因此单片机的系统扩展主要是指外接数据存储器、程序存储器或I/O接口等,以满足应用系统的需要。

6.1 单片机系统总线和系统扩展方法

单片机是通过地址总线、数据总线和控制总线(俗称三总线)来与外部交换信息的。数据总线传送指令码和数据信息,各外围芯片都要并接在它上面,才能和CPU进行信息交流。由于数据总线是信息的公共通道,各外围芯片必须分时使用才不至于产生使用总线的冲突。什么时候使用哪个芯片,是靠地址编号区分的;什么时候打开指定地址的那个芯片通往数据总线的门,是受控制信号控制的,而这些信号是通过执行相应的指令产生的,这就是计算机的工作机理。因此,单片机的系统扩展就归结到外接数据存储器、程序存储器和I/O接口与三总线的连接。

6.1.1 单片机系统总线信号

MCS-51单片机的系统总线接口信号如图6.1所示。

由图可见:

(1) P_0口为地址/数据线复用,分时传送数据和低8位地址信息。在接口电路中,通常配置地址锁存器,用ALE信号锁存低8位地址$A_0 \sim A_7$,以分离地址和数据信息。

(2) P_2口为高8位地址线,扩展外部存储器时传送高8位地址$A_8 \sim A_{15}$。

(3) $\overline{PSEN}$为程序存储器的控制信号,$\overline{RD}(P_{3.7})$、$\overline{WR}(P_{3.6})$为数据存储器和I/O口的读写控制信号,它们是在执行不同指令时,由硬件产生的不同的控制信号。

6.1.2 系统扩展的方法

通常和计算机接口连接的专用芯片也具备三总线引脚,即数据线、地址线和读、写控制

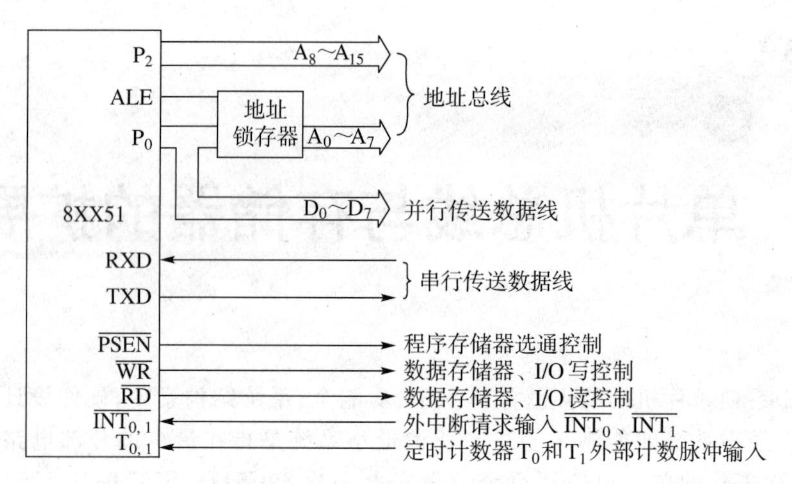

图 6.1 MCS-51 单片机系统总线信号

线，此外还有片选线。其中地址线的根数因芯片不同而不同，取决于片内存储单元的个数或 I/O 接口内寄存器（又称为端口）的个数，n 根地址线和单元的个数的关系是：单元的个数为 2^n。

CPU、MCU 和这些芯片的连接的方法是对应的线相连，规律如下：

1. 数据线的连接

外接芯片的数据线 $D_0 \sim D_7$ 接单片机的数据线 $D_0 \sim D_7$。对于并行接口，数据线通常为 8 位，各位对应连接就可以了。

2. 控制线的连接

由于$\overline{PSEN}$为程序存储器的选通控制信号，因此单片机的$\overline{PSEN}$连接 ROM 的输出允许端$\overline{OE}$；$\overline{RD}(P_{3.7})$、$\overline{WR}(P_{3.6})$为数据存储器（RAM）和 I/O 口的读、写控制信号，因此单片机的$\overline{RD}$应连接扩展芯片的$\overline{OE}$（输出允许）或$\overline{RD}$端，单片机的$\overline{WR}$应连接扩展芯片的$\overline{WR}$或$\overline{WE}$端。

3. 地址线的连接

如前面所述，和计算机接口连接的专用芯片会有 n 根地址线引脚，用于选择片内的存储单元或端口，称为字选或片内选择。为区别同类型的不同芯片，外围芯片通常都有一个片选引脚。一个芯片的某个单元或某个端口的地址由片选的地址和片内字选地址共同组成，因此字选和片选引脚均应接到单片机的地址线上。

字选：外围芯片的字选（片内选择）地址线引脚直接接单片机的从 A0 开始的低位地址线。

片选：片选引脚的连接方法有 3 种。

(1) 片选引脚接单片机用于片内寻址剩下的高位地址线的某根，此法称为线选法，用于外围芯片不多的情况，是最简单、最低廉的方法，如图 6.2(a)所示。

(2) 片选引脚接对高位地址线进行译码后的输出。译码可采用部分译码法或全译码

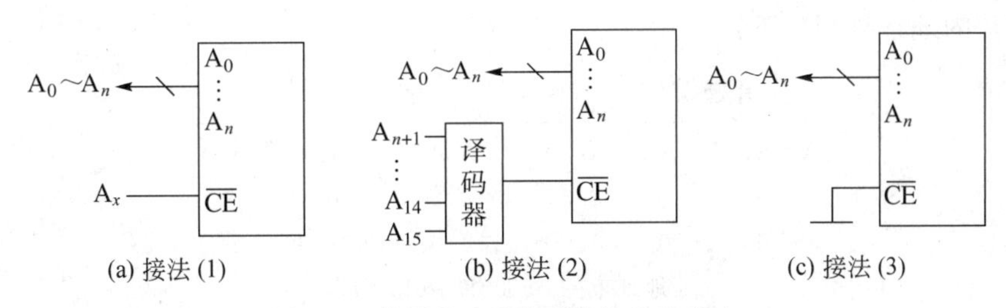

(a) 接法(1)　(b) 接法(2)　(c) 接法(3)

图 6.2　外围芯片片选引脚的几种接法

法。所谓部分译码，就是用片内寻址剩下的高位地址线中的几根，进行译码；所谓全译码，就是用片内寻址剩下的所有的高位地址线，进行译码。全译码法的优点是地址唯一，该法的缺点是要增加地址译码器，如图 6.2(b)所示。

(3) 当接入单片机的某类芯片仅一片时，其芯片的片选端可直接接地。因为此类芯片仅此一片，别无选择，使它始终处于选中状态。此法可用于最小系统，如图 6.2(c)所示。

系统扩展中的原则是，使用相同控制信号的芯片之间，不能有相同的地址；使用相同地址的芯片之间，控制信号不能相同。例如 I/O 口和外部数据存储器，均以$\overline{RD}$和$\overline{WR}$作为读、写控制信号，均使用 MOVX 指令传送信息，它们不能具有相同的地址；外部程序存储器和外部数据存储器的操作采用不同的选通信号（程序存储器使用$\overline{PSEN}$控制，使用 MOVC 指令操作；外部数据存储器使用$\overline{RD}$和$\overline{WR}$作为读、写控制信号，使用 MOVX 指令操作），它们可具有相同的地址。

6.1.3 地址译码器

全译码和部分译码就是使用译码器对地址总线中字选余下的高位地址线进行译码，以其译码的输出作为外围芯片的片选信号。这是一种最常用的地址译码方法，能有效地利用地址空间，适用于大容量多芯片的连接。译码电路可以使用逻辑门，也可以用现有的译码器芯片。

1. 使用逻辑门译码

设某一芯片的字选地址线为 $A_0 \sim A_{11}$（4KB 容量），使用逻辑门进行地址译码，其输出接芯片片选$\overline{CE}$，电路如图 6.3 所示。图 6.3(a)是用混合逻辑表示输入和输出的逻辑关系，小圈表示低电平有效，该逻辑关系需用两个非门和一个与非门实现。如图 6.3(b)所示，这是用正逻辑表示的电路。计算机电路中通常用简洁、直观的混合逻辑表示输入和输出的逻辑关系。

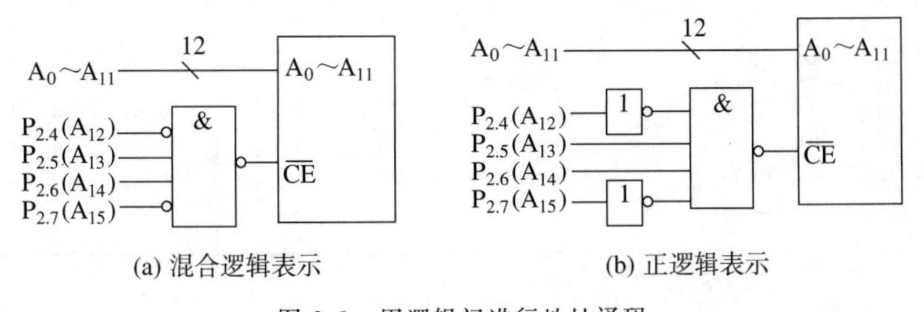

(a) 混合逻辑表示　(b) 正逻辑表示

图 6.3　用逻辑门进行地址译码

该芯片的地址排列如下：

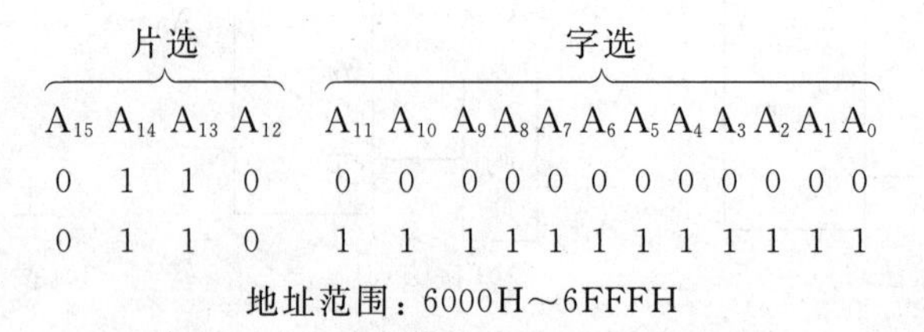

片选
字选
A15 A14 A13 A12 A11 A10 A9 A8 A7 A6 A5 A4 A3 A2 A1 A0
0 1 1 0 0 0 0 0 0 0 0 0 0 0 0 0
0 1 1 0 1 1 1 1 1 1 1 1 1 1 1 1

地址范围：6000H～6FFFH

在上面地址的计算中，16 位地址的字选部分是从片内最小地址（$A_{11}\sim A_0$ 全为 0）到片内最大地址（$A_{11}\sim A_0$ 全为 1），共 4096 个地址，16 位地址的高 4 位地址由图 6.3 中 $A_{15}\sim A_{12}$ 的硬件电路接法决定，仅当 $A_{15}A_{14}A_{13}A_{12}=0110$ 时，$\overline{CE}$才为低电平，选择该芯片工作。因此它的地址范围为 6000H～6FFFH。由于 16 根地址线全部接入，因此是全译码方式，每个单元的地址是唯一的。如果 $A_{15}\sim A_{12}$ 的 4 根地址线中只有 1～3 根接入电路，即采用部分译码方式，未接入电路的地址可填 1，也可填 0，单片机中通常填 1，图 6.4 是一个用非门进行线译码的电路，$\overline{CE_1}$ 和$\overline{CE_2}$ 选两个不同的芯片，其地址排列如图 6.4 所示。

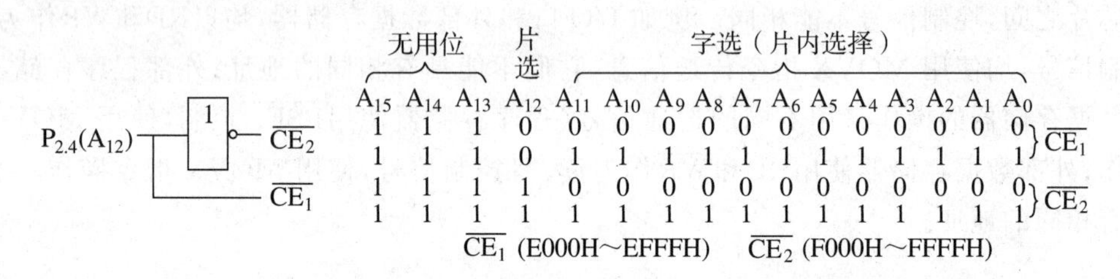

图 6.4　用非门进行地址译码的电路及地址排列

2. 利用译码器芯片进行地址译码

如果利用译码器芯片进行地址译码，常用的译码器芯片有 74LS139（双 2-4 译码器）、74LS138（3-8 译码器）和 74LS154（4-16 译码器）等。下面仅介绍 74LS138 译码器。

74LS138 是 3-8 译码器，它有 3 个输入端、3 个控制端及 8 个输出端，引线及功能如图 6.5 所示。74LS138 译码器只有当控制端 G_1、$\overline{G_{2B}}$、$\overline{G_{2A}}$为 100 时，才会在输出的某一端（由输入端 C、B、A 的状态决定）输出低电平信号，其余的输出端仍为高电平。

控制端			输入端	输出端							
G_1	$\overline{G_{2B}}$	$\overline{G_{2A}}$	C B A	$\overline{Y_7}$	$\overline{Y_6}$	$\overline{Y_5}$	$\overline{Y_4}$	$\overline{Y_3}$	$\overline{Y_2}$	$\overline{Y_1}$	$\overline{Y_0}$
1	0	0	0 0 0	1	1	1	1	1	1	1	0
			0 0 1	1	1	1	1	1	1	0	1
			0 1 0	1	1	1	1	1	0	1	1
			0 1 1	1	1	1	1	0	1	1	1
			1 0 0	1	1	1	0	1	1	1	1
			1 0 1	1	1	0	1	1	1	1	1
			1 1 0	1	0	1	1	1	1	1	1
			1 1 1	0	1	1	1	1	1	1	1

图 6.5　74LS138 引线与功能

例 6-1　用 8K×8 位的存储器芯片组成容量为 64K×8 位的存储器，试问：

(1) 共需几个芯片？共需多少根地址线寻址？其中几根为字选线？几根为片选线？

(2) 若用 74LS138 进行地址译码，试画出译码电路，并标出其输出线的选址范围。

(3) 若改用线选法，能够组成多大容量的存储器？试写出各线选线的选址范围。

解：(1) (64K×8)÷(8K×8)＝8，即共需要 8 片 8K×8 位的存储器芯片。

64K＝65536＝2^{16}，所以组成 64KB 的存储器共需要 16 根地址线寻址。

8K＝8192＝2^{13}，即 13 根为字选线，选择存储器芯片片内的单元。

16－13＝3，即 3 根为片选线，选择 8 片存储器芯片。

(2) 8K×8 位芯片有 13 根地址线，A_{12}～A_0 为字选，余下的高位地址线是 A_{15}～A_{13}，所以译码电路对 A_{15}～A_{13}进行译码，译码电路及译码输出线的选址范围如图 6.6 所示。

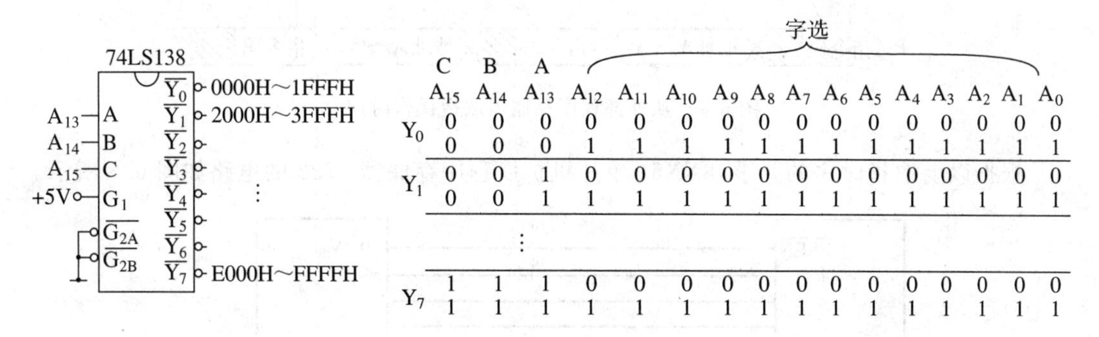

图 6.6　例 6-1 的译码电路及其选址范围

(3) 改用线选法，A_{15}～A_{13} 3 根地址线各选一片 8K×8 位的存储器芯片，只能接 3 个芯片，故仅能组成容量为 24K×8 位的存储器，A_{15}、A_{14} 和 A_{13} 所选芯片的地址范围分别为 6000H～7FFFH、A000H～BFFFH 和 C000H～DFFFH。

6.2　程序存储器的扩展

程序存储器由 ROM 构成，其特点是掉电后信息不会丢失，因此用它存放程序、常数和表格。由于是只读存储器，因此它只有输出允许端$\overline{OE}$，而无写允许端$\overline{WE}$，在满足一定的条件下才能写入(称为烧录或编程)，有专门的编程器完成烧录。单片机扩展的程序存储器可以是 EPROM，也可以是 EEPROM 或 FLASH 存储器。

6.2.1　EPROM 的扩展

$\overline{PSEN}$是程序存储器允许信号，它在从外部程序存储器取指令时或执行 MOVC 指令时变为有效。图 6.7 是从外部程序存储器取指令的时序。取指令码时，程序存储器的地址由 PC 寄存器指示。由图 6.7 可见，地址锁存允许信号 ALE 的下降沿正好对应着 P_0 端口输出低 8 位地址 A_0～A_7，从而将 P_0 口出现的 PC 提供的低 8 位地址锁存于地址锁存器，此时 PC 提供的高 8 位地址出现在 P_2 口，而程序存储器允许信号$\overline{PSEN}$的上升沿正好对应着

P_0 端口从程序存储器读入指令码 $D_0 \sim D_7$ 的操作。程序存储器扩展电路应满足单片机从外存取指令的时序要求。所以，程序存储器的扩展是由 ALE、$\overline{PSEN}$、P_0 和 P_2 在一定的电路配合下共同实现的。

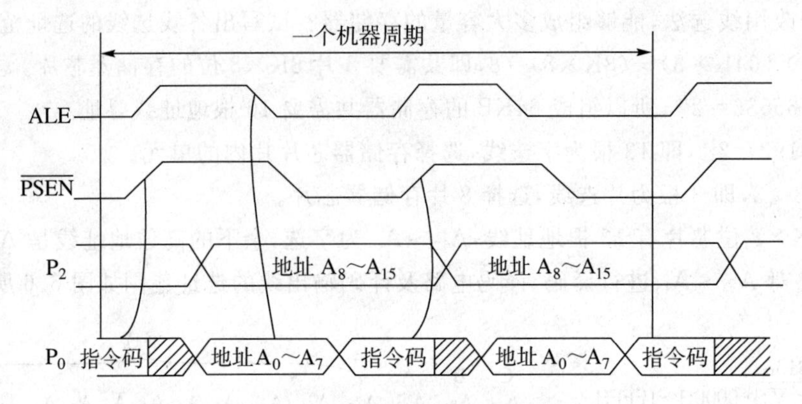

图 6.7　从外部程序存储器取指操作时序

根据以上取指时序的要求，8XX51 单片机扩展程序存储器 2732 的电路如图 6.8 所示。

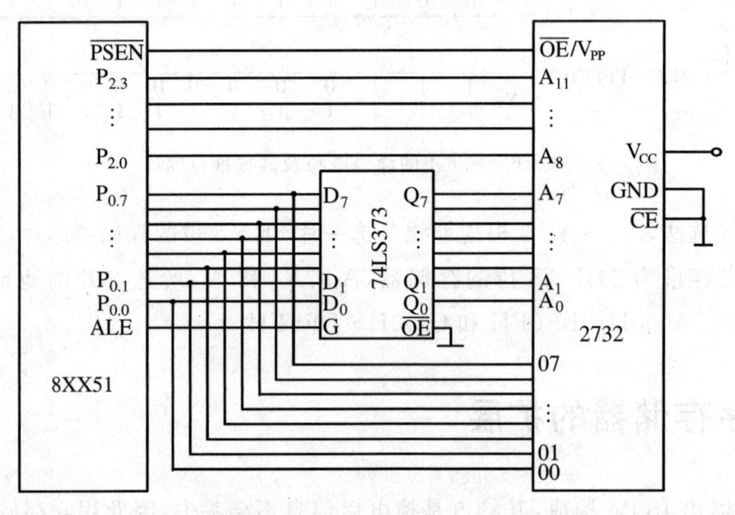

图 6.8　8XX51 单片机扩展程序存储器 2732

地址锁存器可使用 74LS373 或 74LS573(两者性能一样，只是后者引脚排列便于印制板的设计)。74LS373 为 8D 锁存器，其主要特点在于：控制端 G 为高电平时，输出 $Q_0 \sim Q_7$ 复现输入 $D_0 \sim D_7$ 的状态；G 为下跳沿时，$D_0 \sim D_7$ 的状态被锁存在 $Q_0 \sim Q_7$ 上。当把 ALE 与 G 相连后，ALE 的下跳沿正好把 P_0 端口上此时出现的 PC 寄存器指示的低 8 位指令地址 $A_0 \sim A_7$ 锁存在 74LS373 的 $Q_0 \sim Q_7$ 上。因为 P_2 口有锁存功能，$A_8 \sim A_{11}$ 高 4 位地址直接接在 $P_{2.0} \sim P_{2.3}$ 口线上，而无须加接锁存器。74LS373 的$\overline{OE}$(输出使能)接地，使其始终处于允许输出状态。

$\overline{PSEN}$与 2732 的输出允许信号$\overline{OE}$相连，$\overline{PSEN}$的上升沿使$\overline{OE}$有效，2732 中 $A_0 \sim A_{11}$ 指定地址单元中的指令码从 2732 的 $O_0 \sim O_7$ 输出，被正好处于读入状态的 P_0 端口输入到单片机内执行。这就是从外存指定地址单元中取出 1 字节指令并加以执行的整个过程。

单片机扩展2716、2764、27128等EPROM的方法与图6.8相同，差别仅在于不同芯片的存储容量的大小不同，因而使用高8位地址的P_2端口线的根数各不相同。扩展2KB的EPROM 2716时，只需使用A_8～A_{10} 3条高位地址线；而扩展2764(8KB)或27128(16KB)时，分别需要5条(A_8～A_{12})和6条(A_8～A_{13})高位地址线。

对EPROM的写入须有一定条件，要求在引脚加编程电压，且不同芯片的编程电压不同，从15～25V不等，同时要求在$\overline{PGM}$引脚加一定脉宽的编程脉冲。在烧写前还要用紫外线擦除器进行擦除，通常用专用编程器完成烧写。单片机扩展的EPROM工作于读状态，对于有V_{PP}和PGM引脚的EPROM，这两个引脚应接V_{CC}，具体情况请查阅集成电路手册。

6.2.2 EEPROM的扩展

电可擦除只读存储器EEPROM既可像EPROM那样长期非易失地保存信息，又可像RAM那样随时用电改写，近年来出现了快擦写FLASH EEPROM(如28F512等)，它们被广泛用作单片机的程序存储器和数据存储器。目前，常用的EEPROM如表6.1所示，它们有如下共同特点：

表6.1　几种常用的EEPROM

型　号	引脚数	容　量	引脚兼容的存储器
2816	24	2KB	2716,6116
2817	28	2KB	
2864	28	8KB	2764,6264
28C256	28	32KB	27C256
28F512	32	64KB	27C512
28F010	32	128KB	27C010
28F020	32	256KB	27C020
28F040	32	512KB	27C040

(1) 单一的+5V供电，电可擦除、可改写。

(2) 使用次数为10 000次，信息保存时间为10年。

(3) 读出时间为纳秒级，写入时间为毫秒级。

(4) 芯片引脚信号与相应RAM(6XXX)和EPROM(27XXX)芯片兼容。

EEPROM的使用非常简单方便，不用紫外线擦除，在单一的+5V电压下写入的新数据即覆盖了旧的数据。下面以2864为例，说明EEPROM和单片机的连接方法。2864(2864A)为8K字节EEPROM，维持电流为60mA，典型读出时间为200～350ns，字节编程写入时间为10～20ms，芯片内有电压提升电路，编程时不必增加高压，单一+5V供电即可。其引脚和6264、2764兼容，如图6.9所示。2864的操作方式及I/O引脚状态如表6.2所示。

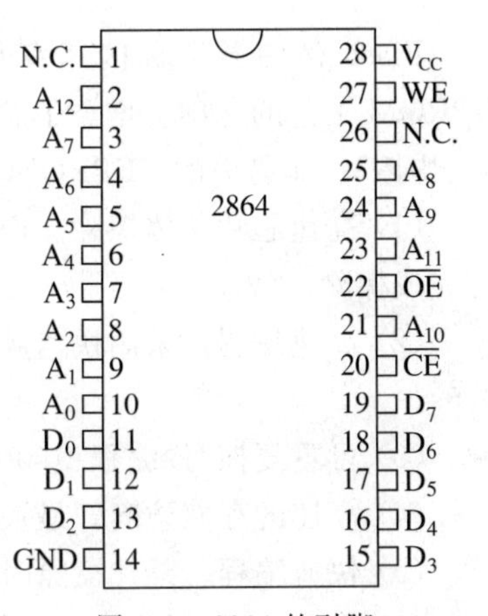

图6.9　2864的引脚

表 6.2　2864 的操作方式及 I/O 引脚状态($V_{CC}=+5V$)

功能端 / 方式	$\overline{CE}$ (20)	$\overline{OE}$ (22)	$\overline{WE}$ (27)	$D_0\sim D_7$
维持	高	×	×	高阻抗
读	低	低	高	数据输出
写	低	高	低	数据输入
数据查询	低	低	高	数据输出

8XX51 单片机扩展 2864 的硬件电路如图 6.10 所示。图中$\overline{RD}$和$\overline{PSEN}$两信号通过与门接到 2864 的$\overline{OE}$端，无论$\overline{RD}$还是$\overline{PSEN}$有效（变为低电平），均会使 2864 的$\overline{OE}$有效，因此该电路中的 2864 既可作为数据存储器，又可作为程序存储器。由于只扩展了一片 EEPROM，所示片选端接地。

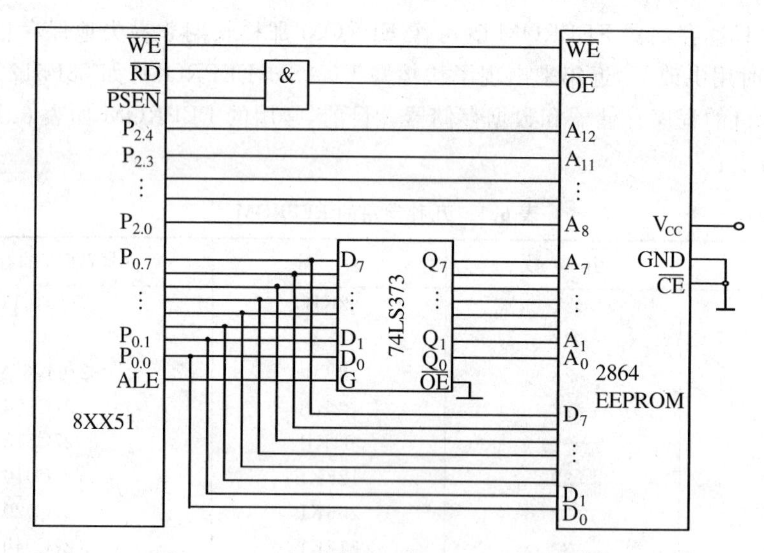

图 6.10　8XX51 单片机扩展 2864 硬件连接图

6.2.3　Flash 存储器(闪速存储器)

Flash 存储器又称闪速存储器或 PEROM(Programmable Erasable ROM)，它是在 EPROM 工艺的基础上增添了芯片整体电擦除和可再编程功能，使其成为性价比高、可靠性高、快擦写、非易失的 EEPROM 存储器。其主要性能特点为：

(1) 高速芯片整体擦除。Flash 存储器为电擦除，在同一系统或同一编程器的插座上即可完成擦除。

(2) 高速编程。采用快速脉冲编程算法，例如 28F256A 芯片，整片编程所需时间仅为 0.5s。

(3) 可重复擦写/编程 10 000 次。

(4) 高速的存储访问。最大读取时间不超过 150ns。

(5) 快速编程。整片擦除时间为 10ms，页编程(64 字节)时间为 10ms。

(6) 很多 Flash 存储器内部集成有 DC/DC 变换器，使读、擦除、编程使用单一电压(根据不同型号,有的是单一+5V,也有的是单一+3V 低压),从而使在系统编程(ISP)成为可能。

(7) 低功耗、集成度高、价格低、可靠性高,优于普通 EEPROM。

由于以上优点,Flash 存储器将逐步取代 EEPROM,新型的单片机中的程序存储器都是采用 Flash 存储器。长期以来,操作系统是装在软盘或硬盘上的,要寻找盘中信息,磁盘需转起来并读入内存,经历一个"漫长"的过程。若采用 Flash 存储器来固化操作系统,将显著缩短用户等待时间,同时由于它的在线的快擦快写的功能,又不影响操作系统的更新换代。因此,可用它作为固态盘。通过 USB 接口和 PC 通信,这就是我们常说的 U 盘,它正在取代软盘。有的厂家将 MCU、DMA 及数兆字节的 Flash 存储器集成在一片小卡上,称为 Compact Flash Card,简称 CF 卡。

1. Flash 存储器的内部结构和编程方法

Flash 存储器的片内有厂商和产品型号编码(Identification,ID 码),其擦除和编程都是通过对内部寄存器写命令字进行读取和识别,以确定编程算法。不同的厂商其命令字不同,内部命令寄存器的地址不同,存放 ID 码的地址也不同,用户可以从厂家的网站上查询。

图 6.11 是 Atmel 公司 Flash 存储器的结构图,它的内部由总线接口逻辑、地址译码器、数据缓冲器、存储阵列(存储单元电路)组成。对它的编程是先将数据送入缓冲区,由内部产生编程脉冲 Tw,再烧录进存储阵列,因此烧录是需要延时时间 Tw 的。不同产品的 Tw 时间是不同的。

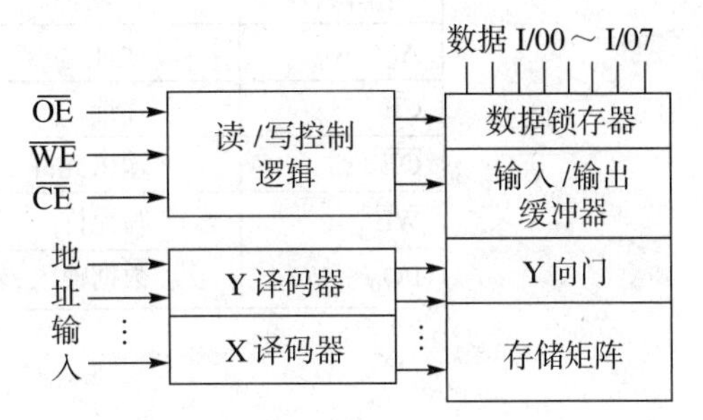

图 6.11 Flash 存储器的内部结构

对 Flash 存储器写入(编程)的操作,多数产品按扇区进行。写入一个扇区所需时间是 Tw,Tw 可以从产品资料中查得。对 Flash 存储器进行编程的方法简述如下:

写查看产品 ID 码的命令字→从指定单元读 ID 码→发编程命令字→置扇区地址→置扇区内字节地址→写一个字节(采用 movx @dptr,a 指令),一个一个字节地写,直到一个扇区内所有字节地址都写完→延时 Tw→写下一个扇区。如果已知 Tw,则读 ID 码的步骤可省略。

对芯片的擦除方法是对指定地址写入 3 个以上的命令字,就可完成整片的擦除。

在硬件电路正确连接的基础上,执行上面的操作就会产生 Flash 存储器擦除或编程所需的时序信号,完成擦除和编程。

有不少的编程器生产厂家支持不同的厂商的产品,可以对不同型号的 Flash 存储器进行编程。

下面举例说明单片机外部扩展 Flash 存储器的方法。

2. Flash 存储器的扩展

Flash 存储器是 EEPROM 的改进,单片机外部扩展 Flash 存储器的方法和 EEPROM 一样。单片机外部扩展的 Flash 存储器既可以作为数据存储器,存放需周期性更改的数据，也可作为程序存储器，由于它的扇区写特点，也可以使其中的一部分作为数据存储器，另一部分作为程序存储器。下面以 AT29C256 为例，介绍单片机扩展 Flash 存储器的方法。

AT29C256 是 Atmel 公司生产的 CMOS Flash PEROM，容量为 32K×8 位，其性能如下：

(1) 电可擦除、可改写、数据保持。

(2) 读出时间为 70ns 级，芯片擦除时间为 10ms，写入时间为 10ms/页(1 页为 64Byte)。

(3) 单一+5V 供电。

(4) 重复使用次数大于 10 000 次。

(5) 低功耗，工作电流 50mA，待机电流 300μA。

AT29C256d 的引脚图及引脚功能如图 6.12 所示。

引脚名称	功能
A_0～A_{14}	地址
$\overline{CE}$	片选
$\overline{OE}$	输出允许
$\overline{WE}$	写允许
I/O_0～ I/O_7	数据输入/输出

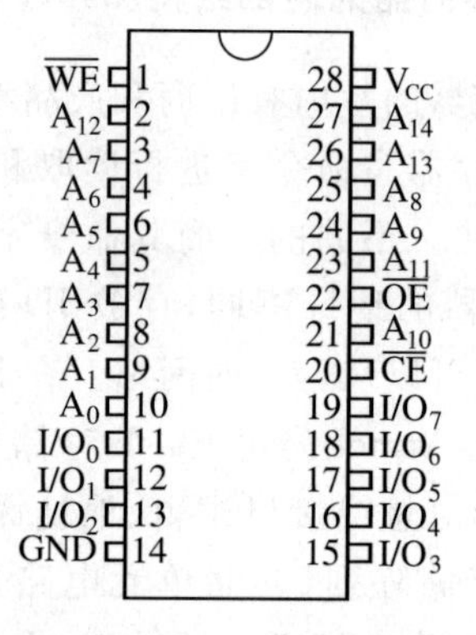

图 6.12 AT29C256d 的引脚图及引脚功能

8XX51 单片机与 AT29C256 的连线如图 6.13 所示。

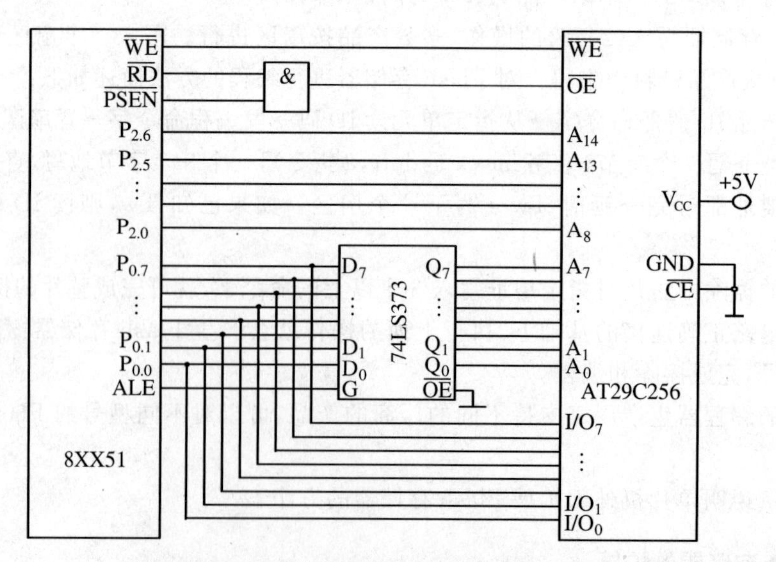

图 6.13 8XX51 单片机扩展 AT29C256 Flash 存储器

6.3 数据存储器的扩展

MCS-51 单片机内只有 128 字节的数据 RAM，应用中需要更多的 RAM 时，只能在片外扩展，可扩展的最大容量为 64KB。RAM 有 DRAM（动态存储器）和 SRAM（静态存储器），DRAM 需定时刷新（充电），单片机中不采用，SRAM 扩展电路简单，因此单片机 RAM 的扩展多采用 SRAM。

6.3.1 SRAM 的扩展

图 6.14 和图 6.15 是单片机对片外 RAM 进行读或写操作的时序。

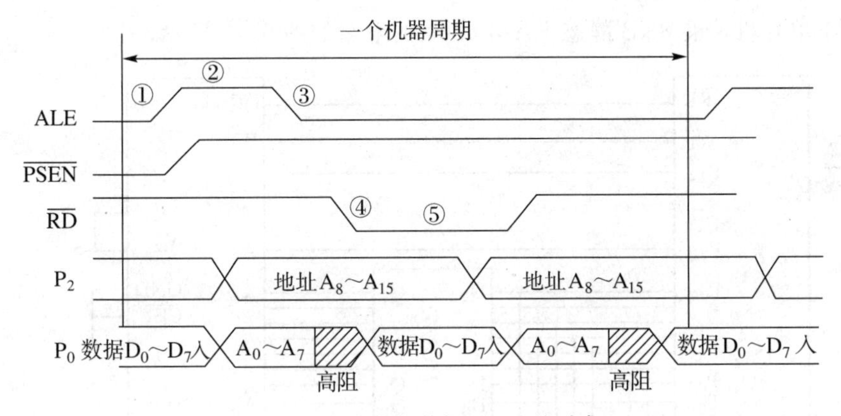

图 6.14 读外部数据 RAM 的时序

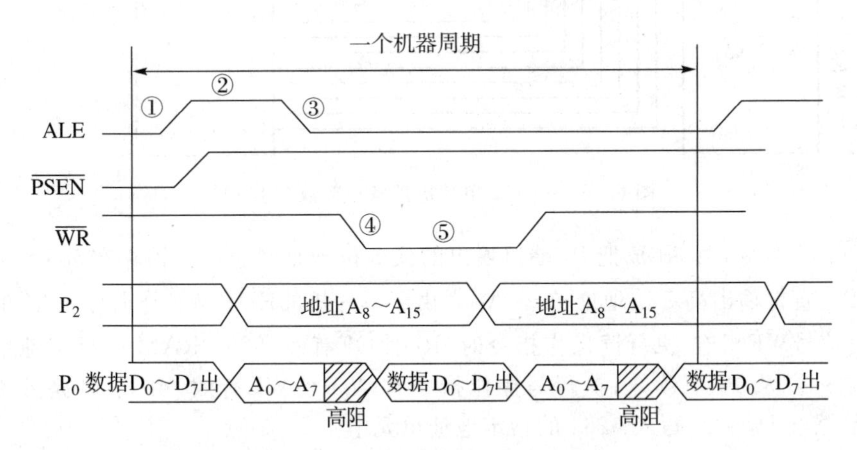

图 6.15 写外部数据 RAM 的时序

当执行 MOVX A，@Ri 指令或 MOVX A，@DPTR 指令时，进入外部数据 RAM 的读周期。读操作的时序如图 6.14 所示，读数据 RAM 的操作涉及 ALE、$\overline{RD}$、P_2 和 P_0。因为 $\overline{PSEN}$ 只用于取程序存储器指令，所以在读/写外部数据 RAM 时处于无效状态（高电平）。在 ALE 的上升沿（①），把外部程序存储器的指令读入后就开始了对片外 RAM 的读过程；ALE 高电平（②）期间，在 P_0 处于高阻三态后，P_2 口输出外部数据 RAM 的高 8 位地址

A_{15}～A_8；在 ALE 下跳沿（③），P_0 端口输出低 8 位地址 A_7～A_0；随后 P_0 又进入高阻三态（③），在$\overline{RD}$信号有效（④）后，P_0 处于输入状态（⑤），以读入外部 RAM 的数据。

当执行 MOVX @Ri,A 指令或 MOVX @DPTR,A 指令时，进入外部数据 RAM 的写周期。如图 6.15 所示为写外部数据 RAM 的时序。写外部 RAM 的操作时序与读外部 RAM 的差别在于：其一，$\overline{WR}$有效代替$\overline{RD}$有效，以表明这是写数据 RAM 的操作；其二，在 P_0 输出低 8 位地址 A_0～A_7 后，P_0 立即处于输出状态，提供要写入外部 RAM 的数据，供外部 RAM 取走。

由以上时序分析可见，访问外部数据 RAM 的操作与从外部程序存储器取指令的过程基本相同，只是前者有读有写，而后者只有读而无写；前者用$\overline{RD}$或$\overline{WR}$选通，而后者用 $\overline{PSEN}$ 选通；前者一个机器周期中 ALE 两次有效，后者则只有一次有效。因此，不难得出 51 系列单片机和外部 RAM 的连接方法。

8XX51 单片机扩展 8KB 静态 RAM 6264 的电路如图 6.16 所示。

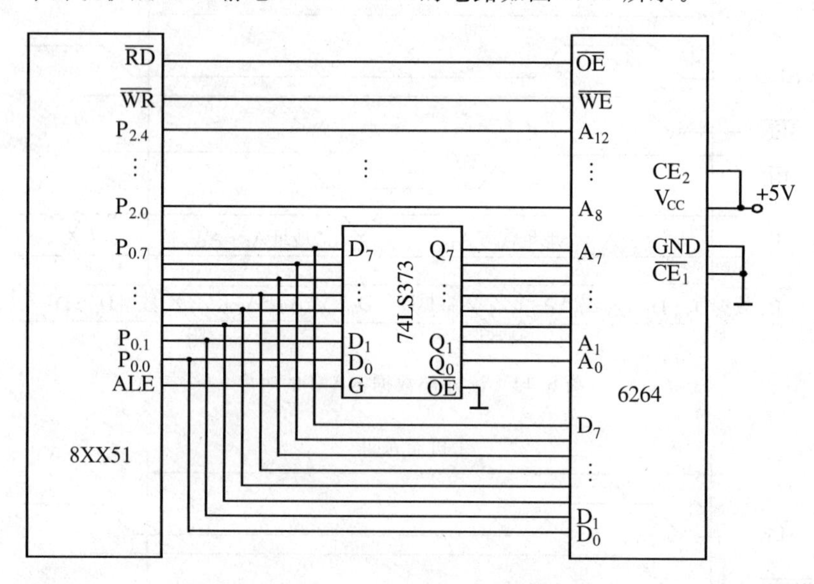

图 6.16 8XX51 单片机扩展外部数据 RAM

由图 6.16 可见，由 ALE 把 P_0 端口输出的低 8 位地址 A_0～A_7 锁存在 74LS373，P_2 口的 $P_{2.0}$～$P_{2.4}$ 直接输出高 5 位地址 A_8～A_{12}。由于单片机的$\overline{RD}$和$\overline{WR}$分别与 6264 的输出允许$\overline{OE}$和写信号$\overline{WE}$相连，执行读操作指令时，$\overline{RD}$使$\overline{OE}$有效，6264 RAM 中指定地址单元的数据经 D_0～D_7 从 P_0 口读入；执行写操作指令时，$\overline{WR}$使$\overline{WE}$有效，由 P_0 口提供的要写入 RAM 的数据经 D_0～D_7 写入 6264 的指定地址单元中。

8XX51 单片机读/写外部数据 RAM 的操作使用 MOVX 指令，用 R_i（i=0,1）间址或用 DPTR 间址。

例如，将外部数据 RAM 1050H 地址单元中的内容读入 A 累加器，可使用如下两种程序。

第一种：

```
MOV     P2,#10H          ;端口提供高 8 位地址
MOV     R1,#50H          ;Ri 提供低 8 位地址
MOVX    A,@R1
```

第二种：

```
MOV     DPTR,#1050H
MOVX    A,@DPTR              ;DPTR提供16位地址
```

同样地，要把A累加器中的内容写入外部数据RAM 1050H地址单元，其程序如下。

第一种：

```
MOV     P2,#10H
MOV     R1,#50H
MOVX    @R1,A
```

第二种：

```
MOV     DPTR,#1050H
MOVX    @DPTR,A
```

MCS-51系列单片机中的数据存储器和程序存储器在逻辑上是严格分开的，在实际设计和开发单片机系统时，程序若存放在RAM中，可方便调试和修改，为此需将程序存储器和数据存储器混合使用，这时只要在硬件上，将$\overline{RD}$信号和$\overline{PSEN}$相与后连到RAM的读选通端$\overline{OE}$即可以实现，如图6.17所示。这样当执行MOVX指令时，产生$\overline{RD}$读选通信号，使$\overline{OE}$有效；当执行该RAM中的程序时，由$\overline{PSEN}$信号使$\overline{OE}$有效，选通RAM，读出其中的机器码。

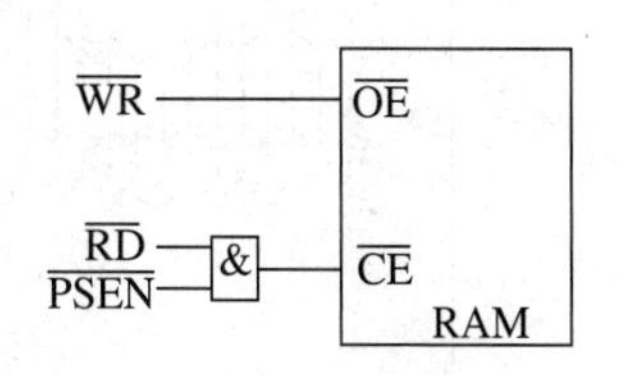

图6.17　混合选通信号

*6.3.2　同时扩展SRAM和Flash存储器的例子

51系列单片机的地址总线为16根，只有64KB的寻址能力，如果扩展的存储器寻址范围大于64KB，多于16根的地址线就需要通过其他的端口或逻辑电路解决。

图6.18中，在89C51(或89S51)上扩展了一片6264(8K×8位SRAM)和一片29C040(512K×8位Flash存储器)。29C040既作为数据存储器，又作为程序存储器，因为29C040和6264均使用$\overline{RD}$控制信号，地址不能重合，以74LS138进行地址译码，以$P_{2.7}$、$P_{2.6}$、$P_{2.5}$作为译码器的输入，以译码器Y_1输出接6264的片选，以译码器Y_2输出接29C040的片选。29C040有19根地址线，片内的512K单元地址应为00000H～7FFFFH。图中用29C040的A_0～A_{18}中的A_0～A_{12}接单片机的地址线A_0～A_{12}，A_{13}～A_{18}分别接$P_{1.0}$～$P_{1.5}$，而片选接译码器的Y_2，因此29C040的一个单元的地址应由这三部分组成。A_{12}～A_0决定29C040的页内地址，$P_{1.0}$～$P_{1.5}$决定29C040的页地址，共有2^6页，即512K单元分为64页，每页8K，且要保证该片选中，$P_{2.7}$ $P_{2.6}$ $P_{2.5}$=010，由此排出29C040的页内地址；仅当$P_{2.7}$ $P_{2.6}$ $P_{2.5}$=001时选中6264，如下所示。

C	B	A															
$P_{2.7}$	$P_{2.6}$	$P_{2.5}$	$P_{2.4}$	$P_{2.3}$	$P_{2.1}$	$P_{2.0}$											
A_{15}	A_{14}	A_{13}	A_{12}	A_{11}	A_{10}	A_9	A_8	A_7	A_6	A_5	A_4	A_3	A_2	A_1	A_0		
0	0	1	0	0	0	0	0	0	0	0	0	0	0	0	0	2000H	6264 SRAM
0	0	1	1	1	1	1	1	1	1	1	1	1	1	1	1	3FFFH	
0	1	0	0	0	0	0	0	0	0	0	0	0	0	0	0	4000H	29C040 Flash
0	1	0	1	1	1	1	1	1	1	1	1	1	1	1	1	5FFFH	

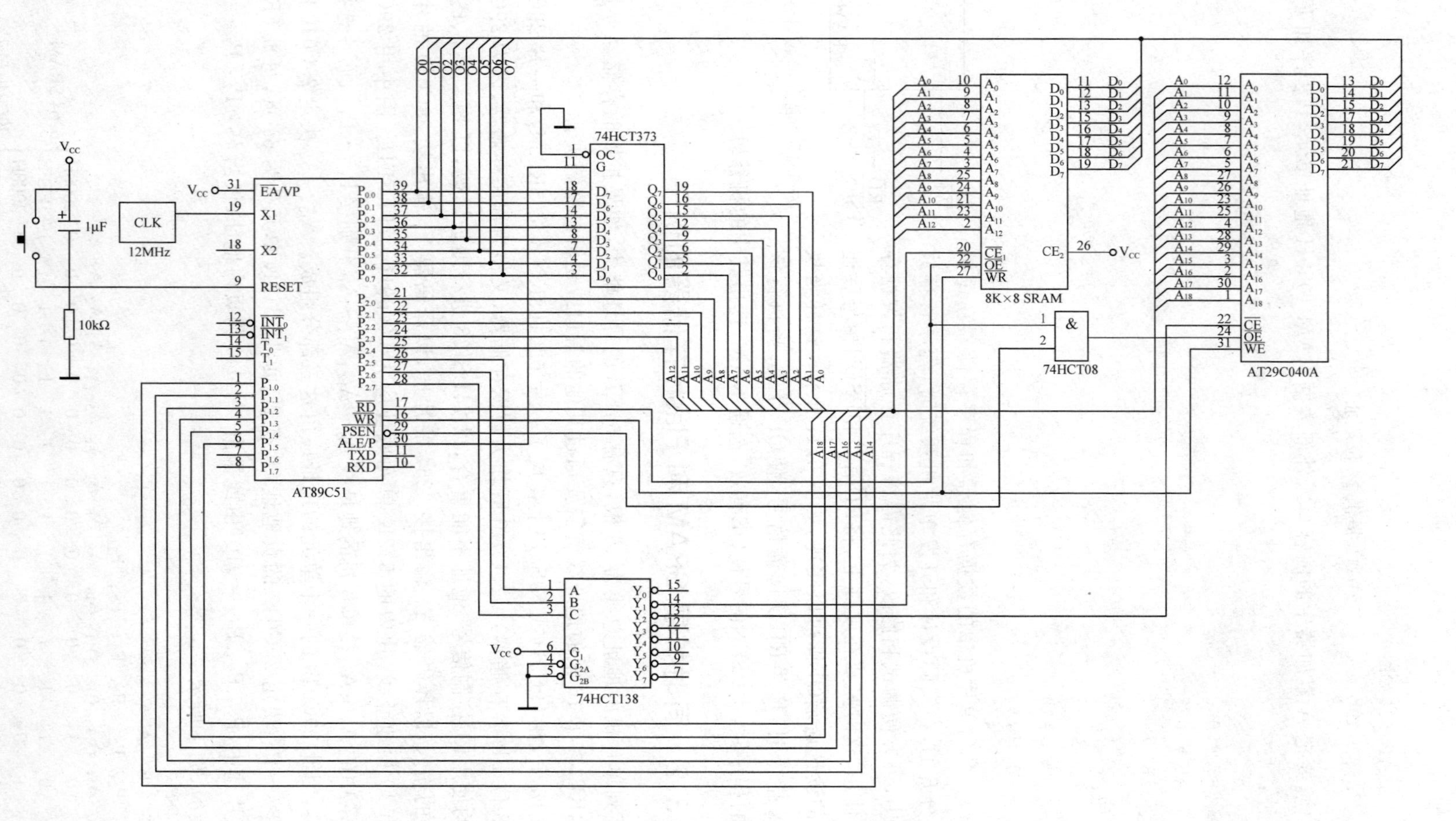

图 6.18 单片机同时扩展 SRAM 和 Flash 存储器

例如，将 00000H 单元内容读出并送至 R_1，将 68001H 单元内容读出并送至 R_0，程序如下：

```
MOV P1,#0              ;选页地址
MOV DPTR,#4000H        ;选页内地址 0000H
MOVX A,@DPTR,
MOV R1,A               ;将 00000H 单元内容读出并送至 R1
MOV P1,#34H            ;选页地址
MOV DPTR,#4001H        ;选页内地址 0001H
MOVX A,@DPTR,
MOV R0,A               ;将 68001H 单元内容读出并送至 R0
```

例如，将 AAH 写入 05555H 单元，55H 写入 02AAAH 单元，程序如下：

```
MOV P1,#05             ;选页地址
MOV DPTR,#4555H        ;选页内地址
MOV A,#0AAH
MOVX @DPTR,A           ;将 AAH 写入 05555H 单元
MOV P1,#02
MOV DPTR,#4AAAH
MOV A,#05H
MOVX @DPTR,A           ;55H 写入 02AAAH 单元
```

注意：上述的写操作只是将数据送入内部数据缓冲区，并没有烧录进单元阵列。

*6.4 新型存储器扩展（双口 RAM 和 FIFO）

6.4.1 双口 RAM 简介

双口 RAM 是具有数据出、入两个口的 SRAM，适用于单片机与单片机、单片机与 PC 之间大量数据的高速随机双向传送，以实现双 CPU 系统的隔离与匹配。下面以 IDT 公司的双口 RAM 7132 为例，说明它的使用。

IDT7132 是一种高速 2K×8 位 CMOS 双端口静态 RAM，每一端口有一套控制线、地址线和双向数据线引脚，两端口可独立地读、写存储器中的任何单元，每个端口的使用和普通静态 RAM 基本相同。为防止读写数据冲突，IDT7132 内部有硬件端口总线仲裁电路，提供了 BUSY 总线仲裁方式，可以允许双机同步地读或写存储器中的任何单元。

IDT7132 有多种封装形式，其双列直插式封装的管脚图如图 6.19 所示，非竞争的读写控制如表 6.3 所示。

各引脚功能如下：

$A_{0L} \sim A_{10L}$、$A_{0R} \sim A_{10R}$ 分别为左、右端口的地址线。

$I/O_{0L} \sim I/O_{7L}$、$I/O_{0R} \sim I/O_{7R}$ 分别为左、右端口的数据线 $D_0 \sim D_7$。

$\overline{CE_L}$、$\overline{CE_R}$ 分别为左、右端口的片选线，低电平有效。

$\overline{OE_L}$、$\overline{OE_R}$ 分别为左、右端口的输出允许线，低电平有效。

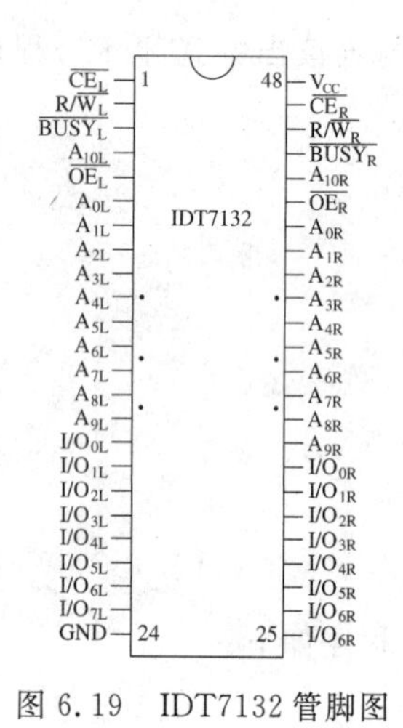

图 6.19 IDT7132 管脚图

表 6.3 IDT7132 非竞争的读写控制

左边或右边端口(地址不同)				功 能
$R/\overline{W}$	$\overline{CE}$	$\overline{OE}$	$D_0 \sim D_7$	
X	H	X	高阻	掉电保护方式
L	L	X	数据输入	端口数据写入存储单元
H	L	L	数据输出	存储单元数据输出至端口
H	L	H	高阻	输出呈高阻

$R/\overline{W_L}$、$R/\overline{W_R}$分别为左、右端口的读写控制信号，高电平时为读，低电平时为写。

$\overline{BUSY_L}$、$\overline{BUSY_R}$分别为左、右端口状态信号，用来解决两个端口的访问竞争。两端口同时访问同一地址单元时，就产生了竞争。竞争的解决由片内的仲裁逻辑自动完成。被仲裁为延时访问的端口的$\overline{BUSY}$则呈现低电平，此时对该端口的访问是无效的。只有等到$\overline{BUSY}$变为高电平后，才能对其进行操作。

6.4.2 双口 RAM 与单片机的接口

IDT7132 的时序与 Intel 公司的单片机系统兼容，可直接和 8XX51 单片机接口。IDT7132 与两片 80C51 或 89C51/89S51 构成的主从系统的接口电路如图 6.20 所示。其

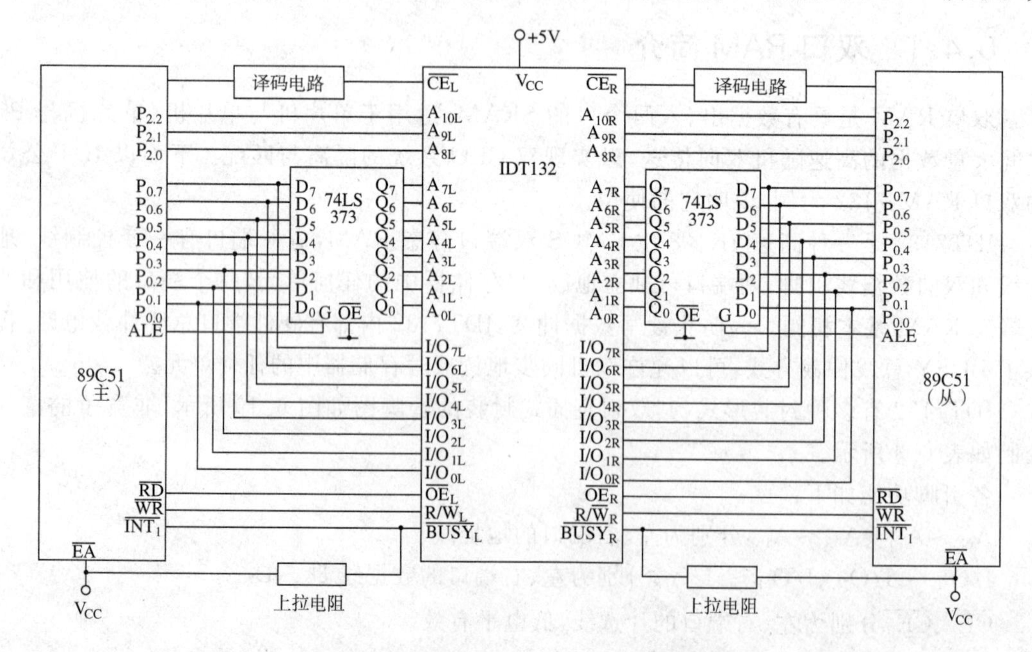

图 6.20 IDT7132 与 89C51 的接口电路

中，IDT7132 左、右端口的$\overline{BUSY}$管脚分别接主、从 89C51 单片机的中断管脚（中断方式，也可采用查询方式，接 I/O 引脚）。在发生竞争时，被仲裁为延时访问的端口所对应的单片机应暂停访问双口 RAM，待该侧$\overline{BUSY}$脚信号无效以后，再继续访问所选单元（注意，$\overline{BUSY}$为开漏输出，需要外接上拉电阻）。

采用查询访问方式的程序如下：

```
       MOV DPTR,#Addr16        ;将要访问的地址单元送至 DPTR
AGAIN: MOVX @DPTR,A            ;写双口 RAM,假设要写的数据存放在 A 中
       MOVX A,@DPTR            ;读双口 RAM
       JB P3.3,CONT            ;操作有效,继续执行
WAIT:  JNB P3.3,WAIT           ;竞争延时,等待INT1脚为高电平
       SJMP AGAIN              ;重新操作
CONT:  …                       ;执行后续程序
```

若以中断方式访问，通常是成块交换数据。在主程序中访问双口 RAM，如同读写外部数据 SRAM 一样。在中断服务程序中完成发生竞争延时出错的处理，设定出错标志位，通知主程序重新传送即可。程序请读者自行编写。

6.4.3 异步 FIFO 简介

现代的集成电路芯片中，随着设计规模的不断扩大，一个系统中往往含有数个时钟。多时钟带来的一个问题就是，如何设计异步时钟之间的接口电路。异步 FIFO（First In First Out）是解决这个问题的一种简便、快捷的解决方案。使用异步 FIFO，可以在两个不同的时钟系统之间快速而方便地传输实时数据。在网络接口、图像处理等方面，异步 FIFO 得到了广泛的应用。

异步 FIFO 是一种先进先出的电路，用在数据接口的部分，用来存储、缓冲在两个异步时钟之间的数据传输。IDT7203 是一款常用的 9 位异步 FIFO，其 DIP 封装的引脚如图 6.21 所示。

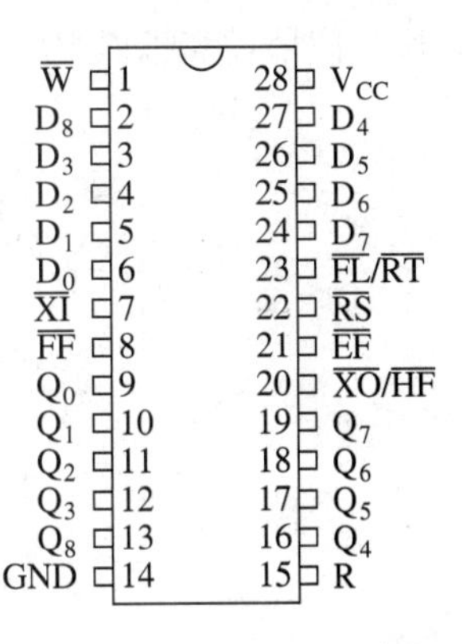

图 6.21　IDT7203 管脚图

引脚功能说明如下。

- $D_0 \sim D_8$：9 位数据输入引脚。在 8 位数据宽度的单片机系统中，另一位可以不用或用于奇偶校验。
- $Q_0 \sim Q_8$：9 位数据输出引脚。
- $\overline{RS}$：复位信号，低电平有效。
- $\overline{W}$：写允许信号，低电平有效。一般由片选和总线写信号组合而成。
- $\overline{R}$：读允许信号，低电平有效。一般由片选和总线读信号组合而成。
- $\overline{FL}/\overline{RT}$：双功能输入脚，低电平有效。在存储容量扩展模式（Depth Expansion）下，$\overline{FL}$为低电平时，表示第一片 FIFO；在单器件模式（Single Device Mode）下，$\overline{RT}$为低电平时，表示数据重传。
- $\overline{XI}$：双功能输入脚。在单器件模式下，该引脚接地；在存储容量扩展模式下，该引脚应该接前一 FIFO 的$\overline{XO}$脚。

- $\overline{FF}$：FIFO 存储器满标志信号，为输出信号，低电平有效。
- $\overline{EF}$：FIFO 存储器空标志信号，为输出信号，低电平有效。
- $\overline{XO}/\overline{HF}$：双功能输出引脚，低电平有效。在单器件模式下为存储器的半满状态输出信号；在存储容量扩展模式下，该引脚应该接下一 FIFO 的$\overline{XI}$脚。

IDT7203 的异步读写操作时序如图 6.22 所示。

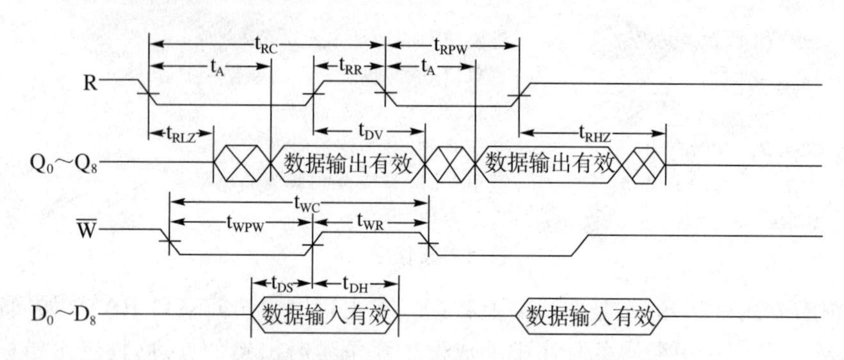

图 6.22 IDT7203 的异步读写操作时序

6.4.4 异步 FIFO 与单片机的接口

异步 FIFO IDT7203 与 51 单片机的接口电路如图 6.23 所示。IDT7203 工作在单器件模式，1＃单片机对其进行写数据，2＃单片机对其进行读数据。1＃机以 $P_{2.7}$ 作为 IDT7203 的片选信号，2＃机以 $P_{2.6}$ 作为 IDT7203 的片选信号，低电平有效，简单的读写程序如下。

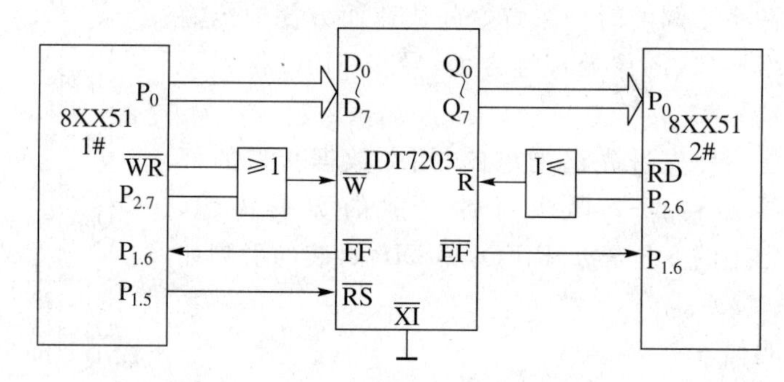

图 6.23 IDT7203 与 8XX51 单片机的接口电路图

1＃机写程序：

```
      MOV DPTR,#7FFFH          ;取 FIFO 的片选地址为 7FFFH
WAIT: JNB P1.6,WAIT            ;等待 FIFO 可写，为非满状态
      MOVX @DPTR,A             ;写 FIFO，设数据在 A 中
```

2＃机读程序：

```
      MOV DPTR,#3FFFH          ;取 FIFO 的片选地址为 3FFFH
      JNB P1.6,CONT            ;FIFO 无数据可读，执行其他程序
      MOVX A,@DPTR             ;FIFO 非空，从 FIFO 读出 1 字节的数据，放入 A 中
CONT: …
```

6.5 小结

单片机应用系统的设计中，如果片内的资源不够，就需要扩展，即加接 ROM、RAM 和 I/O 接口等外围芯片。本章重点要掌握单片机扩展的方法及地址的译码。

外围芯片和单片机的连接归结为三总线（数据总线、地址总线和控制总线）的连接，因此单片机三总线的定义应十分熟悉，即要求掌握图 6.1 中的内容，这是扩展的基础。

在微机系统中，控制外围芯片的数据操作有三要素：地址、类型控制（RAM 和 ROM）和操作方向（读和写）。三要素中有一项不同，就能区别不同的芯片。如果三项都相同，就会造成总线操作混乱。因此在扩展中应注意：

（1）要扩展 ROM 程序存储器，使用$\overline{PSEN}$进行选通控制；要扩展 RAM 和 I/O 接口，使用$\overline{WR}$（写）和$\overline{RD}$（读）进行选通控制，RAM 和 I/O 口使用相同的 MOVX 指令进行控制。如果将 RAM（或 EEPROM）既作为程序存储器又作为数据存储器使用，使$\overline{PSEN}$和$\overline{RD}$通过与门接入芯片的$\overline{OE}$即可。这样无论$\overline{PSEN}$或$\overline{RD}$哪个信号有效，都能允许输出。

（2）当一种类型的芯片只有一片时，片选端可接地。如果使用同类型控制信号和芯片较多时，要通过选取不同的地址加以区分，注意 RAM 和 I/O 接口不能有相同的地址。

最简单的地址译码是线选法，即用片内选择剩下的某根高位地址线作片选信号，不同高位的地址线接不同芯片的片选端，此时要注意地址表的填写不能有相同的。也可以将这些高位地址线通过加接地址译码器进行部分译码或全译码。

市场上的存储器和 I/O 接口种类较多，应根据使用要求和性价比进行选取。对于某一容量存储器，用多片小容量存储器不如用一片大容量的存储器。用多个单功能的芯片不如用一片多功能的芯片，这样连线少，占地面积小，可靠性高。要注意尽量使用单片机的内部资源。

思考题与习题

1. MCS-51 扩展系统中，程序存储器和数据存储器共用 16 位地址线和 8 位数据线，为什么两个存储空间不会发生冲突？

2. 在 8XX51 单片机上扩展一片 6116（2K×8 位 RAM）。

3. 在 8XX51 单片机上扩展一片 EPROM 2732 和一片 RAM 6264。

4. 在 8XX51 单片机上扩展一片 RAM 6116 和一片 EPROM 2716，要求 6116 既能作为数据存储器，又能作为程序存储器使用。

5. 在 8XX51 单片机上扩展 4 片 2764，地址为 0000H～7FFFH，采用 74LS138 进行地址译码，写出每片 2764 的地址空间范围。

6. 在 80C31 单片机上扩展一片 2764、一片 244 和一片 273，要求 244 的地址为 DFFFH，273 地址为 BFFFH。

第7章 单片机系统功能扩展

7.1 并行 I/O 接口的扩展

MCS-51 单片机共有 4 个 8 位并行 I/O 口 P_0～P_3，当需要外部扩展存储器或 I/O 口时，P_0 和 P_2 口作为数据和地址总线使用，因而提供给用户的 I/O 口就只有 P_1 口或 P_3 口的部分口线，当所接的外设较多时，就必须扩展 I/O 接口。

MCS-51 单片机扩展的 I/O 口和外部数据存储器统一编址，采用相同的控制信号，相同的寻址方式和相同的指令，因此，扩展方法和外部数据存储器相同。

扩展并行 I/O 口所用的芯片有可编程芯片(如 8255、8155 等)、通用 TTL、CMOS 锁存器和缓冲器(如 74LS273、74LS377、74LS244、74LS245 等)，用户可根据系统对输入/输出的要求适当选择。

7.1.1 通用锁存器、缓冲器的扩展

图 7.1 为 80C51 扩展一个输入接口 74HC244 和一个输出接口 74HC273 的 Proteus 电路。

输入接口 74HC244 内部有两个 4 位三态缓冲器，数据从 A 输入，Y 输出，并$\overline{OE}$引脚进行传输控制，当$\overline{OE}$为低电平是输出有效，可由片选信号控制，作为一个 8 位的输入接口，以连接输入设备。74HC273 是一个 8D 触发器，CLK 为时钟端，在该引脚出现脉冲上升沿时，输入端 D_0～D_7 的数据信号被传送到输出端 Q_0～Q_7；当无脉冲上升沿时，输出端维持不变，可作为输出接口，以存放数据。

在图 7.1 中，74HC244 的选通信号由$\overline{RD}$和 $P_{2.0}$ 相或产生，当执行读该片的指令 MOVX A,@DPTR 时，$\overline{RD}$有效，打开三态门，把输入设备的数据通过 74HC244 读入 51 单片机。74HC273 的选通信号由$\overline{WR}$和 $P_{2.0}$ 相或产生，当执行对该片的写指令 MOVX @DPTR,A 时，$\overline{WR}$和 $P_{2.0}$ 有效，使 51 单片机的数据通过 74HC273 输出到输出设备。

例 7-1 将 74HC244 的输入数据从 74HC273 输出。

程序如下：

```
        ORG  0000H
        AJMP START
START:  MOV  DPTR,#0FEFFH        ;DPTR 指向扩展 I/O 口地址
        MOVX A,@DPTR             ;从 74LS244 读入数据
        MOVX @DPTR,A             ;向 74LS273 输入数据
        SJMP START               ;循环
        END
```

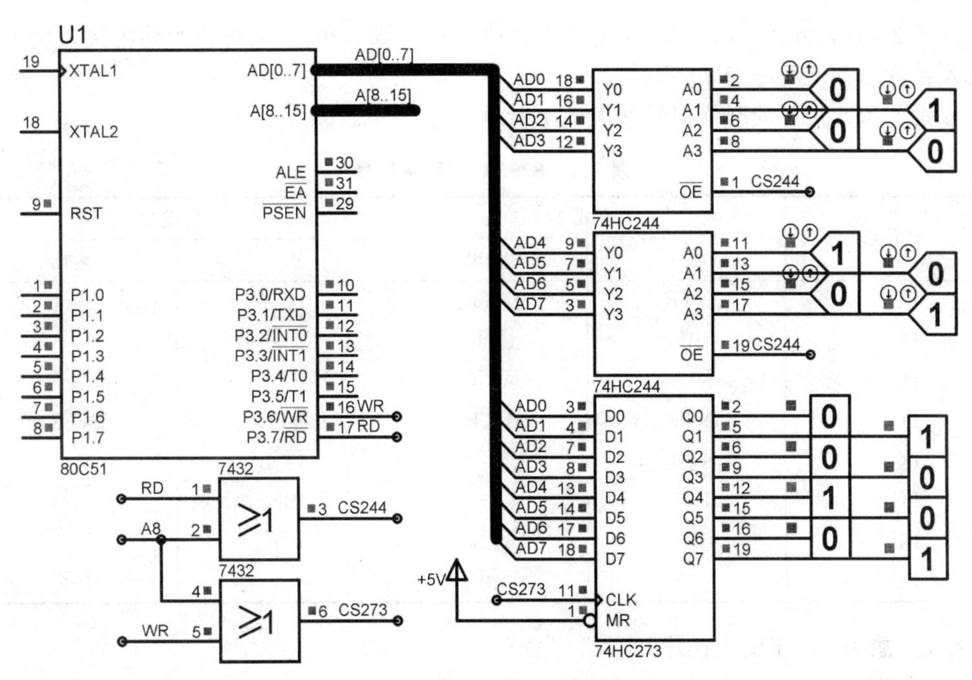

图 7.1　51 单片机输入输出端口扩展的 Proteus 仿真电路图(出自 Proteus 软件)

图 7.1 所示的情形是在 Proteus 中仿真运行程序后出现的现象,可以看出 74HC244 输入的电平信号准确地通过 74HC244 输出。

7.1.2　可编程并行接口芯片的扩展

可编程并行接口芯片是专为和计算机接口而制作的,它有和计算机接口的三总线引脚,和 CPU 或 MCU 连接非常方便。

1. 扩展 8255 可编程并行接口芯片

8255 是一个可编程并行接口芯片,其引脚如图 7.2 所示。

8255 有 1 个 8 位控制口和 3 个 8 位数据口:A 口(PA)、B 口(PB)和 C 口(PC),其中 C 口可作为两个独立的 4 位接口。外设通过数据口和单片机进行数据通信,各数据口的工作方式和数据传送方向是通过用户对控制口写控制字控制的。各口地址由 A_1 和 A_0 决定。当 A_1A_0 分别为 00、01、10、11 时,对应选择 A 口、B 口、C 口和控制口。

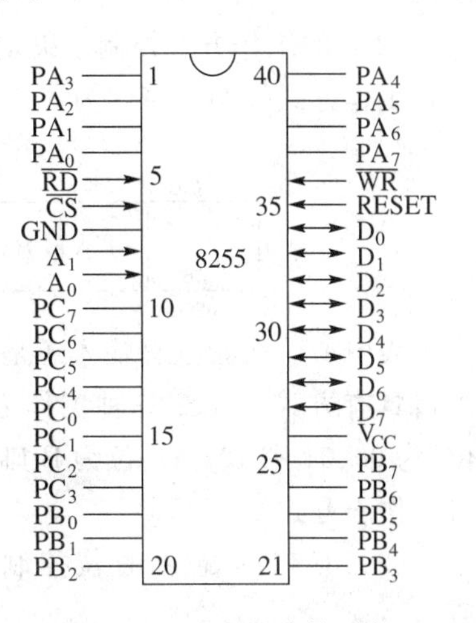

图 7.2　8255 芯片的引脚

(1) 8255 的工作方式

8255 有 3 种工作方式。

方式 0:基本方式,无须联络信号,直接输入或输出。

方式 1:选通方式,需要联络信号,用来查询、应答和产生中断。仅 A 口和 B 口具有此方式,此时 C 口高 4 位为 A 口的联络线,低 4 位为 B 口的联络线。

方式 2：双向方式，仅 A 口有，此时 A 口既可作为输入接口，又可作为输出接口使用，此时输入和输出各使用一套联络线。

方式 1 和方式 2 的联络信号如表 7.1 所示。

表 7.1　8255 C 口联络信号

C 口位线	方式 1		方式 2	
	输入	输出	输入	输出
PC_0	$INTR_B$	$INTR_B$		
PC_1	IBF_B	$\overline{OBF_B}$		
PC_2	$\overline{STB_B}$	$\overline{ACK_B}$		
PC_3	$INTR_A$	$INTR_A$	$INTR_A$	$INTR_A$
PC_4	$\overline{STB_A}$		$\overline{STB_A}$	
PC_5	IBF_A		IBF_A	
PC_6	IBF	$\overline{ACK_A}$	$\overline{ACK_A}$	
PC_7		$\overline{OBF_A}$		$\overline{OBF_A}$

在表 7.1 中，用于输入操作的联络信号有：

- STB——选通脉冲，输入信号，低电平有效。
- IBF——输入缓冲器满信号，输出信号，高电平有效。
- INTR——中断请求信号，输出信号，高电平有效。

用于数据输出操作的联络信号有：

- $\overline{ACK}$——外部设备响应信号，输入信号，低电平有效。
- $\overline{OBF}$——输出缓冲器满信号，输出信号，低电平有效。
- INTR——中断请求信号，输出信号，高电平有效。

联络信号用于在查询方式或中断方式中输入或输出。

(2) 8255 的控制寄存器

8255 的控制字有两个：工作方式控制字和置位/复位控制字，两个控制字均应写入控制口。

8255 的工作方式控制字决定了 3 个口的工作方式及数据的传送方向。

工作方式控制字格式为：

D_7	D_6	D_5	D_4	D_3	D_2	D_1	D_0
1 标志	A 口方式		A 口 I/O	$C_7\sim C_4$ I/O	B 口 方式	B 口 I/O	$C_3\sim C_0$ I/O

表中 I/O 表示选择输入还是输出，如选择输入，该位置 1；如选择输出，该位置 0。由于 A 口具有方式 0、1、2 三种工作方式，因此 A 口的工作方式选择占了两位，分别对应 D_6D_5 位，为 00、01 和 10。D_2 位为 B 口的工作方式选择，$D_2=1$ 时，B 口工作于方式 1；$D_2=0$ 时，B 口工作于方式 0。

8255 C 口的置位/复位控制字是使 C 口指定位输出 1 或是输出 0，其格式如表 7.2 所示。

表 7.2 8255 置位/复位控制字

0	D_6	D_5	D_4	D_3	D_2	D_1	D_0
标志位	不用(一般置 0)			C 口的位选择 000=C 口位 0 001=C 口位 1 ⋮ 111=C 口位 7			1=置位 0=复位

注意：在写 C 口置位/复位控制字之前，必须先写工作方式控制字。

例如，使 PC_3 位输出 1，控制字为 00000111B(7FH)，如果 8255 的控制口地址为 EFFFH，可使用下面指令：

```
MOV DPTR,#0EFFFH            ;指向控制口
MOV A,#80H                  ;先写方式控制字
MOVX @DPTR,A
MOV A,#7FH                  ;使 PC3 位输出 1
MOVX @DPTR,A
```

(3) 8255 和单片机的连接

8255 和单片机的连接很简单，只需将两者的数据线、$\overline{RD}$、$\overline{WR}$对接，将 8255 的地址线和片选线接单片机的地址线即可。外部设备接 PA、PB 或 PC。

图 7.3 是一个用 8031 单片机扩展 1 片 2732(4K×8 位 EPROM)、两片 6116(2K×8 位 SRAM)和 1 片 8255 的电路，8255 的 PA、PB 和 PC 可以接输入/输出设备(对于 89C51/89S51，只需将$\overline{EA}$改接+5V 即可)。

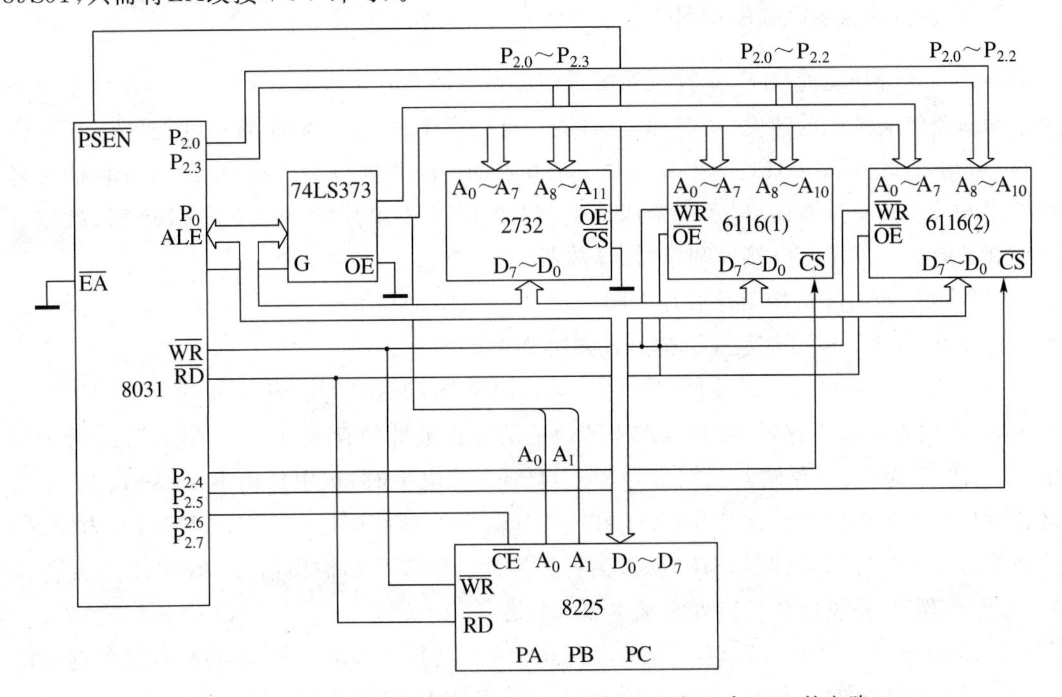

图 7.3 8031 单片机扩展 1 片 2732、两片 6116 和 1 片 8255 的电路

图 7.3 中采用线选法，$P_{2.4}$为 6116(1)的片选，$P_{2.5}$为 6116(2)的片选，$P_{2.6}$为 8255 的片选，而 2732 仅一片，片选端接地。

各片的地址范围如下：

$P_{2.7}$	$P_{2.6}$	$P_{2.5}$	$P_{2.4}$																
A_{15}	A_{14}	A_{15}	A_{14}	A_{13}	A_{12}	A_{11}	A_{10}	A_9	A_8	A_7	A_6	A_5	A_4	A_3	A_2	A_1	A_0		
0	0	0	0	X	X	X	X	X	X	X	X	X	X	X	X	X	X	0000H～0FFFH	2732
1	1	1	0	1	X	X	X	X	X	X	X	X	X	X	X	X	X	E800H～EFFFH	6116(1)
1	1	0	1	1	X	X	X	X	X	X	X	X	X	X	X	X	X	D800H～DFFFH	6116(2)
1	0	1	1	1	1	1	1	1	1	1	1	1	1	1	1	X	X	BFFCH～BFFFH	8255

8255 的 A 口、B 口、C 口的地址分别为 BFFCH、BFFDH、BFFEH，控制口地址为 BFFFH。

例 7-2 将 8255 A 口输入的数据从 B 口输出，C 口不用，均采用方式 0，编写程序段。

```
MOV DPTR,#0BFFFH        ;DPTR指向控制口
MOV A,#10010000B        ;设定A口为方式0输入,B口为方式0输出
MOVX @DPTR,A            ;写入控制口
MOV DPTR,#0BFFCH        ;DPTR指向A口
MOVX A,@DPTR            ;从A口输入数据,并送到A累加器
INC DPTR                ;DPTR指向B口
MOVX @DPTR,A            ;A累加器的内容从B口输出
SJMP $
```

2. 扩展多功能接口芯片 8155

在完成系统功能前提下，单片机系统采用尽量少的芯片是大有好处的，因为系统中每一个芯片都会影响系统的速度、功能和可靠性，并有噪声干扰，从而影响整机性能。8155 片内具有 256 字节的静态 RAM、两个 8 位和 1 个 6 位的可编程并行 I/O 接口、1 个 14 位的有多种工作方式的减法计数器，以及 1 个地址锁存器。8XX51 单片机外接一片 8155 后，就综合地扩展了数据 RAM、I/O 接口和定时/计数器。

(1) 8155 的内部结构图及芯片引脚配置

8155 的内部结构图及芯片引脚配置如图 7.4(a)所示。

图中 AD_0～AD_7 为三态地址/数据线，可以用来与 8XX51 单片机的总线直接相连。由于 8155 片内有地址锁存器，由总线送来的地址信号在地址锁存允许信号 ALE 下跳沿予以锁存。$IO/\overline{M}$ 为端口/存储器选择信号，当 $IO/\overline{M}$为低电平时，选中片内 RAM；$\overline{RD}$和$\overline{WR}$用来读写片内 RAM 和实现数据由 I/O 端口输入/输出的操作信号；TIMER IN 为片内定时/计数器的输入时钟信号；TIMER OUT 为计数器计满回零后的输出信号；RESET 为复位信号，高电平有效，复位后各端口处于基本输入状态。

8155 的地址分配如图 7.4(b)所示。当 $IO/\overline{M}=1$ 时，片内端口及定时/计数器的地址由 AD_2～AD_0 编码决定。当 $IO/\overline{M}=0$ 时，选中片内 RAM 00H～FFH 256 个单元。

8155 的 PA 口和 PB 口为 8 位并行 I/O 口，PC 口为 6 位的 I/O 口，通过编程，选择输

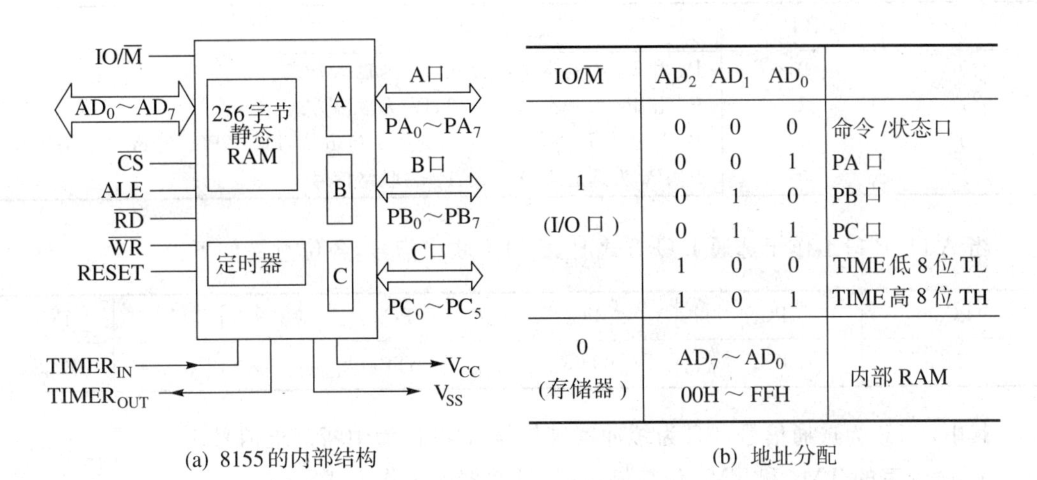

(a) 8155的内部结构

IO/$\overline{M}$	AD_2 AD_1 AD_0	
1 (I/O 口)	0　0　0	命令/状态口
	0　0　1	PA 口
	0　1　0	PB 口
	0　1　1	PC 口
	1　0　0	TIME 低 8 位 TL
	1　0　1	TIME 高 8 位 TH
0 (存储器)	AD_7～AD_0 00H～FFH	内部 RAM

(b) 地址分配

图 7.4　8155 的内部结构和地址分配

入、输出的工作方式。其中 PA 和 PB 口可工作于基本 I/O 方式和选通 I/O 方式，PC 口只能工作在基本 I/O 方式，当 PA 口或 PB 口工作在选通 I/O 方式时，PC 口的部分或全部口线将用作 PA 口或 PB 口的联络信号。

(2) 8XX51 单片机和 8155 的连接

8XX51 单片机和 8155 的连接如图 7.5 所示，各地址分配如下。

命令/状态口：7FF0H

并行口地址：PA 口，7FF1H

　　　　　　PB 口，7FF2H

　　　　　　PC 口，7FF3H

定时/计数器地址：TL，7FF4H

　　　　　　　　　TH，7FF5H

RAM 地址：3F00H～3FFFH

P_0　——　AD_0～AD_7
ALE　——　ALE
$P_{2.6}$　——　IO/$\overline{M}$
$P_{2.7}$　——　$\overline{CS}$
$\overline{RD}$　——　$\overline{RD}$
$\overline{WR}$　——　$\overline{WR}$
RESET　——　RESET
8XX51　　8155　PA　PB　PC

图 7.5　8XX51 单片机和 8155 的连接

(3) 8155 的命令控制字

8155 的命令控制字包含对定时/计数器、并行口和中断控制，其格式如下：

D_7	D_6	D_5	D_4	D_3	D_2	D_1	D_0
TM_2	TM_1	IE_B	IE_A	PⅡ	PⅠ	P_B	P_A
TIMER 工作方式		B 口中断 允/禁	A 口中断 允/禁	I/O 端口 工作方式		B 口 I/O	A 口 I/O

- P_A 和 P_B 分别用来选择 A 口和 B 口是输入还是输出：

  置 1，选择输出方式；置 0，选择输入方式。

- IE_A 和 IE_B 分别用来选择 A 口和 B 口是允许中断还是禁止中断：

  置 1，选择允许中断；置 0，禁止中断。

- PⅡ和 PⅠ用来选择并行口的工作方式：

PⅡ	PⅠ	
0	0	P_A 和 P_B 为基本 I/O 方式，P_C 为输入方式
1	1	P_A 和 P_B 为基本 I/O 方式，P_C 为输出方式
0	1	P_B 为基本 I/O 方式，P_A 为选通 I/O 方式，PC_2～PC_0 为 A 口联络信号
1	0	P_A、P_B 为选通 I/O 方式，P_C 为联络信号

当 A 口、B 口工作于选通 I/O 方式时，C 口为联络信号，各位意义如下：

PC_5	PC_4	PC_3	PC_2	PC_1	PC_0
STB_B	BF_B	$INTR_B$	STB_A	BF_A	$INTR_A$

其中，STB 为选通信号，BF 为缓冲器满信号，INTR 为中断请求信号。

- 命令字的 TM_2 和 TM_1 位控制定时/计数器的工作方式：

TM_2	TM_1	
0	0	不影响计数器工作
0	1	停止计数器工作
1	0	计数器回零，停止工作
1	1	启动计数器工作

(4) 8155 的状态字

8155 的状态字用于查询或检测中断状态，如下所示：

X	$TIME_B$	$INTE_B$	BF_B	$INTR_B$	$INTE_A$	BF_A	$INTR_A$
不用	计数满/未满	PB 中断允许/禁止	PB 缓冲器满/空	PB 中断有/无	PA 中断允许/禁止	PA 缓冲器满/空	PA 中断有/无

8155 的计数器是 1 个 14 位减法计数器，计数初值的低 8 位写入 TL，计数初值的高 6 位写入 TH 的低 6 位。TH 的高两位为 M_2M_1，决定计数器回零的输出方式，如下所示。

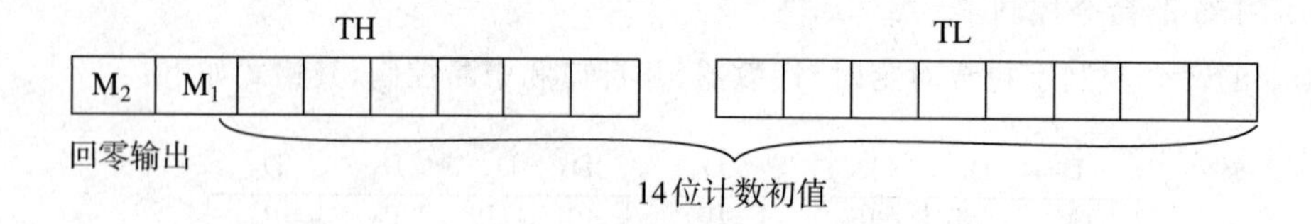

方式：

M_2	M_1	
0	0	电平输出，计数期间输出低电平，回零输出高电平
0	1	方波输出，计数长度的前半部分输出高电平，后半部分输出低电平
1	0	单脉冲输出，回零后输出单脉冲
1	1	连续单脉冲输出，计满回零，自动重装初值，重复输出单脉冲

当用于计数时，计数初值等于欲计脉冲个数，所计脉冲个数最多不得超过 2^{14}（16 384 个）。

当用于定时时，计数初值=(定时时间)÷(TIME IN 引脚输入脉冲周期)。

有了前面所学的知识，不难编出其应用程序。

例 7-3 用 8155 作为 6 位共阴极 LED 显示器接口，PB 口经驱动器 7407 接 LED 的段选，PA_0～PA_5 经反相驱动器 7406 接位选，按从左向右顺序，动态显示"123456"6 个字符。

分析：8155 A 口输出数码管位选码，B 口输出数码管字形码，均采用基本方式，命令字为 03。8155 和 8XX51 单片机的接口如图 7.6 所示，以 $P_{2.7}$ 接片选，以 $P_{2.6}$ 接 8155 $\overline{IO/M}$端。当 $P_{2.7}P_{2.6}$ 为 01，选中 8155 并行口，各口地址如下。

A 口：7FF1H，B 口；7FF2H，C 口；7FF3H，命令/状态口；7FF0H。

程序如下：

```
        ORG 0000H
        MOV DPTR,#7FF0H        ;指向控制口
        MOV A,#03H             ; A 口和 B 口均采用基本输出方式
        MOVX @DPTR,A           ; 写控制字
        MOV DPTR,#7FF1H
        MOV A,#0
        MOVX @DPTR,A           ;清显示
AGAIN:  MOV R0,#0              ;R0 存放字形表偏移量
        MOV R1,#01             ;R1 置数码表位选代码
 NEXT:  MOV DPTR,#7FF1H        ;指向 A 口
        MOV A,R1
        MOVX @DPTR,A           ;从 A 口输出位选码
        MOV A,R0
        MOV DPTR,#TAB          ;置字形表头地址
        MOVC A,@A+ DPTR        ;查字形码表
        MOV DPTR,#7FF2H        ;指向 B 口
        MOVX @DPTR,A           ;从 B 口输出字形码
        ACALL DAY              ;延时
        INC R0                 ;指向下一位字形
        MOV A,R1
        RL A                   ;指向下一位
        MOV R1,A
        CJNE R1,#40H,NEXT      ;6 个数码管显示完了吗？
        SJMP AGAIN
  DAY:  MOV R6,#50             ;延时子程序
  DL2:  MOV R7,#7DH
  DL1:  NOP
        NOP
        DJNZ R7,DL1
        DJNZ R6,DL2
        RET
TAB1:   DB 06H,5BH,4FH,66H,6DH,7DH     ;1～6 的字形码
        END
```

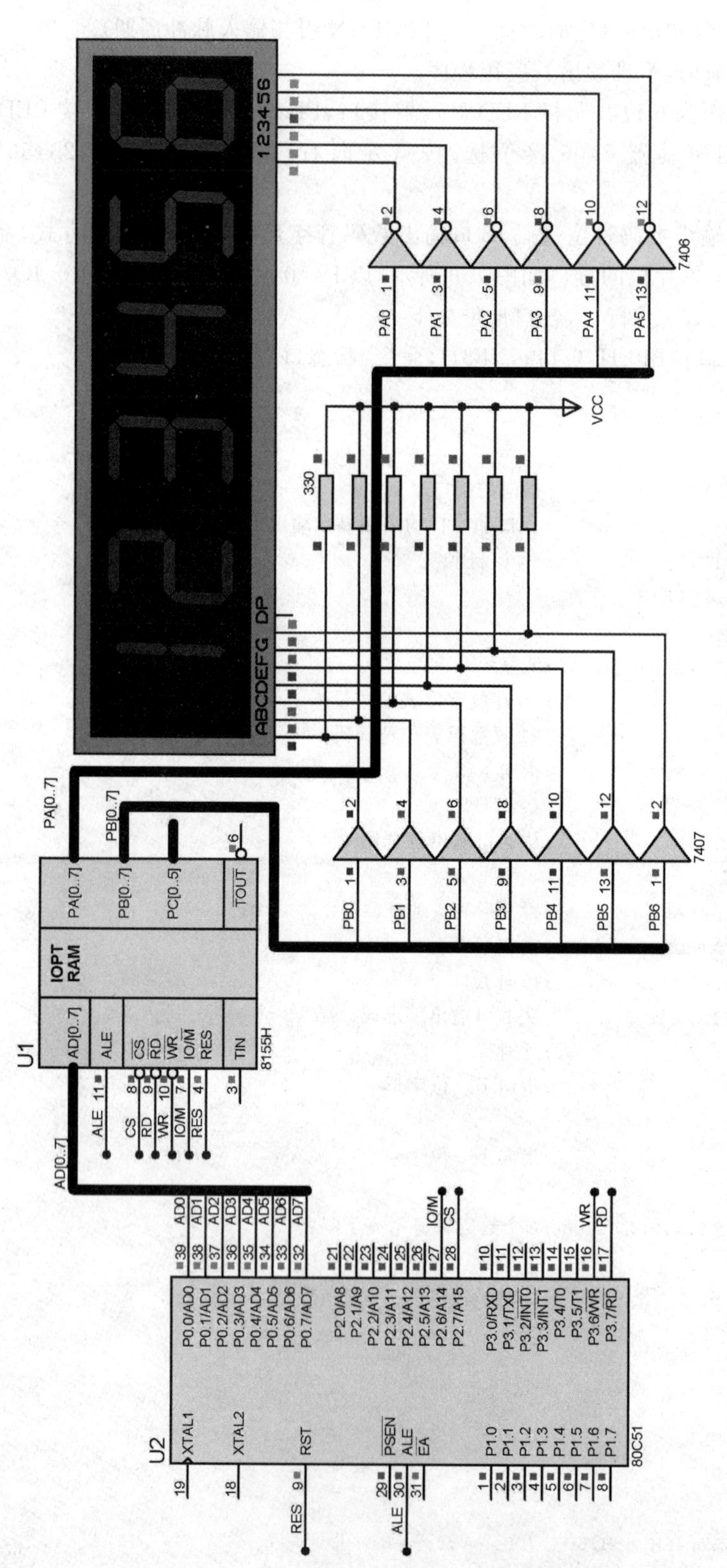

图 7.6 用 8155 扩展 LED 显示器 Proteus 仿真接口电路图(出自 Proteus 软件)

*7.2 中断扩展

标准的 8XX51 单片机只有两个外部中断输入端。而当系统的外部中断源大于或等于 3 个时,则考虑通过中断扩展获得更多的外部中断端口。中断扩展的基本思想就是,通过系统的标准外部中断端口(一级中断)的复用来扩展若干个二级中断。当有扩展的中断请求输入时,系统响应后首先进入复用的一级中断服务程序,在中断服务程序的开始处,读入二级中断向量,依据不同的中断向量来区别不同的中断请求源,然后执行对应的中断服务程序代码。常见的中断扩展有编码器和线与两种方式。前者适合中断源较多的情况,后者电路简单,但只适合中断源扩展较少的情况。编码器方式的扩展电路如图 7.7 所示。

在图 7.7 中,使用一片优先编码器 74LS148,扩展了 8 个中断源。编码器产生 8-3 线的中断向量码的同时,通过 GS 产生复用的中断请求信号,输入至单片机的外部中断输入口$\overline{INT_0}$或$\overline{INT_1}$。中断向量码由 P_1 口或中断向量数据端口(需另加三态数据缓冲器)在进入中断后读入。74LS148 优先编码器的优先级别从 IN_7 到 IN_0 依次变低,向量码分别为 111,110,…,000。

一般扩展中断不需要 8 路,只需要 4 路左右。此时可以用线与方式扩展完成,其电路如图 7.8 所示。

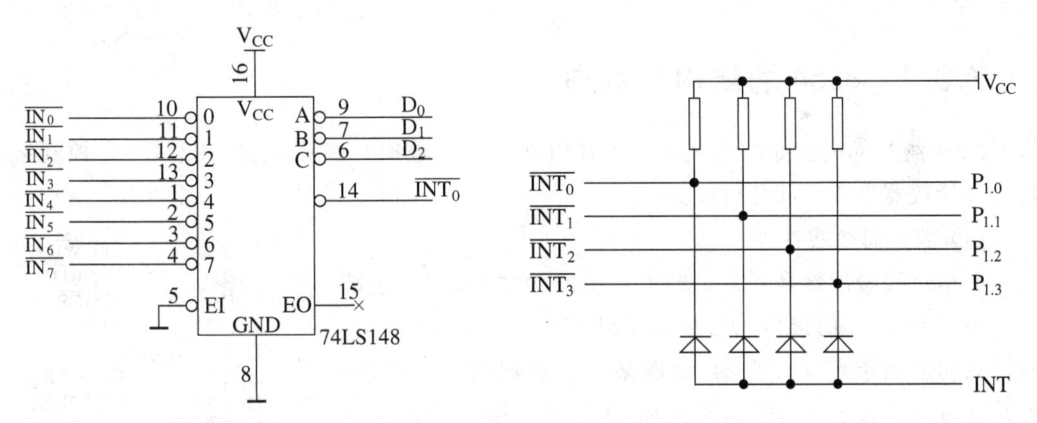

图 7.7 编码器方式的中断扩展电路

图 7.8 线与方式的中断扩展电路

在图 7.8 中,直接使用二极管的线与操作来实现中断输入的判别。当$\overline{INT_0}$~$\overline{INT_3}$的某个扩展中断源有中断请求时,因二极管的线与功能,使得 INT 为低电平,从而引起系统中断。进入中断后,通过查询 $P_{1.0}$~$P_{1.3}$,便可知道应该执行哪一部分中断服务程序。假设 INT 接至 51 单片机的$\overline{INT_1}$脚,对应的中断服务程序的框架结构为:

```
ORG 0013H
JMP INTSERV
⋮
```

```
INTSERV:…                                    ;现场保护
        JNB P1.0,INT0SERV                    ;是中断INT0请求,则执行INT0对应的中断服务程序
        JNB P1.1,INT1SERV                    ;是中断INT1请求,则执行INT1对应的中断服务程序
        JNB P1.2,INT2SERV                    ;是中断INT2请求,则执行INT2对应的中断服务程序
        JNB P1.3,INT3SERV                    ;是中断INT3请求,则执行INT3对应的中断服务程序
        INT0SERV: …                          ;INT0的中断服务程序
              JMP RETU
       INT1SER V: …                          ;INT1的中断服务程序
              JMP RETU
       INT2SER V: …                          ;INT2的中断服务程序
              JMP RETU
       INT3SERV: …                           ;INT3的中断服务程序
       RETU: …                               ;恢复现场
            RETI
```

*7.3 定时器的扩展

8254 是 8253 的改进型，具有 3 个独立的功能完全相同的 16 位计数器，每个计数器都有 6 种工作方式，这 6 种工作方式可以由控制字设定，因而能以 6 种不同的工作方式满足不同的接口要求。CPU 还可以随时更改它们的方式和计数值，并读取它们的计数状态。

7.3.1 8254 的结构和引脚

8254 的外部引脚如图 7.9 所示。其内部主要由数据总线缓冲器、读写逻辑、控制字寄存器和计数器等 4 个部分构成。

(1) 数据总线缓冲器

数据总线缓冲器是三态、双向、8 位的缓冲器，用于系统数据总线和 8254 的接口。写控制字到 8254 的控制寄存器、写计数初值到指定的计数器、读取某个计数器的当前值等，均是通过缓冲区输入/输出，实现和 CPU 的互传。

(2) 读/写控制逻辑

是指接收系统总线的 5 个输入信号，用于控制操作。其中：

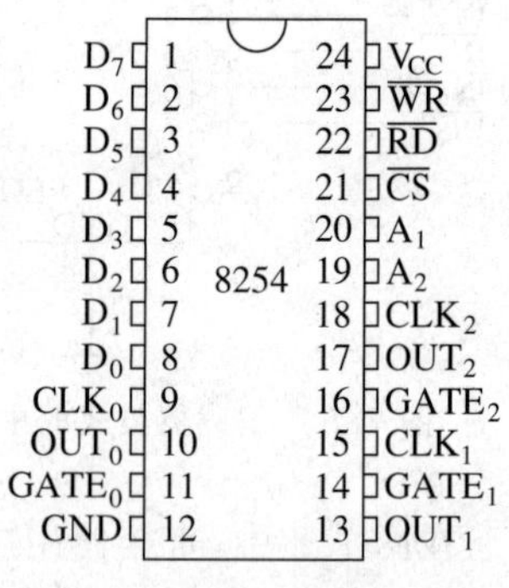

图 7.9 8254 的外部引脚

- $\overline{RD}$、$\overline{WR}$，读、写控制信号，控制 8254 读、写操作。
- $\overline{CS}$，片选信号，低电平有效，芯片使能。
- A_1、A_0，计数器通道选择。A_1A_0 的取值为 00、01 和 10 时，分别选择计数器 0、计数器 1 和计数器 2；当 A_1A_0=11 时，选择控制寄存器。

$\overline{CS}$、$\overline{RD}$、$\overline{WR}$、A_1、A_0 组合起来所完成的选择和操作功能，如表 7.3 所示。

表 7.3 8254 内部寄存器读/写操作表

$\overline{CS}$	$\overline{RD}$	$\overline{WR}$	A_1	A_0	操 作
0	1	0	0	0	写计数器 0
0	1	0	0	1	写计数器 1
0	1	0	1	0	写计数器 2
0	1	0	1	1	写控制寄存器
0	0	1	0	0	读计数器 0
0	0	1	0	1	读计数器 1
0	0	1	1	0	读计数器 2
0	0	1	1	1	读状态寄存器
1	*	*	*	*	禁止使用

(3) 计数器

计数器 0、计数器 1 和计数器 2 有着相同的结构,如图 7.10 所示。

写入计数器的初始值保存在计数初值寄存器中,由 CLK 脉冲的一个上升沿或一个下降沿将其装入减 1 计数器。减 1 计数器在 CLK 脉冲(GATE 允许)作用下进行递减计数,直至计数值为 0,输出 OUT 信号。输出寄存器的值跟随减 1 计数器变化,仅当写入锁存控制字时,它锁存减 1 计数器的当前计数值(减 1 计数器可继续计数),CPU 读取后,它自动解除锁存状态,又跟随减 1 计数器变化。所以在计数过程中,CPU 随时可以用指令读取任一计数器的当前计数值,这一操作对计数没有影响。每个计数器对输入的 CLK 脉冲可按二进制减计数,也可按十进制减计数。

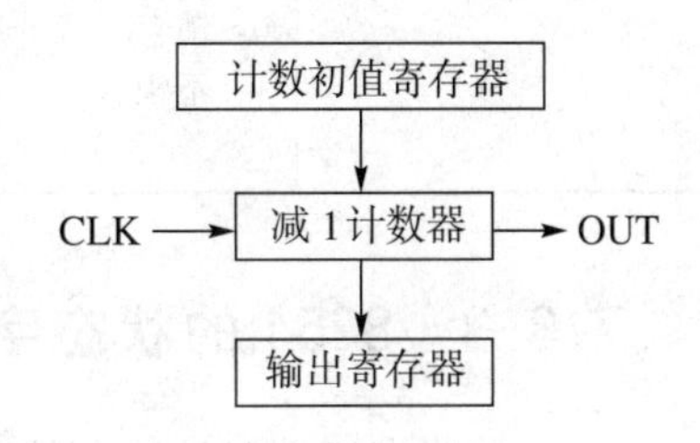

图 7.10 计数器的结构

8254 可作为计数器,也可作为定时器。若输入的 CLK 是频率精确的时钟脉冲,计数器可作为定时器,定时时间=计数初值×T_{CLK}。

在计数过程中,计数器受门控信号 GATE 的控制。计数器的输入 CLK 与输出 OUT 以及门控信号 GATE 之间的关系,取决于计数器的工作方式。

(4) 控制寄存器或状态寄存器

当 A_1A_0=11 时,选择控制寄存器或状态寄存器。控制寄存器存放计数器的工作方式控制字和对输出寄存器发的锁存命令;状态寄存器存放 8254 当前的工作状态,3 个控制字共用 1 个口地址,通过标识位区别是什么控制字和写入哪个计数器。

7.3.2 8254 的工作方式控制字和读回命令字

8254 的控制字有两个:工作方式控制字和读回命令字。两个控制字共用一个地址,由标识位来区分,通过指令完成控制字的写入。工作方式控制字格式如表 7.4 所示。

当欲读出计数器当前计数值或计数器状态时,应先发读命令字至控制寄存器,使计数器的当前计数值或计数器状态锁存在输出寄存器中,再从工作的计数器读计数值。

读回命令字格式如表 7.5 所示。

表 7.4　8254 的工作方式控制字格式

D_7	D_6	D_5	D_4	D_3	D_2	D_1	D_0
SC_1	SC_0	RW_1	RW_0	M_2	M_1	M_0	BCD
计数器选择 00：0 号计数器 01：1 号计数器 10：2 号计数器		读写格式选择 00：锁存当前计数值 01：只读/写低 8 位计数初值 10：只读/写高 8 位计数初值 11：先读/写低 8 位，后读/写高 8 位		工作方式选择 000：方式 0；001：方式 1； X10：方式 2；X11：方式 3； 100：方式 4；101：方式 5			计数进制选择 0：二进制数 1：BCD 数

表 7.5　8254 的读回命令字格式

D_7	D_6	D_5	D_4	D_3	D_2	D_1	D_0
1	1	$\overline{\text{COUNT}}$	$\overline{\text{STATUS}}$	CNT_2	CNT_1	CNT_0	0
读出控制字特征位		当前计数值 0：锁存 1：不锁存	当前计数器状态 0：锁存 1：不锁存	计数器选择 $CNT_0=1$，计数器 0 $CNT_1=1$，计数器 1 $CNT_2=1$，计数器 2			特征位固定为 0

7.3.3　8254 的状态字

8254 的状态字端口地址和控制字端口地址相同，不过状态字使用读指令。状态字格式如表 7.6 所示。

表 7.6　8254 的状态字格式

D_7	D_6	D_5	D_4	D_3	D_2	D_1	D_0
OUT	NULLCOUNT	RW_1	RW_0	M_2	M_1	M_0	BCD
OUT 引脚现行状态 0：低电平 1：高电平	1：计数值无效 0：计数值有效	编程设定的计数器方式					

8254 的 3 个计数器均有 6 种工作方式，其主要区别在于输出波形不同、启动计数器的触发方式不同和计数过程中门控信号 GATE 对计数操作的影响不同。为方便使用，对 8254 的 6 种工作方式进行了比较，如表 7.7 所示。

7.3.4　8254 的应用举例

1. 8254 的初始化编程

(1) 根据要求确定工作方式，将控制字填写进控制寄存器。

(2) 确定计数初值。

计数方式：计数初值＝要计的脉冲个数。

定时方式：计数初值$=T/T_{CLK}=f_{CLK}/f$，其中 T 为定时时间（频率 $f=1/T$）。

表 7.7 8254 的工作方式比较

工作方式		方式 0	方式 1	方式 2	方式 3	方式 4	方式 5
方式名称		计数结束中断方式	硬件触发单拍脉冲方式	频率发生器方式	方波发生器方式	软件触发选通方式	硬件触发选通方式
写入控制字后OUT输出状态		OUT 变为 0,计数结束变为 1,直至重写控制字或计数初值	OUT 变为 1,GATE 上升沿触发,变为 0 后开始计数,计数结束变为 1	OUT 变为 1,计数到 1 时变为 0,维持一个 T_{CLK} 后变为 1	OUT 变为 0,装入计数初值且 GATE＝1 时变为 1,计数结束变 0,重装计数初值并继续计数,计数结束则反向	OUT 变为 1,计数结束变为 0,维持一个 T_{CLK} 后变为 1	OUT 变为 1,GATE 上升沿触发开始计数,计数结束输出一个宽度为 T_{CLK} 的负脉冲
初值自动重装		无	无	计数到 0 时重装	根据计数初值的奇偶分别重装	无	无
计数过程中计数初值的改变		立即有效	GATE 触发后有效	计数到 1 或 GATE 触发后有效	计数结束或 GATE 触发后有效	立即有效	GATE 触发后有效
GATE信号的作用	0	禁止计数	无影响	禁止计数	禁止计数	禁止计数	无影响
	下降沿	暂停计数	无影响	停止计数	停止计数	停止计数	无影响
	上升沿	继续计数	从初值开始重新计数	从初值开始重新计数	从初值开始重新计数	从初值开始重新计数	从初值开始重新计数
	1	允许计数	无影响	允许计数	允许计数	允许计数	无影响

(3) 计数初值按工作方式控制字中 RW_1、RW_0、BCD 位的要求写进所使用的计数器通道。

2. 8254 的工作编程

8254 的工作编程主要完成计数初值的改变和当前计数值及状态的读取两个任务。改变计数初值的操作比较简单,写入相应的计数器端口即可。而读当前计数值和当前状态相对复杂,通常有 3 种方法,简介如下。

(1) 直接读计数器。由于计数器在实时变化,读出的值不稳定。若要稳定,可停止计数,但这会影响计数器的工作。

(2) 用方式控制字锁存住指定计数器的当前值,然后再读。这既不影响计数,读出值又稳定。

(3) 用读回命令字进行操作,又可分为 3 种情况:

- 如果仅锁存状态信息,则对相应的计数器端口进行一次读操作就可读回。
- 如果仅锁存当前计数值,同时若计数初值为 16 位,则要依次读回当前计数值的低 8 位和高 8 位。
- 如果同时锁存状态信息和当前计数值,则先读回状态信息,后读回当前计数值。

16 位计数初值的情况同前。

例 7-4 读 8254 的计数器 0 的当前计数值，并存入 R_7 和 R_6 寄存器中。

```
MOV DPTR,#8003H
MOV A,#1101000B             ;读计数器 0 的读回控制字,送至控制口
MOVX @DPTR,A
MOVX DPTR,#8000H            ;指向计数器 0
MOVX A,@DPTR                ;读低 8 位
MOV R6,A
MOVX A,@DPTR                ;读高 8 位
MOV R7,A
```

例 7-5 用 8254 的计数器 0 设计一个 4kHz 的方波发生器，8254 的接口电路如图 7.11 所示。设 8254 的端口地址为 8000H～8003H，f_{CLK0} = 8MHz。

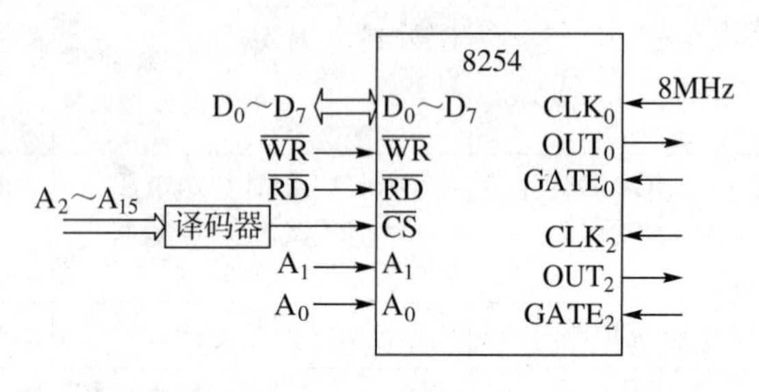

图 7.11　8254 接口电路

分析：根据 8254 的工作方式，计数器 0 应工作在方式 3，使用 BCD 计数，控制字为 37H。

计数初值为 f_{CLK0}/f_{OUT0} = 2000，程序如下：

```
MOV DPTR,#8003H
MOV A,#37H                  ;写入计数器 0 控制字
MOVX @DPTR,A
MOVX DPTR,#8000H            ;指向计数器 0 通道
CLR A
MOVX @DPTR,A                ;送计数初值,先送低 8 位
MOV A,#20H                  ;送计数初值高 8 位
MOVX @DPTR,A
```

7.4 小结

本章主要介绍了单片机应用系统的设计中 I/O 接口和中断源的扩展。

(1) I/O 接口扩展有两类：通用型和可编程型。在硬件连接中，无论哪种芯片，都要将单片机的 $\overline{WR}$(写)或 $\overline{RD}$(读)连接上，以此作为输出或输入的选通控制。对于通用型输入接口，应使用 $\overline{RD}$；而对于通用型输出接口，应使用 $\overline{WR}$。对于可编程型，芯片上本身有 $\overline{WR}$ 和 $\overline{RD}$ 信号，使其和单片机的 $\overline{WR}$ 和 $\overline{RD}$ 对应连接就可以了。

(2) 地址译码的方法和存储器地址译码方法相同，可以是线选法、部分译码或全译码，也可将片选端接地，视外接芯片的多少决定，原则是外接 I/O 接口和外接 RAM 不能有相同的地址；外接 I/O 接口之间不能有相同的地址。

(3) 在软件设计中，外围 I/O 接口使用 MOVX 指令完成输入或输出，使用可编程型 I/O 接口芯片时要先写控制字，且要注意控制字应写入控制口，数据的输入/输出使用数据口。

在掌握了单片机的总线结构和连接方法，查阅了各种芯片的功能、结构和引脚、控制字格式后，各种芯片和单片机的连接是轻而易举的，也就具备了嵌入式系统的基本设计能力。

思考题与习题

1. 在 8XX51 单片机上接 1 片 74LS244 和 1 片 74LS273，使 74LS244 的地址为 EFFFH，74LS273 的地址为 7FFFH，并编程，从 74LS244 输入，74LS273 输出。

2. 在上题基础上，74LS244 接一个按键开关，74LS273 接一个数码管 LED，编写程序，使数码管显示按键次数。

3. 设置 8255 地址为 CFF8H～CFFBH，使用部分译码法设计电路，并设置 A 口为方式 1 输出，B 口为方式 0 输入，C 口不用，编写初始化程序。

4. 在 8XX51 单片机上扩展 1 片 8255，使 A 口可接 8 个发光二极管，B 口接 8 个开关，使用方式 0，使 8 个开关的开关状态显示在 8 个发光二极管上。

5. 在 8XX51 单片机上扩展 1 片 8255，使用 A 口和 C 口设计 4 位数码管动态显示电路，显示 GOOD 字符(G 为小写)。

6. 在 8XX51 单片机上扩展 1 片 EPROM 27128、1 片 RAM 6264 和 1 片 8255，采用线选方式，写出各自的地址范围。

7. 写出图 7.12 中的 I/O 口、RAM、计数器和控制口地址。

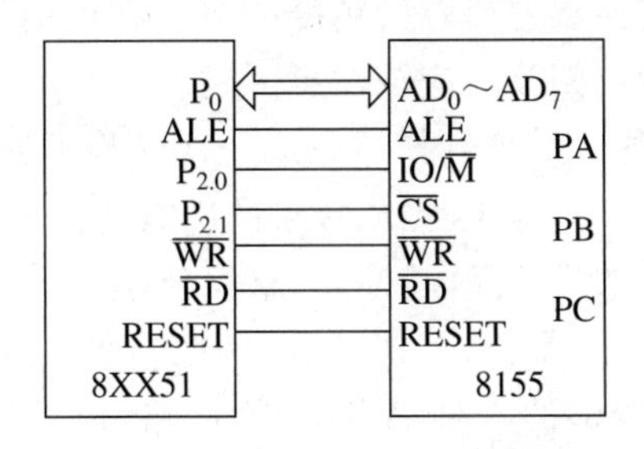

图 7.12 习题 7 的电路图

8. 用 8254 的计数器 1 设计一个 1kHz 的方波发生器，CLK 的频率为 1MHZ。

第8章 单片机典型外围接口技术

8.1 A/D、D/A 接口技术

8.1.1 A/D 接口技术

1. A/D 概述

A/D 转换器是一种用来将连续的模拟信号转换成二进制数的器件。一个完整的 A/D 转换器通常包括这样的一些输入、输出信号：模拟输入信号和参考电压、数字输出信号、启动转换信号、转换结束信号、数据输出允许信号等。高速 A/D 转换器一般还应有采样保持电路，以减少孔径误差（在 A/D 转换的孔径时间内，因输入模拟量的变动所引起输出的不确定性误差）。A/D 转换器的主要技术指标有：

(1) 分辨率。改变一个相邻数码所需输入的模拟电压的变化量，通常用位数表示，对 n 位的 A/D 转换器，分辨率为满刻度电压的 $1/2^n$。

(2) 转换误差。指一个实际的 A/D 转换器量化值与一个理想的 A/D 转换器量化值之间的最大偏差，通常以最低有效位的倍数给出。转换误差和分辨率共同描述 A/D 转换器的转换精度。值得一提的是，转换误差或转换精度的概念在国内外不同的参考文献上的含义或形式可能会有所不同，读者在阅读时应该注意区别。

(3) 转换时间与转换速率。A/D 转换器完成一次转换所需要的时间为 A/D 的转换时间。转换时间的倒数为转换速率，即 1s 完成转换的次数。

常见的 A/D 转换器有计数式 A/D 转换器、双积分式 A/D 转换器、逐次逼近式 A/D 转换器、并行直接比较式 A/D 转换器、V/F 式 A/D 转换器等。逐次逼近式 A/D 转换器速度较快，外围元件较少，是使用较多的一种 A/D 转换电路，但其抗干扰能力较差。双积分式 A/D 转换器具有抗干扰能力强、转换精度高的优点，但速度较慢。V/F 式 A/D 转换器有着与双积分式 A/D 转换器类似的特点，在一些非快速的检测通道中，越来越多地使用 V/F 转换来取代通常的 A/D 转换。

正确选用一个适当的 A/D 转换器，应当注意以下几个问题：

(1) 选择恰当的位数和转换速率。分辨率和转换速率的选择应比实际的要求略高一点，稍留一点余地。

(2) 确定是否需加采样/保持电路。采样/保持电路主要用来减少孔径误差。由孔径误差、转换速率、信号最高频率来共同决定是否需加采样/保持电路。一般来说，对于分辨率越高、转换速率越低的 A/D 转换器，当信号频率越高时越有可能需要加采样/保持电路。通常有不少 A/D 转换器内部已经含有采样/保持电路，这种情况则外部不需再考虑加采样/保持电路。

(3) 注意 A/D 转换器的工作电压和基准电压以及模拟输入电压的极性、量程等。

2. ADC0809 的扩展接口

ADC0809 是逐次逼近式 8 位 A/D 转换器，片内有 8 路模拟开关，可对 8 路模拟电压量实现分时转换，典型转换时间为 100μs。片内带有三态输出缓冲器，可直接与单片机的数据总线相连接。

ADC0809 的内部逻辑结构和引脚如图 8.1 所示。从图 8.1 中可见，ADC0809 由 8 位模拟开关、SAR 8 位逐次逼近式 A/D 转换器、地址锁存器、控制与时序电路及输出锁存器组成。

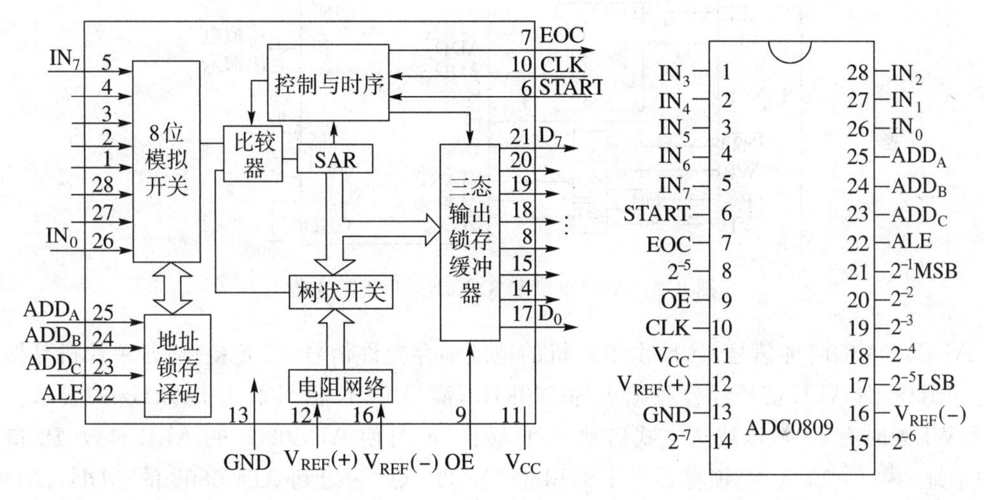

图 8.1 ADC0809 的结构图和引脚

各引脚的功能如下：

- IN_0～IN_7——8 路模拟通道输入信号，通过模拟开关实现 8 路模拟输入信号分时选通。
- ADD_C、ADD_B 和 ADD_A 模拟通道选择——编码为 000～111，分别选中IN_0～IN_7。
- ALE——地址锁存信号，其上升沿锁存 ADD_C、ADD_B、ADD_A 的信号，译码后控制模拟开关，接通 8 路模拟输入中相应的一路。
- CLK 输入时钟——为 A/D 转换器提供转换的时钟信号，典型工作频率为 640kHz。
- START——A/D 转换启动信号，正脉冲启动 ADD_C～ADD_A，选中的一路模拟信号开始转换。
- OE——输出允许信号，为高电平时打开三态输出缓冲器，使转换后的数字量从D_0～D_7 脚输出。
- EOC——转换结束信号，启动转换后，EOC 变为低电平，转换完成后变为高电平，根据读入转换结果的方式，此信号可用 3 种方式和单片机相连。

(1) 延时方式：EOC 悬空，启动转换并延时 100μs 后读入转换结果。

(2) 查询方式：EOC 接单片机端口线，查得 EOC 变高，读入转换结果，作为查询信号。

(3) 中断方式：EOC 经非门接单片机的中断请求端，将转换结束信号作为中断请求信号向单片机提出中断申请，在中断服务中读入转换结果。

- V_{REF}(＋)和 V_{REF}(－)——基准电压输入，用于决定输入模拟电压的范围。V_{REF}(＋)和 V_{REF}(－)是差动的或不共地的电压信号，在多数情况下，V_{REF}(＋)接＋5V，V_{REF}(－)接 GND，此时输入量程为 0～5V。当转换精度要求不高或电源电压 V_{CC} 较稳定和准确时，V_{REF}(＋)可以接 V_{CC}，否则应单独提供基准电源。

ADC0809 与 8XX51 单片机的接口电路如图 8.2 所示。

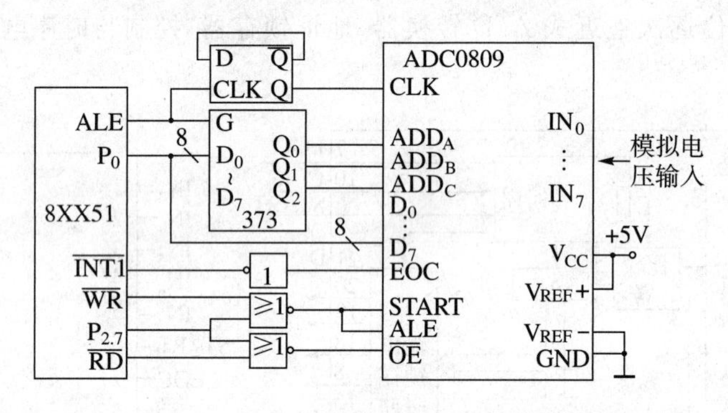

图 8.2　ADC0809 和 8XX51 单片机的连接

ADC0809 的时钟信号 CLK 由单片机的地址锁存允许信号 ALE 提供，若单片机晶振频率为 6MHz，则 ALE 信号经分频输出为 500kHz，满足 CLK 信号低于 640kHz 的要求。当 $P_{2.7}$ 和 $\overline{WR}$ 同时有效时，以线选方式启动 A/D 转换，同时使 ADC0809 的 ALE 有效，P_0 口输出的地址 A_2、A_1 和 A_0 经锁存器 74LS373 的 Q_2、Q_1、Q_0 输出到 ADC0809 的 ADD_C、ADD_B 和 ADD_A，以选定转换通道，IN_0～IN_7 地址为 7FF8H～7FFFH。当 $P_{2.7}$ 和 $\overline{RD}$ 信号同时有效时，$\overline{OE}$ 有效，输出缓冲器打开，单片机接收转换数据。

对图 8.2 所示的接口电路，采用中断方式巡回采样从 IN_0～IN_7 输入的 8 路模拟电压信号，检测数据依次存放在 60H 开始的内存单元中，程序如下。

主程序：

```
        ORG 0000H
        LJMP MAIN
        ORG 0013H                    ;INTV中断入口地址
        LJMP INTV
        ORG 0100H
MAIN:   MOV R0,#60H                  ;置数据存储区首址
        MOV R2,#08H                  ;置 8 路数据采集初值
        SETB IT1                     ;设置边沿触发中断
        SETB EA
        SETB EX1                     ;开放外部中断 1
        MOV DPTR,#7FF8H              ;指向 ADC0809 通道 0
```

```
RD:     MOVX@DPTR,A           ;启动 A/D 转换(该指令使RD和 P2.7 变低,产生 START 需要
                              的上升沿)
HE:     MOV A,R2              ;8 路巡回检测数送至 A
        JNZ HE                ;等待中断,8 路未完,继续
```

中断服务程序：

```
INTV:  MOVX A,@DPTR           ;读取 A/D 转换结果(该指令使RD和 P2.7 变低,产生OE有效
                              信号)
       MOV @R0,A              ;向指定单元存数
       INC DPTR               ;输入通道数加 1
       INC R0                 ;存储单元地址加 1
       MOVX @DPTR, A          ;启动新通道 A/D 转换
       DEC R2                 ;待检通道数减 1
       RETI                   ;中断返回
```

3. AD574A 的扩展接口

AD574A 是逐位比较式 12 位 A/D 转换器,转换时间小于 25μs,可以方便地与 8 位或 16 位单片机接口,其内部结构图和引脚如图 8.3 所示。

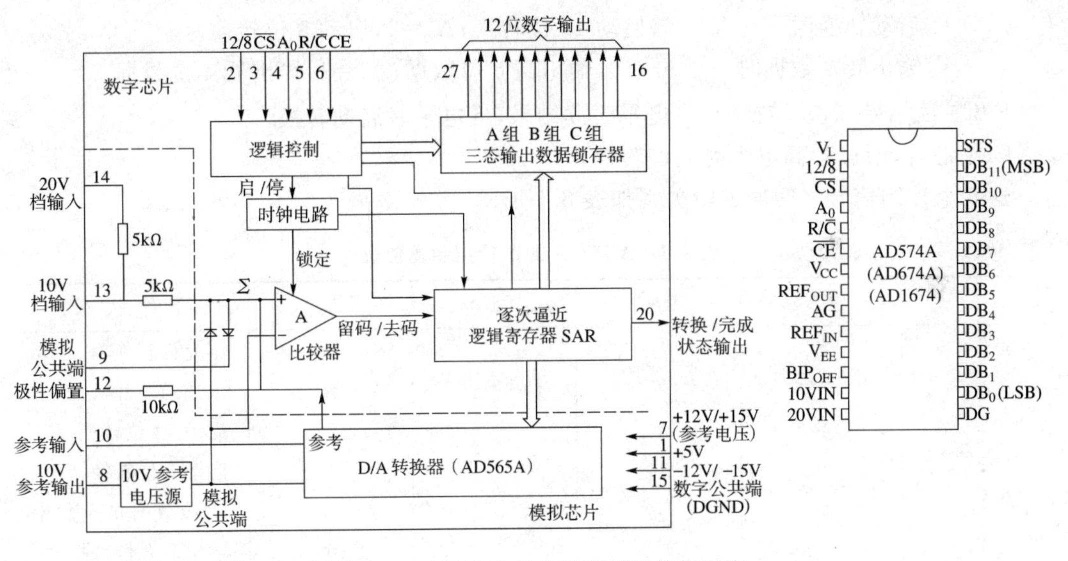

图 8.3　AD574A 的内部结构和外部引脚

(1) 芯片引脚

① 与外围器件接口的引脚

10VIN：0～+10V 的单极性或－5～+5V 的双极性输入线。

20VIN：0～+20V 的单极性或－10～+10V 的双极性输入线。

REF_{OUT}：片内基准电压输出线。

REF_{IN}：片内基准电压输入线。

BIP_{OFF}：极性调节线。

模拟量从 10VIN 或 20VIN 输入，输入极性由 REF_{IN}、REF_{OUT} 和 BIP_{OFF} 的外部电路确定。如图 8.3 所示，不论输入模拟量是单极性还是双极性，均按从小到大的顺序将输入模拟量变换为数字量 000H～FFFH。

对单极性的模拟量，0V 对应 000H，最大电压值对应 FFFH；对双极性的模拟量，负幅值对应 0，0V 对应 800H，正幅值对应 FFFH。

如果把转换结果减去 800H，可以得到与模拟量极性与大小对应的数字量。

0－800H＝800H（负幅值）

800H－800H＝0（零值）

FFFH－800H＝7FFH（正幅值）

② 与单片机接口的引脚

$12/\overline{8}$：12 位转换或 8 位转换线。

$12/\overline{8}=1$，12 位转换结果同时输出到数据线上。

$12/\overline{8}=0$，则根据 A_0 的状态来确定输出是高 8 位或低 4 位有效。

当 $A_0=0$，读出高 8 位数据；当 $A_0=1$，读出低 4 位数据。通常数据线低 4 位连接到数据线高 4 位上。

$\overline{CS}$：片选线，为低电平时选通芯片。

A_0：端口地址线。

- 启动转换时——$A_0=0$，启动 12 位转换；$A_0=1$，启动 8 位转换。
- 输出转换数据时——$A_0=0$，输出高 8 位数据；$A_0=1$，输出低 4 位数据。

$R/\overline{C}$：读结果/启动转换线，高电平时读结果，低电平时启动转换。

$\overline{CE}$：芯片允许线，高电平时允许转换。

这 5 个控制信号之间的逻辑关系如表 8.1 所示。

表 8.1 AD574A 的逻辑控制真值表

$\overline{CE}$	$\overline{CS}$	$R/\overline{C}$	$12/\overline{8}$	A_0	工作状态
0	×	×	×	×	不允许转换
×	1	×	×	×	未选通芯片
1	0	0	×	0	启动 12 位转换
1	0	0	×	1	启动 8 位转换
1	0	1	1	×	12 位数据并行输出
1	0	1	0	0	输出高 8 位数据
1	0	1	0	1	输出低 4 位数据

STS：转换状态指示，转换开始后变为高电平，转换结束后变为低电平。

③ 电源与地线

V_L：＋5V 电源。

V_{CC}：12V/15V 参考电压源。

V_{EE}：－12V/－15V 参考电压源。

DG：数字地。

AG：模拟地。

(2) AD574A 与单片机的接口

AD574A 与 AT89C51 的接口电路如图 8.4 所示,其中$\overline{CS}$接 3/8 译码器的$\overline{Y}_2$端,12/$\overline{8}$接地,AD574A 的 A_0 接地址总线的 A_0,故可知其一组地址为 5FFFH 和 5FFEH。转换结束信号 STS 接到$\overline{INT}_1$上,可用查询方式或中断方式采集数据。以中断方式为例,编程如下。

```
        ORG   0003H
        LJMP INTS0
        ORG   0030H                 ;主程序
        MOV   R0,#30H               ;设定数据缓冲区首地址
        MOV   DPTR,#5FFFH           ;AD574A 的启动地址
        SETB IE.2                   ;外部中断 1 允许
        SETB IE.7                   ;开 CPU 中断
        MOVX @DPTR,A                ;启动 12 位转换
        …
        ORG   0100H
INTS0: MOV   DPTR,#5FFEH           ;准备数据高 8 位地址
        MOVX A,@DPTR                ;读入 A/D 转换值的高 8 位
        MOV   @R0,A                 ;存 A/D 转换值的高 8 位数据
        INC   DPTR                  ;准备数据低 4 位地址
        INC   R0                    ;调整数据缓冲区指针
        MOVX A,@DPTR                ;读入 A/D 转换值的低 4 位
        MOV   @R0,A                 ;保存低 4 位数据
        RETI                        ;中断返回
```

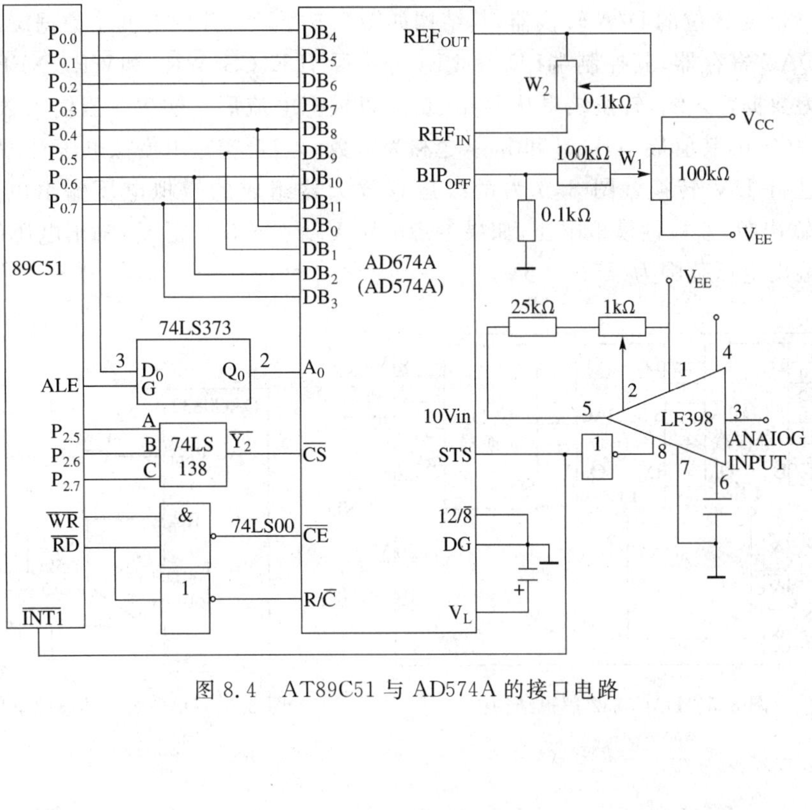

图 8.4 AT89C51 与 AD574A 的接口电路

8.1.2 D/A 接口技术

1. D/A 概述

D/A 转换器是一种将数字信号转换成模拟信号的器件，为计算机系统的数字信号和模拟环境的连续信号之间提供了一种接口。D/A 转换器的输出是由数字输入和参考电压的组合进行控制的。大多数常用的 D/A 转换器的数字输入是二进制或 BCD 码形式的，输出可以是电流，也可以是电压，而多数是电流。因此，在多数电路中，D/A 转换器的输出需要用运算放大器组成的 I/V 转换器将电流输出转换成电压输出。D/A 转换器的数字输入是由数据线引入的，而数据线上的数据通常是变化的，为保持 D/A 转换器输出的稳定，就必须在微处理器与 D/A 转换器之间增加数据锁存功能，目前常用的 D/A 转换器内部都带有数据锁存器。

D/A 转换器的主要性能指标有：

(1) 分辨率。指最小输出电压与最大输出电压之比，或用数字输入信号的有效位表示，如 8 位、12 位等。

(2) 转换精度。以最大的静态转换误差的形式给出，用来描述转换后的实际转换特性与理想转换特性之间的最大偏差。该项指标在不同的参考文献中有可能定义的含义或形式不一样，读者在阅读时应该注意区别。

(3) 建立时间。描述 D/A 转换速率快慢的一个重要参数，一般是指输入数字量变化后，输出模拟量稳定到相应数值范围内所经历的时间。

2. DAC0832 的扩展接口

DAC0832 是 8 位的 D/A 转换器，其结构如图 8.5 所示。片内有两个数据缓冲器：输入寄存器和 DAC 寄存器，其控制端 $\overline{LE_1}$ 和 $\overline{LE_2}$ 分别受 ILE、$\overline{CS}$、$\overline{WR_1}$ 和 $\overline{WR_2}$、$\overline{XFER}$ 的控制。DI_0～DI_7 为数据输入线，转换结果从 I_{OUT1}、I_{OUT2} 以模拟电流形式输出。当输入数字为全 1，I_{OUT1} 最大；为全 0，其值最小，I_{OUT1} 和 I_{OUT2} 之和为常数。当希望输出模拟电压时，需外接运算放大器以进行 I/V 转换。图 8.6 为两级运算放大器组成的模拟电压输出电路。V_{o1} 和 V_{o2} 端分别输出单、双极性模拟电压，如果参考电压 V_{REF} 为 +5V，则 V_{o1} 输出电压范围为 0～+5V，V_{o2} 输出电压范围为 −5～+5V。

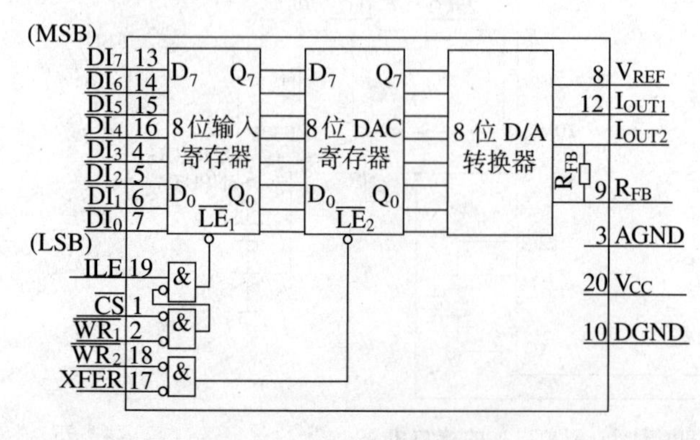

图 8.5 DAC0832 逻辑结构图

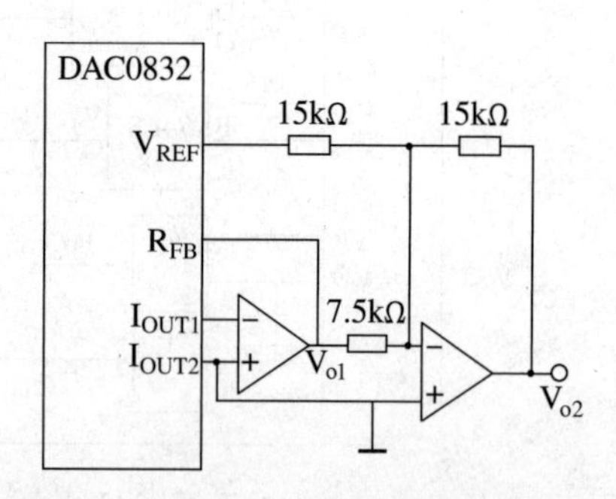

图 8.6 DAC0832 的模拟电压输出电路

DAC0832 有如下 3 种工作方式：

(1) 直通工作方式

将$\overline{CS}$、$\overline{WR_1}$、$\overline{WR_2}$ 和$\overline{XFER}$引脚都直接接数字地，ILE 引脚接高电平，芯片处于直通状态。此时，8 位数字量只要输入到 $DI_7 \sim DI_0$ 端，就立即进行 D/A 转换。但在此种方式下，DAC0832 不能直接与单片机的数据总线相连接，故很少采用。

(2) 单缓冲工作方式

此方式是使两个寄存器中一个处于直通状态，另一个工作于受控锁存状态。一般是使 DAC 寄存器处于直通状态，即把$\overline{WR_2}$ 和$\overline{XFER}$端接数字地，或者将两个寄存器的控制信号并接，使之同时选通。此时，数据只要写入 DAC 芯片，就立刻进行转换。此种工作方式接线简单，并可减少一条输出指令。

图 8.7 是单缓冲工作方式下的 DAC0832 与 89C51 系列单片机的接口电路图。由图 8.7 可见，输入寄存器的控制信号与 DAC 寄存器的控制信号并接，输入信号在控制信号作用下，直接通过 DAC 寄存器并启动转换。图中电位器 W 用于调整 I/V 转换系数。

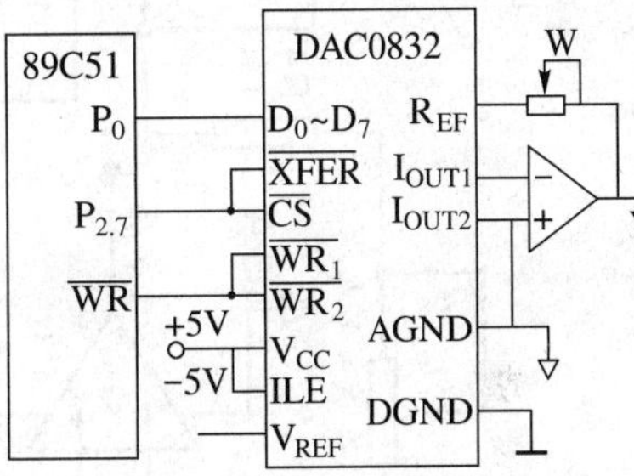

图 8.7 单缓冲工作方式接口

(3) 双缓冲工作方式

在双缓冲工作方式下，单片机要对两个寄存器分别控制，要进行两步写操作：先将数据写入输入寄存器，再将输入寄存器的内容写入 DAC 寄存器并启动转换。

双缓冲工作方式可以使数据接收和启动转换异步进行，在 D/A 转换的同时接收下一个转换数据，因而提高了通道的转换速率。在要求多个模拟通道同时进行 D/A 转换时使用双缓冲工作方式。

图 8.8 是双缓冲工作方式下的 DAC0832 与 51 系列单片机的接口电路图，$P_{2.6}$ 控制 DAC0832(1) 的输入寄存器，$P_{2.5}$ 控制 DAC0832(2) 的输入寄存器，$P_{2.7}$ 同时控制两片 DAC0832 的 DAC 寄存器。两片 DAC0832 可同步输出模拟电压信号。

例 8-1 要求在图 8.7 的输出端产生频率为 500Hz 的幅值为 3V 的方波信号。

分析：500Hz 信号的周期为 2ms，要求 DAC0832 输出 1ms 高电平、1ms 低电平。0V 电平对应数字量 0，3V 对应数字量为 x，则 x 可按下式计算：

$$\frac{5V}{3V}=\frac{255}{x}$$

解得
$$x=154=9AH$$

程序如下：

```
        MOV DPTR,#7FFFH          ;指向 DAC0832 地址
NEXT:   MOV A,#0
        MOVX @DPTR,A             ;输出 0V
        ACALL D1MS               ;延时 1ms
        MOV A,#9AH
        MOVX @DPTR,A             ;输出 3V
        ACALL D1MS               ;延时 1ms
        SJMP NEXT
```

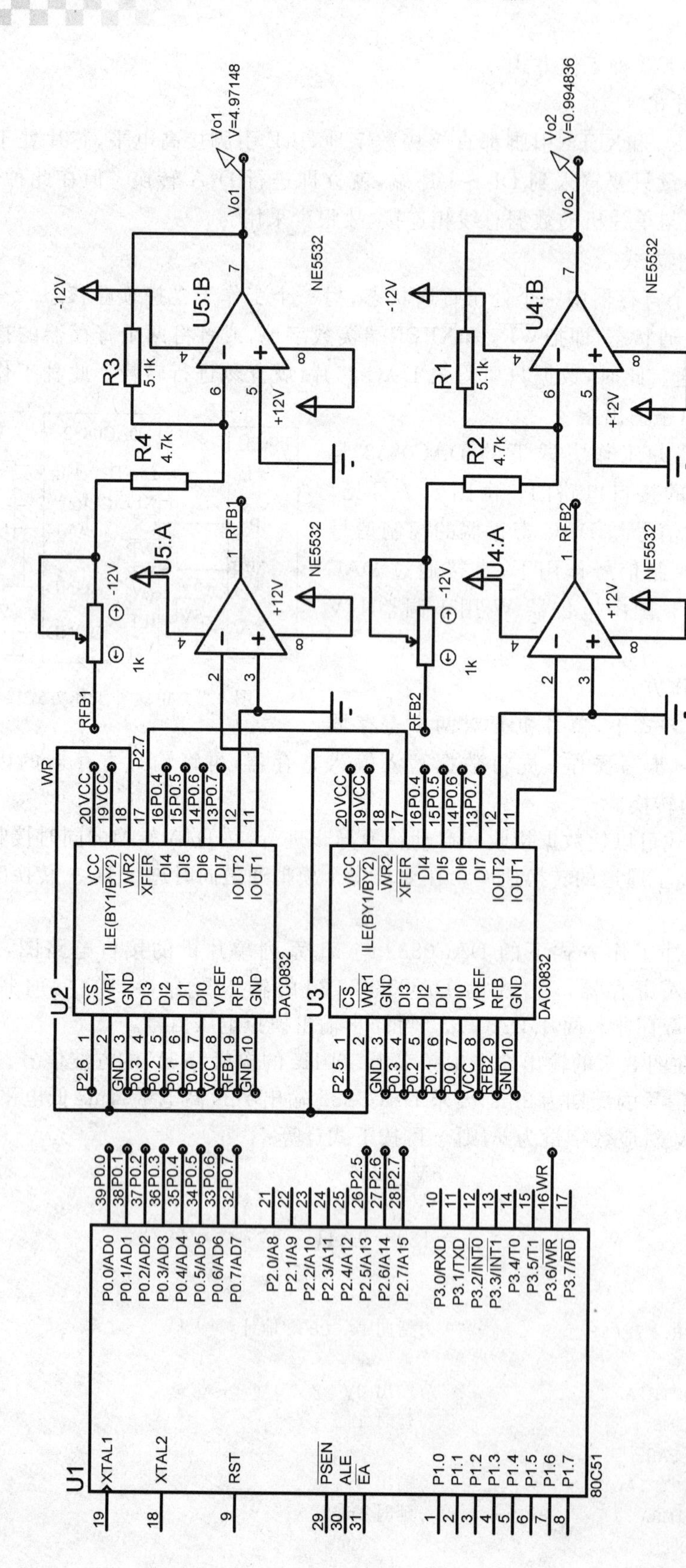

图 8.8 DAC0832 双缓冲同步工作方式 Proteus 仿真接口电路图（出自 Proteus 软件）

例 8-2　要求在图 8.7 的输出端输出锯齿波电压，产生频率随意，幅值为 5V，如图 8.9 所示。

程序如下：

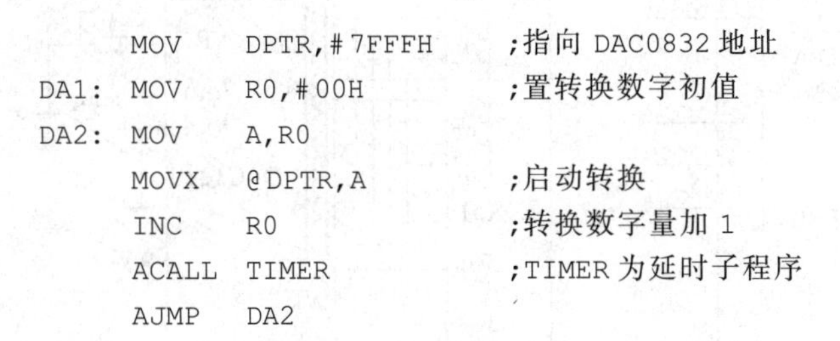

```
      MOV    DPTR,#7FFFH        ;指向 DAC0832 地址
DA1:  MOV    R0,#00H            ;置转换数字初值
DA2:  MOV    A,R0
      MOVX   @DPTR,A            ;启动转换
      INC    R0                 ;转换数字量加 1
      ACALL  TIMER              ;TIMER 为延时子程序
      AJMP   DA2
```

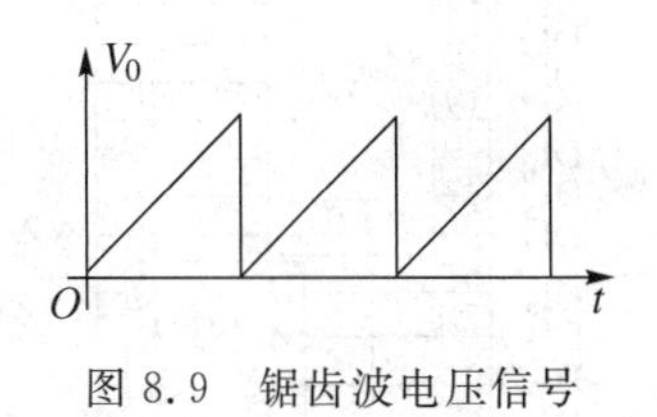

图 8.9　锯齿波电压信号

请读者考虑，如何控制其频率。

例 8-3　采用 DAC0832 的双缓冲工作方式（见图 8.8），将 DATA1 和 DATA2 两个数据同时由两个 DAC0832 转换输出。

程序如下：

```
        ORG    0000H
        LJMP   START
        ORG    0100H
DATA1   EQU    255
DATA2   EQU    51
START:  MOV    DPTR,#0BFFFH          ;指向 1 号 DAC0832
        MOV    A,#DATA1
        MOVX   @DPTR,A               ;数据 DATA1 写入 1 号 DAC0832 的输入寄存器
        MOV    DPTR,#0DFFFH          ;指向 2 号 DAC0832
        MOV    A,#DATA2
        MOVX   @DPTR,A               ;数据 DATA2 写入 2 号 DAC0832 的输入寄存器
        MOV    DPTR,#7FFFH           ;指向两个 DAC0832 的输入寄存器
        MOVX   @DPTR,A               ;同时启动两个 DAC0832 转换
        SJMP   $                     ;停机
        END
```

图 8.8 中的两个电位器是用来微调校准输出电压的。程序仿真运行后其输出的电压值可以由图 8.8 中电压探针测出显示，显示值符合预期结果。

3. DAC1210 的扩展接口

DAC1210 是 12 位 D/A 转换芯片，其内部逻辑结构如图 8.10 所示。

由图 8.10 可见，其逻辑结构与 DAC0832 类似，所不同的是 DAC1210 具有 12 位数据输入端，即一个 8 位输入寄存器和一个 4 位输入寄存器组成 12 位数据输入寄存器。两个输入寄存器的输入允许控制都要求$\overline{CS}$和$\overline{WR}_1$ 为低电平，8 位输入寄存器的数据输入还同时要求 $B_1/\overline{B}_2$ 端为高电平。

DAC1210 与 8 位数据线的 8XX51 单片机的接口方法如图 8.11 所示，将 DAC1210 输入数据线的高 8 位 DI_{11}～DI_4 与 8XX51 单片机的数据总线DB_7～DB_0相连，低 4 位 DI_3～DI_0 接至 8XX51 单片机数据线的高 4 位 DB_7～DB_4（即 $P_{0.7}$～$P_{0.4}$）。12 位数据输入经两次写入操作完成，首先输入高 8 位，然后输入低 4 位。

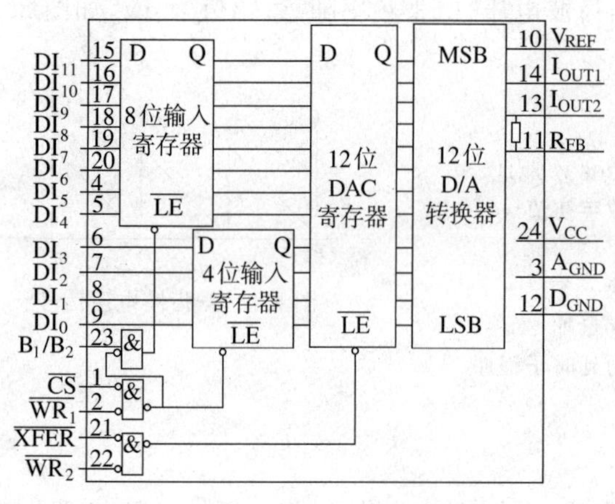

图 8.10　DAC1210 逻辑结构图

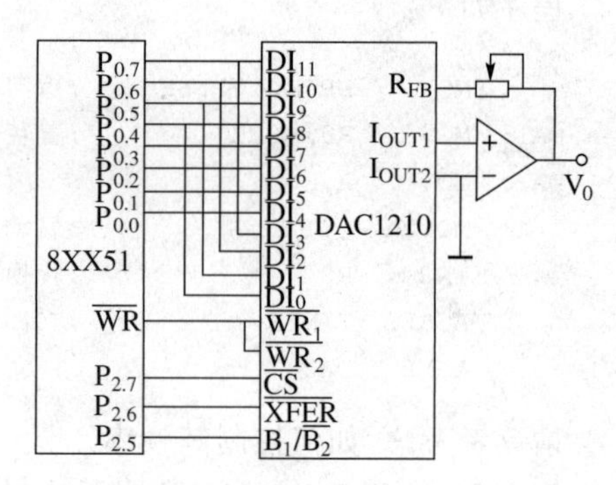

图 8.11　DAC1210 与 8XX51 单片机的接口

程序如下：

```
MOV    DPTR,#7FFFH
MOV    A,#DATA1
MOVX   @DPTR,A              ;将数据 DATA1 写入 DAC1210 的高 8 位 DI11～DI4
MOV    DPTR,#5FFFH
MOV    A,#DATA2
MOVX   @DPTR,A              ;将数据 DATA2 写入 DAC1210 的低 4 位 DI3~DI0
MOV    DPTR,#0BFFFH         ;指向 DAC1210 的 DAC 寄存器
MOVX   @DPTR,A              ;12 位数据写入 DAC 寄存器
```

*8.2　V/F（电压-频率转换）接口

在数字测量控制领域中，两种最基本、最重要的信号便是电压量和频率量。电压量通过AD转换而成为数字量，频率量通过计数器计数而成为数字量。计数器通常是单片机内必不可少的一部分，采用单片机直接测量频率量有着许多应用优势。频率量输入不但接口极为简单、灵活，一根接口线即可输入一路频率信号，而且频率量较电压量有着十分优越的抗干扰性能，特别适合远距离传输。它还可以调制在射频信号上，进行无线传播，实现遥测。因此，在一些非快速的场合，越来越倾向使用 V/F 转换来代替一般的 A/D 转换。专用的 V/F 集成电路芯片有不少，如 AD651、LMX31、VFC32 等，也可以采用集成压控函数发生器完成 V/F 的转换，如 ICL8038。此外，利用锁相环完成 F/M 的转换也是通信中常见的方法，如 NE564、CC4046 等。LM331 是一款常用的高性价比的 V/F 转换器。下面以 LM331 为例来说明 V/F 转换的原理。

LM331 是美国国家半导体公司生产的一种高性能、低价格的单片集成 V/F 转换器。由于芯片在设计上采用了新的温度补偿能隙基准电源，所以芯片能够达到通常只有昂贵的 V/F 转换器才有的高的温度稳定性。该器件在量程范围内具有高线性度、较宽的频率输出范围、4～40V 的直流工作电源电压范围以及输出频率不受电源电压变化影响等诸多优点，因此往往成为使用者的首选器件。LM331 的内部结构如图 8.12 所示。它由基准电源、开关电流源、输入比较器、单稳定时器、输出驱动、保护电路等构成。各部分的功能如下。

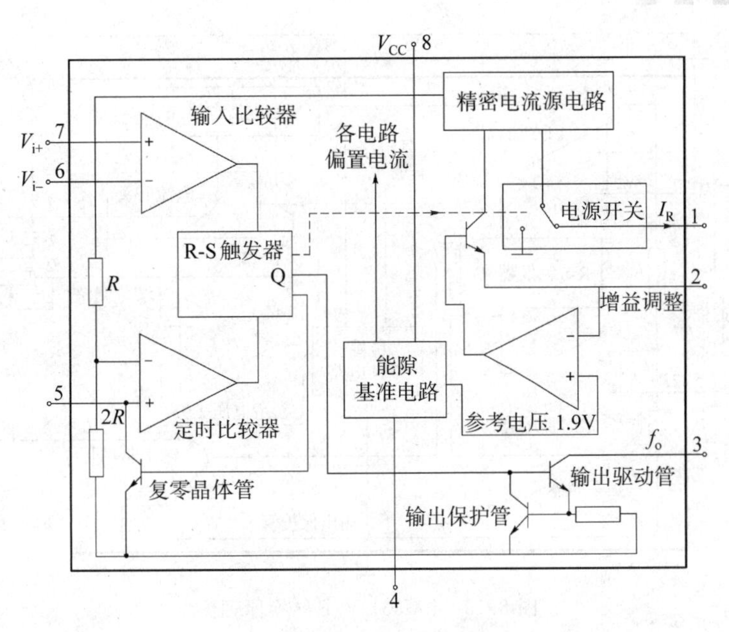

图 8.12 LM331 的结构图

基准电源——向电路各单元提供偏置电流并向电流泵提供稳定的 1.9V 直流电压送到 2 脚，当 2 脚外接电阻 R_S 后，形成基准电流 $i=1.9\text{V}/R_S$。

开关电流源——由精密电流镜、电流开关等组成。它在单稳定时器的控制下，向 1 脚提供 135μA 的恒定电流，向 2 脚提供 1.9V 的恒定直流电压。

输入比较器——输入比较器的一个输入端 7 脚接待测输入电压，另一端为阈值电压端。比较器将输入电压与阈值电压比较，当输入电压大于阈值电压时，比较器输出为高电平，启动单稳定时器并导通频率输出驱动晶体管和开通电流源。

单稳定时器——它由 RS 触发器、定时比较器和复位晶体管组成。加上简单的外围元件后，可获得定时周期信号。

输出驱动及保护电路——由集电极开路输出驱动管和其输出保护管组成。正常输出时须外接上拉电阻，其输出电流最大为 50mA。输出保护管用来保护输出驱动管。

8.2.1 电压-频率转换原理

图 8.13 是由 LM331 组成的电压-频率转换电路。外接电阻 R_t、C_t 与定时比较器、复零晶体管、RS 触发器等构成单稳定时电路。当输入端 V_i 输入一正电压时，输入比较器输出高电平，使 RS 触发器置位，Q 输出高电平，使输出驱动管导通，输出端 f_o 为逻辑低电平，同时，电流开关打向右边，电流源 I_R 对电容 C_L 充电。此时由于复零晶体管截止，电源 V_{CC} 也通过电阻 R_t 对电容 C_t 充电。当电容 C_t 两端充电电压大于 V_{CC} 的 2/3 时，定时比较器输出一高电平，使 RS 触发器复位，Q 输出低电平，输出驱动管截止，输出端 f_o 为逻辑高电平，同时，复零晶体管导通，电容 C_t 通过复零晶体管迅速放电。电流开关打向左边，电容 C_L 对电阻 R_L 放电。当电容 C_L 放电电压等于输入电压 V_i 时，输入比较器再次输出高电平，使 RS 触发器置位。如此反复循环，构成自激振荡。图 8.14 画出了电容 C_t、C_L 充放电和输出脉冲 f_o 的波形。设电容 C_L 的充电时间为 t_1，放电时间为 t_2，根据电容 C_L 上电荷平衡的原理，有：

$$(I_R - V_L/R_L)t_1 = t_2 V_L/R_L$$

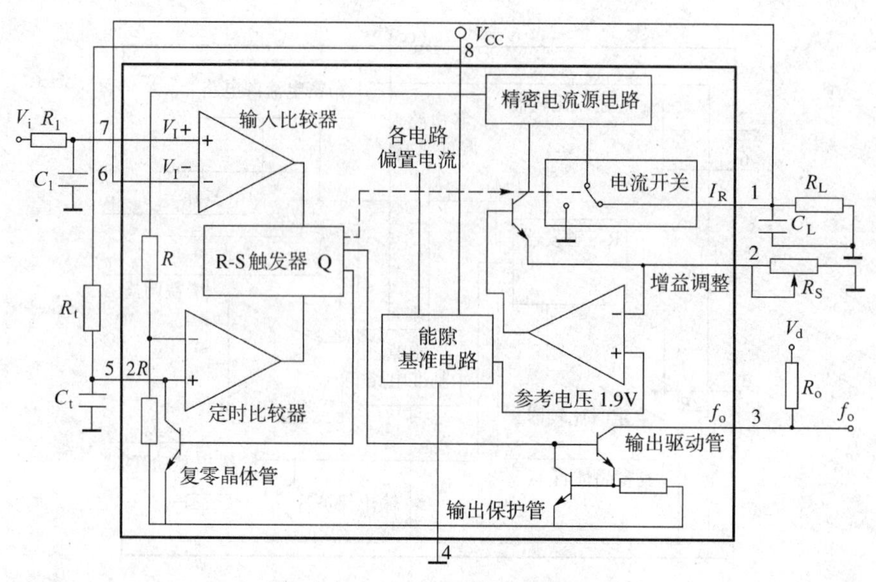

图 8.13　LM331 V/F 转换原理图

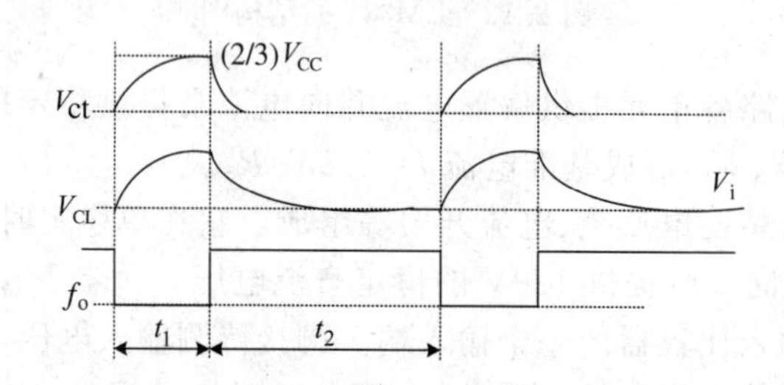

图 8.14　LM331V/F 转波形图

而 $V_L \approx V_i$，故可得：

$$f_o = V_i(R_L I_R t_1)$$

可见，输出脉冲频率与输入电压成正比，从而实现了电压-频率转换。

8.2.2　频率-电压转换原理

一般的集成 V/F 转换器都具有 F/V 的转换功能。下面还是以 LM331 为例来说明频率-电压转换原理。

如图 8.15 所示，输入脉冲 f_i 经 R_1、C_1 组成的微分电路加到输入比较器的反相输入端。输入比较器的同相输入端经电阻 R_2、R_3 分压而加有约(2/3)V_{CC}的直流电压，反相输入端经电阻 R_1 加有 V_{CC}的直流电压。当输入脉冲的下降沿到来时，经微分电路 R_1、C_1 产生一负尖脉冲叠加到反相输入端的 V_{CC}上。当负向尖脉冲大于 $V_{CC}/3$ 时，输入比较器输出高电平，使触发器置位，此时电流开关打向右边，电流源 I_R 对电容 C_L 充电，同时因复零晶体管截止而使电源 V_{CC}通过电阻 R_t 对电容 C_t 充电。当电容 C_L 两端电压达到(2/3)V_{CC}时，定时比较器输出高电平，使触发器复位，此时电流开关打向左边，电容 C_L 通过电阻 R_L 放电，同时，复零晶体管导通，定时电容 C_t 迅速放电，完成一次充放电过程。此后，每当输入脉冲的下降沿到来时，电路重复上述的工作过程。从前面的分析可知，电容 C_L 的充电时间由定时电路 R_t、C_t 决定，充电电流的大小由电流源 I_R 决定，输入脉冲的频率越高，电容 C_L 上积累的电荷就越多，输出电压（电容 C_L 两端的电压）就越高，实现了频率-电压的转换。按照前面推导 V/F 表达式的方法，可得到输出电压 V_o 与 f_i 的关系为：

$$V_o = 2.09 R_L R_t C_t f_i / R_S$$

可见，输出电压与输入脉冲频率成正比，从而实现了频率-电压转换。

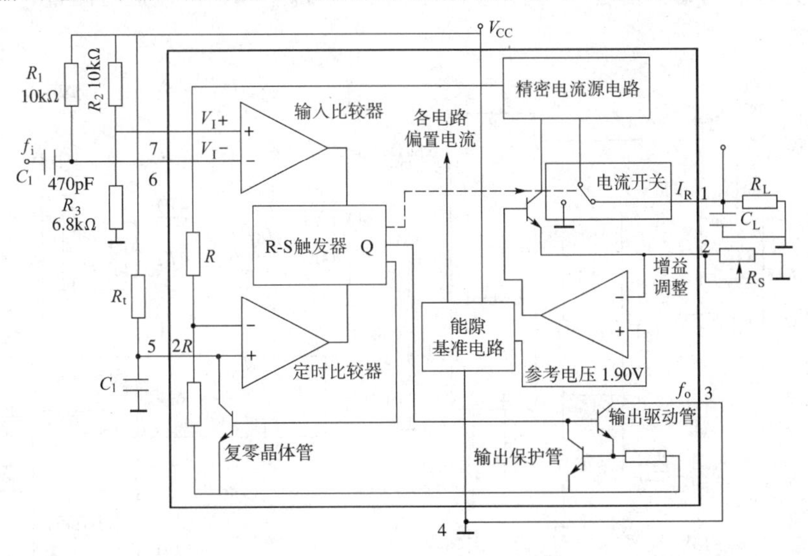

图 8.15 LM331 F/V 转换原理图

8.2.3 V/F 转换器应用

单片 LM331 构成的 V/F 转换器虽然具有较理想的技术指标和较宽的供电电压范围，但在实际应用中应该注意的是它在不同的电源电压下其转换性能有着明显的差别。尽管允许电源电压为 4～40V，但从实际使用的要求上看，低电源电压的不利影响较大。一定电源电压下的电压-频率曲线如图 8.16 所示。由图 8.16 可见，如果在单片机系统中直接使用＋5V电源供电，那么实际可用的线性工作区域很窄；如果改用＋15V 供电，则情况会得到好转。

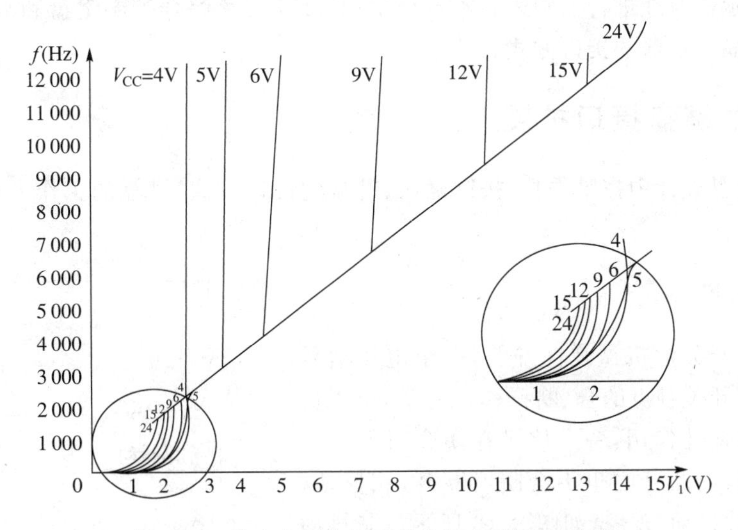

图 8.16 特定电源电压下的电压-频率转换曲线

图 8.17 给出了一个高精度的温度测量电路。温度传感器 LM35 将温度量转变为电压量，经 LM331 构成的 V/F 转换器变为频率信号进行传送。为了使信号的抗干扰能力增强，在接收端进行了光电隔离。另外，为了提高测量精度，利用 NE555 芯片对频率信号进行了分频处理，处理后的输出信号 V_o 送至 51 单片机的外部中断输入端进行测量。

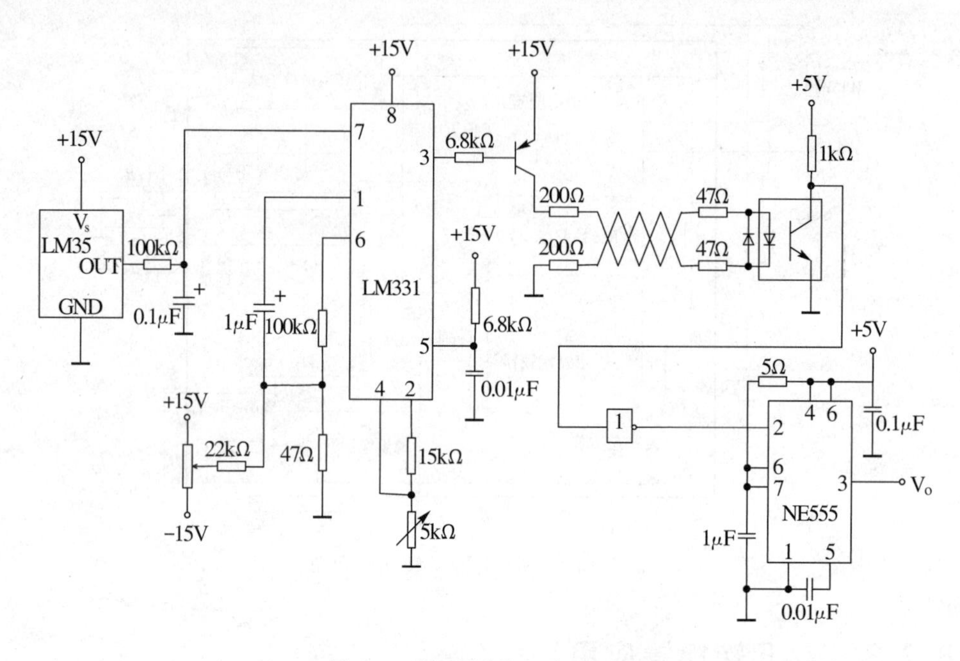

图 8.17　温度测量电路原理图

*8.3　人机接口技术

最常用的人机接口莫过于键盘和显示器，前文在并行口 $P_0 \sim P_3$ 的应用举例中对矩阵键盘和 LED 显示器原理进行了阐述。本章介绍用 8279 芯片综合扩展键盘和显示接口，并将介绍 LCD 液晶显示器的接口方式。

8.3.1　键盘接口扩展

本节对键盘设计中按键去抖、按键确认、键盘的设计方式、键盘的工作方式等问题进行讨论。

1. 按键去抖

一般按键开关为机械弹性开关，一个电压信号的开关对应于开关触点的合、断操作。通常，由于机械开关触点的弹性作用，一个按键在闭合时不会马上稳定地接通，而断开时也不会瞬时断开，相反地，会出现所谓的“抖动”现象，如图 8.18 所示。其抖动

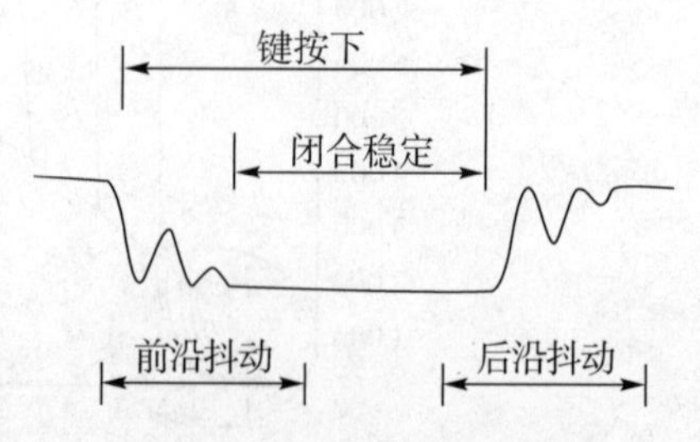

图 8.18　按键抖动信号波形

时间一般为 5～10ms。按键的抖动会带来误触发，因此消除抖动是机械按键设计必须考虑的问题。

去抖通常有软件去抖和硬件去抖两种方法。

软件去抖就是在检测到键按下时，执行一段延时子程序后，再确认该键电平是否仍保持键按下时的状态电平，若是，则认为有键按下。延时子程序的延时时间应大于按键的抖动时间，通常取 10ms 以上，从而消除了抖动的影响。软件去抖可节省硬件，处理灵活，但会消耗较多的 CPU 时间。

硬件去抖通常采用基本 RS 触发器来实现。电路原理图如图 8.19 所示，假设开关 S 处于 A 和 B 之间(即既不与 A 接触，又不与 B 接触时)的状态为 C，由基本 RS 触发器的特性可以知道，开关仅与 A 或 B 接触时才会改变触发器的状态，处于 C 时将维持 RS 触发器的状态。而开关的抖动仅发生在 A 与 C(或 B 与 C)之间，不影响触发器的输出，从而消除了抖动的影响。此外，也可以利用积分电路来吸收抖动带来的干扰脉冲，如图 8.20 所示，只要选择适当的器件参数，就可获得较好的去抖效果。

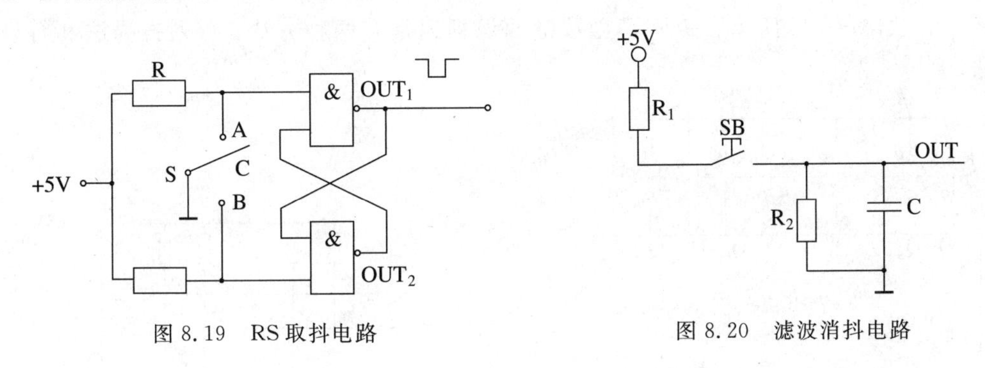

图 8.19　RS 取抖电路　　　图 8.20　滤波消抖电路

2. 按键确认

在单片机系统中，通常有且仅有一键按下才视为按键有效。有效的确认方式通常又可分为两类。第一类为按下-释放键方式，系统要求从按下到释放键才算一次有效按键。另一类为连击方式，就是一次按键可以产生多次击键效果，其连击频率可自己设定，如3 次/秒、4 次/秒等。

在按下-释放键方式时，系统先判断是否有键按下，若不用硬件去抖，则同时进行软件去抖，确认有键按下，然后等待至该键释放才算一次按键，注意释放键判断同样要进行去抖处理。在连击方式时，系统在判断有键按下后，通常设定一个按键间隔时间定时器，当时间到时，按键增加一次，直到该键释放。

3. 键盘的设计方式

从硬件连接方式看，键盘通常可分为独立式键盘和矩阵(行列)式键盘两类。

所谓独立式键盘是指各按键相互独立，每个按键分别与单片机或外扩 I/O 芯片的一根输入线相连。通常每根输入线上按键的工作状态不会影响其他输入线的工作状态。通过检测输入线的电平就可以很容易地判断哪个按键被按下了。独立式键盘电路配置灵活，软件简单，但在按键数较多时会占用大量的输入口线。该设计方法适用于按键较少或操作速度较快的场合。

为节省口线，在牺牲速度的情况下可以用并-串转换将口线数据输入到单片机的串行口，利用51单片机串行通信方式0扩展键盘接口。

下面介绍一种采用脉冲宽度编码的键盘设计方式，仅用一根线接 T_0 或 T_1 实现，从而将接口线节省到最少。其电路如图8.21所示。图8.21中的74HC4060是一片自带振荡电路的有10个输出端的14位二进制串行计数分频器。其复位端接地，按键公共端接51单片机的 T_0（$P_{3.4}$）脚，Φ_1、Φ_0 接晶振，每个输出端各接一按键。电路的工作原理是这样的，74HC4060外接晶振即可起振，其输出端分别输出不同脉宽的方波。当有某键按下时，相应宽度的方波进入单片机的计数器0的外部输入端，通过测量其脉冲宽度就可知道是哪一键被按下。其核心就是用定时器测量频率（等效脉宽），前面已介绍过，这里不再重述。需要注意的是因受单片机测频范围的限制，这种键盘接的按键不能太多，而且不适合在速度要求很高的地方使用。

矩阵式键盘适用于按键数量较多的场合。它通常由行线和列线组成，按键位于行、列的交叉点上，如图8.22所示。矩阵键盘按键的识别通常有两种方法：行列扫描法和行列反转法。

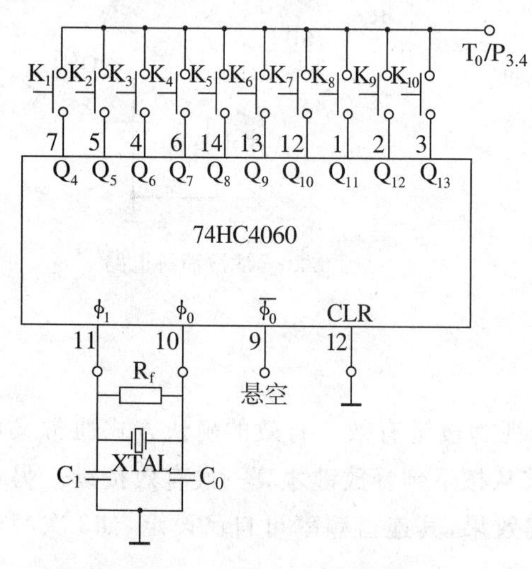

图8.21 脉宽编码键盘电路

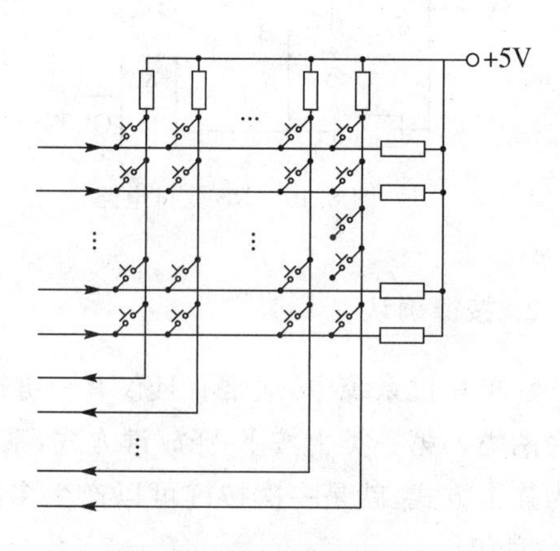

图8.22 矩阵式键盘电路

行列扫描法分为粗扫描和细扫描两步。粗扫描判断键盘是否有键按下，其方法为：让所有列（行）线输出低电平，读入各行（列）线值，若不全为高电平，则有键按下；若有键按下，接下来进行细扫描，确定按键位置。细扫描就是逐列（行）置低电平，其余列（行）置高电平，检查各行（列）线电平的值，若某行（列）对应的为低电平，即可确定该行该列交叉点处的按键被按下。判断时同样需要考虑按键去抖，通常采用软件去抖的办法。

行列反转法亦分为两步进行，第一步同行列扫描法。若第一步判断有键按下，第二步则是将行列互换，再进行一遍粗扫描。综合第一、二两步的结果，即可判定按键位置所在。

4. 键盘的工作方式

通常单片机的键盘有3种工作方式：查询、中断和定时扫描。查询和中断方式同普通的 I/O 传送是一致的。定时扫描方式是利用单片机内部定时器产生定时中断，在中断服务程序中对键盘进行扫描，以获得键值。

8.3.2　LED 显示器扩展

N 个数码管可以构成 N 位 LED 显示器，共有 N 根位选线和 $8N$ 根段选线。依据位选线和段选线连接方式的不同，LED 显示器有静态显示和动态显示两种方式。

采用静态显示时，位选线同时选通，每位的段选线分别与一个 8 位锁存器输出相连，各位相互独立。各位显示一经输出，则相应显示将维持不变，直至显示下一字符为止。其电路原理如图 8.23 所示。静态显示方式有较高的亮度和简单的软件编程，缺点是占用接口线资源太多。

为克服这一缺点，可以将所有位的相应段选线并在一起，位线则分时轮流选通，利用人眼视觉的暂留现象，可以获得稳定的视觉效果，这种方式称为动态显示。其电路原理如图 8.24 所示。

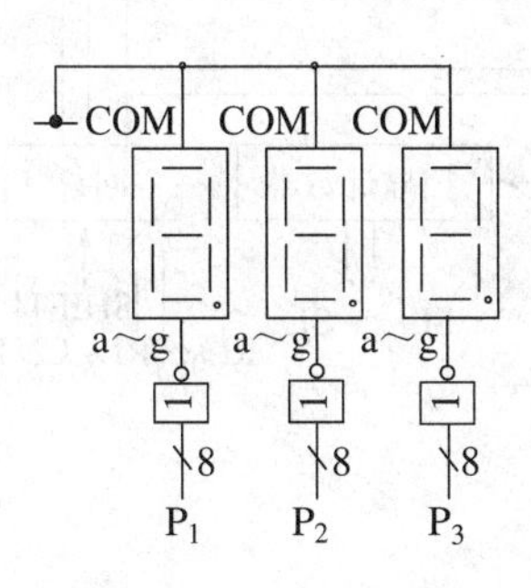

图 8.23　静态显示电路

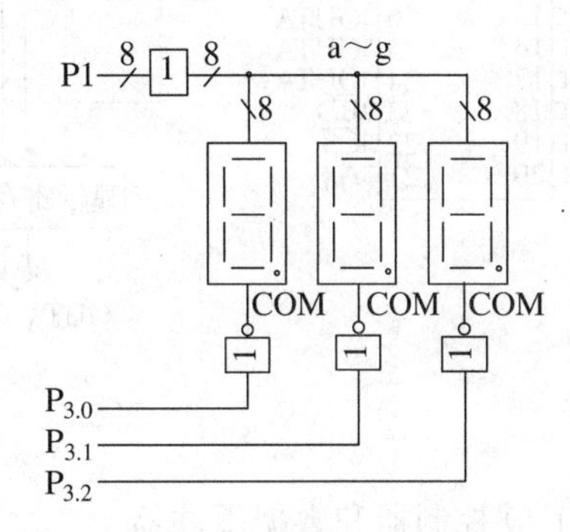

图 8.24　动态显示电路

动态显示方式在使用时需要注意 3 个方面的问题。第一，显示扫描的刷新频率。每位轮流显示一遍称为扫描（刷新）一次，只有当扫描频率足够高时，对人眼来说才不会觉得闪烁。对应的临界频率称为临界闪烁频率。临界闪烁频率跟多种因素相关，一般认为大于 24Hz 即可。第二，显示器的亮度问题。通常显示器件从导通到发光有一定的延时，导通时间太短，发光太弱。而这样一种参数决定了动态显示时所能连接显示块的极限数目。通常，位线信号为一脉冲信号，该位数码管的亮度是与位选脉冲占空比相关的。第三，LED 显示器的驱动问题。LED 显示器驱动能力的高低是直接影响显示器亮度的又一个重要的因素。驱动能力越强，通过发光二极管的电流越大，显示亮度则越高。通常一定规格的发光二极管有相应的额定电流的要求，这就决定了段驱动器的驱动能力，而位驱动电流则应为各段驱动电流之和。从理论上看，对于同样的驱动器而言，N 位动态显示的亮度不到静态显示亮度的 $1/N$。

8.3.3　用 8279 扩展键盘与 LED 显示器

8279 是一款由单一＋5V 电源供电的可编程键盘显示接口芯片。其功能是：

- 对键盘进行管理控制。
- 对 LED 显示器进行控制、对显示数据和显示方式进行管理。

1. 8279 的内部结构和引脚

8279 的管脚和内部结构如图 8.25 所示。由图 8.25 可知，8279 主要由下述几个部分构成。

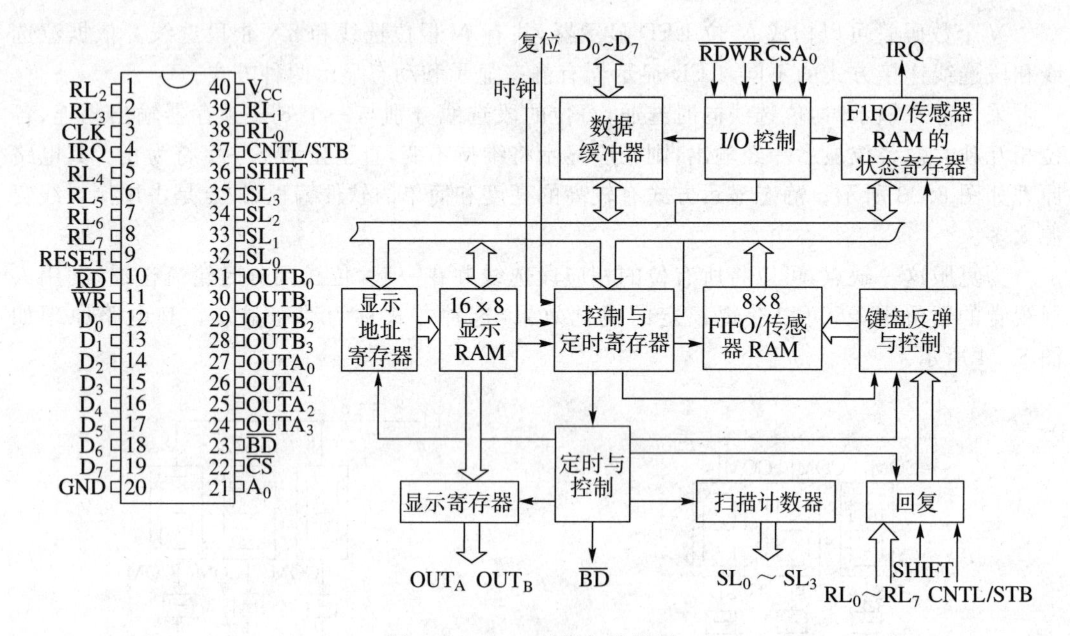

图 8.25　8279 引脚与结构图

(1) I/O 控制器和数据缓冲器

数据缓冲器是双向数据缓冲器，连接内、外总线，用于传送 CPU 与 8279 之间的命令和数据。I/O 控制器则利用$\overline{CS}$和 A_0 以及$\overline{RD}$、$\overline{WR}$信号去控制各种内部寄存器的读写，$A_0=1$，表示传送的是命令和状态信息；$A_0=0$，则为传送数据信息。

(2) 控制和定时寄存器

用于存放键盘和显示方式，以及由 CPU 编程决定的其他操作方式。CLK 可接到系统时钟或单片机 ALE 引脚上，从而与系统时钟同步。定时控制采用软件分频，分频系数可在 2～31 之间，以保证内部需要的 100kHz 时钟，然后再经过内部分频，为键盘扫描提供适当的逐行扫描时间和显示扫描时间。

(3) 扫描计数器

扫描计数器有两种工作方式，第一种为编码方式，该计数器进行二进制计数，这样必须通过外部译码来为键盘和显示提供扫描线。SL_0～SL_3 4 条线不可直接用于键盘扫描，外部译码可用 16 选 1 译码器。第二种为译码方式，表示该 4 条线已是经过译码后的输出，四条线中同一时刻只有一条线为低电平。

(4) 回馈缓冲器、键盘去抖及控制

来自 RL_0～RL_7 的 8 个回馈信号由回馈缓冲器加以缓冲并锁存。在键盘模式时，这些线被扫描，如有键按下，便将键矩阵中该键的地址送入 FIFO。在选通输入模式中，回馈线的内容在 CNTL/STB 的脉冲上升沿被送入 FIFO 寄存器。

(5) FIFO/传感器 RAM

这是一个具有双重功能的 8×8 RAM。在键盘模式和选通输入模式中，它是先进先出的 FIFO RAM，每一个新的输入写入连续的 RAM 单元中，并且按输入的顺序读出。FIFO 状态寄存器用来存储 FIFO 存储器的状态，并可读入 CPU 中。在传感器扫描方式中，该 FIFO 存储器又作为传感器 RAM，它存放传感器矩阵中的每一个传感器状态。在此方式中，若检索出传感器的变化，IRQ 信号变为高电平，向 CPU 申请中断。

(6) 显示地址寄存器和显示 RAM

显示地址寄存器保持由 CPU 写入或读出的显示 RAM 的地址，它可由命令设定，也可以设置成每次读出或写入之后自动递增。显示 RAM 用来存储显示数据，容量为 16×8 位，在显示过程中，显示数据轮流从显示寄存器输出。显示寄存器分为 A、B 两组，$OUTA_0$～$OUTA_3$ 和 $OUTB_0$～$OUTB_3$ 可单独送数，也可组成 8 位的字节显示。显示器的数据可从右端或左端进入。

2. 8279 的命令字

8279 的命令字格式如表 8.2 所示。

表 8.2　8279 命令字代码格式

功　能	代　码	注　释
工作模式设置	$000D_1D_0K_2K_1K_0$ $(000001000)_{RST}$	D_1D_0 显示方式设置位，$D_0=0$，8 字符显示；$D_0=1$，16 字符显示；$D_1=0$，左端送入；$D_1=1$，右端送入。$K_2K_1K_{10}$ 为键盘方式设置位(注 1)
定标值设置	$001P_4P_3P_2P_1P_0$ $(00111111)_{RST}$	P_4～P_0 为预定标值 2～31
读 FIFO/传感器 RAM	$010AI\times A_2A_1A_0$	AI 为自动加 1 标志，$A_2A_1A_0$ 是 CPU 读出 FIFO/传感器 RAM 数据单元地址
读显示用 RAM	$011AIA_3A_2A_1A_0$	AI 为自动加 1 标志，$A_3A_2A_1A_0$ 为 CPU 读出显示用 RAM 单元地址
写显示用 RAM	$100AIA_3A_2A_1A_0$	AI 为自动加 1 标志，$A_3A_2A_1A_0$ 为 CPU 写入显示用 RAM 单元地址
显示器禁止写/熄灭	$101\times IW_1IW_0BL_1BL_0$	IW=1 则禁止写；BL=1 则显示器熄灭；IW_1、BL_1 为 A 口控制位；BL_0、IW_0 为 B 口控制位
清除	$110CD_2CD_1CD_0CF$ CA	CA 是总清位，CA=1，则清除 FIFO 与显示用 RAM，内部定时链复位；CF=1，将 FIFO 置成空状态，并使中断输出复位，传感器 RAM 置成 0 行，CD 用于清除显示位等(注 2)
中断结束/设置出错方式	$111E\times\times\times\times$	对传感器矩阵方式，该命令使 IR Q 变为低电平，E=1 时，为 *N* 键巡回特殊出错方式工作

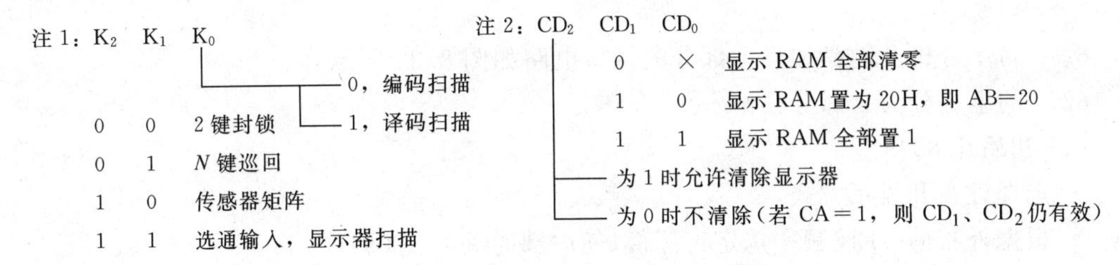

说明：

(1) 选择编码扫描方式，可外接 8×8 键盘或传感器矩阵；选择译码扫描方式，只能接 4×8 键盘或传感器矩阵；选择选通方式，CTNL/STB 为选通脉冲输入端，而 RL_0～RL_7 为信号输入口。

(2) 2 键封锁是为两键同时按下提供的保护方法，在消抖周期里，如果两键同时按下，只有其中一个键弹起，而另一个键保持在按下位置时才被认可。*N* 键巡回为 *N* 键同时按下的保护方法，当有若干键按下时，键盘扫描能根据它们按下的顺序依次将它们的状态送至 FIFO RAM 中。

3. 8279 的状态字

在按键输入和选通输入方式中，读 8279 的状态字($A_0=1$)，可以判断 FIFO 中字符的个数(按下键的个数)及是否出错。状态字格式如下：

D_7	D_6	D_5	D_4	D_3	D_2	D_1	D_0
DU	S/E	O	U	F	N	N	N

NNN——FIFO RAM 中字符的个数。

F——FIFO RAM 满标志，F=1 表示 FIFO RAM 已满。

U——FIFO RAM 空标志，U=1 表示 FIFO RAM 无字符。

O——FIFO RAM 溢出标志，在 FIFO 满时，再送一个字符，此位置 1。

S/E——传感器信号结束/错误特征位。

DU——显示无效特征位，DU=1 表示显示无效，此时不可对显示 RAM 写入数据。

在键盘扫描方式时，发送读 FIFO 命令后，从数据口($A_0=0$)读入数据的格式为：

D_7	D_6	D_5	D_4	D_3	D_2	D_1	D_0
CNTL	SHIFT	扫描值			回送值		

D_2～D_0——指示输入键所在的列号(RL_7～RL_0 的计数值)。

D_5～D_3——指示输入键所在的行号(SL_3～SL_0 的计数值)。

SHIFT——引脚 SHIFT 的状态，通常在 SHIFT 上接一按键，可作为上下档控制键。

CNTL——引脚 CNTL 的状态，通常 CNTL 上接一按键，与其他键连用，作为特殊命令键。

在传感器扫描方式或选通方式中，输入数据为 RL_7～RL_0 的输入状态。

4. 8279 的接口编程

8279 与单片机及键盘和显示部分的接口电路如图 8.26 所示。

8279 的编程分为 3 部分：

(1) 初始化 8279

- 选择键盘和显示方式。
- 根据外接的 CLK 频率选定定标值，使内部时钟为 100kHz。

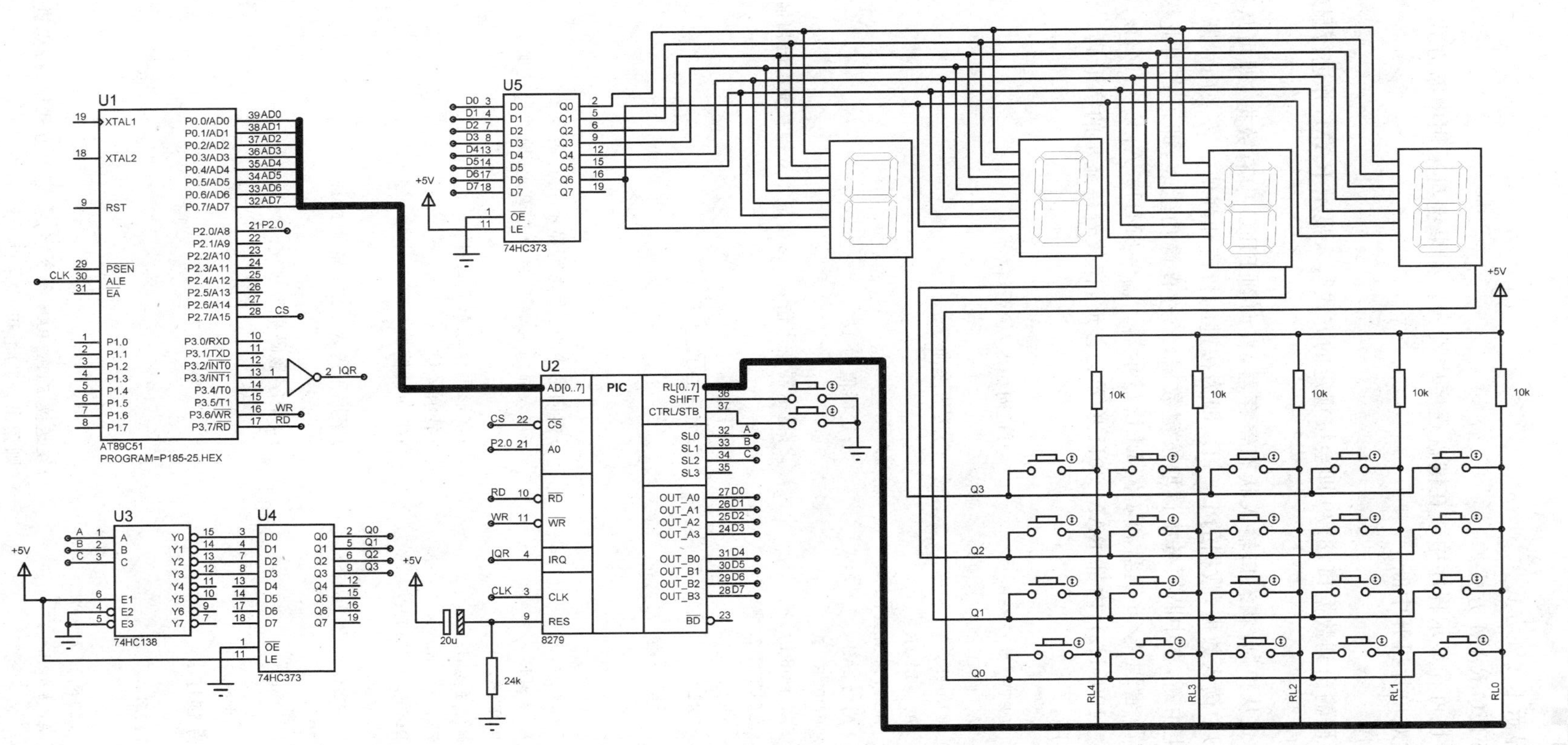

图 8.26　8XX51 单片机的 8279 的键盘及显示器接口电路连接图(出自 Proteus 软件)

• 选择写显示 RAM 方式。
• 选择读 FIFO RAM 方式。

其中后两步也可在显示程序中或在键盘程序中设置。如果键盘采用中断方式，初始化程序中还要注意对单片机开中断。

(2) 显示程序

只需将字形码输出到数据口，8279 即会按规定的方式写入显示 RAM，并进行显示。

(3) 键盘程序

采用查询方式从控制/状态口输入状态寄存器，查询到 FIFO 中有数据，即可从数据口（即 FIFO RAM）中读入数据，数据的 $D_0 \sim D_5$ 即为按键的行值和列值。若采用中断方式，当有键按下时，产生中断，在中断服务中读取按键数据，经过查键功能表，即可查得此键功能。在图 8.26 中，8279 管理 4×5 键盘和 4 位 LED 显示器，$f_{osc}=6MHz$，ALE=1MHz，定标值选 10(1MHz/10=100kHz)，内部 RAM 30H 单元为首址，存放着待显示的字形码。

汇编语言程序：

```
        MOV     DPTR, #7FFFH                ;指向命令/状态口
        MOV     A, #0D1H
        MOVX    @DPTR, A                    ;送清除命令
WAIT:   MOVX    A, @DPTR
        JB      Acc.7, WAIT
        MOV     A, #2AH                     ;定标值为 10
        MOVX    @DPTR, A
        MOV     A, #08H                     ;显示器左边输入,16 位显示双键互锁编码扫描
        MOVX    @DPTR, A
        SETB    EA                          ;开中断
        SETB    EX1                         ;允许INT1中断
        LCALL   DIR
```

显示子程序：

```
DIR:    MOV     DPTR, #7FFFH                ;指向命令口,发送写显示 RAM 命令
        MOV     A, #90H                     ;写入显示 RAM 起始为 0 单元,地址自动加 1
        MOVX    @DPTR, A
        MOV     R0, #30H                    ;字形码存放单元首址
        MOV     R2, #04H                    ;显示 4 位
        MOV     DPTR, #7EFFH                ;指向数据口
LP1:    MOV     A, @R0
        MOVX    @DPTR, A                    ;字形码送入 8279 显示 RAM
        INC     R0
        DJNZ    R2, LP1                     ;4 个字形码是否送完
        RET
```

键盘中断服务程序：

```
KEY:    PUSH    PSW
          ⋮
        MOV     DPTR, #7FFFH
        MOV     A, #40H                     ;发送读 FIFO RAM 命令字,在键盘方式中,按先进先出原
                                            ;则读出,与 AI 和 A2 A1A0 无关
```

```
MOVX  @DPTR, A
MOV   DPTR, #7EFFH
MOVX  A, @DPTR
LJMP  KEYE                  ;转键值处理程序 KEYE
⋮
POP   PSW
RETI
```

8.3.4　LCD 显示器扩展

1. 段式 LCD 显示器扩展

液晶显示器 LCD 具有体积小、重量轻、功耗低等优点，已经获得广泛应用。液晶显示的原理是液晶在电场的作用下，液晶分子的排列方式发生了改变，从而使其光学性质发生变化，显示图形。由于液晶分子在长时间的单向电流作用下容易发生电解，因此液晶的驱动不能用直流电，但是液晶在高频交流电作用下，也不能很好地显示，故一般液晶的驱动采用 125～150Hz 的方波。

液晶显示器从显示的形式上可分为段式(或称为笔画式)、点阵字符式和点阵图形式。本节将介绍通常仪器上使用的段式显示器和单片机的接口。段式 LCD 以七段显示器最为常用，其驱动的集成电路的型号有多种，如 CD4055/4056、CC1451 3/14、ICM7211 等。下面介绍 LCD 驱动器 ICM7211 的使用。

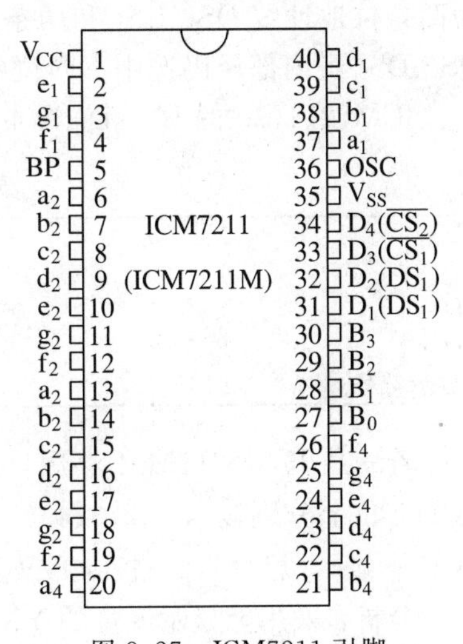

图 8.27　ICM7211 引脚

ICM7211 系列为 4 位的液晶显示驱动器，共有 4 种型号：ICM7211、ICM7211A、ICM7211M、ICM7211AM。ICM7211 内部由脉冲发生器、数据锁存器及位译码器和驱动器构成，采用 40 脚双列直插式塑封，其引脚如图 8.27 所示，具体说明如下。

- $a_1 \sim g_1$、$a_2 \sim g_2$、$a_3 \sim g_3$、$a_4 \sim g_4$：段码控制。这些引脚分别控制四位 LCD 的字形各段。
- OSC：内部振荡控制。悬空时振荡器工作，接地时振荡器不工作。
- BP：LCD 公共驱动极(或称为背电极)。当 OSC 悬空时输出 125Hz 脉冲，当 OSC 接地时是系统的工作脉冲输入极。
- $B_0 \sim B_3$：显示字符数据输入位。在 ICM7211(A)中为 BCD 码输入，在 ICM7211(A)M 中可以为十六进制数输入。
- $D_1 \sim D_4$($DS_1 \sim CS_2$)：位选和片选输入。

在 ICM7211(A)中，$D_1 \sim D_4$ 为 4 位 LCD 的位选，D_1 选低位 LCD，D_4 选高位 LCD，依次类推。在 ICM7211(A)M 中为 $DS_1 \sim CS_2$，其中 DS_2、DS_1 送至内部译码器，选择 4 个 LCD 的数位，$\overline{CS_1}$、$\overline{CS_2}$ 作为片选，使 ICM7211(A)M 可以多片级连，其真值表如表 8.3 所示。

OSC 和 BP 引脚的连接方法决定了 ICM7211 的工作方式，如果 OSC 悬空，则表示芯片内振荡器工作，产生 19kHz 的脉冲，此脉冲经过内部 128 分频后，产生一个频率为 150Hz 的脉冲，由 BP 输出。BP 极可以用来驱动液晶显示器的公共脚和从外部引入 ICM7211 的同步

表 8.3　ICM7211 的真值表

$\overline{CS_2}$	$\overline{CS_1}$	DS_2	DS_1	功　能
0	0	0	0	选中 $a_4 \sim g_4$ 的 LCD
0	0	0	1	选中 $a_3 \sim g_3$ 的 LCD
0	0	1	0	选中 $a_2 \sim g_2$ 的 LCD
0	0	1	1	选中 $a_1 \sim g_1$ 的 LCD
其他	其他	×	×	未选中

脉冲。如果 ICM7211 的 OSC 脚接地，此时片内的振荡器停止工作，BP 脚变为输入端，工作脉冲由其他的 ICM7211 的 BP 脚提供。有了这样两种工作方式，ICM7211 就可以进行级连，从而可以驱动更多的 7 段 LCD。

ICM7211(A)输入结构为 4 条数据线 $B_3 \sim B_0$ 和 4 条位选线 $D_1 \sim D_4$。数据线 $B_3 \sim B_0$ 输入为 BCD 码，BCD 码经内部译码后输出七段显示字形，4 条位选线 $D_1 \sim D_4$ 分别控制 4 位七段译码锁存器，每一位选线都是 1 选通，0 封锁。它们可以同时为 1，即 4 位可以完全选通，也可以 4 位全为 0，即 4 位全封锁。只有在全部封锁时，数据线的变化才不会影响显示。由于 ICM7211(A)没有片选信号，所以不能采用总线方式连接 MCU，只能通过I/O接口连接。

ICM7211(A)M 的输入结构为 4 条数据线 $B_3 \sim B_0$，它把 ICM7211(A)的 4 条位选线改为两条位地址线 DS_2、DS_1 和两条片选线$\overline{CS_2}$、$\overline{CS_1}$。当$\overline{CS_2}$ 和$\overline{CS_1}$ 全为 0 时，该片才被选通，DS_2、DS_1 经内部译码选中不同位的 LCD。

ICM7211(A)的 $D_0 \sim D_3$ 为 4 位的字符代码输入，其意义如表 8.4 所示。

表 8.4　数据输入-显示译码表

D_3	0	0	0	0	0	0	0	0	1	1	1	1	1	1	1	1
D_2	0	0	0	0	1	1	1	1	0	0	0	0	1	1	1	1
D_1	0	0	1	1	0	0	1	1	0	0	1	1	0	0	1	1
D_0	0	1	0	1	0	1	0	1	0	1	0	1	0	1	0	1
显示符号	0	1	2	3	4	5	6	7	8	9	—	E	H	L	P	灭

若一片 ICM7211M 不够用，可以考虑级连。例如，设计一个 8 位的 LCD 显示器，使在 LCD 8 位上分别显示 1、2、3、4、5、6、7、8，1s 后 LCD 的前 7 位分别显示 90HELP-，最后 1 位 LCD 不显示(熄灭)，经过 1s 后又重新显示 1、2、3、4、5、6、7、8，如此循环反复显示。

分析：采用能显示 8 位的 YXY8002 型的 LCD 显示器。一个 7211 只能驱动 4 位 LCD，8 位 LCD 需两片 7211，采用级连形式的电路，如图 8.28 所示。

LCD 显示模块共用一个 COM 端，由 BP 输出驱动，为保证两片 7211 的输出脉冲具有相同的频率和相位，7211(a)的 OSC 悬空，产生方波，并且从 BP 输出，提供给 7211(b)和 LCD 的公共脚，7211(b)的 OSC 接地，禁止内部振荡器工作。$P_{2.7}$作为 7211(a)的片选，使地址为 7FFFH，$P_{2.6}$ 作为 7211(b) 的片选，地址为 BFFFH。$P_{0.3} \sim P_{0.0}$ 发送显示数据。$P_{0.5}$、$P_{0.4}$接 7211(a)的 DS_2 和 DS_1，用于高 4 位的 LCD 位选择；$P_{0.7}$、$P_{0.6}$ 接 7211(b)的 DS_2、DS_1，作为低 4 位 LCD 的位选择；最高位 LCD 接 $1_a \sim 1_g$，根据表 8.3 和表 8.4，高位 LCD 显示 1，发送的数据为 XX110001，即 31H，以此类推。程序如下：

```
        POD1 EQU 7FFFH                     ;7211(a)的地址为 7FFFH
        POD2 EQU 0BFFFH                    ;7211(b) 的地址为 BFFFH
        ORG 0000H
```

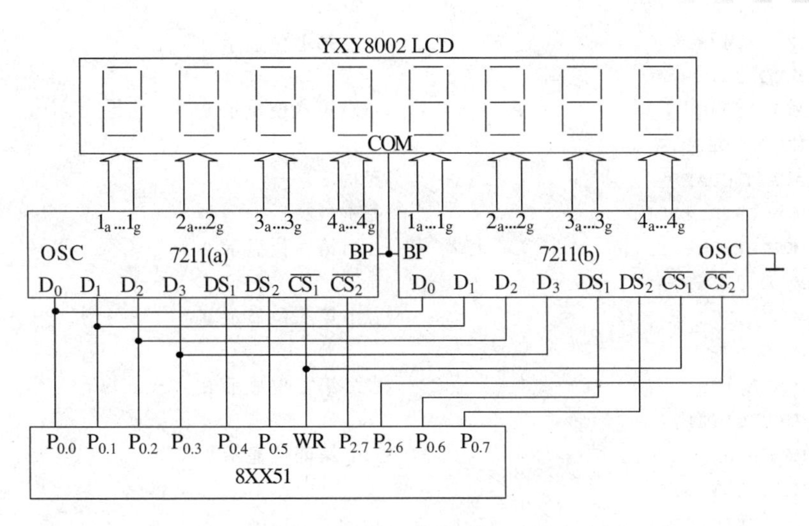

图 8.28 7211 级连驱动 8 位液晶显示器电路原理图

```
        MOV DPTR,#POD1                  ;熄灭 LCD 所有位
        MOV A,0FH
        MOVX @DPTR,A
        MOV A,1FH
        MOVX @DPTR,A
        MOV A,2FH
        MOVX @DPTR,A
        MOV A,3FH
        MOVX @DPTR,A
        MOV DPTR,#POD2
        MOV A,CFH
        MOVX @DPTR,A
        MOV A,8FH
        MOVX @DPTR,A
        MOV A,4FH
        MOVX @DPTR,A
        MOV A,0FH
        MOVX @DPTR,A
AGAI:   MOV DPTR,#POD1                  ;指向 7211(a)
        MOV A,31H                       ;LCD 第一位显示 1
        MOVX @DPTR,A
        MOV A,22H                       ;LCD 第二位显示 2
        MOVX @DPTR,A
        MOV A,13H                       ;LCD 第三位显示 3
        MOVX @DPTR,A
        MOV A,04H                       ;LCD 第四位显示 4
        MOVX @DPTR,A
        MOV DPTR,#POD2                  ;指向 7211(b)
        MOV A,0C5H                      ;LCD 第五位显示 5
        MOVX @DPTR,A
        MOV A,86H                       ;LCD 第六位显示 6
        MOVX @DPTR,A
```

```
MOV A,47H                          ;LCD 第七位显示 7
MOVX @DPTR,A
MOV A,08H                          ;LCD 第八位显示 8
MOVX @DPTR,A
ACALIDEPAY                         ;延时
MOV DPTR,#POD1                     ;指向 7211(a)
MOV A,39H                          ;LCD 第一位显示 9
MOVX @DPTR,A
MOV A,20H                          ;LCD 第二位显示 0
MOVX @DPTR,A
MOV A,1CH                          ;LCD 第三位显示 H
MOVX @DPTR,A
MOV A,0BH                          ;LCD 第四位显示 E
MOVX @DPTR,A
MOV DPTR,#POD2                     ;指向 7211(b)
MOV A,0CDH                         ;LCD 第五位显示 L
MOVX @DPTR,A
MOV A,8EH                          ;LCD 第六位显示 P
MOVX @DPTR,A
MOV A,4AH                          ;LCD 第七位显示-
MOVX @DPTR,A
MOV A,0FH                          ;LCD 第八位熄灭
MOVX @DPTR,A
ACALL DEPAY                        ;延时
AJMP AGAI
```

2. 字符型 LCD 显示器扩展

字符型 LCD 是一种通常用 5×7 点阵图形来显示字符的液晶显示器。能显示的每个字符都有一个代码，代码对应字符的点阵图形数据由字符发生器产生，通过驱动电路后在 LCD 上显示出字符。为了简化开发，通常可以购买含 LCD 及其驱动电路的显示器，称为 LCD 模块。下面以某型号的 LCD 模块为例，说明其工作原理。

字符型 LCD 模块的引脚功能表如表 8.5 所示，内部结构如图 8.29 所示。

表 8.5 字符型 LCD 引脚功能表

引脚号	符号	状态	功 能
1	V_S		电源地
2	V_{dd}		+5V 逻辑电源
3	V_o		液晶驱动电源
4	RS	输入	寄存器选择，1：数据；0：指令
5	$R/\overline{W}$	输入	读、写操作选择
6	E	输入	使能信号（MDLS40466 未用，符号 NC）
7～14	DB_0～DB_7	三态	数据总线
*15	E_1	输入	MDLS40466 上两行使能信号
*16	E_2	输入	MDLS40466 下两行使能信号

注：15、16 引脚仅用于 MDLS40466，其余型号不用或没有 LED 背光电源输入。

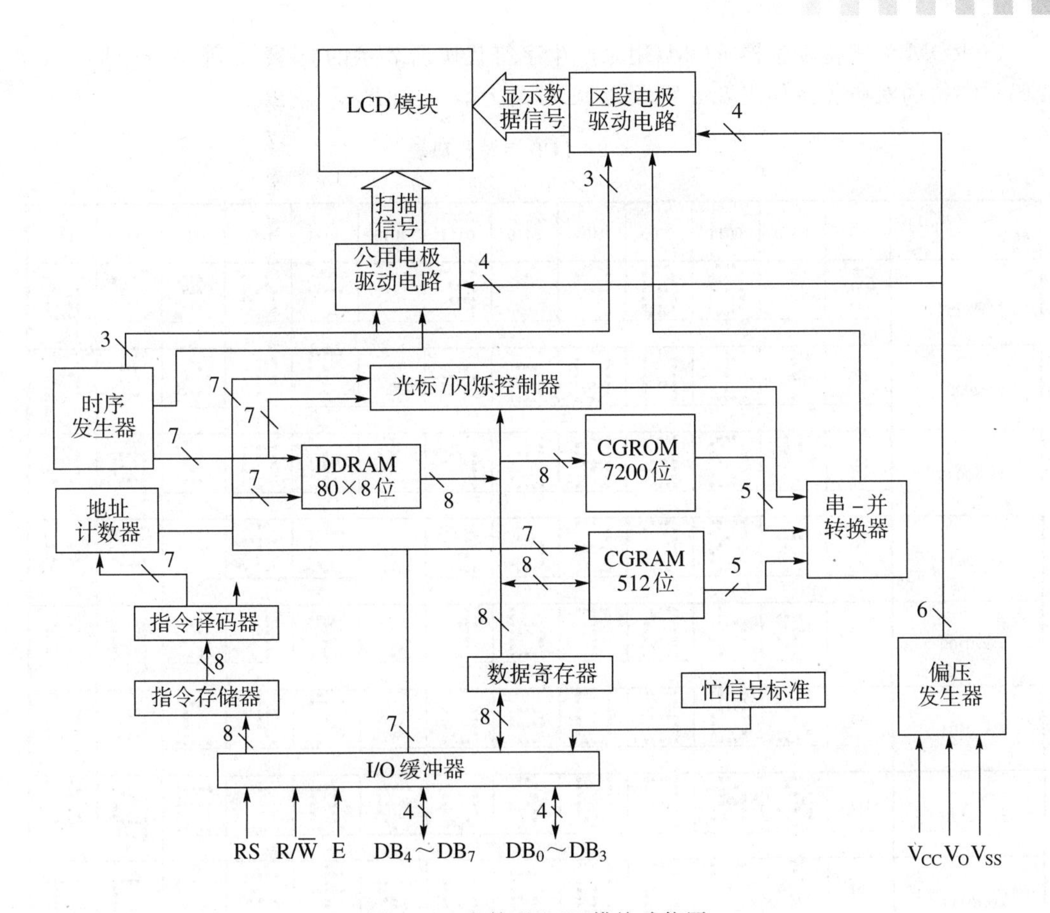

图 8.29 字符型 LCD 模块功能图

功能图中 DDRAM 为显示数据 RAM。它是 80×8 位的 RAM，能够存储 80 个 8 位字符代码，作为显示数据。其地址从高到低依次为 AC_6、AC_5、AC_4、AC_3、AC_2、AC_1、AC_0，对应于显示屏上各位置的 DDRAM 地址如表 8.6 和表 8.7 所示。当 LCD 显示屏每行能显示的字符个数少于 40 时，只有前面的显示单元内的数据才会被显示处理。

表 8.6 双行显示时 DDRAM 地址与显示位置的关系表

显示位置			1	2	3	…	38	39	40
双行显示	第一行 DDRAM 地址	00H	01H	02H	03H	…	25H	26H	27H
	第二行 DDRAM 地址	40H	41H	42H	43H	…	65H	66H	67H
双行左移显示	第一行 DDRAM 地址	01H	02H	03H	04H	…	26H	27H	00H
	第二行 DDRAM 地址	41H	42H	43H	44H	…	66H	67H	40H
双行右移显示	第一行 DDRAM 地址	27H	00H	01H	02H	…	24H	25H	26H
	第二行 DDRAM 地址	67H	40H	41H	42H	…	64H	65H	66H

表 8.7 单行显示时 DDRAM 地址与显示位置的关系表

显示位置	1	2	3	4	5	6	7	8	9	10	11	12	13	14	15	16
单行	00H	01H	02H	03H	04H	05H	06H	07H	40H	41H	42H	43H	44H	45H	46H	47H
单行左移	01H	02H	03H	04H	05H	06H	07H	08H	41H	42H	43H	44H	5H	46H	47H	48H
单行右移	27H	00H	01H	02H	03H	04H	05H	06H	67H	40H	41H	42H	43H	44H	45H	46H

CGROM 为字符发生器 ROM，用来产生字符代码所表示的 5×7 点阵字符图形。字符代码与字符的对应关系如表 8.8 所示。

表 8.8　LCD 字符代码表

低4位 \ 高4位	0000	0010	0011	0100	0101	0110	0111	1010	1011	1100	1101	1110	1111
xxxx0000	CG RAM (1)		0	@	P	`	p		ー	タ	ミ	α	p
xxxx0001	(2)	!	1	A	Q	a	q	。	ア	チ	ム	ä	q
xxxx0010	(3)	"	2	B	R	b	r	「	イ	ツ	メ	β	θ
xxxx0011	(4)	#	3	C	S	c	s	」	ウ	テ	モ	ε	∞
xxxx0100	(5)	$	4	D	T	d	t	、	エ	ト	ヤ	μ	Ω
xxxx0101	(6)	%	5	E	U	e	u	・	オ	ナ	ユ	σ	ü
xxxx0110	(7)	&	6	F	V	f	v	ヲ	カ	ニ	ヨ	ρ	Σ
xxxx0111	(8)	'	7	G	W	g	w	ァ	キ	ヌ	ラ	g	π
xxxx1000	(1)	(	8	H	X	h	x	ィ	ク	ネ	リ	√	x̄
xxxx1001	(2)	)	9	I	Y	i	y	ゥ	ケ	ノ	ル	⁻¹	y
xxxx1010	(3)	*	:	J	Z	j	z	ェ	コ	ハ	レ	j	千
xxxx1011	(4)	+	;	K	[	k	{	ォ	サ	ヒ	ロ	ˣ	万
xxxx1100	(5)	,	<	L	¥	l	|	ャ	シ	フ	ワ	¢	円
xxxx1101	(6)	-	=	M	]	m	}	ュ	ス	ヘ	ン	£	÷
xxxx1110	(7)	.	>	N	^	n	→	ョ	セ	ホ	゛	ñ	
xxxx1111	(8)	/	?	O	_	o	←	ッ	ソ	マ	゜	ö	█

CGRAM 为字符发生器 RAM，用来存储 8 个自行编程的任意 5×7 点阵字符图形。自编程字符图形代码如表 8.8 的第 2 列所示。

此外，还有 AC 地址计数器、忙信号标志 BF、指令寄存器 IR、数据寄存器 DR、电压调整电路、控制及驱动电路等。

字符型 LCD 有 11 条操作指令，其格式如表 8.9 所示。

表 8.9　字符型 LCD 的 11 条操作指令

功能	RS	R/W	DB_7	DB_6	DB_5	DB_4	DB_3	DB_2	DB_1	DB_0	说　明
清屏	0	0	0	0	0	0	0	0	0	1	写入空码，AC 清零，光标归位
光标复位	0	0	0	0	0	0	0	0	1	*	AC 清零，光标返回到显示屏左上角第一个字符位上
模式设置（光标、画面移动方式设置）	0	0	0	0	0	0	0	1	I/D	S	I/D=0，AC 减 1 计数，光标左移一个字符位；I/D=1，AC 加 1 计数，光标右移一个字符位；S=0，禁止画面滚动；S=1，允许画面滚动
显示开关控制	0	0	0	0	0	0	1	D	C	B	D=1，开画面显示；D=0，关画面显示；C=1，光标显示；反之，光标消失；B=1，启用闪烁；反之，禁止闪烁
光标、画面位移不影响 DDRAM	0	0	0	0	0	1	S/C	R/L	*	*	S/C=1，画面平移一个字符位；S/C=0，光标平移一个字符位；R/L=1，右移；R/L=0，左移
设置工作方式、接口数据宽度、显示行数、字符点阵形式	0	0	0	0	1	DL	N	F	*	*	DL=1，8 位数据长度；DL=0，4 位数据长度，DB_4～DB_7 有效；8 位指令代码和数据将按先高 4 位后低 4 位分两次传送；N=1，双行显示；N=0 单行显示。F=1，5×10 点阵字体；F=0，5×7 点阵字体
CGRAM 地址设置	0	0	0	1	A_5	A_4	A_3	A_2	A_1	A_0	将 6 位 CGRAM 地址写入地址指针计数器 AC 中
DDRAM 地址设置	0	0	1	A_6	A_5	A_4	A_3	A_2	A_1	A_0	将 7 位 DDRAM 地址写入地址指针计数器 AC 中
读“忙”标志和地址指针	0	1	BF	AC_6	AC_5	AC_4	AC_3	AC_2	A_1	A_0	BF=1，忙；BF=0，准备好，单片机可以向显示模块写指令代码或读/写数据
写数据	1	0	数　据								根据当前地址指针计数器的性质，将数据写入 AC 所指向的 DDRAM 或 CGRAM 中
读数据	1	1	数　据								根据当前地址指针计数器的性质，将数据从 AC 所指向的 DDRAM 或 CGRAM 中读出

字符型 LCD 模块的读写时序如图 8.30 所示。

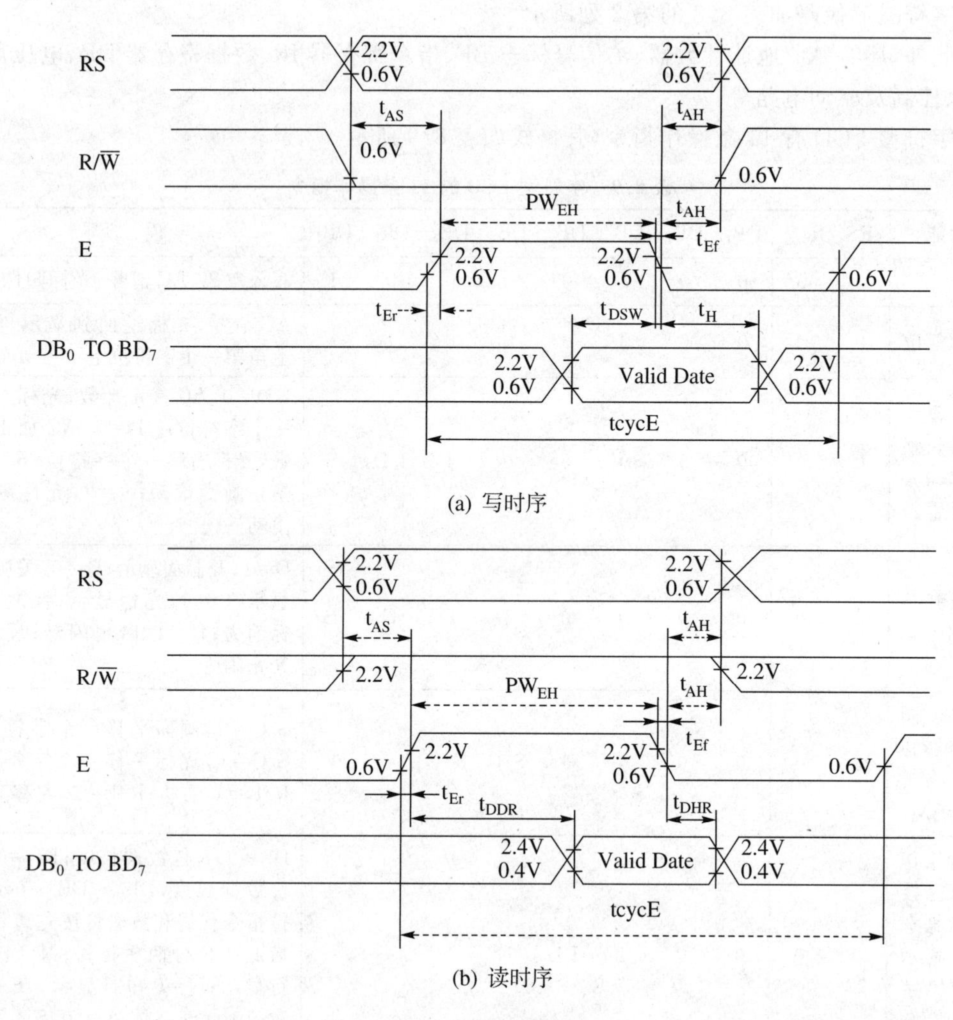

(a) 写时序

(b) 读时序

图 8.30　LCD 模块的读写时序

在 Proteus 下，绘制出 LCD 模块与 51 单片机的接口仿真电路如图 8.31 所示。

由图 8.31 可以看出，LCD 模块的地址空间由 $P_{2.7}$ 直接提供，当总线寻址的地址最高位为 1 时，允许访问 LCD 模块，选择合适的 $P_{2.0}$ 和 $P_{2.1}$ 的电平，就可以实现 LCD 模块相应的读写操作。我们可以选择地址的最低端作为使用的基本地址；指令端口写地址 8000H，数据端口写地址为 8100H，指令端口读地址 8200H，数据端口读地址 8300H。相关的驱动子程序如下。

```
COM     EQU  20H            ;指令寄存器
DAT     EQU  21H            ;数据寄存器
CW_Add  EQU  8000H          ;指令口写地址
CR_Add  EQU  8200H          ;指令口读地址
DW_Add  EQU  8100H          ;数据口写地址
DR_Add  EQU  8300H          ;数据口读地址
```

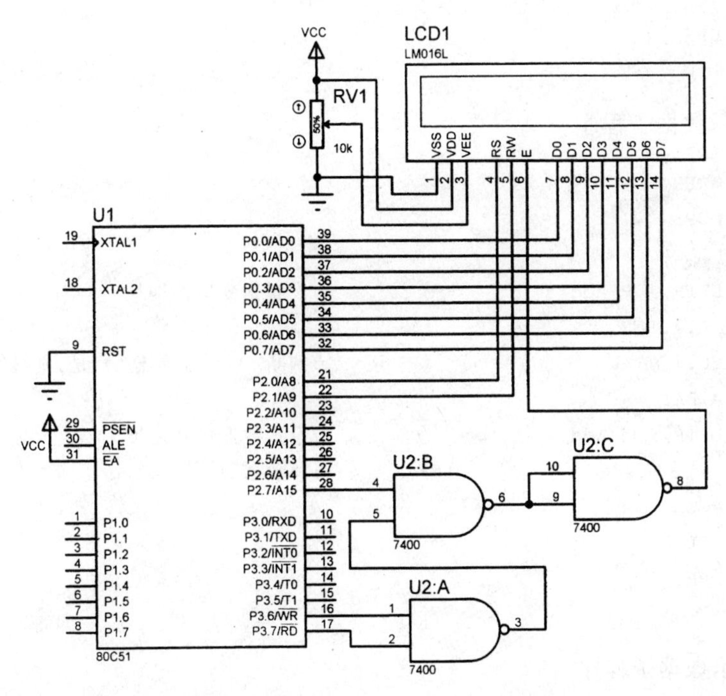

图 8.31 LCD 模块与 51 单片机的 Proteus 接口电路图(出自 Proteus 软件)

(1) 读 BF 和 AC 值

```
PR0:  PUSH DPH
      PUSH DPL
      PUSH ACC
      MOV DPTR,#CR_Add                    ;设置指令口读地址
      MOVX A,@DPTR                        ;读 BF 和 AC 值
      MOV COM,A                           ;存入 COM 单元
      POP ACC
      POP DPL
      POP DPH
      RET
```

(2) 写指令代码子程序

```
PR1:  PUSH DPH
      PUSH DPL
      PUSH ACC
      MOV DPTR,#CR_Add                    ;设置指令口读地址
PR11: MOVX A,@DPTR
      JB ACC.7,PR11                       ;判断 BF 是否等于 0?是,则继续
      MOV A,COM
      MOV DPTR,#CW_Add                    ;设置指令口写地址
      MOVX @DPTR,A                        ;写指令代码
      POP ACC
      POP DPL
```

```
        POP DPH
        RET
```

（3）写显示数据子程序

```
PR2:    PUSH DPH
        PUSH DPL
        PUSH ACC
        MOV DPTR,#CR_Add                        ;设置指令口读地址
PR21:   MOVX A,@DPTR
        JB ACC.7,PR21                           ;判断BF是否等于0？是，则继续
        MOV A,DAT
        MOV DPTR,#DW_Add                        ;设置数据口写地址
        MOVX @DPTR,A                            ;写数据
        POP ACC
        POP DPL
        POP DPH
        RET
```

（4）读显示数据子程序

```
PR3:    PUSH DPH
        PUSH DPL
        PUSH ACC
        MOV DPTR,#CR_Add                        ;设置指令口读地址
PR31:   MOVX A,@DPTR
        JB ACC.7,PR31                           ;判断BF是否等于0？是，则继续
        MOV DPTR,#DR_Add                        ;设置数据口读地址
        MOVX A,@DPTR                            ;读数据
        MOV DAT,A                               ;存入DAT单元
        POP ACC
        POP DPL
        POP DPH
        RET
```

3. 图形LCD显示器扩展

EDM12864B是一款分辨率为128×64的图形点阵式液晶显示模块，可以显示4×8个16×16点阵的汉字。其引脚编号及含义如表8.10所示。

其读写时序如图8.32所示。

时序图中的参数含义如表8.11所示。

EDM12864B型显示模块主要包括以下几个部分。

（1）指令寄存器IR和数据寄存器DR。

（2）忙标志BF。当BF=1时，系统忙；只有当BF=0时，才能对显示模块进行读写操作。

表 8.10 图形 LCD 显示模块引脚功能表

引脚号	引脚名称	电平	功能描述
1	V_{SS}	—	电源地;0V
2	V_{DD}	—	电源电压;+5V
3,18	V_{EE}	—	液晶显示器驱动电压:0～−12V
4	$D/\bar{I}$	H/L	D/I=1,表示 DB_7～DB_0 为显示数据; D/I=0,表示 DB_7～DB_0 为指令数据
5	$R/\overline{W}$	H/L	R/W=1,E=1,数据写到 DB_7～DB_0; R/W=0,E=1→0,数据写到 DB_7～DB_0
6	E	H,H→L	使能信号:R/W=1,E 信号下降沿锁存 DB_7～DB_0, R/W=1,E=1,DDRAM 数据读到 DB_7～DB_0
7～14	DB_0～DB_7	数据总线	
15～16	CS_1,CS_2	H/L	高电平有效,CS_1=1,CS_2=0,选择左半屏;相反,则选择右半屏
17	RST	H/L	低电平时复位
19～20	空脚		

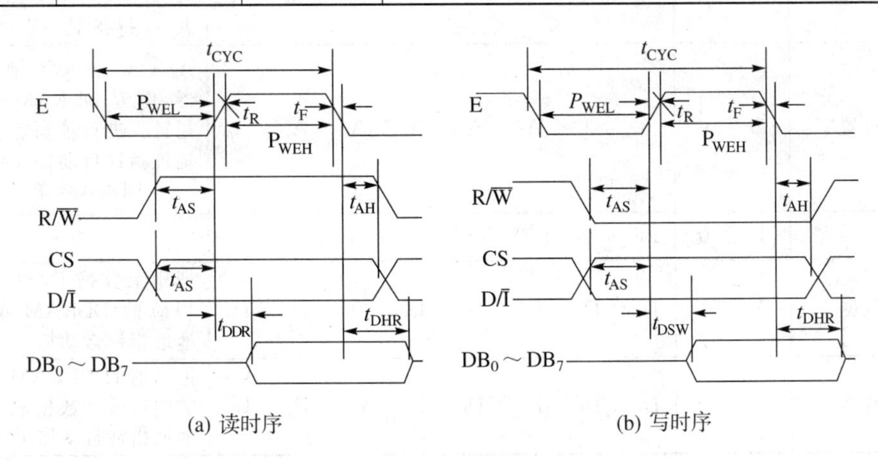

图 8.32 图形 LCD 模块读写时序

表 8.11 时序参数含义表

名称	符号	最小值	典型值	最大值	单位
E 周期时间	t_{CYC}	1000	—	—	ns
E 高电平宽度	P_{WEH}	450	—	—	ns
E 低电平宽度	P_{WEL}	450	—	—	ns
E 上升时间	t_R	—	—	25	ns
E 下降时间	t_R	—	—	25	ns
地址建立时间	t_{AS}	140	—	—	ns
地址保持时间	t_{AH}	10	—	—	ns
数据建立时间	t_{DSW}	200	—	—	ns
数据延迟时间	t_{DDR}	—	—	320	ns
写数据保持时间	t_{DHW}	10	—	—	ns
读数据保持时间	t_{DHR}	20	—	—	ns

(3) 显示控制触发器 DFF。当 DFF=1 时，显示打开，DDRAM 中的内容显示在屏幕上；DFF=0 时，显示关闭。

(4) XY 地址计数器和 Z 地址计数器。XY 地址计数器是一个 9 位计数器，高 3 位为 X 地址计数器，低 6 位为 Y 地址计数器。Z 地址计数器是一个 6 位计数器，用来显示行扫描同步。当一行扫描完成后，该地址计数器自动加 1，指向下一行扫描数据。

(5) 显示数据存储器 DDRAM。数据为 1，表示显示选择；为 0，则不选择。

(6) LCD 显示屏及其他控制和驱动电路。

图形 LCD 模块的操作命令有 7 种，如表 8.12 所示。

表 8.12　图形 LCD 模块的操作命令

操作命令名称	$R/\overline{W}$	$D/\overline{I}$	DB_7	DB_6	DB_5	DB_4	DB_3	DB_2	DB_1	DB_0	说　明
显示开关控制字	0	0	0	0	1	1	1	1	1	D	D=1，开显示； D=0，关显示
显示起始行设置字	0	0	1	1	A_5	A_4	A_3	A_2	A_1	A_0	起始行 6 位地址（A_5～A_0）自动送入 Z 地址计数器
页地址设置字	0	0	1	0	1	1	1	A_2	A_1	A_0	DDRAM 的 8 行为一页，A_2～A_0 表示页号，该 LCD 模块共 64 行、8 页
列地址设置字	0	0	0	1	A_5	A_4	A_3	A_2	A_1	A_0	A_5～A_0 送入 Y 地址计数器，作为 DDRAM 列地址指针。进行读写操作后，Y 地址指针自动加 1，指向下一个 DDRAM 单元
读状态	1	0	BF	0	DFF	RST	0	0	0	0	
写显示数据	0	1	D_7	D_6	D_5	D_4	D_3	D_2	D_1	D_0	把显示数据 D_0～D_7 写入相应的 DDRAM 单元，Y 地址指针自动加 1
读显示数据	1	1	D_7	D_6	D_5	D_4	D_3	D_2	D_1	D_0	把当前的 DDRAM 单元中的内容读到数据总线上，Y 地址指针自动加 1

页地址与 DDRAM 的对应关系如表 8.13 所示。

表 8.13　DDRAM 地址表

	$CS_1=1, CS_2=0$							$CS_1=0, CS_2=1$							
Y=	0	1	2	3	…	62	63	0	1	2	3	…	62	63	行号
X=0	DB_0 ↓ DB_7			…			DB_0 ↓ DB_7	DB_0 ↓ DB_7			…			DB_0 ↓ DB_7	0 ↓ 7
↓	DB_0 ↓ DB_7			…			DB_0 ↓ DB_7	DB_0 ↓ DB_7			…			DB_0 ↓ DB_7	8 ↓ 56
X=7	DB_0 ↓ DB_7			…			DB_0 ↓ DB_7	DB_0 ↓ DB_7			…			DB_0 ↓ DB_7	56 ↓ 63

EDM12864B与51单片机的接口电路如图8.33所示。

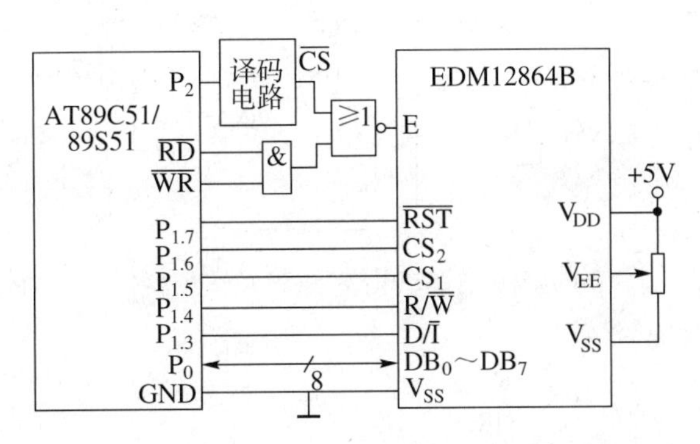

图8.33 AT89C51与EDM12864B的接口电路

8.4 驱动电路

在单片机应用系统中为实现弱电(单片机输出的控制信号)对强电(执行机构电源)的控制,必须有驱动电路,常用的驱动电路有以下几种。

(1) I/O口驱动电路

在单片机应用系统中,开关量都是通过单片机的I/O口或扩展I/O口输出的。这些I/O口的驱动能力有限,例如标准TTL门电路的低电平吸收电流的能力约为16mA,一般不足以驱动功率开关(如继电器等),因此经常需要增加I/O口的驱动能力。用于此目的的集成逻辑器件很多,例如常用的集电极开路反向驱动器7406或同向驱动器7407,输出电压可上拉至30V以上,一般用作功率开关器件的缓冲驱动级。

(2) 功率晶体管驱动电路

图8.34(a)是简单的晶体管驱动电路。当晶体管用作开关元件时,要保证使其工作在开关状态。晶体管导通时,驱动电流必须足够大并使其饱和,否则会增加其管压降来限制负载电流,此时晶体管进入线性工作区并加大功耗。但晶体管的基极电流过大会使其饱和程度过深,并因此影响其开关速度。晶体管关断时要可靠截止,为此,有时需要下拉基极电位,使其稍低于发射极电位(NPN管)。高速晶体管开关过程中通过线性区的速度快、功耗低。

(3) 达林顿管驱动电路

晶体管用作功率开关器件的主要问题是受β值的限制,在驱动大功率负载时需要提供较大的基极电流,并且通常大功率晶体管的β值较低,如果采用复合管,其β值则是两个晶体管β值的乘积。达林顿管相当于复合晶体管(见图8.34(b)),用达林顿管构成的驱动电路具有很高的输入阻抗和电流增益。

(4) 闸流晶体管(可控硅整流器)

可控硅整流器(SCR)是一种三端固态器件,其阳极相当于晶体管的集电极,阴极相当于发射极,门控极相当于基极。可控硅整流器只工作在导通或截止状态,一般用作整流和功率开关器件。

SCR只需要极小的驱动电流,一般输出负载电流和输入驱动电流之比大于1000,是较

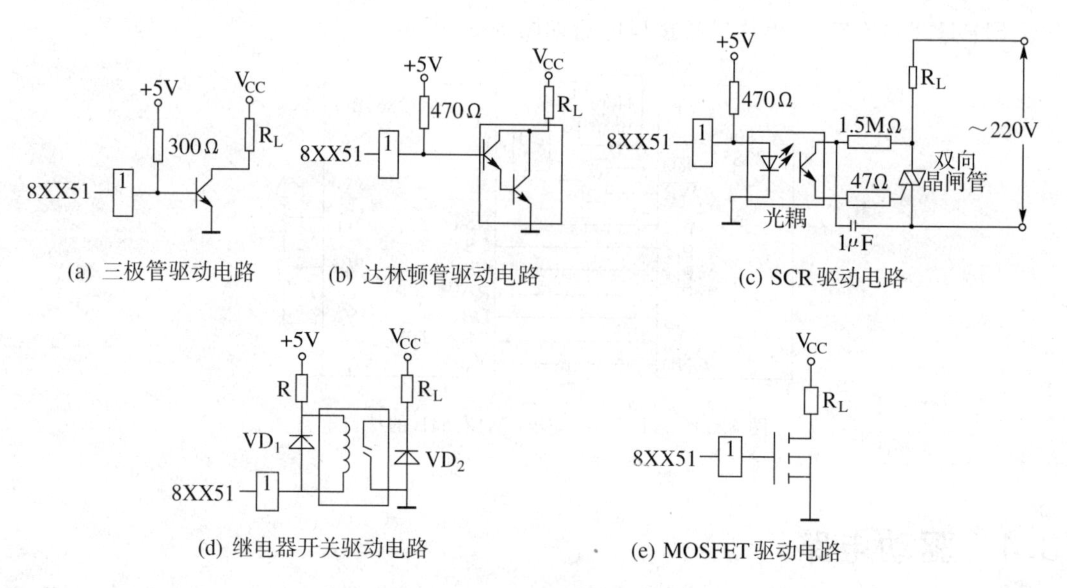

图 8.34　常用功率开关电路

为理想的大功率开关器件。普通 SCR 的另一特点是脉冲触发导通，由于其内部的反馈特性，一旦导通，即使去掉门控电压，也不会截止，只有关掉负载后，门控信号才会发挥作用。特殊设计的可关断晶闸管也可以由电平控制其开关。双向可控硅适用于交流负载的开关控制。

由于 SCR 通常用于开关高电压和大功率负载，故不宜直接与数字逻辑电路相连，在实际使用时常采用隔离措施，例如光电隔离，图 8.34(c)是其典型应用的电路原理图。

（5）机械继电器

在控制中常用的有干簧继电器、水银继电器、机械振子式继电器等。与电子开关相比，机械继电器最大的优点是其开关状态是理想的。大功率的机械继电器可以承受很大的电流和很高的电压。

机械继电器的接口电路如图 8.34(d)所示。电阻 R 用于调整继电器的驱动电流。二极管 VD1 用于在继电器关断时为线圈提供感生电流的放电回路。

机械继电器的开关响应时间较长，故单片机应用系统中使用机械继电器时，控制程序中必须考虑开关响应时间的影响。

（6）功率场效应管(MOSFET)

功率场效应管用作功率开关，具有开关频率高、输入电流小、控制电流大的特点，兼有晶体管开关和 SCR 的全部优点。其电路如图 8.34(e)所示。

（7）光电耦合器

在单片机应用系统中，在驱动控制大功率负载时，电磁干扰很强。例如在控制大功率电机时，电机关断时感应的高电压可能会通过功率器件或电源的耦合作用窜入单片机系统，不仅会影响系统的正常工作，而且可能造成硬件的损坏。因此在大功率输出的情况下，普遍采用光电隔离技术。

光电耦合的作用是使弱电、强电之间没有电接触并抑制电磁干扰。当其用于输出时可兼作缓冲驱动器，因此要注意驱动能力，比如选择达林顿管输出的光电耦合器。光电耦合器应放在功率驱动电路的输入端,图 8.34(c)是光电耦合器驱动晶闸管,图 8.35 是利用光电耦合器驱动继电器。

(8) 固态继电器

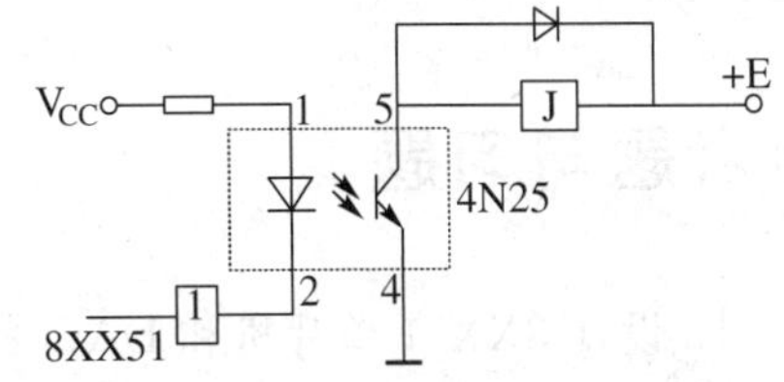

图 8.35 光电耦合输出电路

目前,许多功率驱动电路趋向于模块化,其中固态继电器是最常用的功率开关模块。它是一个四端口模块,两个为输入端,两个为输出端,在输入信号控制下可以开关大功率的交流或直流负载。

固态继电器的内部结构如图 8.36 所示,包括输入电路、光电隔离和驱动输出,考虑到负载常呈感性(如各种电机),许多固态继电器还带有吸收网络,用以消除关断感性负载时产生的瞬时高压。

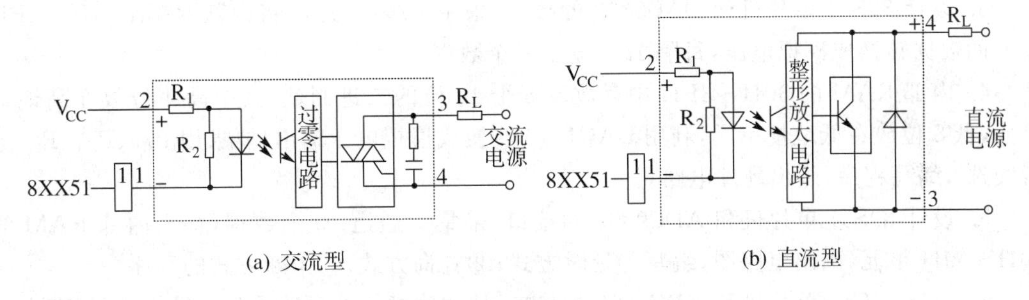

图 8.36 固态继电器

固态继电器具有下述优点:无机械触点、可靠性高、寿命长;采用光电隔离,抗干扰能力强;无机械可动部分,开关速度快;输入与逻辑电路兼容,通常可直接与 TTL 或 CMOS 电路连接;无机械噪声,电噪声较低。因此,固态继电器的使用非常广泛。

8.5 小结

接口芯片的种类成百上千,根据不同的需要进行选择,本章重点介绍了单片机接口的扩展方法。

(1) 外围接口芯片和单片机的连接与存储器的连接一样,依然归结为三总线(数据总线、地址总线和控制总线)的连接,连接的方法和地址译码的方法原则上是和存储器一样的。

(2) I/O 接口扩展有两类:通用型和可编程型。在硬件连接上,无论哪种芯片,都要将单片机的$\overline{WR}$(写)或$\overline{RD}$(读)连接上,以此作为输出或输入的选通控制。对于通用型输入接口,应使用$\overline{RD}$。而对于通用型输出接口,应使用$\overline{WR}$。对于可编程型,芯片本身有$\overline{WR}$和$\overline{RD}$信号,使其和单片机的$\overline{WR}$和$\overline{RD}$对应连接就可以了。

(3) 在软件设计中,外围 I/O 接口使用 MOVX 指令完成输入或输出,使用可编程型 I/O 接口芯片时必须先写控制字,且要注意控制字要写入控制口,数据的输入输出使用数据口。

在掌握了单片机的总线结构和连接方法,查阅到各种芯片的功能、结构和引脚、控制字格式后，各种芯片和单片机的连接是很容易完成的，这也表明读者已具备了一定的嵌入式系统的设计能力。

思考题与习题

1. 设计 8XX51 单片机和 DAC0832 的接口，要求地址为 F7FFH，满量程电压为 5V，采用单缓冲工作方式，画出电路图，编写程序，输出如下要求的模拟电压。

(1) 幅度为 3V，周期不限的三角波电压。

(2) 幅度为 4V，周期 2ms 的方波。

(3) 周期为 5ms 的阶梯波，阶梯的电压幅度分别为 1V、2V、3V、4V、5V，每一阶梯 1ms。

2. 题目要求同习题 1，采用双缓冲方式。

3. 设计 89S51 单片机和 DAC0832 的接口，采用单缓冲方式，将内部 RAM 20H～2FH 单元的数据转换成模拟电压，每隔 1ms 输出一个数据。

4. 内部 RAM 的 30H～3FH 中存放着 8 个 12 位的二进制数，其中高 4 位放在高地址单元，低 8 位放在低地址单元，利用 DAC1210 转换成模拟电压输出，要求用 $P_{2.0}$、$P_{2.1}$、$P_{2.2}$ 进行线选，编写程序，画出硬件电路。

5. 设计 89S51 单片机和 ADC0809 的接口，采集 2 通道 10 个数据，存入内部 RAM 的 50H～59H 单元，画出电路图，编写①延时方式；②查询方式；③中断方式的程序。

6. 设计 89C51 单片机和 ADC0809 的接口，使用中断方式顺序采集八路模拟量，存入地址为 20H～27H 的内部 RAM 中。

7. 设计 8XX51 单片机和 8279 的接口，使其外接 8 个数码管和 2×8 矩阵键盘。①画出硬件电路；②最左边数码管显示“—”；③将每一次按键(键值 0～F)，从左到右顺序显示在数码管上。

*第9章 串行接口技术

9.1 RS-485总线扩展

RS-485标准接口是单片机系统中常用的一种串行总线之一。与RS-232C比较,其性能有许多改进,如表9.1所示。

表9.1 RS-232C与RS-485性能比较

接　口	RS-232C	RS-485
操作方式	单端	差动方式
最大距离/m	15(速率为24Kb/s)	1200(速率为100Kb/s)
最大速率	200Kb/s	10Mb/s
最大驱动器数目	1	32
最大接收器数目	1	32

RS-485接口可连接成半双工和全双工两种通信方式。常见的半双工通信芯片有MAX481、MAX483、MAX485、MAX487等,全双工通信芯片有MAX488、MAX489、MAX490、MAX491等。它们的性能比较如表9.2所示。

表9.2 MAX485系列芯片性能比较表

型号	半/全双工	传输速率(Mb/s)	转换率限制	低功耗关机	收发使能	静态电流(μA)	总线上的收发器数	管脚数
MAX481	半双工	2.5	无	有	有	30	32	8
MAX483	半双工	0.25	有	有	有	120	32	8
MAX485	半双工	2.5	无	无	有	300	32	8
MAX487	半双工	0.25	有	有	有	120	32	8
MAX488	全双工	0.25	有	无	无	120	32	8
MAX489	全双工	0.25	有	无	有	120	32	14
MAX490	全双工	2.5	有	无	无	300	32	8
MAX491	全双工	2.5	无	无	有	300	32	14

下面以 MAX485 为例来介绍 RS-485 串行接口的应用。MAX485 的封装有 DIP、SO 和 uMAX 三种，其中 DIP 封装的管脚如图 9.1 所示。

管脚的功能如下。

RO：接收器输出端。若 A 比 B 大 200mV，RO 为高电平；反之为低电平。

$\overline{RE}$：接收器输出使能端。$\overline{RE}$为低电平时，RO 有效；$\overline{RE}$为高电平时，RO 呈高阻状态。

DE：驱动器输出使能端。若 DE＝1，驱动器输出 A 和 B 有效；若 DE＝0，则它们呈高阻状态。若驱动器输出有效，器件作为线驱动器；反之，作为线接收器。

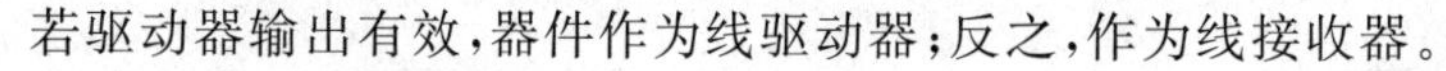

图 9.1　MAX485 芯片的 DIP 封装管脚图

DI：驱动器输入端。DI＝0，则 A＝0，B＝1；当 DI＝1，则 A＝1，B＝0。

GND：接地。

A：同相接收器输入和同相驱动器输出。

B：反相接收器输入和反相驱动器输出。

V_{CC}：电源端，一般接＋5V。

MAX485 的典型工作电路如图 9.2 所示，其中，平衡电阻 R_p 通常为 100～300Ω。MAX485 的收发功能如表 9.3 所示。

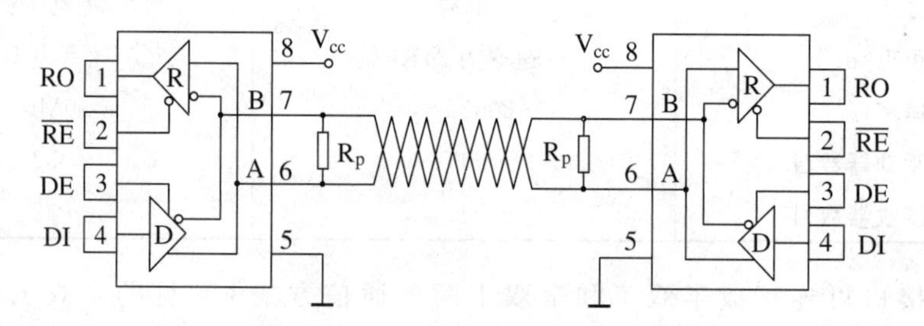

图 9.2　MAX485 芯片的典型工作电路

表 9.3　MAX485 的收发功能

发送					接收			
输入			输出		输入			输出
$\overline{RE}$	DE	DI	A	B	$\overline{RE}$	DE	A-B	RO
X	1	1	1	0	0	0	大于＋0.2V	1
X	1	0	0	1	0	0	小于＋0.2V	0
0	0	X	Z	Z	0	0	输入开路	1
1	0	X	Z	Z	1	0	X	Z

采用 MAX485 芯片构成的 RS-485 分布式数据采集网络系统如图 9.3 所示。该网络的拓扑结构采用总线方式，传送数据采用主从站方法。上位机作为主站，下位机作为从站。主站启动并控制网上的每一次通信，每个从站有一个识别地址，只有当某个从站的地址与主站呼叫的地址相同时，该站才响应并向主站发回应答数据。AT89C51 单片机与 MAX485 的接口电路如图 9.4 所示。$P_{1.7}$用来控制 MAX485 的接收或发送，其余操作同串口，程序请读

者自行编写。

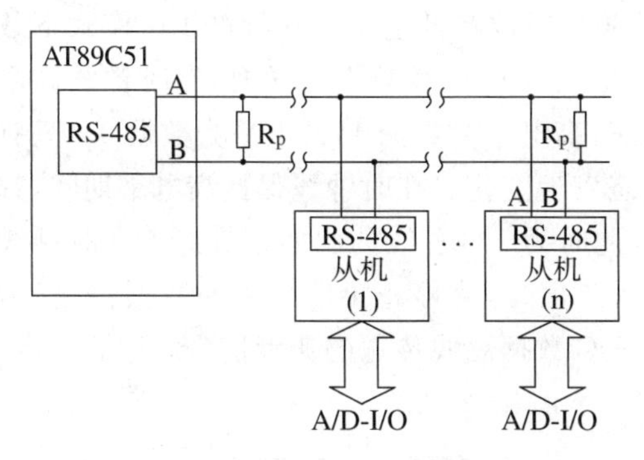

图 9.3 RS-485 数据采集网络示意图

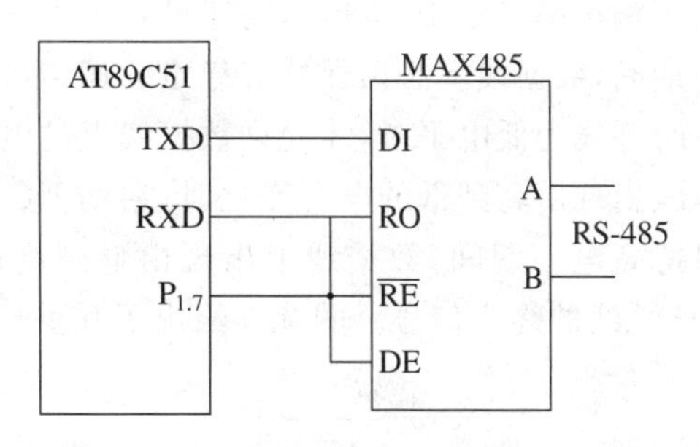

图 9.4 AT89C51 单片机与 MAX485 的接口

9.2 I^2C 总线扩展接口及应用

9.2.1 原理

IIC(I^2C)总线是 Philip 公司推出的芯片间串行传输总线。它用两根线实现了完善的全双工同步数据传送,可以极为方便地构成多机系统和外围器件扩展系统。I^2C 总线采用了器件地址的硬件设置方法,通过软件寻址完全避免了器件的片选线寻址方法,从而使硬件系统的扩展简单、灵活。按照 I^2C 总线规范,总线传输中的所有状态都生成相对应的状态码,系统中的主机能够依照这些状态码自动地进行总线管理,用户只要在程序中装入这些标准处理模块,根据数据操作要求完成 I^2C 总线的初始化,启动 I^2C 总线,就能自动完成规定的数据传送操作。

I^2C 总线接口为开漏或开集电极输出,需加上拉电阻。系统中所有的单片机、外围器件都将数据线 SDA 和时钟线 SCL 的同名端相连在一起,总线上的所有节点都由器件的引脚给定地址。系统中可以直接连接具有 I^2C 总线接口的单片机,也可以通过总线扩展芯片或 I/O 口的软件仿真与 I^2C 总线相连。在 I^2C 总线上可以挂接各种类型的外围器件,如 RAM/EEPROM、日历/时钟、A/D、D/A,以及由 I/O 口、显示驱动器构成的各种模块。常用的 I^2C 接口外围器件地址如表 9.4 所示。有不少的 51 系列单片机内部集成了 I^2C 总线接口,如 8XC552 等。

表 9.4 常用 I^2C 接口外围器件地址

器件名称	类 型	地 址
PCF8570	256B RAM	1010 A_2 A_1 A_0 R/W
PCF8582	256B EEPROM	1010 A_2 A_1 A_0 R/W
PCF8574	8 位 I/O	0100 A_2 A_1 A_0 R/W
PCFSAA1064	4 位 LED 驱动器	0111 1 A_1 A_0 R/W
PCF8591	8 位 A/D、D/A	1001 A_2 A_1 A_0 R/W
PCF8583	RAM、日历	1010 A_2 A_1 A_0 R/W

I^2C 总线的时钟线 SCL 和数据线 SDA 都是双向传输线。总线备用时 SDA 和 SCL 都必须保持高电平状态，只有关闭 I^2C 总线时才使 SCL 钳位在低电平。在标准 I^2C 模式下数据传输速率可达 100Kb/s，高速模式下可达 400Kb/s。I^2C 总线数据传送时，在时钟线高电平期间，数据线上必须保持有稳定的逻辑电平状态，高电平为数据 1，低电平为数据 0。只有在时钟线为低电平时，才允许数据线上的电平状态发生变化。在时钟线保持高电平期间，数据线出现由高到低的电平变化时，启动 I^2C 总线，此时为 I^2C 总线的起始信号。若在时钟线保持高电平期间，数据线上出现由低到高的电平变化时，将停止 I^2C 总线的数据传送，为 I^2C 总线的终止信号。图 9.5 给出了几种典型的 I^2C 数据总线传送的典型信号时序。

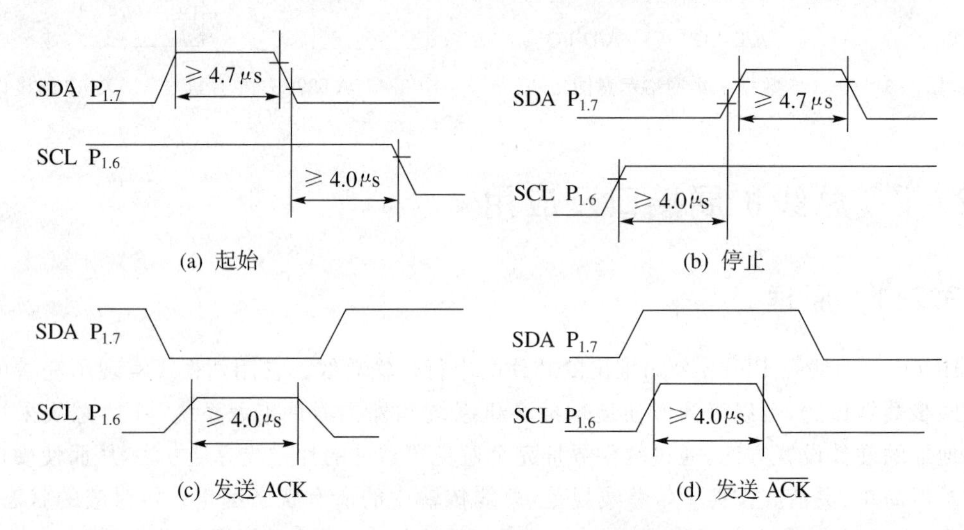

图 9.5 I^2C 总线数据传送的典型信号时序

I^2C 总线上传送的每一个字节均为 8 位，但每启动一次 I^2C 总线，其后的数据传送字节数是没有限制的。每传送一个字节后都必须跟随一个接收器回应的应答位（低电平为应答信号 A，高电平为非应答信号 $\overline{A}$），并且首先发出的数据位为最高位，在全部数据传送结束后主控制器发送终止信号。一次完整的数据读写操作如表 9.5 所示。

表 9.5 数据传送格式

主控制器写操作	S	SLAW	A	data 1	A	data 2	A	…	data n	A/$\overline{A}$	P
主控制器读操作	S	SLAR	A	data 1	A	data 2	A	…	data n	$\overline{A}$	P

其中，灰底框为主控制器发送，被控器接收；其余为主控制器接收，被控制器发送。

A——应答信号。

$\overline{A}$——非应答信号。

S——起始信号。

P——停止信号。

SLAW——寻址字节（写）。

SLAR——寻址字节（读）。

data 1～data n——传送的 n 个数据字节。

9.2.2　软件 I^2C 总线

假设单片机所用晶体振荡器的频率为6MHz，用 $P_{1.7}$ 和 $P_{1.6}$ 分别模拟SDA和SCL，定义如下：

```
SDA EQU  P1.7
SCL EQU  P1.6
```

1. 产生起始位和停止位

如果单片机的机器周期为2ms，可分别写出产生时钟SCL和SDA的发送起始条件和停止条件，两段子程序如下。若晶振频率并非6MHz，则要相应增删各程序段中NOP指令的条数，以满足时序的要求。例如，若 f_{osc}=12MHz，则应将两条NOP指令应增至4条。

(1) 发送起始条件START(见图9.5(a))

```
STA: SETB SDA
     SETB SCL
     NOP
     NOP
     CLR SDA
     NOP
     NOP
     CLR SCL
     RET
```

(2) 发送停止条件STOP(见图9.5(b))

```
STOP: CLR SDA
      SETB SCL
      NOP
      NOP
      SETB SDA
      NOP
      NOP
      CLR SCL
      RET
```

2. 发送应答位和非应答位子程序

I^2C 总线上的第9个时钟对应于应答位，相应数据线上0为ACK，1为 $\overline{ACK}$。发送应答位和非应答位的子程序分别如下。

(1) 发送应答位ACK(见图9.5(c))

```
MACK: CLR SDA
      SETB SCL
      NOP
```

```
        NOP
        CLR SCL
        SETB SDA
        RET
```

(2) 发送非应答位$\overline{ACK}$(见图 9.5(d))

```
MNACK: SETB SDA
        SETB SCL
        NOP
        NOP
        CLR SCL
        CLR SDA
        RET
```

3. 应答位检查子程序

在 I^2C 总线数据传送中，接收器收到发送器传送来的一个字节后，必须向 SDA 线上返送一个应答位 ACK，表明此字节已经接收到。本子程序使单片机产生一个额外的时钟(第九个时钟脉冲)，在脉冲的高电平期间读 ACK 应答位，并将它的状态复制到 F0 标志中以供检查。若有正常 ACK，则 F0 标志为 0，否则为 1。

```
CACK: SETB SDA                    ;SDA 作为输入
      SETB SCL                    ;第 9 个时钟脉冲开始
      NOP
      MOV C,SDA                   ;读 SDA 线
      MOV F0,C                    ;转存入 F0 中
      CLR SCL                     ;时钟脉冲结束
      NOP
      RET
```

4. 字节数据发送子程序

由于是 SDA 接在并行口线，无移位寄存器，因此数据通过指令完成移位，再从 SDA 串行输出。遵循时序要求，数据在时钟低电平时变化，高电平时稳定，每一个时钟脉冲传送一位，编写字节数据传送子程序。

该子程序的入口条件是待发送的字节位于累加器 ACC 中。

```
WRB:  MOV R7,#8                   ;位计数器初值
WLP:  RLC A                       ;欲发送位移入 C 中
      JC WR1                      ;此位为 1,转至 WR1
      CLR SDA                     ;此位为 0,发送 0
      SETB SCL                    ;时钟脉冲变为高电平
      NOP                         ;延时
      NOP
      CLR SCL                     ;时钟脉冲变为低电平
```

```
        DJNZ R7,WLP             ;未发送完 8 位,转至 WLP
        RET                     ;8 位已发送完,返回
WR1:    SETB SDA                ;此位为 1,发送 1
        SETB SCL                ;时钟脉冲变为高电平
        NOP
        NOP                     ;延时
        CLR SCL                 ;时钟脉冲变为低电平
        CLR SDA
        DJNZ R7,WLP
        RET
```

5. 字节数据接收子程序

该子程序的功能是在时钟的高电平时数据已稳定,读入一位,经过 8 个时钟从 SDA 线上读入一个字节数据,并将所读入的字节存于 A 和 R_6 中。

```
RDB:    MOV R7,#8               ;R7 存放位计数器初值
RLP:    SETB SDA                ;SDA 输入
        SETB SCL                ;SCL 脉冲开始
        MOV C,SDA               ;读 SDA 线
        MOV A,R6                ;取回暂存结果
        RLC A                   ;移入新接收位
        MOV R6,A                ;暂存入 R6
        CLR SCL                 ;SCL 脉冲结束
        DJNZ R7,RLP             ;未读完 8 位,转至 RLP
        RET                     ;8 位读完,返回
```

6. *n* 个字节数据发送子程序

这段子程序的入口条件为:

- 假定控制字节已存放在片内 RAM 的 SLA 单元中。
- 待发送数据各字节已位于片内 RAM 以 MTD+1 为起始地址的 *n* 个连续单元中。
- NUMBYT 单元中存有欲发送数据的字节数。
- 接收到的数据的存放首址存放在片内 RAM 的 MTD 单元。

```
WRNBYT:    PUSH PSW             ;保护现场
WRNBYT1:   MOV PSW,#18H         ;改用第 3 组工作寄存器
           CALL STA             ;发送起始条件
           MOV A,SLA            ;读写控制字节
           CALL WRB             ;发送写控制字节
           CALL CACK            ;检查应答位
           JB F0,WRNBYT         ;无应答位,重发
           MOV R0,#MTD          ;有应答位,继而发送数据,第一个数据为首址
           MOV R5,NUMBYT        ;R5 保存欲发送数据字节数
WRDA:      MOV A,@R0            ;读一个字节数据
           LCALL WRB            ;发送此字节
```

```
        LCALL CACK              ;检查 ACK
        JB F0,WRNBYT1           ;无 ACK,重发
        INC R0                  ;调整指针
        DJNZ R5,WRDA            ;尚未发送完 n 个字节,继续
        LCALL STOP              ;全部数据发送完,停止
        POP PSW                 ;恢复现场
        RET                     ;返回
```

7. 读、存数据程序

假设数据接收缓冲区为片内 RAM 以 MRD 为首址的 n 个单元。

这段子程序的入口条件为：

- 片内 RAM 中的 SLA 单元存有读控制字节。
- NUMBYT 单元中存有欲接收数据的字节数。

出口条件：

- 所读出的数据将存入片内 RAM 以 MRD 为首地址的 n 个连续单元内。

```
RDNBYT:   PUSH PSW
RDNBYT1:  MOV PSW,#18H
          LCALL STA             ;发送起始条件
          MOV A,SLA             ;读入读控制字节
          LCALL WRB             ;发送读控制字节
          LCALL CACK            ;检查 ACK
          JB F0,RDNBYT1         ;无 ACK,重新开始
          MOV R1,#MRD           ;接收数据缓冲区指针
GO_ON:    LCALL RDB             ;读一个字节
          MOV @R1,A             ;存入接收数据缓冲区;
          DJNZ NUMBYT,ACK       ;未全部接收完,转至 ACK
          LCALL MNACK           ;已读完所有字节,发ACK(非)
          LCALL STOP            ;发送停止条件
          POP PSW
          RET
ACK:      LCALL MACK            ;发 ACK
          INC R1                ;调整指针
          SJMP GO_ON            ;继续接收
```

9.2.3 典型 I²C 串行存储器的扩展

1. 串行 I²C 总线 EEPROM AT24CXX 的扩展

(1) 基本原理

AT24CXX 的特点是：单电源供电，工作电压范围为 1.8～5.5V；低功耗 CMOS 技术(100kHz(2.5V)和 400kHz(5V)兼容)；自定时写周期(包含自动擦除)、页面写周期的典型值为 2ms；具有硬件写保护。

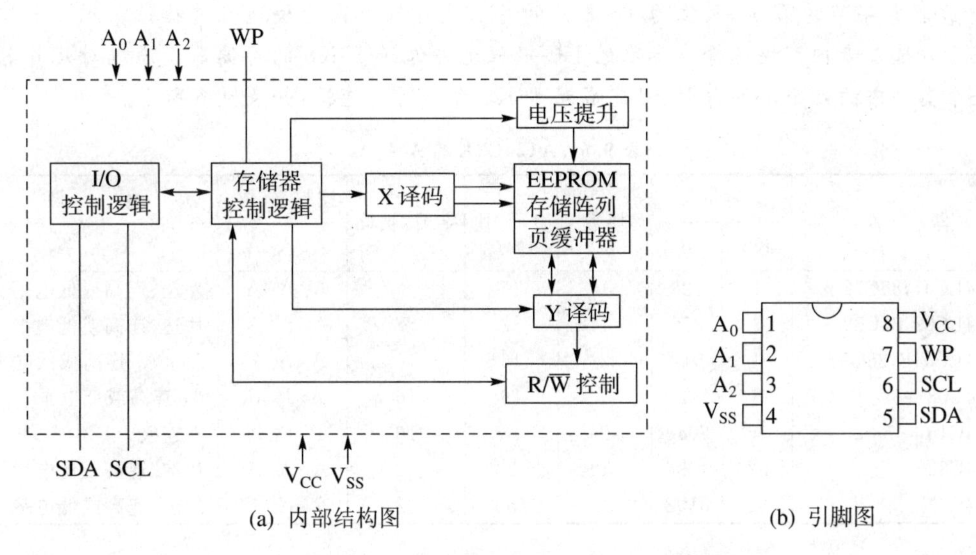

(a) 内部结构图　　(b) 引脚图

图 9.6　AT24CXX 的内部结构和引脚图

器件型号为 AT24CXX 的结构和引脚如图 9.6 所示，其中：

- SCL，串行时钟端。
- SDA，串行数据端。
- WP，写保护，当 WP 为高电平时，存储器只读；当 WP 为低电平时，存储器可读可写。
- A_0、A_1、A_2，片选或块选。

SDA 为漏极开路端，需接上拉电阻到 V_{CC}。数据的结构为×8 位。信号为电平触发，而非边沿触发。输入端内接有滤波器，能有效抑制噪声。自动擦除（逻辑 1）在每一个写周期内完成。

AT24CXX 采用 I^2C 规程，运用主/从双向通信。器件发送数据到总线上，则定义为发送器；器件接收数据，则定义为接收器。主器件（通常为微控制器）和从器件可工作于接收器和发送器状态。总线必须由主器件控制，主器件产生串行时钟（SCL），控制总线的传送方向，并产生开始和停止条件。串行 EEPROM 为从器件。无论主控器件，还是从控器件，接收一个字节后必须发出一个确认信号 ACK。

(2) 控制字节要求

开始位以后，主器件送出 8 位控制字节。控制字节的结构（不包括开始位）如下所示：

1　0　1　0	A_2　A_1　A_0	$R/\overline{W}$
I^2C 从器件地址	片选或块选	读/写控制位

说明：

① 控制字节的第 1～4 位为从器件地址位（存储器为 1010）。控制字节中的前 4 位码确认器件的类型。此四位码由飞利浦公司的 I^2C 规程所决定。1010 码即为从器件为串行 EEPROM 的情况。串行 EEPROM 将一直处于等待状态，直到 1010 码发送到总线上为止。当 1010 码发送到总线上，其他非串行 EEPROM 从器件将不会响应。

② 控制字节的第5～7位为1～8片的片选或存储器内的块地址选择位。此3个控制位用于片选或者内部块选择。标准的I^2C规程允许选择16Kb的存储器。通过对几片器件或一个器件内的几个块的存取，可完成对16Kb存储器的选择，如表9.6所示。

表9.6 AT24CXX的$A_2A_1A_0$

器件	容量		块数	页面/块	字节/页面	控制字(位)	引脚
	Kb	B				A_2 A_1 A_0	A_2 A_1 A_0
24LC01,85C72	1	128	1	16	8	A_2 A_1 A_0	片选、连高或低电平
24LC02,85C82	2	256	1	32	8	A_2 A_1 A_0	片选、连高或低电平
24LC04B,85C92	4	512	2	16	16	A_2 A_1 P_0	A_2、A_1 连高或低电平
24C08	8	1024	4	16	16	A_2 P_1 P_0	A_2 连高或低电平
24C16	16	2048	8	16	16	P_2 P_1 P_0	不连接
24C32	32	4096	1	128	32	A_2 A_1 A_0	片选、连高或低电平
24C64	64	8192	1	256	32	A_2 A_1 A_0	片选、连高或低电平

AT24CXX的存储矩阵内部分为若干块，每一块有若干页面，每一页面有若干个字节。内部页缓冲器只能接收一页字节数据，多于一页的数据将覆盖先接收到的数据。

当总线上连有多片24CXX时，引脚A_2、A_1、A_0的电平作器件选择(片选)，控制字节的A_2、A_1、A_0位必须与外部A_2、A_1、A_0引脚的硬件连接(电平)匹配，A_2、A_1、A_0引脚中不连接的(表中用$P_0P_1P_2$表示)，为内部块选择。

③ 控制字节第8位为读、写操作控制码。如果此位为1，下一字节进行读操作(R)；此位为0，下一字节进行写操作($\overline{W}$)。

当串行EEPROM产生控制字节确认位以后，主器件总线上将传送相应的字地址或数据信息。

(3) 确认要求

在每一个字节接收后，接收器件必须产生一个确认信号位ACK。主器件必须产生一个与此确认位相应的额外时钟脉冲。在此时钟脉冲的高电平期间，SDA线为稳定的低电平，即确认信号(ACK)。若不在从器件输出的最后一个字节中产生确认位，主器件必须发一个数据结束信号给从器件。在这种情况下，从器件必须保持数据线为高电平(用$\overline{ACK}$表示)，使得主器件能产生停止条件。

注意：如果内部编程周期(烧写)正在进行，AT24CXX不产生任何确认位。

(4) 写操作

① 字节写

在主器件发出开始信号以后，主器件发送写控制字节，即$1010A_2A_1A_00$(其中R/$\overline{W}$读写控制位为低电平0)。这指示从接收器被寻址，由主器件发送的下一个字节为字地址，将被写入到AT24CXX的地址指针。主器件接收来自AT24CXX的另一个确认信号以后，将发送数据字节，并写入到寻址的存储器地址。AT24CXX再次发出确认信号，同时主器件产生停止条件P。启动内部写周期，在内部写周期内，AT24CXX将不产生确认信号(见图9.7)。

② 页面写

如同字节写方式，先将写控制字节、字地址发送到AT24CXX，接着发n个数据字节，主

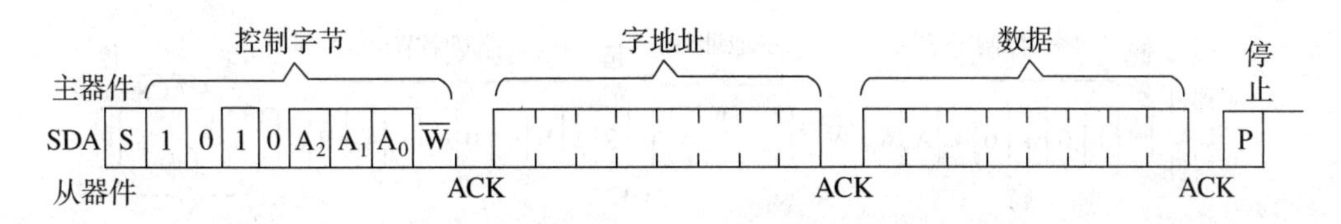

图 9.7 AT24CXX 字节写

器件发送不多于一个页面字节的数据字节到 AT24CXX，这些数据字节暂存在片内页面缓存器中，在主器件发送停止信号以后写入到存储器。接收每一字节以后，低位顺序地址指针在内部加 1。高位顺序地址保持为常数。如果主器件在产生停止条件以前要发送多于一页字节的数据，地址计数器将会循环，并且先接收到的数据将被覆盖。与字节写操作一样，一旦停止条件被接收到，则内部写周期将开始(见图 9.8)。

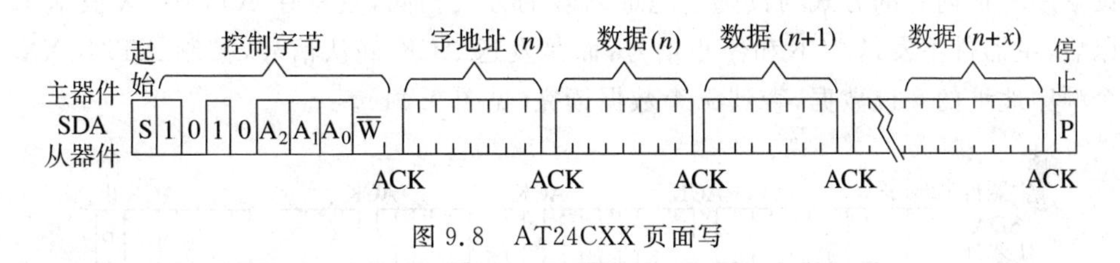

图 9.8 AT24CXX 页面写

③ 写保护

当 WP 端连接到 V_{CC}，AT24CXX 可被用作串行 ROM，编程将被禁止，并且整个存储器写保护。

(5) 读操作

当从器件地址的 R/$\overline{W}$位被置为 1，启动读操作。存在 3 种基本读操作类型：读当前地址内容、读随机地址内容、读顺序地址内容。

① 读当前地址内容

AT24CXX 片内包含一个地址计数器，此计数器保持被存取的最后一个字的地址，并在片内自动加 1。因此，如果以前存取(读或者写操作均可)的地址为 n，下一个读操作从 $n+1$ 地址中读出数据。在接收到从器件的地址中 R/$\overline{W}$位为 1 的情况下，AT24CXX 发送一个确认位并且发送 8 位数据。主器件将不产生确认位(相当于产生$\overline{\text{ACK}}$)，但产生一个停止条件。AT24CXX 不再继续发送(见图 9.9)。

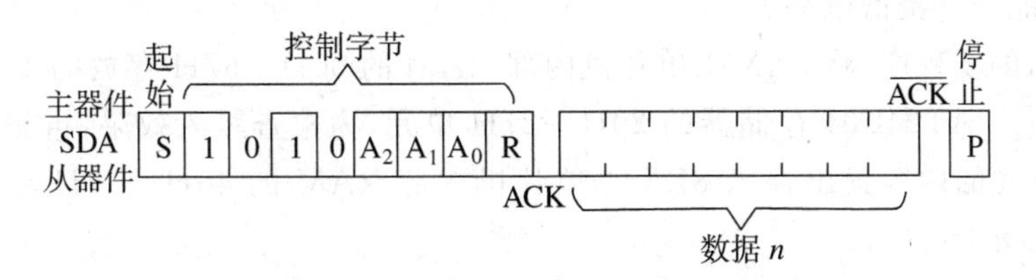

图 9.9 AT24CXX 读当前地址内容

② 读随机地址内容

这种方式允许主器件读存储器任意地址的内容，操作如图 9.10 所示。

主器件发送 $1010A_2A_1A_0$ 后发送 0，再发送要读的存储器地址，在收到从器件的确认位

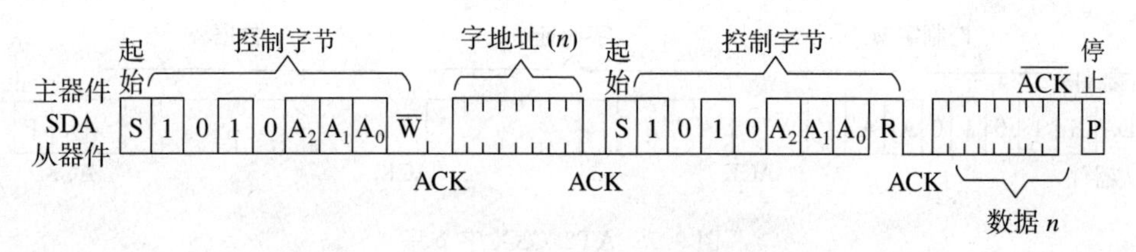

图 9.10　AT24CXX 读随机地址的内容

ACK 后产生一个开始条件 S，以结束上述写过程，再发送一个读控制字节，从器件 AT24CXX 在发送 ACK 信号后发送 8 位数据，主器件发送 $\overline{\text{ACK}}$ 后，发送一个停止位，AT24CXX 不再发送后续字节。

③ 读顺序地址的内容

读顺序地址内容的方式与读随意地址内容的方式相同，只是在 AT24CXX 发送第一个字节以后，主器件不发送 $\overline{\text{ACK}}$ 和停止信号，而是发送 ACK 确认信号，控制 AT24CXX 发送下一个顺序地址的 8 位数据，直到 x 个数据读完（见图 9.11）。

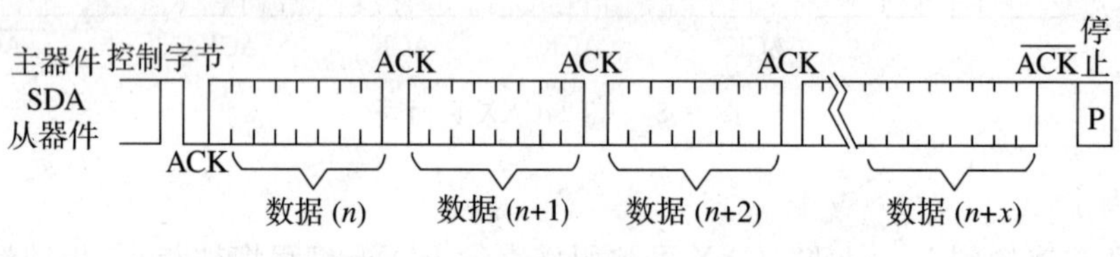

图 9.11　AT24CXX 读顺序地址的内容

④ 防止噪声

AT24CXX 使用了一个 V_{CC} 门限检测器电路。在一般条件下，如果 V_{CC} 低于 1.5V，门限检测器对内部擦/写逻辑不使能。

SCL 和 SDA 输入端接有施密特触发器和滤波器电路，即使在总线上有噪声存在的情况下，它们也能抑制噪声峰值，以保证器件正常工作。

(6) 串行 EEPROM 和 AT89C51 接口

图 9.12 为 8XX51 微控制器与 4Kb 的 AT24C04 串行 EEPROM 的典型连接。图 9.12 中的 $P_{1.6}$、$P_{1.7}$ 提供 AT24C04 的时钟 SCL、SDA，和 AT24C04 进行数据传送，A_2 和 A_1 接地、A_0 为块选不连，为无关位。WP 为 EEPROM 的写保护信号，高电平有效。因为要进行写入操作，所以只能把它接低电平。

利用上面的子程序，将 8XX51 单片机内部 RAM 的 60H～67H 存放的 1～8 LED 显示器的字形码写入 AT24C04 存储器的 20H～27H 单元，为检查写入效果，再将 AT24C04 的 20H～27H 单元的内容读出存入 8XX51 单片机内部 RAM 的 40H～47H 单元，同时送至 LED 显示器显示。

程序清单如下：

```
NUMBYT EQU   5DH
SLA EQU   5EH
MTD EQU   5FH
MRD EQU 40H
```

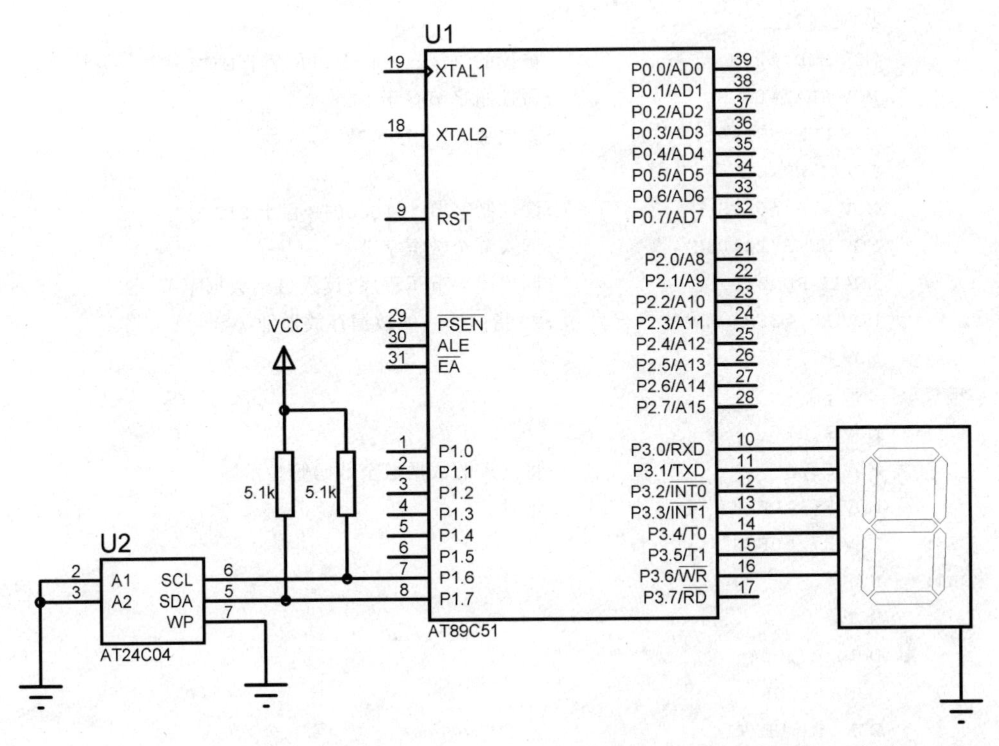

图 9.12 51 单片机与 AT24C04 的 Proteus 接口及显示电路图(出自 Proteus 软件)

```
        ORG 0000H
        AJMP MAIN
        ORG 0030H
MAIN:   MOV R0,#0FFH
        MOV R1,#5FH
        MOV R2,#08H
NEXT2:  INC R0                          ;以下程序将数码管字形码(1~8)送至 60H~67H 单元
        MOV A,R0
        MOV DPTR,#TAB
        MOVC A,@A+ DPTR
        INC R1
        MOV @R1,A
        DJNZ R2,NEXT2
        MOV MTD,#20H                    ;被写的 24xxxx 地址存于 MTD
        MOV NUMBYT,#09H                 ;连地址共发送 9 个字节数据
        MOV SLA,#0A0H                   ;写控制字节 10100000B 存于 SLA
        LCALL WRNBYT                    ;调用发送数据子程序,发送 9 个字节
DL0:    MOV R6,#0AH
        MOV R7,#0FAH                    ;延时,等待内部烧写完成(内部写周期)
DL1:    NOP
        NOP
        DJNZ R7,DL1
```

```
        DJNZ R7,RL0
        MOV MTD,#20H           ;被读的 24xxxx 地址 20H 存于 MTD
        MOV SLA,#0A0H          ;写控制字节存于 SLA
        MOV NUMBYT,#01         ;发地址,一个字节数
        LCALL WRNBYT
        MOV SLA,#0A1H          ;读控制字节 10100001B 存于 SLA
        MOV NUMBYT,#08H        ;读入 8 个数据字节
        LCALL RDNBYT           ;调用读字节子程序,读入 8 个数据字节
        MOV R0,#3FH            ;R0 指向读入的数据存放地址
        MOV R1,#08H
NEXT1:  INC R0
        MOV A,@R0
        MOV P3,A               ;将读入的数据送至数码管显示
        MOV R6,#0FFH           ;延时
DL3:    MOV R7,#0FFH
DL4:    NOP
        NOP
        DJNZ R7,DL4
        DJNZ R6,DL3
        DJNZ R1,NEXT1
        LJMP MAIN
TAB:    DB 06H,5BH,4FH,66H,6DH,7DH,07H,7FH
        END
```

2. 串行铁电 FRAM 的扩展

Ramtron 公司的 FM24C16 串行铁电读写存储器是一种 2K×8 位的新型非易失性存储器，不像 EEPROM 那样，它完全没有写入延迟时间，全片写入只需 185ms。铁电存储器采用可靠的铁电薄膜技术，具有高可靠性，抗干扰能力极强，读写寿命可高达 100 亿次，写入的数据可存放 10 年以上。这种串行存储器采用 I²C 串行总线进行通信，其管脚与其他厂商的串行 EEPROM 产品兼容，如 Xicor 公司的 X24C16 等，可以直接取代串行 EEPROM。

FM24C16 的引脚如图 9.13 所示，引脚功能如下。

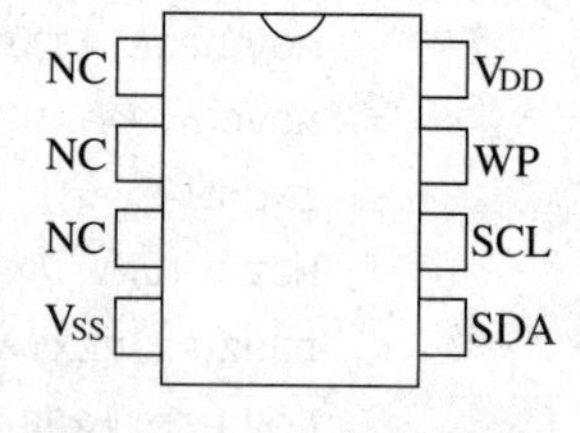

图 9.13　FM24C16 引脚图

SDA，串行数据/地址线。这个双向引脚用来传送地址和输入/输出的数据。这是一个开漏输出引脚，便于外接上拉电阻，把多片 I²C 总线设备并联在串行总线上。

SCL，串行时钟输入线。当其为高电平时，数据输入/输出有效。

WP，写保护线。如果该引脚接 V_{DD}，写入上一半存储器的写操作就被封锁，而对下一半存储器的读写操作可以正常工作。如果不需要写保护功能，该引脚可以直接接地。

V_{DD}，电源输入端，通常接+5V。

V_{SS}，地。

NC，悬空引脚。

所有的串行 FRAM 芯片在接收到启动信号后都需要接收一个 8 位的含有芯片地址的控制字,以确定本芯片是否被选通和将进行的是读操作还是写操作。控制字格式如表 9.7 所示。

表 9.7 FM24C16 控制字格式

D_7	D_6	D_5	D_4	D_3	D_2	D_1	D_0
1	0	1	0	P_2	P_1	P_0	$R/\overline{W}$
I^2C 从器件地址				高位(页)地址			读写控制位

在表 9.7 中,高 4 位是统一的 I^2C 总线器件存储器的特征编码 1010,作为 I^2C 从设备的地址。最低位是读写选择位,$R/\overline{W}=0$,表示写操作;$R/\overline{W}=1$,表示读操作。$P_2P_1P_0$ 是 FM24C16 的 11 位地址线中的高 3 位地址,称之为页地址。FM24C16 一直在监测其总线上响应的 FRAM 的地址,如果在控制字节中所接收到的地址与 FM24C16 的特征地址相同,便会产生应答信号。主机收到应答信号后,接着将一个字地址送至总线上。这个字节加上页地址共同构成 11 位的存储器访问地址。在读操作时,字地址不需要指定。在所有的地址字节发送后,数据将在 FRAM 与主机之间传送。所有的数据和地址字节都是首先发送最高位。在一个数据字节传输应答后,主机就可以对下一个字节进行读或写操作。如果发送一个停止命令,就结束这一操作;如果发送一个启动命令,那么就结束当前的操作,并开始一次新的操作。操作分写和读两类,分别介绍如下。

(1) 写操作

写操作帧格式如图 9.14 所示。启动一次写操作后,单片机首先向 FM24C16 发送从机地址和字地址,在收到它们的应答信号后,单片机再向 FM24C16 依次发送每一个数据。FM24C16 在收到每一个字节的数据后,都发送一个应答信号。在一个写入序列中可以依次写入任意多字节的数据,其地址单元会自动加 1。在存储器的最后一个字节数据被写入后,地址计数器又循环回到 000H,接着写入的数据单元是第一个存储单元。当传送的数据只有一个时,则为单字节写。当有数据传送时,则仅改变当前地址,通常为随机读操作做准备。

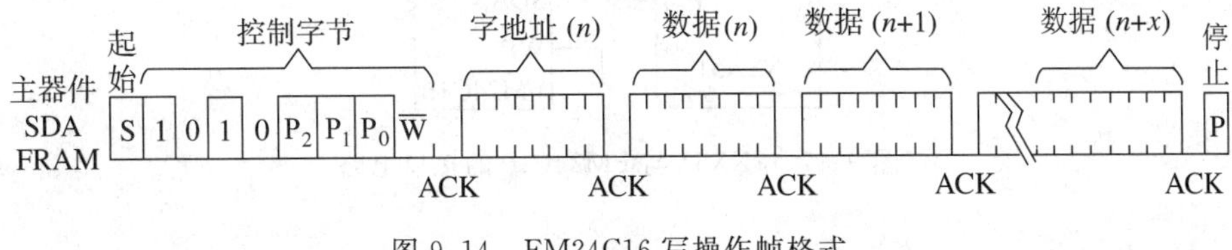

图 9.14 FM24C16 写操作帧格式

FM24C16 的写保护 WP 引脚可以对存储器内上一半存储单元($P_2=1$,即 100H～1FFH)的数据进行保护,以防止意外的改写。当引脚接 V_{DD} 时,FM24C16 的目标从地址和字地址将仍然被应答,但是如果该地址在上一半地址范围内,其数据周期没有应答信号。此外,当向被保护的地址单元中试图写入数据时,其地址不会改变。

(2) 读操作

读操作有随机读和连续读两种方式,其帧格式分别如图 9.15 和图 9.16 所示。对随机读方式而言，需要通过用“哑”字节写操作形式对要寻址的存储单元进行定位，改变当前地址。而后续操作同连续读方式一样，启动读操作后，单片机接收到一帧8位数据后，用应答信号做出响应。只要FM24C16接收到一个应答信号，它就继续对数据存储单元的地址自动增量调整一次，并顺序串行输出字节数据。当超过存储单元最大地址发生溢出时，数据字节单元的地址将从第一个存储单元(000H)开始，继续串行输出数据帧。当需要结束读操作时，单片机在接收到最后一帧后，发送一非应答信号（高电平），接着再发送一个“停止”信号即可。

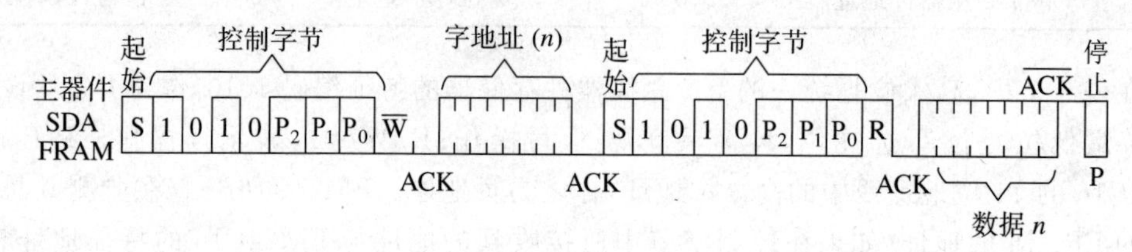

图 9.15　FM24C16随机读操作的数据帧格式

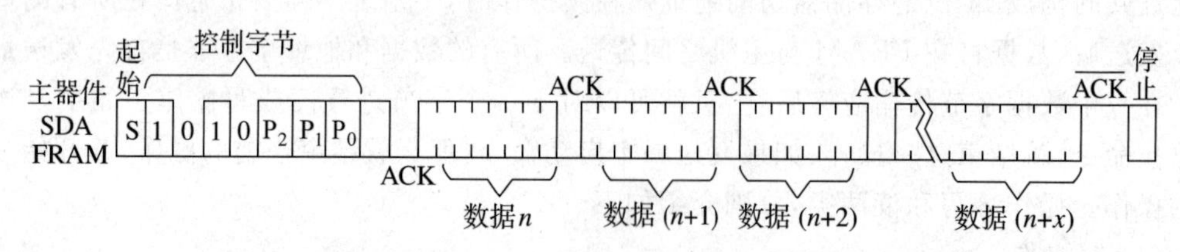

图 9.16　FM24C16连续读操作的数据帧格式

AT89C51与FM24C16的连接如图9.17所示。编程可参考第9.2.3节中的“串行I^2C总线EEPROM AT24CXX的扩展”部分。

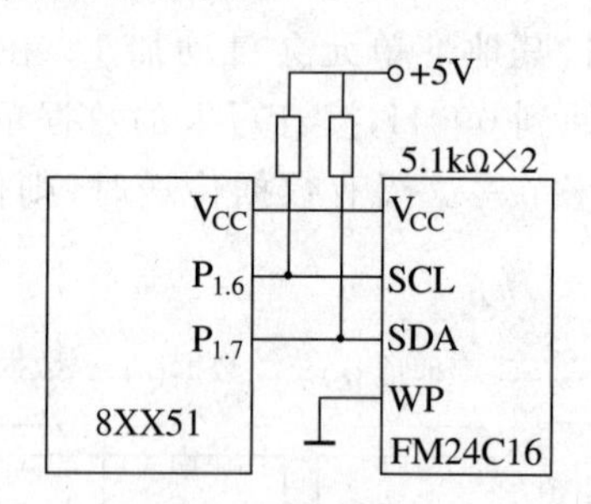

图 9.17　8XX51与FM24C16的接口电路

9.2.4 I^2C总线接口的串行A/D、D/A扩展

PCF8591是一款典型的I^2C总线接口的串行8位A/D、D/A转换器，该器件为单一电源供电(2.5～6V)，采用CMOS工艺。PCF8591有4路8位A/D输入，属逐次比较型，内含采样保持电路；1路8位D/A输出，内含有DAC的数据寄存器。A/D、D/A的最大转换速率约为11kHz，转换的基准电源需由外部提供。PCF8591的内部结构和外部引脚如图9.18所示。

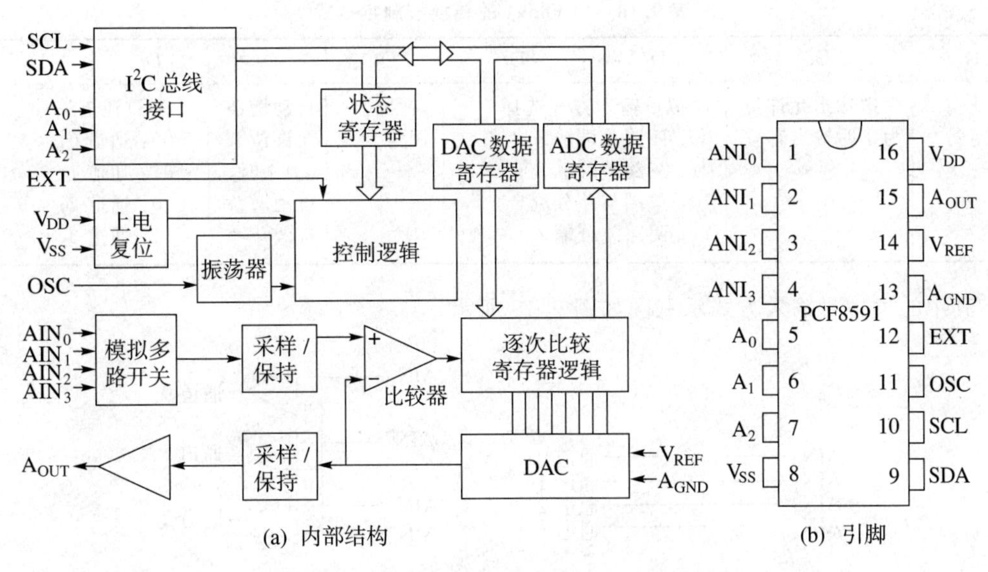

(a) 内部结构 (b) 引脚

图 9.18 PCF8591的内部结构和外部引脚图

PCF8591引脚功能描述如表9.8所示。

表 9.8 PCF8591的引脚功能表

引 脚	功 能 描 述
AIN_0～AIN_3	模拟信号输入端
A_0～A_2	引脚地址输入端
V_{DD}、V_{SS}	电源、地
SDA、SCL	I²C总线的数据线、时钟线
OSC	外部时钟输入端，内部时钟输出端
EXT	时钟选择线；EXT=0，使用内部时钟；EXT=1，使用外部时钟
A_{GND}	模拟信号地
V_{REF}	基准电源输入端
A_{OUT}	D/A转换模拟量输出端

PCF8591的工作字有两个：地址选择字和转换控制字。地址选择字的格式如表9.9所示。

表 9.9 PCF8591的地址选择字格式

D_7	D_6	D_5	D_4	D_3	D_2	D_1	D_0
1	0	0	1	A_2	A_1	A_0	$R/\overline{W}$
I²C从器件地址				引脚(片选)地址			读写控制位，0：写，1：读

PCF8591的转换控制字存放在控制寄存器中，用于实现器件的各种功能。总线操作时，为主发送的第二个字节。其格式如表9.10所示。

表 9.10　PCF8591 的转换控制字格式

D_7	D_6	D_5	D_4	D_3	D_2	D_1	D_0
特征位 固定为 0	模拟输出允许位 为 1 时输出有效	模拟量输入方式选择 00：四路单端输入； 01：三路差分输入； 10：单端与差分混合； 11：两路差分输入		特征位 固定为 0	自动增益 允许位 （为 1 时 自动增益 有效）	A/D 通道编号 00：通道 0； 01：通道 1； 10：通道 2； 11：通道 3	

其中的模拟量输入方式示意图如图 9.19 所示。

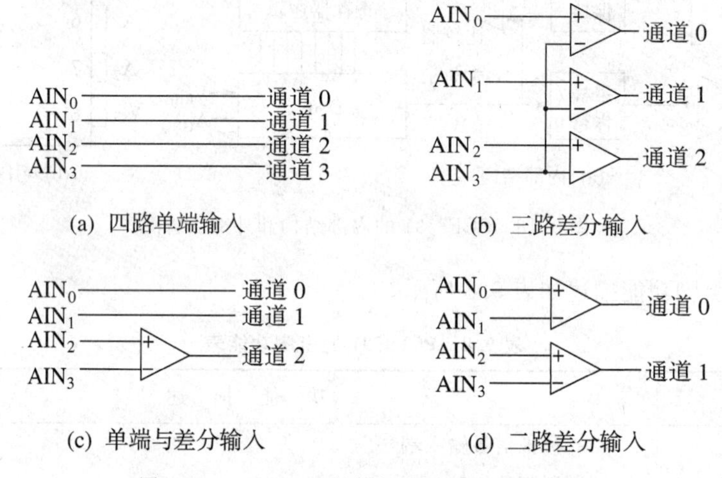

(a) 四路单端输入　(b) 三路差分输入

(c) 单端与差分输入　(d) 二路差分输入

图 9.19　PCF8591 的模拟量输入方式示意图

PCF8591 包括 D/A 转换和 A/D 转换两个部分，下面分别介绍。

(1) PCF8591 的 D/A 转换

D/A 转换器是 PCF8591 的关键单元，除作为 D/A 转换使用外，还用于 A/D 转换中。D/A 转换是使用 I^2C 总线的写入操作完成的，其数据操作格式如下：

S	SLAW	A	CONBYT	A	data 1	A	data 2	A	…	data *n*	A	P

其中，data 1～data *n* 为待转换的二进制数字。CONBYT 为 PCF8591 的控制字节。图中灰底位由主机发出，白底位由 PCF8591 产生。

D/A 转换时，控制字中的输出允许位（D_6）应为 1，写入 PCF8591 的数据字节存放在 DAC 数据寄存器中，通过 D/A 转换器转换成相应的模拟电压，通过 A_{OUT} 引脚输出，并保持到输入新的数据为止，如图 9.20 所示。

由于片内 DAC 单元还用于 A/D 转换，在 A/D 转换周期里释放 DAC 单元供 A/D 转换使用，而 DAC 输出缓冲放大器的采样，保持电路在这期间将保持 D/A 转换的输出电压。

(2) PCF8591 的 A/D 转换

PCF8591 的 A/D 转换为逐次比较型 ADC，在 A/D 转换周期中借用 DAC 及高增益比较器。对 PCF8591 进行读写操作便立即启动 A/D 转换，并读出 A/D 转换结果。在每个应

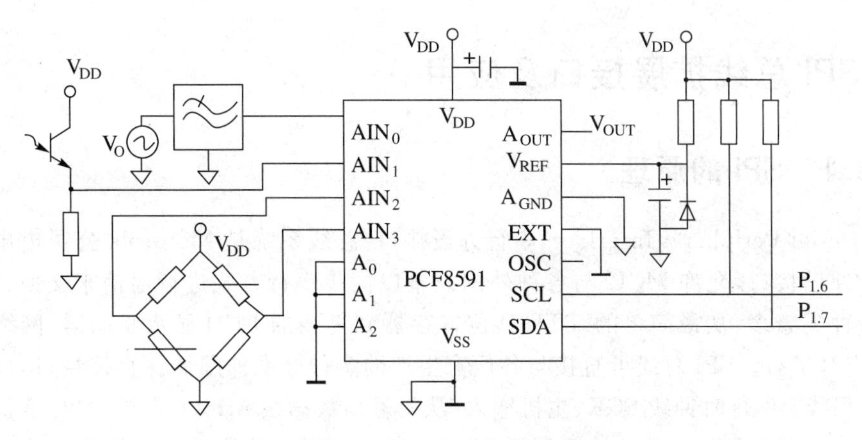

图 9.20 PCF8591 的典型应用电路

答位的后沿触发 A/D 转换周期，采样模拟电压并读出当前一个转换结果。

A/D 转换中，一旦 A/D 采样周期被触发，所选择通道的采样电压便保存在采样、保持电路中，并转换成 8 位二进制码（单端输入）或 8 位二进制补码（差分输入）存放在 ADC 数据寄存器中，等待主器件读出。如果控制字节中自动增量选择位置 1，则一次 A/D 转换完毕后自动选择下一通道。读周期中读出的第一个字节为前一个周期的转换结果，上电复位后读出的第一个字节为 80H。

PCF8591 的 A/D 转换使用 I^2C 总线的读操作，其数据格式如下：

S	SLAW	A	data 0	A	data 1	A	data 2	A	…	data *n*	$\overline{A}$	P

其中，data 0～data *n* 为 A/D 的转换结果，分别对应于前一个数据读取期间所采样的模拟电压。上电复位后控制字节状态为 00H，如果 A/D 转换时要设置控制字，需在读操作之前进行控制字节的写入操作。

在图 9.20 所示的 PCF8591 的典型应用电路中，假设从 A/D 的通道 0 采样数据送至 D/A 转换输出，利用前面所给出的 I^2C 软件，编程如下：

```
LCALL STA                          ;启动 I²C 总线操作
MOV A,#10010001B                   ;访问 PCF8591 的 A/D
LCALL WRB
LCALL RDB                          ;读上次采样数据，结果存放在 R6 中
LCALL STOP                         ;停止 I²C 总线操作
LCALL STA                          ;启动 I²C 总线操作
MOV A,#10010000B                   ;访问 PCF8591 的 D/A
LCALL WRB
MOV A,#01000000H                   ;设置控制字
LCALL WRB
MOV A,R6                           ;从 D/A 输出采样值
LCALL WRB
LCALL STOP                         ;停止 I²C 总线操作
```

9.3 SPI 总线扩展接口及应用

9.3.1 SPI 的原理

SPI(Serial Peripheral Interface,串行外设接口)总线系统是 Motorola 公司提出的一种同步串行外设接口,允许 MCU 与各种外围设备以同步串行方式进行通信来交换信息。其外围设备种类繁多,从最简单的 TTL 移位寄存器到复杂的 LCD 显示驱动器、网络控制器等,可谓应有尽有。SPI 总线可直接与各厂家生产的多种标准外围器件直接接口,该接口一般使用 4 根线：串行时钟线 SCK、主机输入/从机输出数据线 MISO、主机输出/从机输入数据线 MOSI 和低电平有效的从机选择线 SS。由于 SPI 系统总线只需 3 根公共的时钟数据线和若干根独立的从机选择线(依据从机数目而定),在 SPI 从设备较少而没有总线扩展能力的单片机系统中使用特别方便。即使在有总线扩展能力的系统中采用 SPI 设备也可以简化电路设计,省掉很多常规电路中的接口器件,从而提高了设计的可靠性。

一个典型的 SPI 总线系统结构如图 9.21 所示。在这个系统中,只允许有 1 个作为主 SPI 设备的主 MCU 和若干作为 SPI 从设备的 I/O 外围器件。MCU 控制着数据向 1 个或多个从外围器件的传送。从器件只能在主机发命令时才能接收或向主机传送数据,其数据的传输格式是高位(MSB)在前,低位(LSB)在后。当有多个不同的串行 I/O 器件要连至 SPI 上作为从设备,必须注意两点：一是其必须有片选端；二是其接 MISO 线的输出脚必须有三态,片选无效时输出高阻态,以不影响其他 SPI 设备的正常工作。

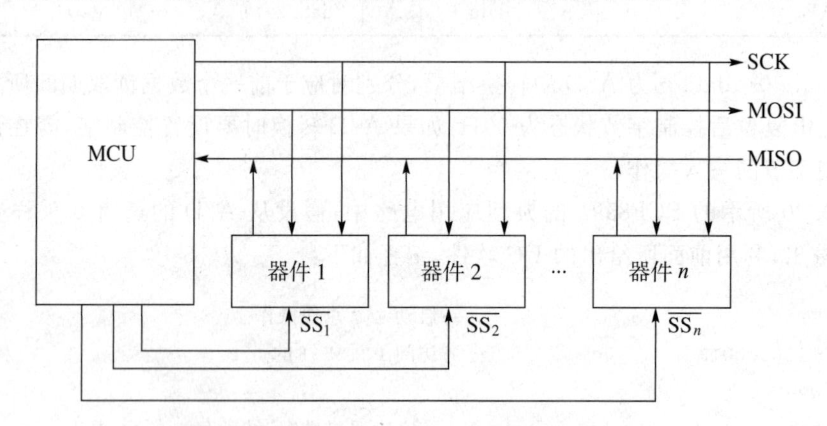

图 9.21 一个典型的 SPI 总线系统结构示意图

9.3.2 SPI 总线的软件模拟及串并扩展应用

1. SPI 总线的软件模拟

对于大多的 51 单片机而言,没有提供 SPI 接口,通常可使用软件的办法来模拟 SPI 的总线操作,包括串行时钟、数据输入和输出。值得注意的是,对于不同的串行接口外围芯片,它们的时钟时序有可能不同,按 SPI 数据和时钟的相位关系来看,通常有 4 种情况,它是由片选信号有效前的电平和数据传送时的有效沿来区分的，传送 8 位数据的时序具体如图 9.22 所示。

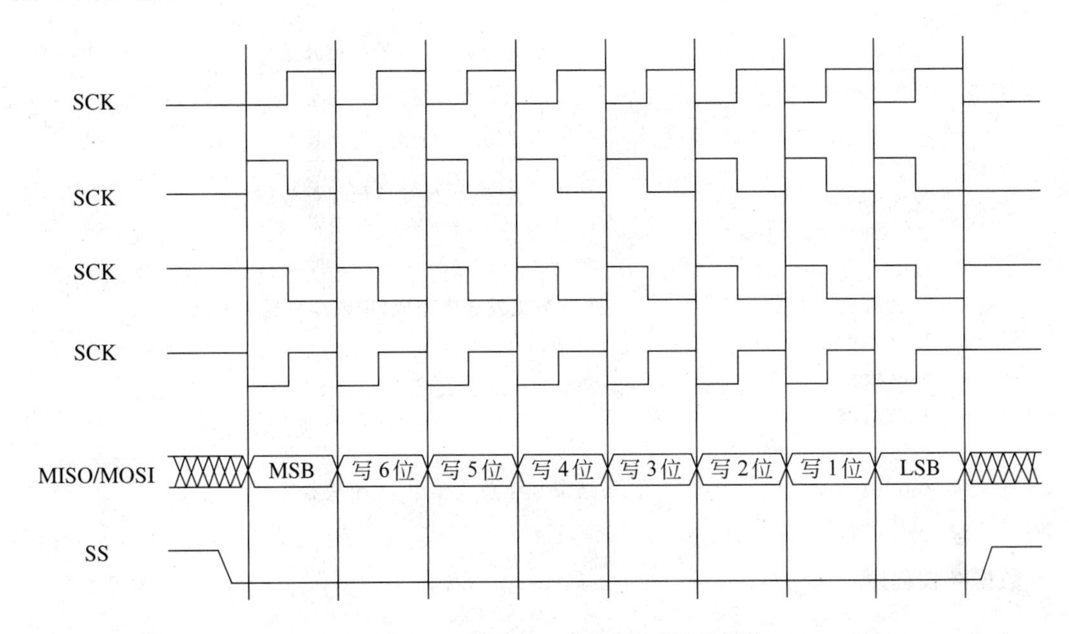

图 9.22 SPI 总线的 4 种数据/时钟时序图

现在用软件来模拟一下图 9.22 中最上面的一种情况。假定图 9.21 中的 MCU 为 51 单片机，系统接有两个从器件，用 $P_{1.7}$模拟 SCK，$P_{1.6}$模拟 MOSI，$P_{1.5}$模拟 MISO，$P_{1.4}$模拟 SS_1，$P_{1.3}$模拟 SS_2。其模拟的程序如下。

```
SCK BIT  P1.7
MOSI BIT  P1.6
MISO BIT  P1.5
SS DATA  20H                ;分配片选扩展字单元
PF0 BIT  0                  ;分配片选有效前电平标志位
PF1 BIT  1                  ;分配数据传送有效沿标志位
CLR PF0                     ;初始化电平标志位 PF0
CLR PF1                     ;初始化沿标志位 PF1
MOV SS,#11101111B           ;初始化从器件选择字
```

数据发送程序：

```
MOV R0,#DATA8               ;待发送的数据放在 R0 中
MOV C,PF0
MOV SCK,C                   ;欲设置有效电平
NOP                         ;延时，均可调整，为匹配时序要求
MOV A,SS
ANL P1,A                    ;选中从器件
NOP
XCH A,R0
MOV R0,#08H                 ;置循环次数
```

```
SPIOUT: MOV C,PF1
        MOV SCK,C                   ;准备有效触发沿
        CPL PF1
        RLC A                       ;发送下一位数据(从最高位开始)
        MOV MOSI,C
        NOP
        MOV C,PF1
        MOV C,SCK                   ;产生有效沿,以便从器件锁存数据
        CPL PF1
        NOP
        DJNZ R0,SPIOUT              ;8位数据发送未完成,则继续发送下一位
        MOV C,PF0
        MOV SCK,C
        MOV A,SS
        CPL A
        ORL P1,A                    ;结束 SPI 总线操作,关闭从器件
        RET
```

数据接收程序：

```
SPIR:   MOV C,PF0
        MOV SCK,C                   ;欲设置有效电平
        NOP                         ;延时,均可调整,为匹配时序要求
        MOV A,SS
        ANL P1,A                    ;选中从器件
        NOP
        MOV R0,#08H                 ;置循环次数
SPIIN:  MOV C,PF1
        MOV SCK,C                   ;准备有效触发沿
        CPL PF1
        NOP
        MOV C,PF1
        MOV SCK,C                   ;产生有效沿,以便从器件锁存数据
        MOV C,MOSI                  ;接收下一位数据(从最高位开始)
        RRC A                       ;接收到的数据依次存入 A
        CPL PF1
        NOP
        DJNZR0,SPIIN                ;8位数据未接收完,则继续接收下一位
        MOV C,PF0
        MOV SCK,C
        MOV A,SS
        CPL A
        ORL P1,A                    ;结束 SPI 总线操作,关闭从器件
        RET
```

如果接多个器件，只需修改SS的片选字，对于图9.22中的其他3种情况只需改变初始

相位条件即可模拟实现。

2. SPI 总线的串并扩展应用

在有些场合，需要较多的引脚并行完成输出操作，此时在 SPI 总线上挂接移位寄存器就可以很方便地实现串并的转换，通过 SPI 总线的操作达到并行的输出。下面介绍一个用 SPI 总线扩展图形 LCD 模块 EDM12864B 的应用例子。

其核心就是采用两片 74HC595 完成串并的转换，达到并行读写 LCD 模块的目的。其电路原理如图 9.23 所示。

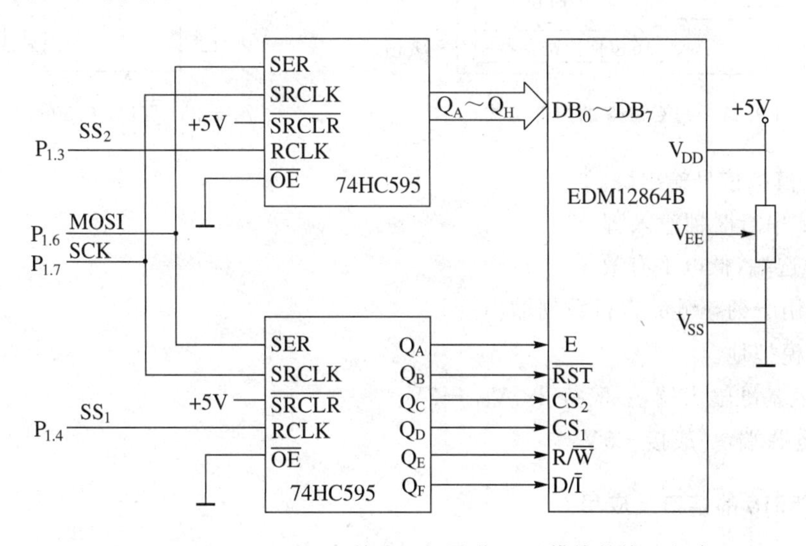

图 9.23 基于 SPI 的 51 单片机与图形 LCD 模块的接口电路

图 9.23 所示的电路存在一个缺点，就是系统只能对 LCD 模块进行写操作，而不能进行读操作，但这基本上不影响使用。其接口程序请读者自行编写。

9.3.3 10 位串行 D/A TLC5615 的扩展

TLC5615 是带有缓冲基准输入的 10 位电压输出型 D/A 转换器。器件可在单 5V 电源下工作，且具有上电复位功能。TLC5615 的控制是通过三线串行总线进行，可使用的数字通信协议包括 SPI、QSPI 以及 Microwire 标准。它的功耗低，在 5V 供电时功耗仅 1.75mW，数据更新速率为 1.2MHz，典型的建立时间为 12.5μs。TLC5615 广泛应用于电池供电测试仪表、数字增益调整、电池远程工业控制和移动电话等领域。

1. TLC5615 的内部结构和外部引脚

TLC5615 的内部结构如图 9.24 所示，其主要由 16 位移位寄存器、10 位 D/A 寄存器、D/A 转换权电阻网络、基准缓冲器、控制逻辑和两倍程放大器等电路组成。

TLC5615 的引脚与 Maxim 公司的 MAX515 完全兼容，如图 9.25 所示。各引脚的功能介绍如下。

D_{IN}：串行数据输入脚。

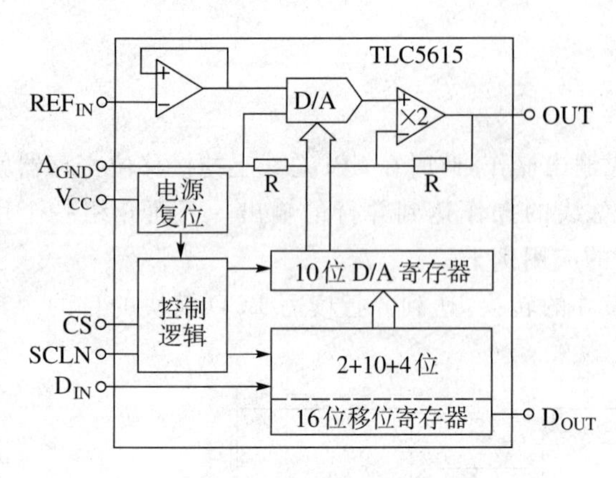

图 9.24　TLC5615 的内部结构

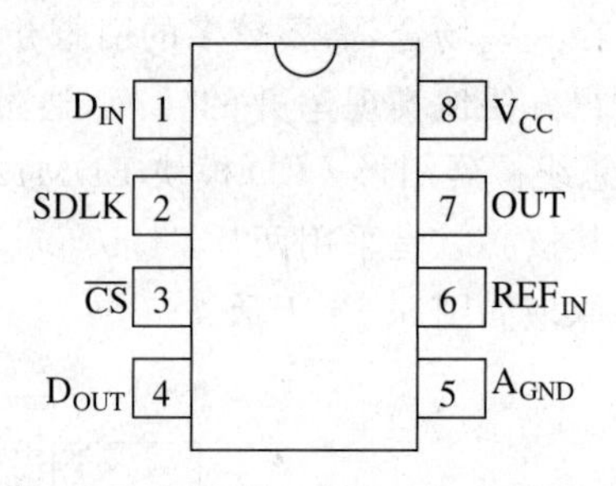

图 9.25　TLC5615 的引脚图

OUT：模拟信号输出脚。

SCLK：串行时钟输入脚。

$\overline{CS}$：片选端，低电平有效。

D_{OUT}：用于菊花链的串行数据输出端。

A_{GND}：模拟地。

REF_{IN}：基准输入端，一般接 2～V_{CC}－2V。

V_{CC}：电源端，一般接＋5V。

2. TLC5615 的接口及应用

TLC5615 与 AT89C52 的典型接口电路如图 9.26 所示。

TLC5615 通过固定增益为 2 的运放缓冲电阻网络，把 10 位数字数据转换为模拟电压。上电时，内部电路把 D/A 寄存器复位为 0。其输出具有与基准输入相同的极性，表达式为：

$$V_o = 2 \times V_{REF_{IN}} \times \frac{Code}{2^{10}}$$

TLC5615 典型的工作时序如图 9.27 所示。

TLC5615 最大的串行时钟频率不超过 14MHz，10 位 DAC 的建立时间为 12.5μs，通常更新频率限制在 80kHz 以内。TLC5615 的 16 位移位寄存器在 SCLK 的控制下从 D_{IN} 引脚输入数据，高位在前，低位在后。16 位移位寄存器中间的 10 位数据在$\overline{CS}$上升沿的作用下进入 10 位 D/A 寄存器，供给 D/A 转换。其输入的数据格式为：

输入序号	1	2	3	4	5	6	7	8	9	10	11	12	13	14	15	16
输入数据	X	X	X	X	D_9	D_8	D_7	D_6	D_5	D_4	D_3	D_2	D_1	D_0	0	0

SPI 和 AT89C52 的接口传送 8 位字节形式的数据。因此，要把数据输入到 D/A 转换器需要两个写周期。QSPI 接口具有 8～16 位的可变输入数据长度，可以在一个写周期之内装入转换数据代码。当系统不使用 D/A 转换器时，最好把 D/A 寄存器设置为全 0，这样可以使基准电阻阵列和输出负载的功耗降为最小。依据图 9.26，TLC5615 的一个简单的应用编程如下所示。

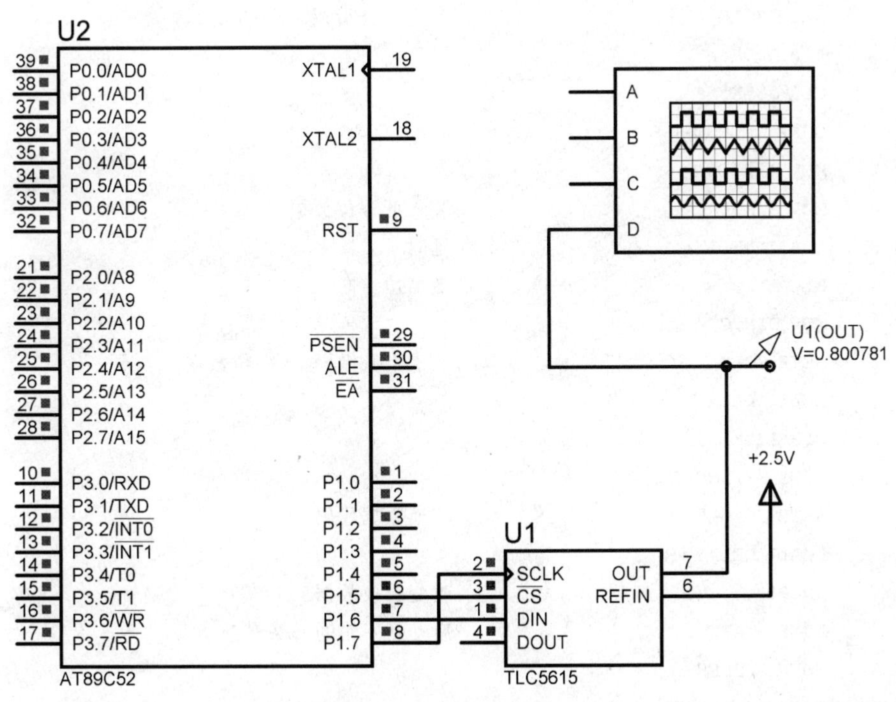

图 9.26　TLC5615 与 51 单片机的接口电路及其 Proteus 仿真图(出自 Proteus 软件)

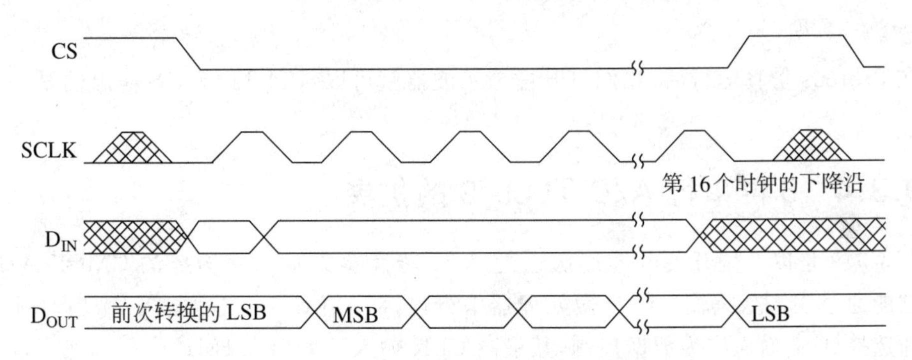

图 9.27　TLC5615 的典型工作时序

```
        ORG 0000H
        AJMP START
        DIN BIT P1.6                  ;定义 I/O 口
        SCLK BIT P1.7
        CS5615 BIT P1.5
START:  CLR SCLK                      ;准备操作 TCL5615
        CLR CS5615                    ;选中 TCL5615
        MOV R7,#08H
        MOV A,#2                      2;装入高 8 位数据
LOOPH:  LCALL DELAY                   ;延时
        RLC A                         ;最高位移向 TCL5615
        MOV DIN,C
```

```
        SETB SCLK                    ;产生上升沿,移入一位数据
        LCALL DELAY
        CLR SCLK
        DJNZ R7,LOOPH
        MOV R7,#08H
        MOV A,R5                     ;装入低 8 位数据
LOOPL:  LCALL DELAY                  ;延时
        RLC A                        ;最高位移向 TCL5615
        MOV DIN,C
        SETB SCLK                    ;产生上升沿,移入一位数据
        LCALL DELAY
        CLR SCLK
        DJNZ R7,LOOPL
        SETB CS5615                  ;转换数据代码
        LCALL DELAY
        INCR5                        ;改变转换数据
        AJMP START                   ;启动新一轮的 D/A 转换
DELAY:  MOV R6,0FFH
NEXT2:  DJNZ R6,NEXT2
        RET
        END
```

在 Proteus 仿真运行后，我们打开虚拟示波器就可以看到 TLC5615 输出的是一个的锯齿波。

9.3.4 8 位串行 A/D TLC549 的扩展

TLC549 是以 8 位开关电容逐次逼近 A/D 转换器为基础而构造的 CMOS A/D 转换器。它能通过三态数据输出线与微处理器串行连接。TLC549 仅用输入/输出时钟(CLK)和芯片选择($\overline{\text{CS}}$)输入作为数据控制，其最高 CLK 输入频率为 1.1MHz。

TLC549 的内部提供了片内系统时钟，它通常工作在 4MHz 且不需要外部元件。片内系统时钟使内部器件的操作独立于串行输入/输出的操作，这种独立性使得控制硬件和软件只需关心利用 I/O 时钟读出先前转换结果和启动转换。TLC549 片内有采样保持电路，其转换频率可达 40kHz。

TLC549 的电源范围为+3～+6V，功耗小于 15mW，总的不可调整误差为±0.5LSB，能理想地应用于电池供电的便携式仪表的低成本、高性能系统中。

1. 器件引脚及等效输入电路

TLC549 的引脚与 TLC540 的 8 位 A/D 转换器以及 TLC1540 的 10 位 A/D 转换器兼容，如图 9.28(a)所示。其中，基准端(REF+、REF−)为差分输入，可以将 REF−接地，REF+接 V_{CC}端，但要加滤波电容。AIN 为模拟信号输入端，大于 REF+电压时转换为全 1，小于 REF−电压时转换为全 0。通常为保证器件工作良好，REF+电压应高于 REF−电

压至少 1V。

TLC549 在采样期间和保持期间的等效输入电路分别如图 9.28(b)和图 9.28(c)所示。对于采样方式,输入电阻约 1kΩ,采样电容约 60pF;对于保持方式,输入电阻约 5MΩ。

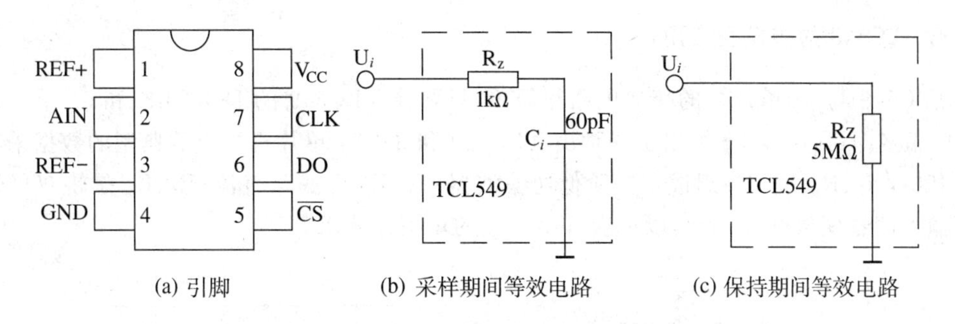

图 9.28 TLC549 的器件引脚与等效输入电路

2. TLC549 的操作时序

TLC549 的工作时序如图 9.29 所示,其正常的控制时序可分为 4 步。

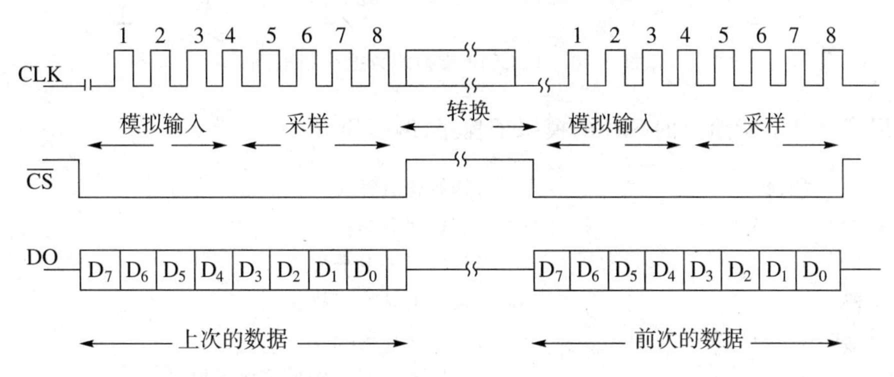

图 9.29 TLC549 的工作时序

$\overline{CS}$被拉至低电平,经一段延时后,前次转换结果的最高有效位(MSB)开始出现在 DO 端。为使$\overline{CS}$端噪声所产生的误差最小,通常$\overline{CS}$变低后器件内部会等待系统时钟的两个上升沿和一个下降沿,再响应控制输入信号。

接着在前 4 个 CLK 的下降沿经延时后分别输出前次转换结果的第 6、5、4、3 位。在 CLK 第 4 个高电平至低电平的跳变之后,片内采样保持电路开始对模拟输入采样。采样操作使得内部电容器充电到模拟输入电压的电平。

然后紧接下来的 3 个 CLK 时钟的下降沿,又依次将前次转换结果的第 2、1、0 位移出至 DO 端。

最后一个(第 8 个)CLK 时钟下降沿的到来,使得片内采样保持电路开始保持。保持功能将持续 4 个内部系统时钟,紧接的 32 个内部时钟周期内完成转换,总共为 36 个周期。在第 8 个 CLK 周期之后,$\overline{CS}$通常变为高电平,并且保持高电平,直至转换结束为止。在 TLC549 的转换期间,如果$\overline{CS}$端出现高电平至低电平的跳变,将会引起复位,使正在进行的转换失败。

在 36 个系统时钟周期发生之前，通过完成以上步骤，可以启动新的转换，同时正在进行的转换中止。本次操作器件所读出的是前次转换的结果，本次转换的有效结果将在下次操作时读出，读完后同时又启动了新一轮的转换。

3. TLC549 的接口及应用

TLC549 与 51 单片机的接口电路很简单，只要将 TLC549 的 DO、CLK 和 51 单片机的 I/O 口相接即可，图 9.30 给出了一种由 TLC549 和 89C51 单片机构成的典型的数据采集电路。其中，N_1、R_1、R_2、C_2 组成了一阶低通滤波器；C_1、R_3 可滤除直流；R_4、R_5 是将双极性的模拟输入信号变成 0～+5V，以适应 TLC549 的单极性要求。

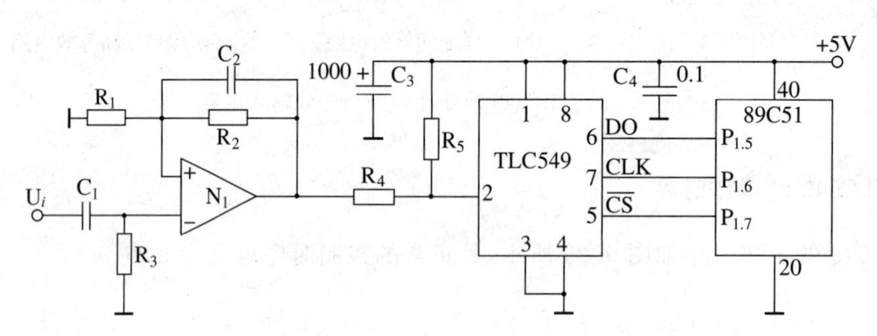

图 9.30 TLC549 典型的数据采集电路

利用第 9.2 节所给出的 SPI 的模拟子程序，编程如下。

```
SCK BIT  P1.6                   ;初始化时钟线
MISO BIT  P1.5                  ;初始化数据线
CLR PF0                         ;初始时钟电平为 0
CLR PF1                         ;设定上升沿有效
MOV SS,#01111111B               ;初始化片选线
LCALL SPIR                      ;调用 SPI 总线的模拟读子程序
MOV Buff,A                      ;保存采样数据
```

9.4 小结

本章主要介绍了 RS-485、I^2C 和 SPI 三种常用的串行总线的原理及其使用。本章的主要知识点有：RS-485 总线原理；用 MAX485 系列芯片扩展 RS-485 总线；I^2C 总线原理及其软件模拟；基于 I^2C 总线的 A/D 转换芯片 PCF8591；SPI 总线原理及其软件模拟；兼容 SPI 总线的 10 位 D/A 转换器 TLC5615 的使用；兼容 SPI 总线的 8 位 A/D 转换器 AD549 的使用。当前，51 并行总线产品相对较少，而其无总线芯片相对较多。即使在有总线扩展能力的 51 芯片上，使用并行总线控制方式的人也逐步在减少。在这样一种背景下，采用串行接口方式的外围设备越来越显得重要，这也是我们将串行接口技术单列为一章的主要原因之一。限于篇幅，还有诸多的串行总线（如 USB 等）在这里尚未涉及，有兴趣的读者可以阅读相关的参考资料。

思考题与习题

1. 试比较 UART、RS-232C 和 RS-485 的区别。

2. 采用 MAX485 芯片，设计一个基于 RS-485 的 51 单片机的双机通信实验。

3. 请思考几种能更方便地使用 I^2C 总线模拟软件包的方案。

4. 在 AT89S52 单片机上扩展两片 AT24C04。

5. 充分利用一片 PCF8591 的资源，试设计一个 51 单片机的小实验。

6. 某同学为节省 51 口线的使用，将模拟 I^2C 的 SCL 和模拟 SPI 的 SCK 共用一根口线 $P_{1.7}$。请问该同学的做法是否可行？为什么？

7. 试用一片 TLC5615，设计一个 51 单片机控制的可编程的增益衰减器。

8. 试用一片 AD549，设计一个基于 51 单片机测量的低频有效值响应的电压表。

应　用　篇

*第10章 单片机的C语言编程——C51

51系列单片机支持3种高级语言，即PL/M、C和BASIC。8052单片机内固化有BASIC语言，BASIC语言适用于简单编程并对编程效率、运行速度要求不高的场合。PL/M是一种结构化的语言，很像PASCAL。PL/M编译器好像汇编器一样，产生紧凑的机器代码，可以说是高级汇编语言，但它不支持复杂的算术运算，无丰富的库函数支持，学习PL/M无异于学习一种新的语言。C语言是一种通用的程序设计语言，其代码率高，数据类型及运算符丰富，并具有良好的程序结构，适用于各种应用的程序设计，是目前使用较广的单片机编程语言。

单片机的C语言采用C51编译器（简称C51）。由C51产生的目标代码短，运行速度高，所需存储空间小，符合C语言的ANSI标准，生成的代码遵循Intel目标文件格式，而且可与A51汇编语言或PL/M51语言目标代码混合使用。

应用C51编程具有以下优点：

- C51管理内部寄存器和存储器的分配，编程时，无需考虑不同存储器的寻址和数据类型等细节问题。
- 程序由若干函数组成，具有良好的模块化结构。
- 有丰富的子程序库可直接引用，从而大大减少用户编程的工作量。
- C语言和汇编语言可以交叉使用。汇编语言程序代码短。运行速度快。但复杂运算编程耗时。如果用汇编语言编写与硬件有关的部分程序，用C语言编写与硬件无关的运算部分程序，充分发挥两种语言的长处，可以提高开发效率。

和汇编语言一样，C语言源程序经过C51编译器编译、L51（或BL51）连接/定位后生成.BIN和.HEX的目标程序文件。目前C51大多使用Keil C51编译器。C语言程序仿真调试的集成软件和汇编语言使用的是同一个集成软件包（WAVE或Keil包），参见本书的单片机实验指导部分。

10.1 C51程序结构

同标准C一样，C51的程序由一个个函数组成，这里的函数和其他语言的子程序或过程具有相同的意义。其中必须有一个主函数main()，程序的执行从main()函数开始，调用其他函数后返回主函数main()，最后在主函数中结束整个程序，而不管函数的排列顺序如何。

C语言程序的组成结构如下所示：

```
全局变量说明                              /*可被各函数引用*/
main()                                    /*主函数*/
{
局部变量说明                              /*只在本函数引用*/
执行语句(包括函数调用语句)
}
fun1(形式参数表)                          /*函数1*/
形式参数说明
{
局部变量说明
执行语句(包括调用其他函数语句)
}
⋮
funn(形式参数表)                          /*函数n*/
形式参数说明
{
局部变量说明
执行语句
}
```

可见C语言的函数以“{”开始，以“}”结束。C语言的语句规则为：

(1) 每个变量必须先说明后引用，变量名采用英文，大小写是有差别的。

(2) C语言程序一行可以书写多条语句，但每个语句必须以“;”结尾，一个语句也可以多行书写。

(3) C语言的注释用“/*……*/”表示。

(4) 花括号必须成对，位置随意，可紧挨函数名后，也可另起一行。多个花括号可以同行书写，也可逐行书写。为层次分明，增加可读性，同一层的花括号应对齐，采用逐层缩进方式书写。

10.2 C51的数据类型

C51的数据有常量和变量之分。

常量——在程序运行中其值不变的量，可以为字符、十进制数或十六进制数(用0x表示)。

常量分为数值型常量和符号型常量。如果是符号型常量，需用宏定义指令(#define)对其进行定义(相当于汇编的EQU伪指令)，如：

```
#define  PI  3.1415
```

那么程序中只要出现PI的地方，编译程序都将其译为3.1415。

变量——在程序运行中其值可以改变的量。

一个变量由变量名和变量值构成，变量名即是存储单元地址的符号表示，而变量值就是该单元存放的内容。定义一个变量，编译系统就会自动为它安排一个存储单元，具体的地址值用户不必在意。

10.2.1　C51 变量的数据类型

无论哪种数据，都是存放在存储单元中的，每一个数据究竟要占用几个单元(即数据的长度)，都要提供给编译系统，正如汇编语言中存放数据的单元要用 DB 或 DW 伪指令进行定义一样，编译系统以此为根据预留存储单元，这就是定义数据类型的意义。C51 编译器支持的数据类型如表 10.1 所示。

表 10.1　C51 的数据类型

	数据类型	长　度	值　　域
位型	bit	1bit	0 或 1
字符型	signed char	1Byte	－128～127
	unsigned char	1Byte	0～255
整型	signed int	2Byte	－32768～＋32767
	unsigned int	2Byte	0～65535
	signed long	4Byte	－2147483648～＋2147483647
	unsigned long	4Byte	0～4294967295
实型	float	4Byte	1.176E－38～3.40E＋38
指针型	data/idata/pdata	1Byte	1 字节地址
	code/xdata	2Byte	2 字节地址
	通用指针	3Byte	其中 1 字节为存储器类型编码，2、3 字节为地址偏移量
访问 SFR 的数据类型	sbit	1bit	0 或 1
	sfr	1Byte	0～255
	sfr16	2Byte	0～65535

对表 10.1 作如下说明：

(1) 字符型(char)、整型(int)和长整型(long)均有符号型(signed)和无符号型(unsigned)两种，如果不是必需，尽可能选择 unsigned 型，这将会使编译器省却符号位的检测，使生成的程序代码比 signed 类型短得多。

(2) 程序编译时，C51 编译器会自动进行类型转换，例如将一个位变量赋值给一个整型变量时，位型值自动转换为整型值；当运算符两边为不同类型的数据时，编译器先将低级的数据类型转换为较高级的数据类型，运算后，运算结果为高级数据类型。

(3) 51 单片机内部数据存储器的可寻址位(20H～2FH)定义为 bit 型，而特殊功能寄存器的可寻址位(即地址为 X0H 和 X8H 的 SFR 的各位)只能定义为 sbit 类型。

10.2.2 关于指针型数据

(1) 关于指针型变量

在汇编语言程序中，要取存储单元 m 的内容，可用直接寻址方式，也可用寄存器间接寻址方式。如果用 R_1 寄存器指示 m 的地址，则用@R_1 取 m 单元的内容。相对应的，在 C 语言中，用变量名表示取变量的值（相当于直接寻址），也可用另一个变量（如 P）存放 m 的地址，P 就相当于 R_1 寄存器。用 * P 取得 m 单元的内容（相当于汇编的间接寻址方式），这里 P 即为指针型变量。表 10.2 表示两种语言将 m 单元的内容送至 n 单元的对照语句。

表 10.2 汇编语言和 C 语言的对照

直接寻址		间 接 寻 址	
汇编语言	C 语言	汇编语言	C 语言
mov n,m 传送语句	n=m; 赋值语句	mov R_1，#m;m 的地址送至 R_1 mov n,@R_1;m 的内容送至 n	P=&m / * m 的地址送至 P * / n= * P / * m 的内容送至 n * /

注：表中省略了汇编语言程序中用 EQU 伪指令对符号地址 n 和 m 进行具体地址定义的语句，以及 C 语言对变量 n、m 和指针变量 P 进行类型定义的语句，实际程序设计中，此步是不可缺少的。表中 & 为取地址运算符，* 为取内容运算符。

(2) 指针型数据的类型

由于 C51 是结合 51 单片机硬件的，51 单片机的不同存储空间有不同的地址范围，即使对于同一外部数据存储器，又有用@Ri 分页寻址（Ri 为 8 位）和用@DPTR 寻址（DPTR 为 16 位）两种寻址方式。而指针本身也是一个变量，包括存放的存储区和数据长度。因此，在指针类型的定义中要说明：被指的变量的数据类型和存储类型；指针变量本身的数据类型（占几个字节）和存储类型（即指针本身存放在什么存储区）。例如类型定义为 data 或 idata，表示指针指示内部数据存储器；而 pdata 表示指针指向外部数据存储器，用@Ri 间址。以上均为 8 位地址；而类型 code/xdata 表示指针指向外部程序存储器或外部数据存储器，指针本身（即被指示地址）应为 16 位长度。如果想使指针能适用于指向任何存储空间，则可以定义指针为通用型，此时指针长度为 3 字节，第一字节表示存储器类型编码，第二、三字节分别表示所指地址的高位和低位。第一字节表示的存储器类型编码如表 10.3 所示。

表 10.3 通用型指针的存储类型编码

存储器类型	idata	xdata	pdata	data	code
编码	1	2	3	4	5

例如指针变量 px 值为 0x021203，即指针指示 xdata 区的 1203H 地址单元，可用赋值语句实现。

10.3　数据的存储类型和存储模式

10.3.1　数据的存储类型

C51是面向8XX51系列单片机及硬件控制系统的开发语言，它定义的任何变量必须以一定的存储类型的方式定位在8XX51单片机的某一存储区中，否则便没有意义。因此在定义变量类型时，还必须定义它的存储类型，C51的变量的存储类型如表10.4所示。

表10.4　C51的变量的存储类型

存储器类型	描　述
data	直接寻址内部数据存储区，访问变量速度最快(128B)
bdata	可位寻址内部数据存储区，允许位与字节混合访问(16B)
idata	间接寻址内部数据存储区，可访问全部内部地址空间(256B)
pdata	分页(256B)外部数据存储区，由操作码MOVX@Ri访问
xdata	外部数据存储区(64KB)，由操作码MOVX@DPTR访问
code	代码存储区(64KB)，由操作码MOVC@A+DPTR访问

访问内部数据存储器(idata)比访问外部数据存储器(xdata)相对要快一些，因此，可将经常使用的变量置于内部数据存储器中，而将较大及很少使用的数据变量置于外部数据存储器中。例如定义变量x的语句：data char x(等价于char data x)。如果用户不对变量的存储类型定义，则编译器承认默认存储类型，默认的存储类型由编译控制命令的存储模式部分决定。

10.3.2　存储器模式

存储器模式决定了变量的默认存储器类型、参数传递区和无明确存储区类型的说明。C51的存储器模式有SMALL、LARGE和COMPACT(见表10.5)。

表10.5　存储器模式

存储器模式	描　述
SMALL	参数及局部变量放入可直接寻址的内部存储器(最大为128B，默认存储器类型为data)
COMPACT	参数及局部变量放入分页外部存储区(最大为256B，默认存储器类型是pdata)
LARGE	参数及局部变量直接放入外部数据存储器(最大为64KB)，默认存储器类型为xdata)

在固定的存储器地址进行变量参数传递是C51的一个标准特征，在SMALL模式下参数传递是在内部数据存储区中完成的。LARGE和COMPACT模式允许参数在外部存储器中传递。C51同时也支持混合模式，例如在LARGE模式下生成的程序可将一些函数分页放入SMALL模式中，从而加快执行速度。

例如，设C语言源程序为PROR.C，若使程序中的变量类型和参数传递区限定在外部数据存储区，有两种方法。

方法1：用C51对PROR.C进行编译时，使用命令C51 PROR.C COMPACT。

方法2：在程序的第一句加预处理命令#pragma compact。

10.3.3 变量说明举例

```
data char var;                          /* 字符变量 var 定位在片内数据存储区 */
char code MSG[]="PARAMETER;";           /* 字符数组 MSG[ ]定位在程序存储区 */
unsigned long xdata array[100];         /* 无符号长型数组定位在片外 RAM 区,每个元素占 4B */
float idata x,y,z;                      /* 将实型变量 x,y,z,定位在片内用间址访问的内部
                                           RAM 区 */
bit lock;                               /* 将位变量 lock 定位在片内 RAM 可位寻址区 */
unsigned int pdata sion;                /* 将无符号整型变量 sion 定位在分页的外部 RAM */
unsigned char xdata vector[10][4][4]    /* 将无符号字符型三维数组, 定位在片外 RAM 区 */
sfr P0=0x80;                            /* 将定义 P0 口,地址为 80H */
char bdata flags;                       /* 将字符变量 flags 定位在可位寻址内部 RAM 区 */
sbit flag0=flags^0;                     /* 定义 flag0 为 flags.0 */
```

如果在变量说明时略去存储器类型标志符，编译器会自动选择默认的存储器类型。默认的存储器类型由控制指令 SMALL、COMPACT 和 LARGE 限制。例如，如果声明 char var，则默认的存储器模式为 SMALL，var 放在 data 存储区；如果使用 COMPACT 模式，var 放入 idata 存储区；在使用 LARGE 模式的情况下，var 被放入外部数据存储区（xdata 存储区）。

10.3.4 指针变量说明举例

```
long xdata * px;          /* 指针 px 指向 long 型 xdata 区(每个数据占 4 个单元,指针自身在默
                             认存储器,如不指定编译模式,在 data 区),指针长度为两个字节 */
char xdata * data pd;     /* 指针 pd 指向字符型 xdata 区,自身在 data 区,长度为两个字节 */
data char xdata * pd;     /* 与上例等效 */
data int * pn;(和 int * data pn 及 int * pn 等效)    /* 定义一个类型为 int 型的通用型指针,
                                                       指针自身在 data 区,长度为 3 个字节 */
```

在上例的指针声明中包含如下几个内容：

(1) 指针变量名（如 px）前面冠以"*"，表示 px 为指针型变量，此处 * 不带取内容之意。

(2) 指针指向的存储类型，即指向哪个存储区，决定了指针本身的长度（见表 10.1）。存储类型声明的位置在数据类型和指针名（如 * px）之间，如无次项声明，则此指针型变量为通用型。

(3) 指针指向的存储区的数据类型，即被指向的存储区以多少个单元作为一个数据单位，当程序通过指针对该区操作时，将按此规定的单元个数的内容作为一个数据进行操作。

(4) 指针变量自身的存储类型，即指针处于什么区与自身的长度无关，该声明可位于声明语句的开头，也可在 * 和变量名之间。此项由编译模式放在默认区，如果未规定编译模式，则通常在 data 区。

10.4　C51对SFR、可寻址位、存储器和I/O口的定义

10.4.1　对特殊功能寄存器SFR的定义

C51提供了一种自主形式的定义方式，使用特定关键字sfr。例如：

```
sfr SCON=0x98;                  /*串行通信控制寄存器地址98H*/
sfr TMOD=0x89;                  /*定时器模式控制寄存器地址89H*/
sfr ACC=0xe0;                   /*A累加器地址E0H*/
sfr P1=0x90;                    /*P1端口地址90H*/
```

定义了以后，程序中就可以直接引用寄存器名。

C51也建立了一个头文件reg51.h(增强型为reg52.h)，在该文件中对所有的特殊功能寄存器进行了sfr定义，对特殊功能寄存器的有位名称的可寻址位进行了sbit定义，因此，只要用包含语句#include<reg51.h>，就可以直接引用特殊功能寄存器名，或直接引用位名称。

注意：在引用时特殊功能寄存器或者位名称必须大写。

10.4.2　对位变量的定义

C51对位变量的定义有3种方法：

(1) 将变量用bit类型的定义符定义为bit类型，例如：

```
bit mn;
```

mn为位变量，其值只能是0或1，其位地址C51自行安排在可位寻址区的bdata区。

(2) 采用字节寻址变量的位的方法，例如：

```
bdata int ibase;                /*ibase定义为整型变量*/
sbit mybit=ibase^15;            /*mybit定义为ibase的第15位*/
```

这里的运算符"^"相当于汇编语言中的"·"，其后的最大取值依赖于该位所在的字节寻址变量的定义类型，如定义为char，最大值只能为7。

(3) 对特殊功能寄存器的位的定义

方法1：使用头文件及sbit定义符；多用于无位名称的可寻址位。例如：

```
#include<reg51.h>
sbit P1_1=P1^1;                 /*P1_1为P1口的第1位*/
sbit ac=ACC^7;                  /*ac定义为累加器A的第7位*/
```

方法2：使用头文件reg51.h，再直接用位名称。例如：

```
#include<reg51.h>
RS1=1;
RS0=0;
```

方法3：用字节地址位表示。例如：

```
sbit OV=0xD0^2;
```

方法 4：用寄存器名.位定义。例如：

```
sfr PSW=0xd0;                    /*定义 PSW 地址为 d0H*/
sbit CY=PSW^7;                   /*CY 为 PSW.7*/
```

10.4.3 C51 对存储器和外接 I/O 口的绝对地址访问

1. 对存储器的绝对地址访问

利用绝对地址访问的头文件 absacc.h，可对不同的存储区进行访问。

该头文件的函数有：

```
CBYTE  (访问 code 区字符型)           CWORD(访问 code 区 int 型)
DBYTE  (访问 data 区字符型)           DWORD(访问 data 区 int 型)
PBYTE  (访问 pdata 或 I/O 区字符型)   PWORD(访问 pdata 区 int 型)
XBYTE  (访问 xdata 或 I/O 区字符型)   XWORD(访问 xdata 区 int 型)
```

例如：

```
#include<absacc.h>
#define com XBYTE[0x07ff]
```

那么后面程序中 com 变量出现的地方，就是对地址为 07ffH 的外部 RAM 或 I/O 口进行访问。

例如：

```
XWORD[0]=0x9988;
```

即将 9988H(int 类型)送入外部 RAM 的 0 号和 1 号单元。

使用中要注意：absacc.h 一定要包含在程序中，XWORD 必须大写。

2. 对外部 I/O 口的访问

由于单片机的 I/O 口和外部 RAM 统一编址，因此对 I/O 口地址的访问可用 XBYTE(MOVX @DPTR)或 PBYTE(MOVX @Ri)进行。

例如：

```
XBYTE[0xefff]=0x10;
```

即将 10H 输出到地址为 EFFFH 的端口。

10.5 C51 的运算符

C51 的运算符有以下几类。

1. 赋值运算符

将赋值运算符“=”右边的值赋给左边的变量。

2. 算术运算符

+(加或正号)、-(减或负号)、*(乘号)、/(除号)、%(求余)。

优先级为：先乘除，后加减；先括号内，再括号外。

3. 关系运算符

<(小于)、>(大于)、<=(小于等于)、>=(大于等于)、==(相等)、!=(不相等)。

优先级为：前4个高，后两个("=="和"!=")低。

4. 逻辑运算符

&&(逻辑与)、||(逻辑或)、!(逻辑非)。

逻辑表达式和关系表达式的值相同，以0代表假，以1代表真。

以上几种运算的优先级如图10.1所示。

!(非)
↓
算术运算
↓
关系运算
↓
&&和||
↓
=(赋值运算)

图10.1　运算符的优先级

5. 按位操作的运算符

&(按位与)、|(按位或)、^(按位异或)、~(位取反)。<<(位左移)、>>(位右移)。

注意：补零移位。

例如：a=0xf0;，则表达式a=~a值为0FH。

例如：a=0xea;，则表达式a<<2值为A8H，即a值左移两位，移位后空位补0。

6. 自增、自减运算符

++i、--i(在使用i之前，先使i值加1或减1)、i++、i--(在使用i之后，再使i值加1或减1)。

例如：设i原值为5，j=++i，则j值为6，i值也为6；j=i++，则j值为5，i值为6。

7. 复合赋值运算符

+=、-=、*=、/=、%=、<<=、>>=、&=、^=、|=。

例如：a+=b相当于a=a+b。

a>>=7相当于a=a>>7。

8. 对指针操作的运算符

&(取地址运算符)、*(间址运算符)。

例如：a=&b;，取b变量的地址送至变量a。

c=*b;将以b的内容为地址的单元的内容送至c。

这里要注意：

(1) &与按位与运算符的差别，如果&表示与，&的两边必须为变量或常量。

(2) *与指针定义时指针前的"*"的差别。如char * pt，这里的*只表示pt为指针变量，不代表间址取内容的运算。

10.6 函数

C 语言程序由函数组成，下面介绍函数的要点。

10.6.1 函数的分类

从用户使用角度划分，函数分为库函数和用户自定义函数。

库函数是编译系统为用户设计的一系列标准函数(见附录 B)，用户只需调用，而无需自己去编写这些复杂的函数，如前面所用到的头文件 reg51.h、absacc.h 等。有的头文件中包括一系列函数，要使用其中的函数，必须先使用＃include 包含语句，然后才能调用。

用户自定义函数是用户根据任务编写的函数。

从参数形式上函数分为无参函数和有参函数。

有参函数即是在调用时，调用函数用实际参数代替形式参数，调用完返回结果给调用函数。

10.6.2 函数的定义

函数以"{"开始，以"}"结束。

无参函数的定义：

```
返回值类型 函数名()
  {函数体语句}
```

如果函数没有返回值，可以将返回值类型设为 void。

有参函数的定义：

```
返回值类型 函数名(形式参数表列)
    形式参数类型说明
  { 函数体语句
    return(返回形参名)
  }
```

也可以这样定义：

```
返回值类型 函数名(类型说明 形式参数表列)
  { 函数体语句
    return(返回形参名)
  }
```

其中形式参数表列的各项要用"."隔开，通过 return 语句将需返回的值返回给调用函数。

10.6.3 函数的调用

函数调用的形式为：

函数名(实际参数表列);

实参和形参的数目相等、类型一致。对于无参函数,当然不存在实际参数表列。

函数的调用方式有3种:

(1) 函数调用语句,即把被调用函数名作为调用函数的一个语句,如fun1()。

(2) 被调用函数作为表达式的运算对象,如result=2*get(a,b)。此时get()函数中的a、b应为实参,以返回值参与式中的运算。

(3) 被调用函数作为另一个数的实际参数,如m=max(a,get(a,b));,函数get(a,b)作为函数max()的一个实际参数。

10.6.4 对被调用函数的说明

如果被调用函数出现在主调用函数之后,在主调用函数前应对被调用函数予以说明,形式为:

返回值类型 被调用函数名(形参表列);

如果被调用函数出现在主调用函数之前,可以不对被调用函数说明。下面以一个简单例子来说明。

```
int fun1(a,b)
  int a,b;
 {
  int c;
  c=a+b;
  return(c);
  }
  main()
 {
  int d,u=3,v=2;
  d=2 * fun1(u,v);
  }
```

上例中被调用函数在主调用函数前,不用说明。

```
int fun1(a,b);
main()
 {
 int d,u=3,v=2;
 d=2 * fun1(u,v);
 int fun1(a,b)
 int a,b;
{ int c;
  c=a+b;
 return(c);
  }
```

上例中被调用函数在主调用函数后，在前面应对被调用函数进行说明。

10.7 C语言编程实例

由于C51编译器是针对单片机的，因此ANSI C中的scanf和printf等对PC的键盘和显示器的输入、输出语句无效。运算的数据可以通过变量置入或取出，这时C51会自动安排使用的存储单元。当然用户也可以通过具体的内存地址置入数据或从特定地址取出数据，这就少不了要会观察具体地址的内容或改变该地址的内容。C语言的编程上机调试见本教材的实验部分。

下面通过几个例子，说明单片机的C语言编程方法。

10.7.1 顺序程序的设计

例10-1 完成19805×24503的编程。

分析：两个乘数比较大，其积更大，采用unsigned long类型，设乘积存放在外部数据存储器0号开始的单元。程序如下：

```
main()
{  unsigned long xdata *p;       /*设定指针p指向类型为unsigned long的外部RAM区*/
   unsigned long a=19805;        /*设置a为unsigned long类型，并赋初值*/
   unsigned long b=24503,c;      /*设置b和积为unsigned long类型，并赋初值*/
   p=0;                          /*设地址指向0号单元*/
   c=a*b;
   *p=c;                         /*积存入外部RAM的0号单元*/
}
```

上机，通过WAVE软件仿真调试，在变量观察窗口看到运算结果$c=48528195$，即为乘积的十进制数。观察xdata区（外部RAM）的0000H～0003H单元，分别为1C EC D0 7B，即存放的为乘积的十六进制数。观察data区（内部RAM区）：

地址	04	05	06	07	08	09	0A	0B	0C	0D	0E	0F
内容	1C	EC	D0	7B	00	00	4D	5D	00	00	5F	B7
	c变量（积）				a变量				b变量			

可见定义为unsigned long类型，C51给每个变量分配4个单元，如果定义类型不对，将得不到正确的结果。

对于复杂的运算，通常采用查表的方法。如同汇编程序设计一样，在程序存储器建立一张表，在C语言中表格定义为数组，表内数据（元素）的偏移量表现为下标。数组的使用如同变量一样，要先进行定义，说明数组名、维数、数据类型和存储类型。在定义数组的同时，还可以给数组各元素赋初值。下例说明C51数组的定义方法和用C语言编写查表程序的方法。

例10-2 片内RAM的20H单元存放着一个00H～05H的数，用查表法，求出该数的平方值并放入内部RAM的21H单元。

```
main()
{  char x, * p
   char code tab[6]={0,1,4,9,16,25};
   p=0x20;
   x=tab[ * p];
   p++;
    * p=x;
}
```

10.7.2　循环程序的设计

C语言的循环语句有以下几种形式。

1. while(表达式){语句;}

其中,表达式为循环条件,语句为循环体。当表达式值为真(值为非0),重复执行语句。语句可以只有一条,以";"结尾;可以有多条,组成复合语句,复合语句必须用{}括起;也可以没有语句,通常用于等待中断或查询。其流程图如图10.2所示。

2. do{语句;}while(表达式)

表达式为真,执行循环体语句,直至表达式为假,退出循环,执行下一个语句。其流程图如图10.3所示。

3. for(表达式1;表达式2;表达式3){语句;}

其中语句为循环体。执行过程是:执行表达式1后进入循环体,如表达式2为假,按表达式3修改变量,再执行循环体,直到表达式2为真。其流程图如图10.4所示。

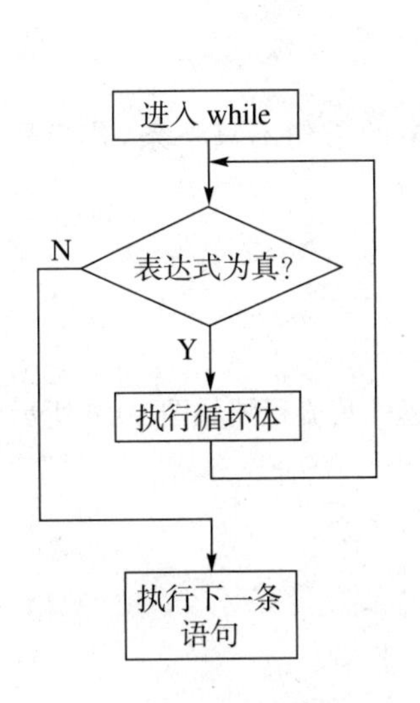

图10.2　while语句流程

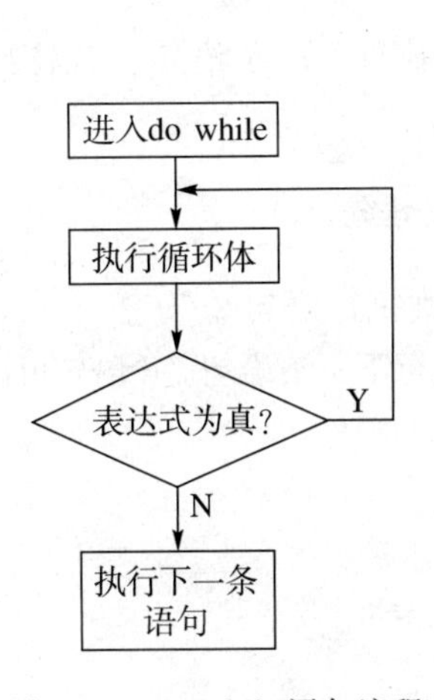

图10.3　do while语句流程

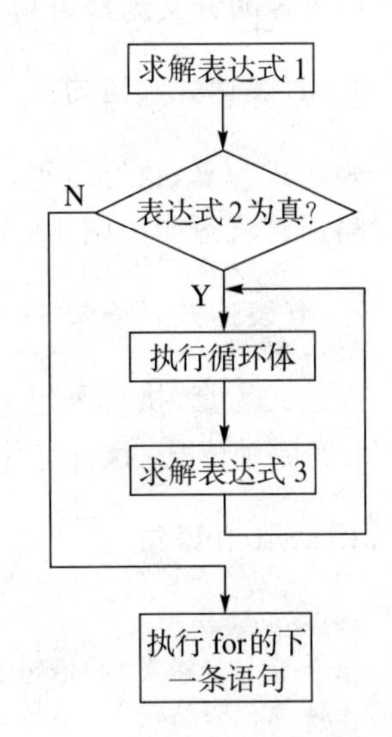

图10.4　for语句流程

语句中可以省略表达式中的任一项甚至全部，但两个分号不可省略，如 for(;;){语句;}为无限循环；for($i=4$;;$i++$){语句;}，i 从 4 开始无限循环；for(;$i<100$;)相当于 while($i<100$)。

例如：while(P1&0x01)==0{};

即如果 $P_{1.0}=0$，循环执行空语句，直到 $P_{1.0}$变为 1，此语句用于对 $P_{1.0}$进行检测。

例 10-3 分析下列程序的执行结果。

```
main()
{
  int sum=0,i;
  do{
    sum+=i;
    i++;
    }
  while(i<=10);
}
```

本程序完成 0+1+2+…+10 的累加，执行后 sum=55。

例 10-4 将例 10-3 改用 for 语句进行编程。

```
main
{
 int sum=0,i;
 for(i=0;i<=10;i++)
 sum+=i;
}
```

10.7.3 分支程序的设计

C 语言的分支选择语句有以下几种形式。

1. if(表达式){语句;}

表达式为真，执行语句，否则执行下一条语句。若花括号中的语句不只一条，花括号不能省略。其流程图如图 10.5 所示。

2. if(表达式){语句 1;}else{语句 2;}

表达式为真，执行语句 1，否则执行语句 2。

无论哪种情况，执行完后都执行下一条语句。if 语句可以嵌套。其流程图如图 10.6 所示。

3. switch 语句

```
switch(表达式){
case 常量表达式 1;{语句 1;}break;
case 常量表达式 2;{语句 2;}break;
case 常量表达式 n;{语句 n;}break;
default;{语句 n+1;}
}
```

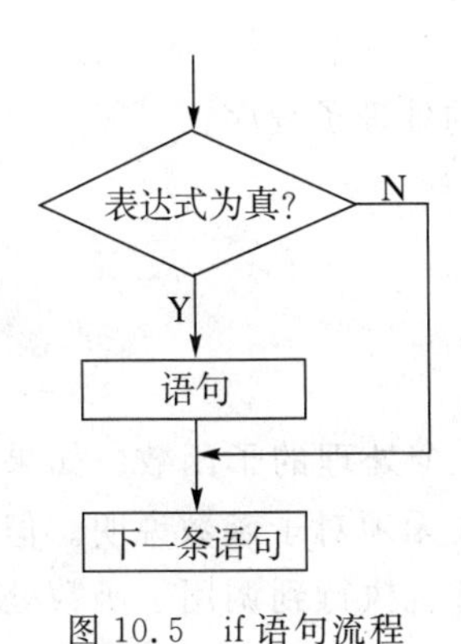

图 10.5　if 语句流程

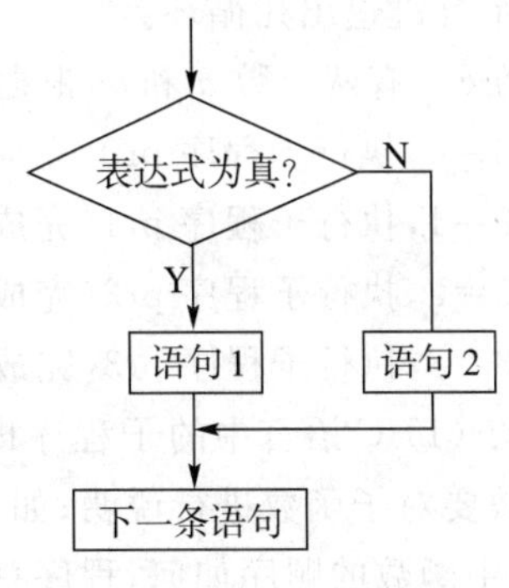

图 10.6　if…else 语句流程

说明：

(1) 语句先进行表达式的运算，当表达式的值与某一 case 后面的常量表达式相等，就执行它后面的语句。

(2) 当 case 语句后有 break 语句时，执行完这一 case 语句后，跳出 switch 语句；当 case 后面无 break 语句，程序将执行下一条 case 语句。

(3) 如果 case 中常量表达式值和表达式的值都不匹配，就执行 default 后面的语句。如果无 default 语句，就退出 switch 语句。

(4) default 的位置不影响执行的结果，也可以无此语句。

case 语句适于在多分支转移的情况下使用。

例 10-5　若片内 RAM 的 20H 单元存放一个有符号数 x，试编写程序，实现函数关系式：

$$y=\begin{cases} x, & x>0 \\ 20\text{H}, & x=0 \\ x+5, & x<0 \end{cases}$$

设 y 存放于 21H 单元，程序如下：

```
main()
{
char data x, * p, * y;
p=0x20;
y=0x21;
for(;;)
 {
    x= * p;
  if(x>0) * y=x;
  if(x<0) * y=x+5;
  if(x==0) * y=0x20;
 }
}
```

程序中为了观察不同数的执行结果，采用了死循环语句 for(;;)，上机调试时可用

Ctrl+C 组合键退出死循环。

例 10-6 有两个数 *a* 和 *b*，根据 *r*3 的内容转向不同的处理子程序：

- *r*3=0，执行子程序 pr0（完成两数相加）。
- *r*3=1，执行子程序 pr1（完成两数相减）。
- *r*3=2，执行子程序 pr2（完成两数相乘）。
- *r*3=3，执行子程序 pr3（完成两数相除）。

分析：(1) C 语言中的子程序即为函数，因此需编 4 个处理的子函数。如果主函数在前，主函数要对子函数进行说明；如果子函数在前，主函数无须对子函数说明。但是无论子函数还是主函数的顺序如何，程序总是从主函数开始执行。执行到调用子函数处就会转到子函数执行。

(2) 在 C51 编译器中通过头文件 reg51.h 可以识别特殊功能寄存器，但不能识别 R_0～R_7 通用寄存器，因此 R_0～R_7 只有通过绝对地址访问识别，程序如下：

```
# include<absacc.h>
 #define r3 DBYTE[0x03]
 int c,c1,a,b;
 pr0(){ c=a+b;}
 pr1(){ c=a-b;}
 pr2(){ c=a*b;}
 pr3(){ c=a/b;}
 main()
 { a=90;b=30;
     for(;;)
   {
     switch(r3)
       {
        case  0;pr0();break;
        case  1;pr1();break;
        case  2;pr2();break;
        case  3;pr3();break;
         }
        c1=56;
    }
   }
```

在上述程序中，为便于调试观察，另加了 c1=56 的语句，并使用了死循环语句 for(;;)，用Ctrl+C 组合键可退出死循环。

10.8 单片机资源的 C 语言编程实例

为了使 C 语言的编程方法和汇编语言的编程方法有一个对比，本节采用前面各章节汇编语言的编程实例。

10.8.1 C语言程序的反汇编程序(源代码)

例 10-7 试完成外部 RAM 的 000EH 单元和 000FH 单元的内容交换,用C语言编程。

C语言对地址的指示方法可以采用指针变量,也可以引用 absacc.h 头文件进行绝对地址访问,下面采用绝对地址访问方法。

```
#include<absacc.h>
main()
 {
 char data c;
 for(;;)
 {
 c=XBYTE[14];
 XBYTE[14]=XBYTE[15];
 XBYTE[15]=c;
   }
 }
```

程序中为方便反复观察,使用了死循环语句 for(;;),只要用 Ctrl+C 组合键即可退出死循环。

上面程序通过编译,生成的机器代码和反汇编程序如下:

```
0000  020014   LJMP 0014H
0003  90000E   MOV DPTR,#000EH
0006  E0       MOVX A,@DPTR
0007  FF       MOV R7,A
0008  A3       INC DPTR
0009  E0       MOVX A,@DPTR
000A  90000E   MOV DPTR,#000EH
000D  F0       MOVX @DPTR,A
000E  A3       INC DPTR
000F  EF       MOV A,R7
0010  F0       MOVX @DPTR,A
0011  80F0     SJMP 0003H
0013  22       RET
0014  787F     MOV R0,#7FH
0016  E4       CLR A
0017  F6       MOV @R0,A
0018  D8FD     DJNZ R0,0017H
001A  758107   MOV SP,#07H
001D  020003   LJMP 0003H
```

由上例可见:

(1) 一进入C语言程序,首先执行初始化,将内部 RAM 的 00H~7FH 的 128 个单元清零，然后置SP为07H(视变量多少，SP置不同值，依程序而定)，因此如果要对内部RAM置初值，一定要在执行了一条C语言语句后进行。

(2) 对于C语言程序设定的变量，C51自行安排寄存器或存储器作为参数传递区，通常在R_0～R_7(一组或两组，视参数多少而定)，因此，如果对具体地址置数据，应避开这些R_0～R_7的地址。

(3) 如果不特别指定变量的存储类型，通常被安排在内部RAM中。

10.8.2 并行口及键盘的C语言编程

例10-8 用$P_{1.0}$输出1kHz和500Hz的音频信号驱动扬声器，作为报警信号，要求1kHz信号响100ms，500Hz信号响200ms，交替进行。$P_{1.7}$接一开关进行控制，当开关合上，响报警信号；当开关断开，报警信号停止，编写程序。

分析：500Hz信号周期为2ms，信号电平为每1ms变反一次。1kHz信号周期为1ms，信号电平每500μs变反一次。用C语言编程如下：

```
#include<reg51.h>
sbit  P10=P1^0;
sbit  P17=P1^7;
main()
{
unsigned char i, j;
while(1)
  {
  while(P17==0)
    {
    for(i==1;i<=150;i++)                    /*控制音响时间*/
      { P10=~P10;
       for(j=0;j<=50;j++);                  /*延时,完成信号周期时间*/
      }
  for(i=1;i<=100;i++)                       /*控制音响时间*/
      { P10=~P10;
       for(j=0;j<=100;j++);                 /*延时,完成信号周期时间*/
      }
    }
  }
}
```

在C语言程序中的周期和音响时间长短计算比较麻烦(除非看懂它的反汇编，根据汇编程序的机器周期计算)，因此上述C语言程序只产生报警音响效果，报警周期和时间长短是不符合要求的，欲合乎要求，最好用定时器定时。

例10-9 图10.7所示为8XX51单片机接有5个共阴极数码管的动态显示接口电路，开关打向位置1时，显示“12345”字样；当开关打向2时，显示“HELLO”字样，C语言程序如下。

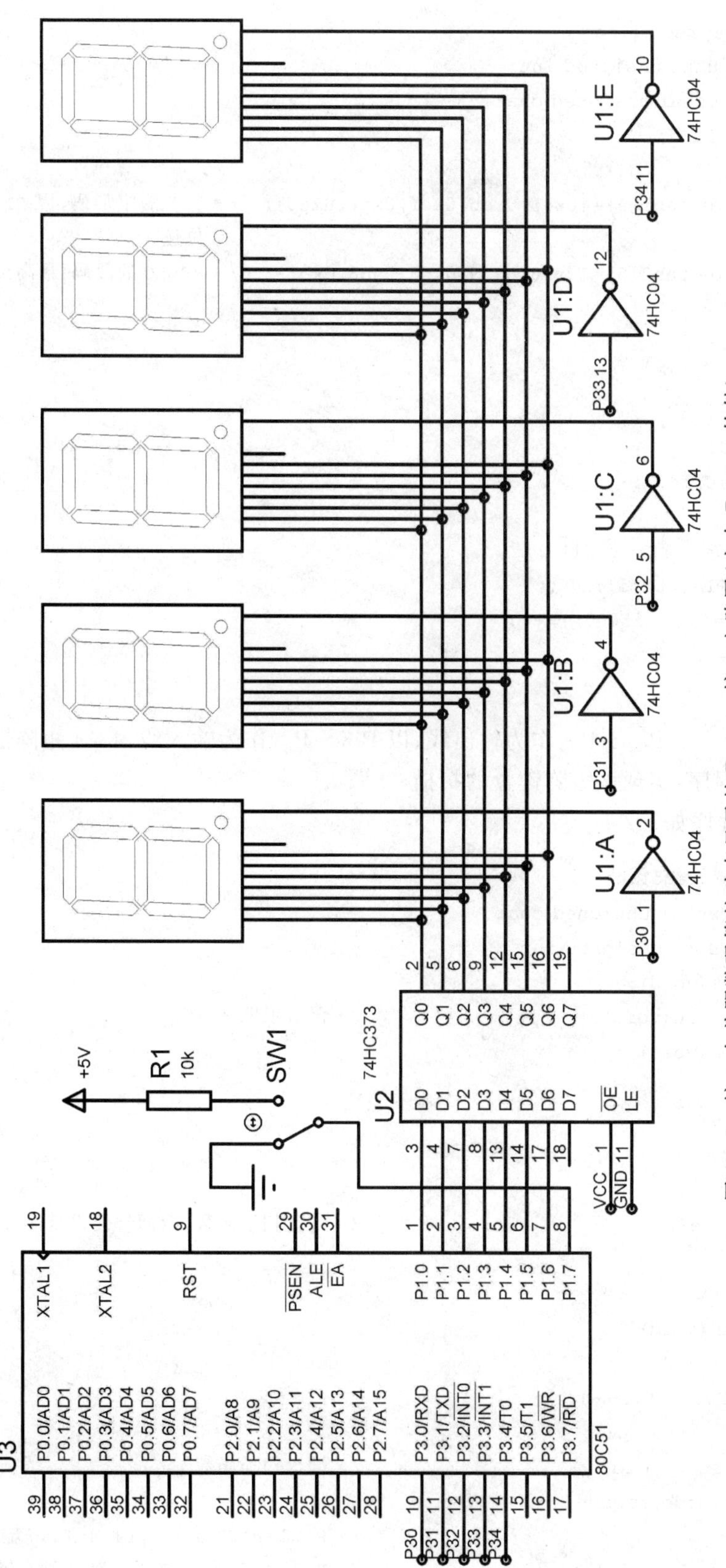

图 10.7 接5个共阴数码管的动态显示的Proteus接口电路图(出自Proteus软件)

```
#include<reg 51.h>
#define uint unsigned int
#define uchar unsigned char
sbitP17=P1^7;
main(){
uchar code tab1[5]={0x86,0xdb,0xcf,0xe6,0xed};  /*1~5的字形码,因 P1.7 接开关,最高
                                                   位送 1*/
uchar code tab2[5]={0xf8,0xf9,0xb8,0xb8,0xbf};  /*HELLO的段码,最高位送 1*/
uchar i;
unit j;
while(1)
  {
  p3=0x01;
  for(i=0;i<5;i++)
   {
   if(p17==1)P1=tab1[i];
   else P1=tab2[i];
   for(j=0;j<=25000;j++);
   P3<<=1;
   }}}
```

例 10-10 以 $P_{1.0}$～$P_{1.3}$ 作为输出线，以 $P_{1.4}$～$P_{1.7}$ 作为输入线，4×4 矩阵键盘如图 10.8 所示。编写程序，实现该矩阵键盘的扫描。

C 语言程序如下：

```
#include<reg51.h>
#define uchar unsigned char
#define uint unsigned int
void dlms(void);
uchar kbscan(void);                        /*函数说明*/
void main(void);
{
uchar key;
 while(1)
 {
key=kbscan();                              /*键盘扫描函数,返回键码送至 key 保存*/
  dlms();
 }}
void dlms(void)                            /*延时*/
{uchar i;
 for(i=200;i>0;i--){}
}
uchar kbscan(void)                         /*键盘扫描函数*/
{uchar sccode,recode;
P1=0xf0;                                   /*P1.0~P1.3 发全 0,P1.4~P1.7 输入*/
if((P1 & 0xf0)!=0xf0)                      /*如果 P1 口高 4 位不全为 1,则有键按下*/
```

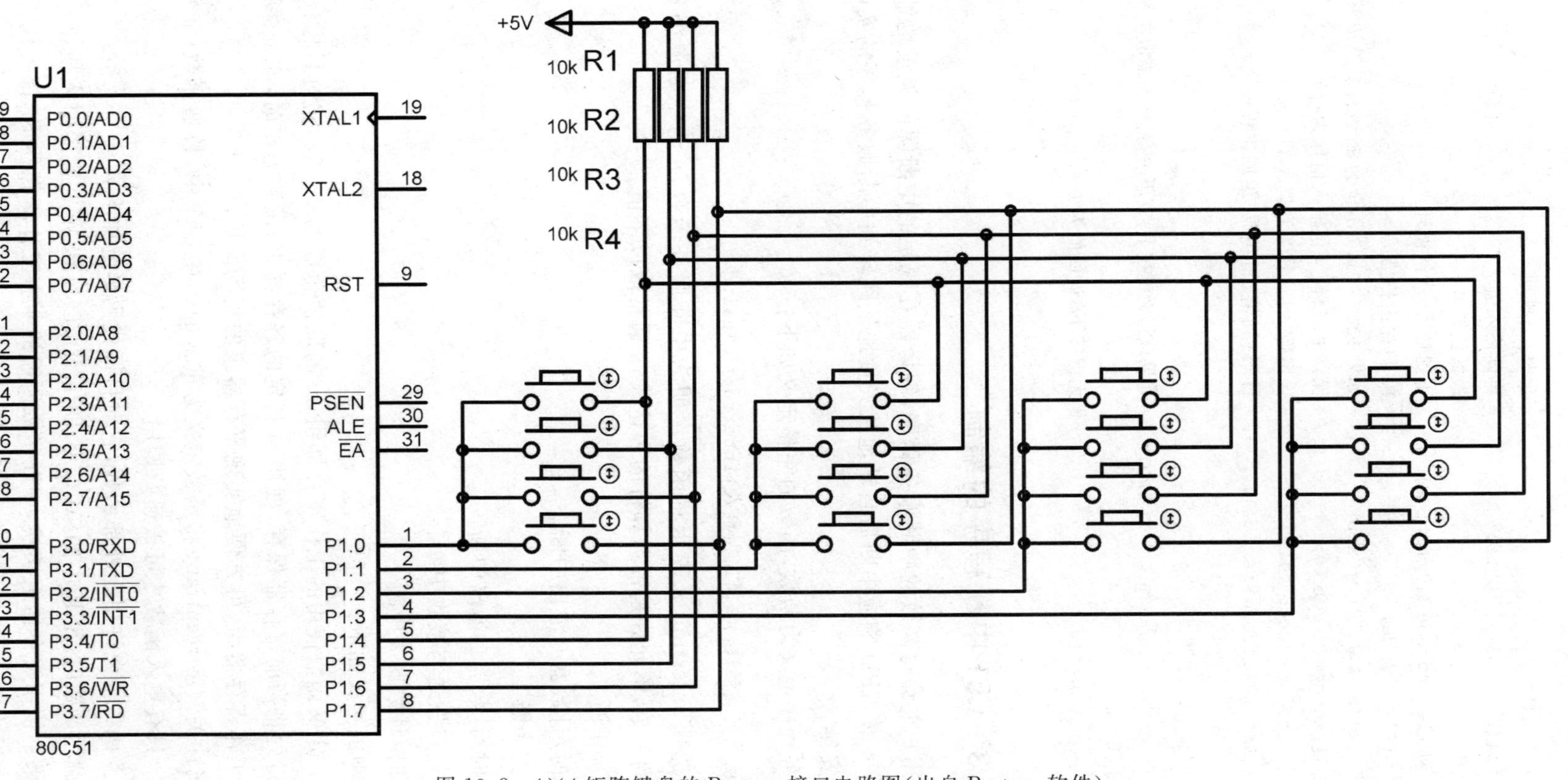

图 10.8　4×4 矩阵键盘的 Proteus 接口电路图（出自 Proteus 软件）

```
{dlms();                        /*延时,去抖动*/
if((P1 & 0xf0)!=0xf0)           /*再读输入值*/
 {sccode =0xfe                  /*最低位置 0*/
 while((sccode & 0x10)!=0)      /*不到最后一行,循环*/
  {P1 =sccode;                  /*P1 口输出扫描码*/
  If((P1 & 0xf0)!=0xf0)         /*如果 P1.4~P1.7 不全为 1,该行有键按下*/
  {recode=P1 & 0xf0;            /*保留 P1 口高 4 位输入值作为行码*/
  sccode=sccode &0&x0f;)        /*保留低 4 位,作为列码*/
  return(sccode+recode);        /*行码+列值=键编码,返回主程序*/
    }
   else
   sccode=(sccode<<1)| 0x01;  /*如果该行无键按下,查下一行,行扫描值左移一位*/
}}}
    return(0);                  /*无键按下,返回值为 0*/
}
```

10.8.3 C51 中断程序的编制

C51 使用户能编写高效的中断服务程序,编译器在规定的中断源的矢量地址中放入无条件转移指令,使 CPU 响应中断后自动地从矢量地址跳转到中断服务程序的实际地址,而无需用户去安排。

中断服务程序定义为函数,函数的完整定义如下：

```
返回值 函数名([参数])[模式][重入]interrupt n[using m]
```

其中必选项 interrupt n 表示将函数声明为中断服务函数,n 为中断源编号,可以是 0～31 之间的整数,不允许是带运算符的表达式,n 通常取以下值：

- 0 外部中断 0。
- 1 定时/计数器 0 溢出中断。
- 2 外部中断 1。
- 3 定时/计数器 1 溢出中断。
- 4 串行口发送与接收中断。
- 5 定时/计数器 2 中断。

各可选项的意义如下：

using m,定义函数使用的工作寄存器组,m 的取值范围为 0～3。它对目标代码的影响是：函数入口处将当前寄存器保存,使用 m 指定的寄存器组；函数退出时,原寄存器组恢复。选择不同的工作寄存器组,可方便地实现寄存器组的现场保护。

重入,属性关键字 reentrant 将函数定义为重入的。在 C51 中,普通函数(非重入的)不能递归调用,只有重入函数才可被递归调用。

中断服务函数不允许用于外部函数,它对目标代码影响如下：

(1) 当调用函数时,SFR 中的 ACC、B、DPH、DPL 和 PSW 在需要时入栈。

(2) 如果不使用寄存器组切换,中断函数所需的所有工作寄存器 R_n 都入栈。

(3) 函数退出前,所有工作寄存器都出栈。

(4) 函数由 RETI 指令终止。

下面举例说明 C 语言的编程方法。

例 10-11 对于图 10.9 所示电路,要求每中断一次,发光二极管显示开关状态,用 C 语言编程。

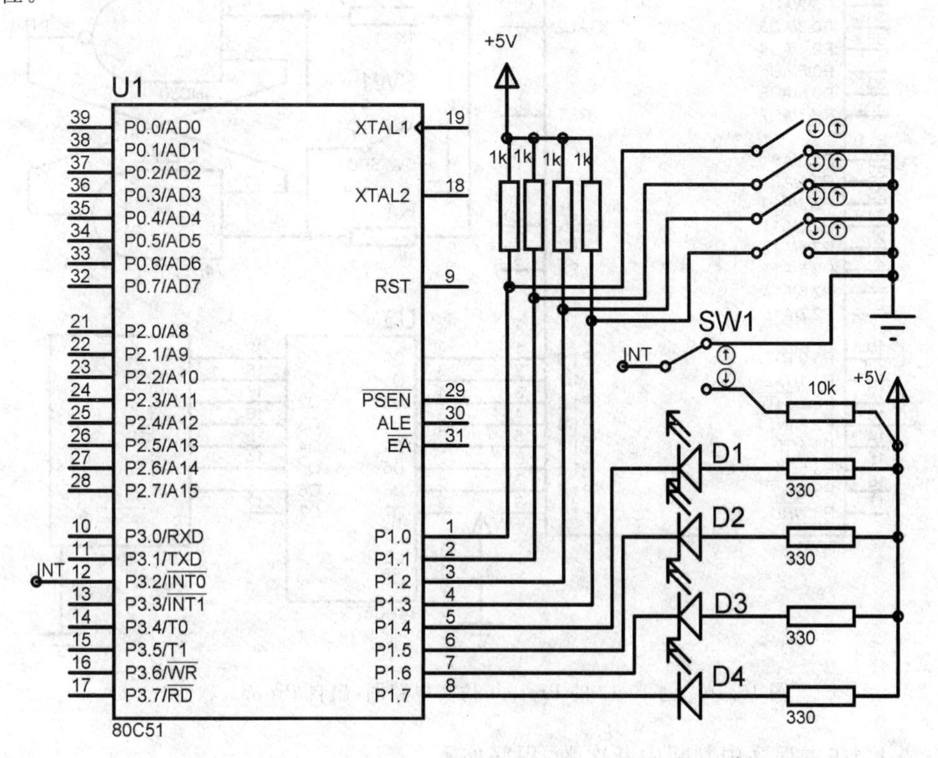

图 10.9 例 10-11 的 Proteus 仿真电路图(出自 Proteus 软件)

```
#include<reg51.h>
int0()interrupt 0                         /* INT0中断函数 */
 {
  P1=0xff;                                /* 输入端先置 1,灯灭 */
  P<<=4;                                  /* 读入开关状态,并左移 4 位,
                                          使开关反映在发光二极管上 */
  }
 main()
  {
   EA=1;                                  /* 开中断总开关 */
   EX0=1;                                 /* 允许INT0中断 */
   IT0=1;                                 /* 下降沿产生中断 */
   while(1);                              /* 等待中断 */
  }
```

主函数执行 while(1)语句,进入死循环,等待中断。当拨动$\overline{INT_0}$的开关后,进入中断函数,读入 $P_{1.0}$~$P_{1.3}$的开关状态,并将状态数据右移 4 位到 $P_{1.4}$~$P_{1.7}$的位置上,输出控制 LED 亮。执行完中断,返回到等待中断的 while(1)语句,等待下一次的中断。

例 10-12 记录并显示中断次数，如图 10.10 所示。用 C 语言编程，可有两种编程方法。

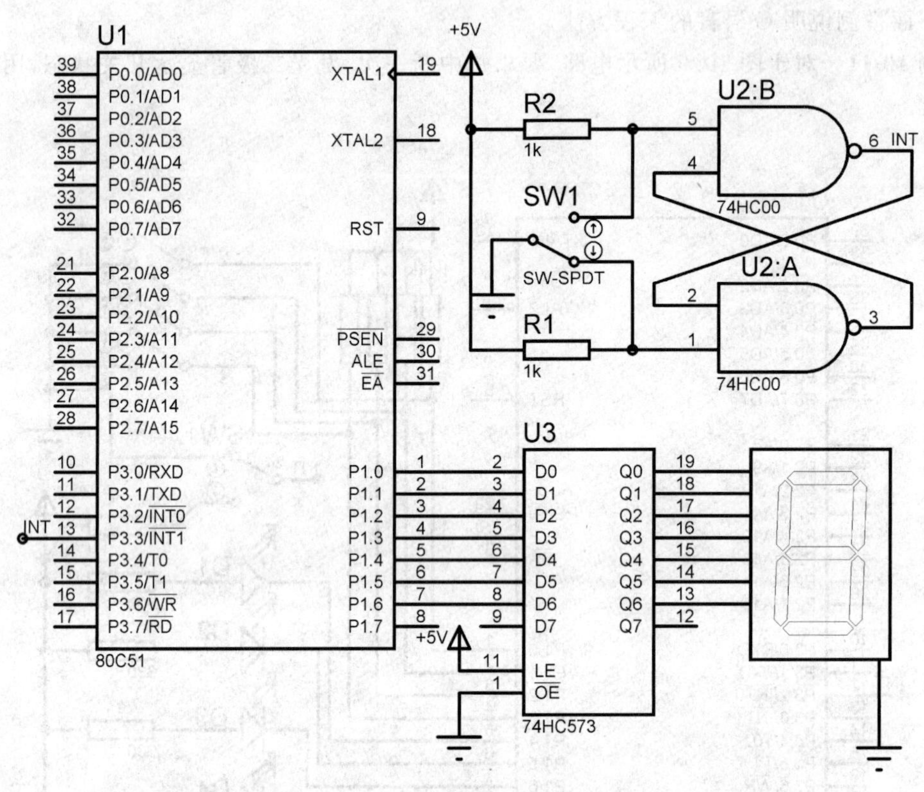

图 10.10 例 10-12 的 Proteus 仿真电路图（出自 Proteus 软件）

方法 1：在主程序中判断中断次数，程序如下。

```
#include<reg51.h>
char i;
code char tab[16]= {0x3f,0x06,0x5b,0x4F,0x66,0x6d,
0x7d,0x07,0x7f,0x6f,0x77,0x7c,0x39,0x5e,0x79,
0x71};
int() interrupt 2
 {
 i++;                                    /*计中断次数*/
 P1=tab[i];                              /*查表,次数送显示*/
 }
main()
 {
 EA=1;
 EX1=1;
 IT1=1;
ap5:
 P1=0x3f;                                /*显示 0*/
for(i=0;i<16;);                          /*当 i 小于 16,等待中断*/
 goto ap5;                               /*当 i=16,重复下一轮 16 次中断*/
 }
```

方法 2：在中断程序中判断中断次数，程序如下。

```
#include<reg51.h>
char i;
code char tab[16]={0x3f,0x06,0x5b,0x4f,0x66,0x6d,0x7d,0x07,
                   0x7f,0x6f,0x77,0x7c,0x39,0x5e,0x79,0x71};
int() interrupt 2
 {
 i++;
 if(i<16)  P1=tab[i];
   else{i=0;P1=0x3f;}
  }
main(){
  EA=1;EX1=1;IT1=1;
  P1=0x3f;
  while(1);         /*等待中断*/
  }
```

10.8.4 定时/计数器的C语言编程

例 10-13 在 $P_{1.7}$ 端接一个发光二极管 LED(见图 10.11)，要求利用定时控制使 LED 亮一秒灭一秒，周而复始，设 $f_{osc}=6$MHz。

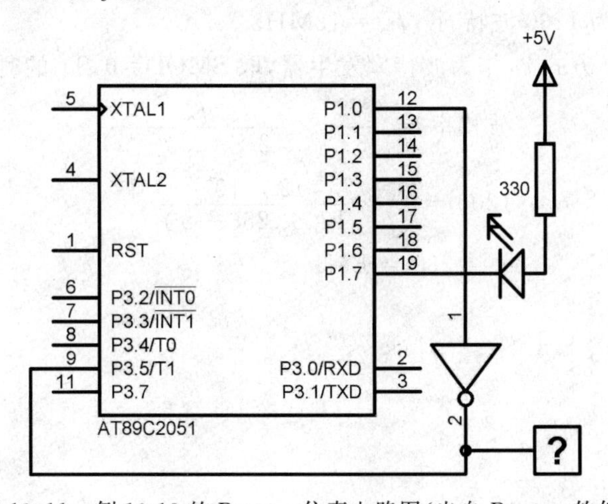

图 10.11 例 10-13 的 Proteus 仿真电路图(出自 Proteus 软件)

分析：T_0 定时 100ms 的初值$=100\times10^3/2=50000$，即初值为-50000。T_1 计数 5 个脉冲，工作于方式 2，计数初值为-5，T_0 和 T_1 均采用中断方式。程序如下：

```
#include<reg51.h>
sbit P1_0=P1^0;
sbit P1_7=P1^7;
timer0()interrupt 1 using 1                /*T0中断服务程序*/
{   P1_0=!P1_0;                            /*100ms到P1.0反相*/
```

```
  TH0=-50000/256;                          /*重载计数初值*/
  TL0=-50000%256;
  }
timerl()interrupt 3 using 2               /*T1中断服务程序*/
{ P1_7=!P1_7;                             /*1秒到,灯改变状态*/
}
main(){
P1_7=0;                                   /*置灯初始时为灭*/
P1_0=1;                                   /*保证第一次反相便开始计数*/
TMOD=0x61;                                /*T0工作于方式1定时,T1方式2计数*/
TH0=-50000/256;                           /*预置计数初值*/
TL0=-50000%256;
TH1=-5; TL1=-5;
IP=0x08;                                  /*置优先级寄存器*/
EA=1;ET0=1;ET1=1;                         /*开中断*/
TR0=1;TR1=1;                              /*启动定时器/计数器*/
for(;;){}                                 /*等待中断*/
}
```

10.8.5 串行通信的C语言编程

例 10-14 在内部数据存储器20H～3FH单元中共有32个数据，要求采用方式1串行发送出去，传送速率为1200波特，设 $f_{osc}=12\text{MHz}$。

分析：T_1 工作于方式2，作为波特率发生器，取SMOD=0，T_1 的时间常数计算如下。

$$\text{波特率}=\frac{2^{\text{SMOD}}}{32}\times\frac{f_{osc}}{12\times(256-x)}$$

$$1200=\frac{1}{32}\times\frac{12\times10^6}{12\times(256-x)}$$

$$x=230=\text{E6H}$$

发送程序：

```
#include<reg51.h>
main()
{
unsigned char i;
char *p;
TMOD=0x20;
TH1=0xe6;TL1=0xe6;
TR1=1;
SCON=0x40;
p=0x20;
for(i=0;i<=32;i++){
  SBUF=*p
  p++
  while(!TI);
```

```
  TI=0;
 }}
```

接收程序：

```
#include<reg51.h>
main()
{
unsigned char i;
char * p;
TMOD=0x20;
TH1=0xe6;TL1=0xe6;
TR1=1;
SCON=0x50;
p=0x20;
for(i=0;i<=32;i++){
  while(!RI);
  RI=0;
  * p=SBUF;
  p++
  }}
```

10.8.6　外扩并行 I/O 口的 C 语言编程

例 10-15　用 8155 作为 6 位共阴极 LED 显示器接口，PB 口经驱动器 7407 接 LED 的段选，$PA_0 \sim PA_5$ 位经反相驱动器 7406 接位选，待显示字符依次存于 dis-buf 数组，从右向左顺序显示。8155 命令字为 03，table 为段码表，动态显示 6 个字符。8155 和 8XX51 单片机的电路接口如图 10.12 所示。

各口的地址：

A 口，7FF1H；B 口，7FF2H；C 口，7FF3H；命令/状态口，7FF0H。

C 语言程序如下：

```
#include<absacc.h>
#include<reg51.h>
#define uchar unsigned char
#define COM8155  XBYTE[0x7ff0]
#define PA8155   XBYTE[0x7ff1]
#define PB8155   XBYTE[0x7ff2]
#define PC8155   XBYTE[0x7ff3]
uchar idata dis[6]={2,4,6,8,10,12};              /* 存放显示字符 2、4、6、8、A,C */
uchar code table[18]={0x3f,0x06,0x5b,0x4f,0x66,0x6d,0x7d,0x07,0x7f,
                      0x6f,0x77,0x7c,0x39,0x5e,0x79,0x71,0x40,0x00};
void display(uchar idata * p){
 uchar sel,i,j;
 COM8155=0x03;sel=0x20;                          /* 送命令字,选最右边的 LED */
 for(i=0;i<6;i++){
```

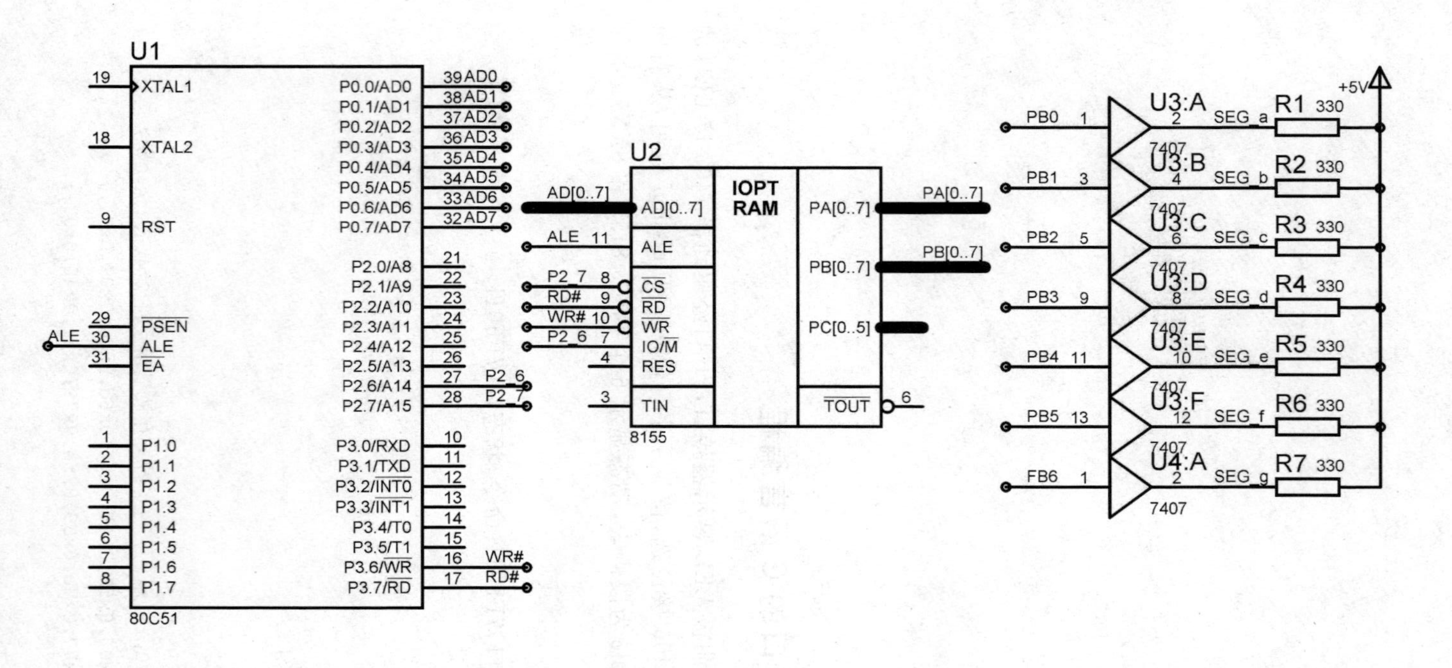

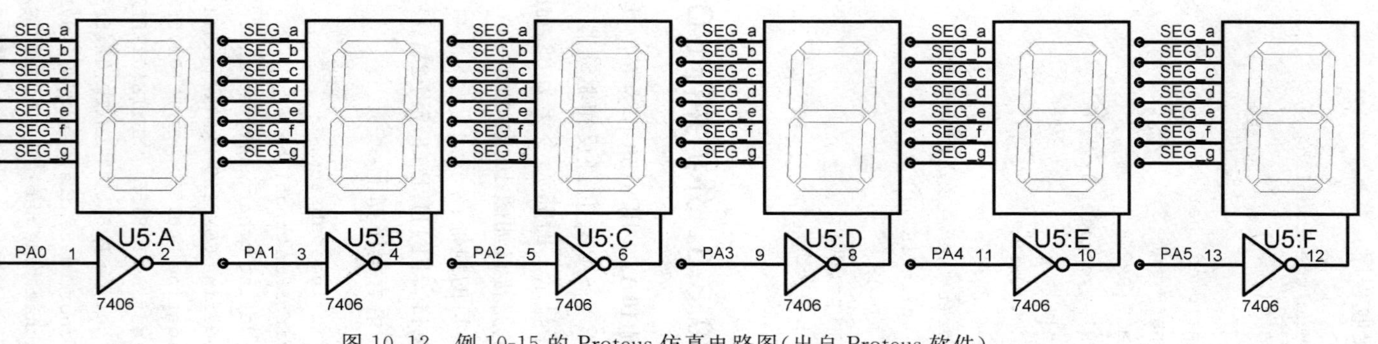

图 10.12 例 10-15 的 Proteus 仿真电路图（出自 Proteus 软件）

```
  PB8155=table[*p];PA8155=sel;              /*送段码和位码*/
  for(j=400;j>0;j--);                       /*延时*/
  p--;                                      /*地址指针下移一位*/
  sel=sel>>1;                               /*左移一位*/
  }}
main(){
display(dis+5)
}
```

10.8.7　D/A转换器的C语言编程

单级缓冲工作方式下的DAC0832与51系列单片机的接口地址为7FFFH,要求输出端得到锯齿波电压信号(见图10.13)用C语言编程,程序如下:

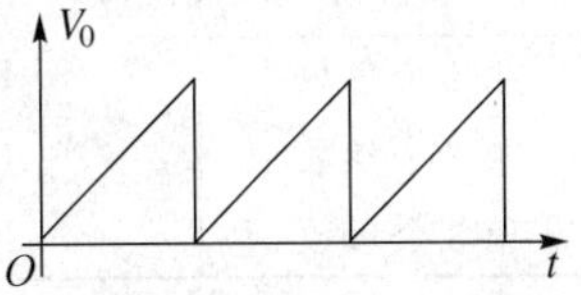

图10.13　锯齿波电压信号

```
#include<reg51.h>
#include<absacc.h>
#define da0832 XBYTE[0x7fff]
main()
 {
 unsigned char i,j
 while(1)
  {
    for(i=0;i<=255;i++)
      {da0832=i;                            /*启动转换*/
       for(j=0;j<=255;j++);                 /*延时*/
  }}}
```

10.9　汇编语言和C语言的混合编程

本节介绍不同的模块、不同的语言相结合的编程方法。

通常情况下用高级语言编写主程序,用汇编语言编写与硬件有关的子程序。高级语言不同的编译程序对汇编的调用方法不同,在KEIL C51中,是将不同的模块(包括不同语言的模块)分别汇编或编译,再通过连接生成一个可执行文件。

C语言程序调用汇编语言程序要注意以下几点。

- 被调用函数要在主函数中说明,在汇编程序中,要使用伪指令使CODE选项有效,声明为可再定位段类型,并且根据不同情况对函数名进行转换,如表10.6所示。

表10.6　函数名的转换

说　明	符号名	解　释
void func(void)	FUNC	无参数传递或不含寄存器参数的函数名不进行改变即转入目标文件中,名称只是简单地转为大写形式
void func(char)	FUNC	带寄存器参数的函数名加入“_”字符前缀以示区别;它表明这类函数包含寄存器内的参数传递
void func(void)reentrant	_? FUNC	对于重入函数加上“_?”字符前缀以示区别,它表明这类函数包含寄存器的参数传递

- 对于其他模块使用的符号进行 PUBLIC 声明，对外来符号进行 EXTRN 声明。
- 要注意参数的正确传递。

10.9.1 C语言程序和汇编语言程序参数的传递

在混合语言编程中，关键是入口参数和出口参数的传递，KEIL C51 编译器可使用寄存器传递参数，也可以使用固定存储器或使用堆栈。由于 8XX51 单片机的堆栈深度有限，因此多用寄存器或存储器传递。用寄存器传递最多只能传递 3 个参数，选择固定的寄存器，如表 10.7 所示。

表 10.7 参数传递的寄存器选择

参数类型	char	int	long、float	一般指针
第 1 个参数	R_7	R_6，R_7	$R_4 \sim R_7$	R_1，R_2，R_3
第 2 个参数	R_5	R_4，R_5	$R_4 \sim R_7$	R_1，R_2，R_3
第 3 个参数	R_3	R_2，R_3	无	R_1，R_2，R_3

例如：funcl(int a)，a 是第 1 个参数，在 R_6、R_7 中传递。

func2(int b, int c, int * d)，b 在 R_6、R_7 中传递，c 在 R_4、R_5 中传递，指针变量 d 在 R_1、R_2、R_3 中传递。

如果传递参数的寄存器不够用，可以使用存储器传送，通过指针取得参数。

汇编语言通过寄存器或存储器传递参数给 C 语言程序，汇编语言通过寄存器传递给 C 语言的返回值如表 10.8 所示。

表 10.8 汇编语言通过寄存器传递给 C 语言的返回值

返回值	寄存器	说明
bit	C	进位标志
(unsigned)char	R_7	
(unsigned)int	R_6，R_7	高位在 R_6，低位在 R_7
(unsigned)long	$R_4 \sim R_7$	高位在 R_4，低位在 R_7
float	$R_4 \sim R_7$	32 位 IEEE 格式，指数和符号位在 R_7
指针	R_1，R_2，R_3	R_3 存放存储器类型，高位在 R_2，低位在 R_1

下面通过实例说明混合编程的方法及参数传递过程。

10.9.2 C语言程序调用汇编语言程序举例

例 10-16 用 $P_{1.0}$ 产生周期为 4ms 的方波，同时用 $P_{1.1}$ 产生周期为 8ms 的方波。

分析：用 C 语言编写主程序，使 $P_{1.1}$ 产生周期为 8ms 的方波为模块一；$P_{1.0}$ 产生周期为 4ms 的方波为模块二；用汇编语言编写的延时 1ms 的程序为模块三。

模块一调用模块二获得 8ms 方波，模块二调用模块三时向汇编程序传递了字符型参数 ($x=2$)，延时 2ms，程序如下。

模块一：

```
#include<reg51.h>
#define uchar unsigned char
sbit P1_1=P1^1;
void delay4ms(void);                    /*定义延时 4ms 的函数(模块二)*/
main(){
uchar i;
for(;;)
 {
   P1_1=0;
   delay4ms();                          /*调用模块二,延时 4ms*/
   P1_1=1;
   delay4ms();                          /*调用模块二,延时 4ms*/
   }
}
```

模块二：

```
#include<reg51.h>
#define uchar unsigned char
sbit P1_0=P1^0;
delay1ms(uchar x);                      /*定义延时 1ms 的函数(模块三)*/
void delay4ms(void)
{
    P1_0=0;
    delay1ms(2);                        /*调用汇编函数(模块三)*/
    P1_0=1;
    delay1ms(2);                        /*调用汇编函数(模块三)*
}
```

模块三：

```
           PUBLIC  -DELAY1MS            ;DELAY1MS 为其他模块调用
           DE  SEGMENT CODE             ;定义 DE 段为再定位程序段
           RSEG  DE                     ;选择 DE 为当前段
-DELAY1MS: NOP
   DELA:   MOV R1,#F8H                  ;延时
   LOP1:   NOP
           NOP
           DJNZ R1,LOP1
           DJNZ R7,DELA                 ;R7 为 C 语言程序传递过来的参数
   EXIT:   RET
           END
```

由上例可见，汇编语言程序从 R_7 中获取参数($x=2$)。

以上各模块可以先分别汇编或编译(选择 DEBUG 编译控制项)，生成各自的.OBJ 文

件，然后运行 L51，将各 OBJ 文件连接，生成一个新的文件。

在集成环境下的连接调试可以连续进行，比上面方法更为方便，使用 WAVE（伟福）的仿真软件的编译连接步骤如下：

(1) 编辑好各个模块，保存。

(2) 选择“文件”|“新建项目”命令，弹出项目窗口。

(3) 选择“项目”|“加入模块”命令，此时弹出有文件目录的对话框，选择要加入的刚才编辑好的文件（模块），并打开。此时在项目窗口中可以看到加入的模块文件。

(4) 选择“项目”|“全部编辑”命令，并命名和保存项目。于是系统对加入的各模块进行编译，并进行连接。

(5) 编译连接完成后会弹出信息窗口，如编译连接有错，信息窗口将出现错误信息。

(6) 模块连接成功，生成二进制文件（. BIN）和十六进制文件（. HEX）。

(7) 单击“跟踪”或“单步”按钮，就可对程序进行跟踪调试，程序运行到不同模块时，WAVE 就会弹出相应的模块源程序窗口，显示程序运行情况。

例 10-17 在汇编程序中比较两数大小，将大数放到指定的存储区，由 C 程序的主调用函数取出。

模块一：C 语言程序。

```
#define uchar unsigned char
void max(uchar a, uchar b);                   /* 定义汇编函数 */
main(){
uchar a=5,b=35, *c,d;
c=0x30;                                       /* c 指针变量指向内部 RAM 的 30H 单元 */
max(a,b);                                     /* 调用汇编函数,a、b 为传递的参数 */
d= *c;                                        /* d 存放模块二传递过来的参数 */
}
```

模块二：汇编语言程序。

```
      PUBLIC  -MAX                  ;MAX 为其他模块调用
      DE   SEGMENT CODE             ;定义 DE 段为再定位程序段
      RSEG  DE                      ;选择 DE 为当前段
MAX:  MOV A,R7                      ;取模块一的参数 a
      MOV 30H,R5                    ;取模块一的参数 b
      CJNE A,30H,TAG1               ;比较 a、b 的大小
TAG1: JC EXIT
      MOV 30H,R7                    ;大数存于 30H 单元
EXIT: RET
      END
```

此例中，C 语言程序通过 R_7 和 R_5 传递字符型参数 a 和 b 到汇编语言程序，汇编语言程序将返回值放在固定存储单元，主调用函数通过指针取出返回值。

10.9.3　C语言和汇编语言混合编程传递的参数多于3个的编程方法

C语言程序调用汇编程序最多只能传递3个参数，如果多于3个参数，就需要通过存储区传递，可以通过数组，也可以在汇编程序中建立数据段。下面举例说明C语言程序向汇编程序传递的参数多于3个的编程方法。

例10-18　A/D转换器采用查询方式采样50个数据(A/D转换器地址为7FF8H)，求其和的平均值并送数码管显示。

分析：8位A/D转换器最大值为255，用3个数码管显示，以$P_{3.4}$为查询位，电路设计如图10.14所示。以汇编语言编写A/D转换程序，采集50个数据，以C语言编写求平均值和转换成十进制显示的程序，程序如下：

```
#include<reg51.h>
#define uint unsigned int
#define uchar unsigned char
extern void callasm(uchar);                        /*定义外部汇编函数 callasm*/
extern void dayl(uint);                            /*定义外部汇编函数 dayl*/
void main(void)
{
uint i,j,m,total=0;
uchar idata buf[50],dis[3];
uchar code tab[16]={0x3f,0x06,0x5b,0x4f,0x66,0x6d,0x7d,0x07,0x7f,
                0x6f,0x77,0x7c,0x39,0x5e,0x79,0x71}    ;/*段码表*/
   P1 =0xf8;
   while(1)
   {
     total =1;
     callasm(buf);                                 /*调用汇编函数,传递参数为数组首址*/
     for(i=50;i>0;i--)                             /*汇编函数执行完后返回于此*/
         total+=buf[i-1];                          /*50个数累加*/
         total=total/50;                           /*求平均值*/
         dis[0]=total%10;                          /*求个位,并存入显示缓冲区*/
         total=total/10;
         dis[1]=total%10;                          /*求十位,并存入显示缓冲区*/
         dis[2]=total/10;                          /*求百位,并存入显示缓冲区*/
         P3=0x01;                                  /*P3口位选*/
     for(m=0;m<=50;m++)
      {
        for(i=0;i<=3;i++)                          /*显示*/
        {
         P1=tab[dis[i]];
         dayl(50);                                 /*调用汇编函数 dayl,延时*/
         P3<<=1;
}}}}
```

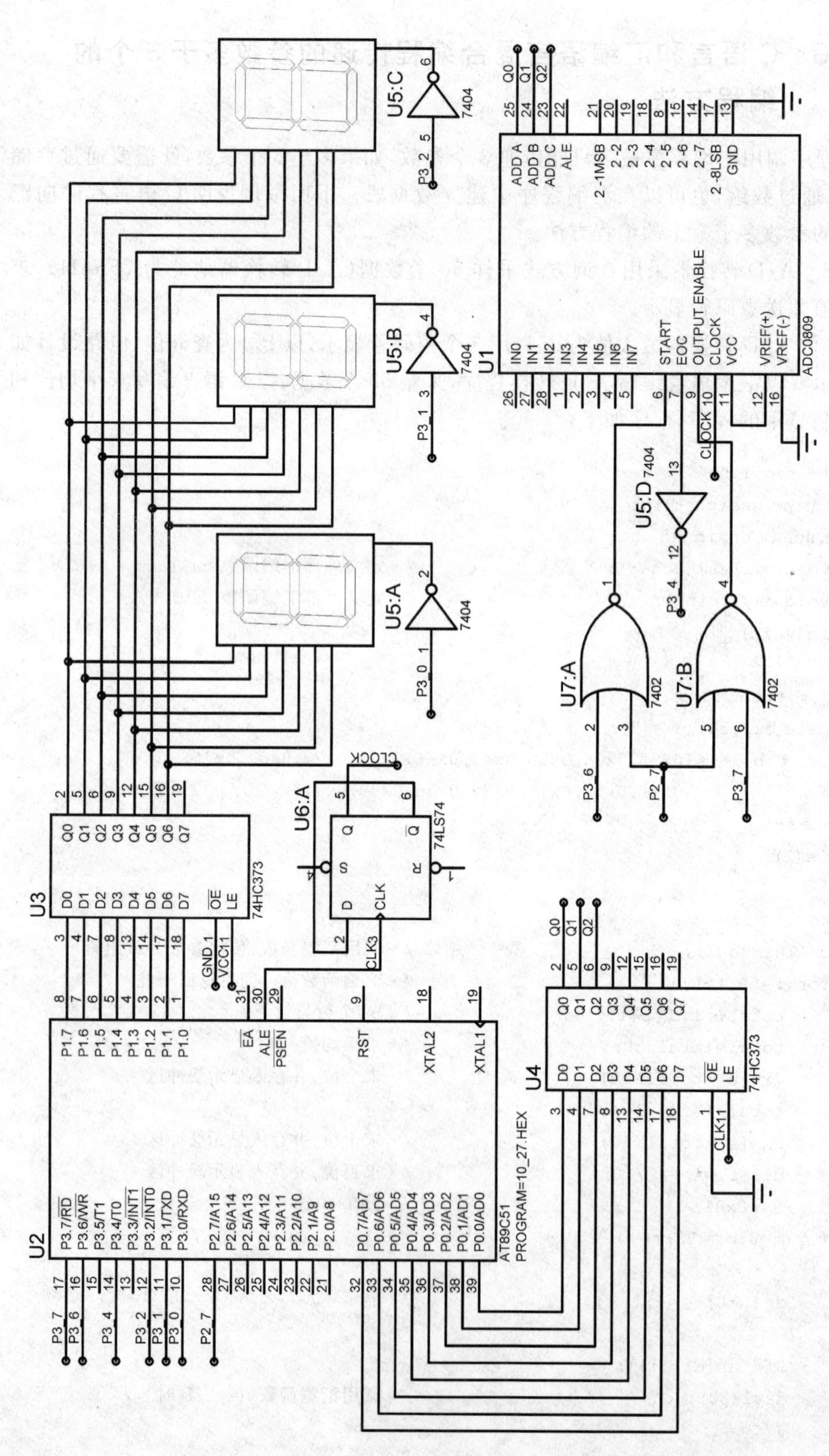

图 10.14 例 10-18 的 Proteus 仿真电路图(出自 Proteus 软件)

汇编语言程序 CALLASM. ASM 完成 50 个数据采集并存于 BUF 为首址的单元。

```
      PUBLIC -CALLASM              ;公共符号定义
      DFFE  SEGMENT CODE           ;DFFE 定为可再定位段
      RSEG  DFFE                   ;DFFE 为当前段
      -CALLASM:
      PUSH 07H
      PUSH 00H                     ;保护变量,因在下述程序中要用到 R7 和 R0
      MOV A, R7                    ;取 BUF 地址
      MOV R0, A                    ;R0 指示存放地址
      MOV R7, #50
      MOV DPTR, #7FF8H             ;DPTR 指向 A/D 转换器地址
AGA:  MOV A, #0
      MOVX @DPTR, A                ;启动转换
      JB P3.4, $                   ;等待转换结束
      MOVX A,@DPTR                 ;读转换数据
      MOV @R0,A                    ;存入 BUF 数组
      INC R0
      DJNZ R7,AGA
      POP 00H
      POP 07H                      ;恢复 BUF 地址
      RET
      END
```

汇编语言程序 DAYL. ASM 用来完成延时。

```
      PUBLIC  -DAYL                ;公共符号定义
      DTE  SEGMENT CODE            ;定义 DTE 段为再定位程序段
      RSEG  DTE                    ;选择 DTE 为当前段
-DAYL:NOP
DELA: MOV R1,#F8H                  ;延时
LOP1: NOP
      NOP
      DJNZ R1,LOP1
      DJNZ R7,DELA                 ;R7 为 C 语言程序传递过来的参数
EXIT: RET
      END
```

例 10-19　下面的 C 语言程序向汇编语言程序传递 6 个参数,汇编完成 6 个数的相加,将和返回给 C 语言程序。

```
************ C_CALL.C ****************
#pragma code small
extern int afunc(char v_a,char v_b, char v_c, char v_d,char v_e,char v_f);
                                                        /* 外来函数说明 */
void C_call(void)
   {  char v_a=0x11;                                    /* 传递参数赋值 */
```

```
    char v_b=0x18;
    char v_c=0x33;
    char v_d=0x44;
    char v_e=0x55;
    char v_f=0x98;
    int data * aa;                          /* 指针变量指向 int 型 data 区 */
    int A_ret;                              /* 保存汇编返回结果的变量 */
        aa=0x30;                            /* 置指针 */
    A_ret=afunc(v_a,v_b,v_c,v_d,v_e,v_f);   /* 调用汇编函数 */
        * aa=A_ret;                         /* 取汇编返回结果 */
        * aa=(int)0;                        /* 为方便观察和改值,强制 0 为 int 型 */
        * aa=A_ret;}                        /* 再次观察汇编返回结果 */
void main(void)                             /* 主函数 */
      {
       char a1,a2,a3;                       /* 为方便观察,设置 a1、a2、a3 */
       a1=0;a2=2;a3=3;
       C_call();
       a1=1;
       a2=3;
       while(1);
      }
********** AFANC.ASM **********
PR_AFUNC SEGMENT CODE                       ;名为 AFUNC 的段为代码段(PR),在 CODE 区
                                             可再定位
DT_AFUNC SEGMENT DATA OVERLAYABLE           ;名为 AFUNC 的段为数据段(DT),在 DATA 区,
                                             可再定位,
                                            ;可以覆盖
   PUBLIC    ?_afunc?BYTE                   ;公共符号定义
   PUBLIC    _afunc
   RSEG  DT_AFUNC
?_afunc?BYTE;                               ;数据段保留参数传递区
       v_a;  DS  1
       v_b;  DS  1
       v_c;  DS  1
       v_d;  DS  1
       v_e;  DS  1
       v_f;  DS  1
   RSEG  PR_AFUNC
_afunc:                                     ;程序段开始
       USING    0                           ;使用 0 组寄存器
       MOV A,R7                             ;取 R7 中的 v_a
       ADD A,R5                             ;取 R5 中的 v_b
       ADD A,R3                             ;取 R3 中的 v_c
       ADD A,v_d
       ADD A,v_e
```

```
ADD A,v_f
MOV R7,A                              ;和存在 R7,以便将值返回给 C 语言程序
MOV A,#0
RLC A
MOV R6,A                              ;进位存在 R6
RET
END
```

利用 WAVE 集成软件包将上面两个程序作为一个项目编译通过,如图 10.15 所示。

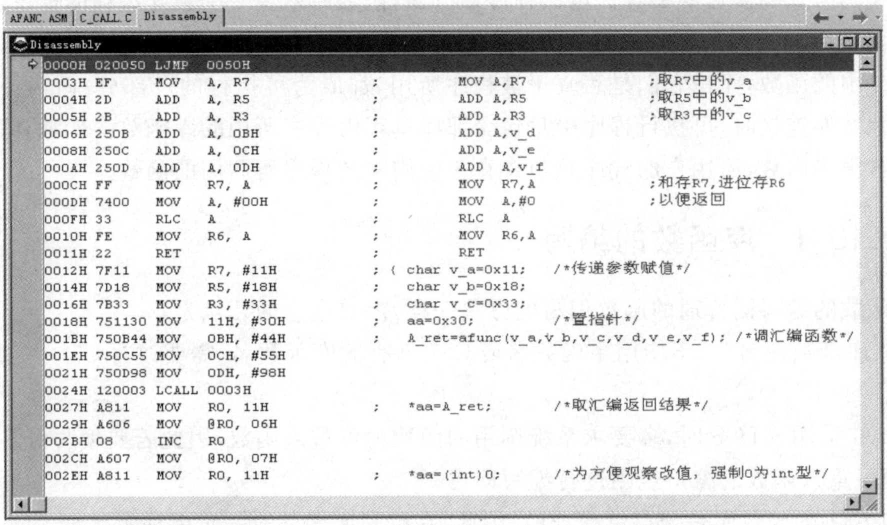

```
AFANC.ASM | C_CALL.C | Disassembly
Disassembly
0000H 020050 LJMP  0050H
0003H EF     MOV   A, R7        ;       MOV A,R7           ;取R7中的v_a
0004H 2D     ADD   A, R5        ;       ADD A,R5           ;取R5中的v_b
0005H 2B     ADD   A, R3        ;       ADD A,R3           ;取R3中的v_c
0006H 250B   ADD   A, 0BH       ;       ADD A,v_d
0008H 250C   ADD   A, 0CH       ;       ADD A,v_e
000AH 250D   ADD   A, 0DH       ;       ADD  A,v_f
000CH FF     MOV   R7, A        ;       MOV   R7,A         ;和存R7,进位存R6
000DH 7400   MOV   A, #00H      ;       MOV   A,#0         ;以便返回
000FH 33     RLC   A            ;       RLC   A
0010H FE     MOV   R6, A        ;       MOV   R6,A
0011H 22     RET                ;       RET
0012H 7F11   MOV   R7, #11H     ; { char v_a=0x11;   /*传递参数赋值*/
0014H 7D18   MOV   R5, #18H     ;   char v_b=0x18;
0016H 7B33   MOV   R3, #33H     ;   char v_c=0x33;
0018H 751130 MOV   11H, #30H    ;   aa=0x30;         /*置指针*/
001BH 750B44 MOV   0BH, #44H    ;   A_ret=afunc(v_a,v_b,v_c,v_d,v_e,v_f); /*调汇编函数*/
001EH 750C55 MOV   0CH, #55H
0021H 750D98 MOV   0DH, #98H
0024H 120003 LCALL 0003H
0027H A811   MOV   R0, 11H      ;   *aa=A_ret;       /*取汇编返回结果*/
0029H A606   MOV   @R0, 06H
002BH 08     INC   R0
002CH A607   MOV   @R0, 07H
002EH A811   MOV   R0, 11H      ;   *aa=(int)0;      /*为方便观察改值, 强制0为int型*/
```

(a)

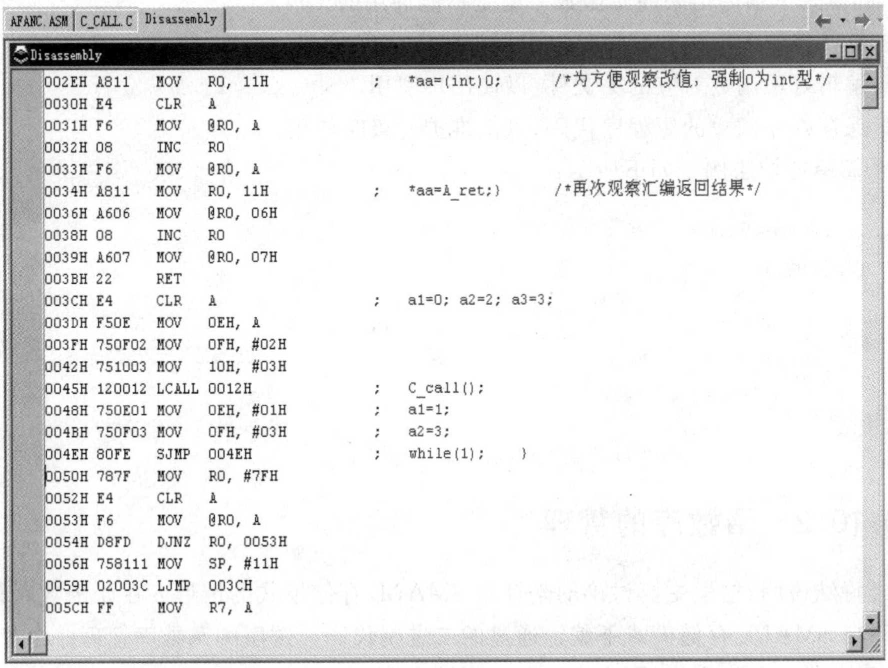

```
AFANC.ASM | C_CALL.C | Disassembly
Disassembly
002EH A811   MOV   R0, 11H      ;   *aa=(int)0;      /*为方便观察改值, 强制0为int型*/
0030H E4     CLR   A
0031H F6     MOV   @R0, A
0032H 08     INC   R0
0033H F6     MOV   @R0, A
0034H A811   MOV   R0, 11H      ;   *aa=A_ret;}      /*再次观察汇编返回结果*/
0036H A606   MOV   @R0, 06H
0038H 08     INC   R0
0039H A607   MOV   @R0, 07H
003BH 22     RET
003CH E4     CLR   A            ;   a1=0; a2=2; a3=3;
003DH F50E   MOV   0EH, A
003FH 750F02 MOV   0FH, #02H
0042H 751003 MOV   10H, #03H
0045H 120012 LCALL 0012H        ;   C_call();
0048H 750E01 MOV   0EH, #01H    ;   a1=1;
004BH 750F03 MOV   0FH, #03H    ;   a2=3;
004EH 80FE   SJMP  004EH        ;   while(1);    }
0050H 787F   MOV   R0, #7FH
0052H E4     CLR   A
0053H F6     MOV   @R0, A
0054H D8FD   DJNZ  R0, 0053H
0056H 758111 MOV   SP, #11H
0059H 02003C LJMP  003CH
005CH FF     MOV   R7, A
```

(b)

图 10.15　反汇编程序

由图10.15的反汇编程序可见，3个以内的参数还是通过R_7、R_5、R_3传送，多于3个的参数才通过定义的数据区传送。

10.10 C语言函数库的管理与使用

C语言作为一种高级编程语言，其主要的优势之一就是有大量的丰富的库函数可直接使用。而库函数的使用是解决程序共享和提高编程效率的最有效的途径之一。函数库是具有目标代码形式的函数的集合。虽然在许多方面，函数库就像一个独立编译的模块，但它有一个不同于目标文件的特别之处：当某个独立编译的目标文件与其他文件连接时，所有该目标文件中的函数，无论它们是否真正被程序所用，都成为可执行的一部分；而当一个库文件与其他文件连接时，可执行程序中只包含那些真正由程序所用的库函数。例如，C51标准库中包含很多函数，而用户的程序只包含真正由用户的程序所调用的函数。

10.10.1 库函数的编写

库函数的编写同普通的函数编写的方法一样，需要注意的几点是：

(1) 库函数命名时，不能用主函数名或C51已有的库函数名，需要改写C51提供的函数库例外。

(2) 在采用RTOS时，多要求系统调用的函数为可重入函数，因此若要编写可重入的函数，按照可重入函数的编写规则进行编写即可。

(3) C51的函数库是分存储模式的，因此，在编写库函数时一定要注意区分C51的存储模式，不同模式下编译出来的库函数一般是不能混用的。

(4) 某些特殊的库函数程序可以采用汇编语言编写，而在C51中调用即可。

(5) 编辑好库函数对应的头文件，以便用户引用。

(6) 保存好库函数的源程序代码，以供维护升级时使用。

一个简单的加法例子如下所示：

```
# include<reg52.h>
int add(int a, int b)
{
    int s;
    s=a+b;
    return(s);
}
```

10.10.2 函数库的管理

未经特殊说明，这里主要讨论的是针对SMALL存储模式的情形。在谈函数库管理前，先要获得在SMALL存储模式下编译通过的二进制代码。常用的函数库管理命令有创建库文件、向库文件中添加模块、删除模块和替换模块等。下面分别介绍。

C51函数库管理的执行程序为lib51.exe，位于其安装路径下的bin子目录中。lib51的操作有两种，一是运行 lib51 程序，进入库管理控制台，输入 help，便可显示所有的操作控制台命令，如图 10.16 所示。

```
Microsoft Windows 2000 [Uersion 5.00.2195]
<C> 版权所有 1985—2000 Microsoft Corp.
C:\comp51\C51\BIN>lib51
LIB51 LIBRARY MANAGER U4.23
COPYRIGHT KEIL ELEKTRONIK GmbH 1987—2002
 * help
Add         {file[<module[,...]>]}  [,...] TO library_file
Create      library_file
Delete      library_file<module[,...]>
Exit
eXtract     library_file<module> TO file
Help
List        library_file [TO file] [PUBLICS]
Replace     {file[<module[,...]>]}  [,...] IN library_file
Transfer    {file[<module[,...]>]}  [,...] TO library_file
 *
```

图 10.16　显示操作控制台命令

另一种就是直接以命令行方式一次实现。这种方式使用灵活，既可以做成批处理一次自动完成一批库管理的操作，又可以与功能强大的文本编辑器(如 UltraEdit 等)结合使用，相当方便。

C51 所有的标准库文件均放在安装目录下的 lib 子目录中。创建一个库文件的命令为：

```
lib51 create<库文件名>
```

如果文件名已经存在，则创建失败，如图 10.17 所示。

```
C:\comp51\C51\BIN>lib51 create user.lib
LIB51 LIBRARY MANAGER V4.23
COPYRIGHT KEIL ELEKTRONIK GmbH 1987—2002
C:\comp51\C51\BIN>lib51 create user.lib
LIB51 LIBRARY MANAGER V4.23
COPYRIGHT KEIL.ELEKTRONIK GmbH 1987—2002
 * * * ERROR 205: FILE ALREADY EXISTS
     FILE:     USER.LIB
C:\comp51\c51\BIN>
```

图 10.17　创建文件失败

向一个库中添加目标文件模块的命令为：

```
lib51 add<模块文件名>to<库文件名>
```

若库中已存在同名文件，则出错。假设上面给出的加法小程序经编译后生成目标文件为 add.obj，如图 10.18 所示。

```
C:\comp51\C51\BIN>lib51 add add.obj to user.lib
LIB51 LIBRARY MANAGER V4.23
COPYRIGHT KEIL ELEKTRONIK GmbH 1987—2002
C:\comp51\C51\BIN>lib51 add add.obj to user.lib
LIB51 LIBRARY MANAGER V4.23
COPYRIGHT KEIL.ELEKTRONIK GmbH 1987—2002
***ERROR 224: ATTEMPT TO ADD DUPLICATE MODULE
   FILE:    ADD.OBJ
   MODULE:  ADD
C:\comp51\c51\BIN>
```

图 10.18 生成目标文件

若要替换库文件中的模块，使用的命令为：

```
lib51 replace<新模块文件>in<库文件>
```

示例如图 10.19 所示。

```
C:\comp51\C51\BIN>lib51 replace add.obj in user.lib
LIB51   LIBRARY   MANAGER V4.23
COPYRIGHT KEIL ELEKTRONIK GmbH 1987—2002
C:\ comp51\C51\BIN>
```

图 10.19 替换库文件中的模块

如果将库中的模块删去，则可使用命令：

```
ib51 delete<库文件名<模块名>>
```

如果库中不存在指定的模块，则出错，如图 10.20 所示。

```
c:\comp51\C51\BIN>lib51 delete user.lib<add>
LIB51 LIBRARY MANAGER U4.23
COPYRIGHT KEIL ELEKTRONIK GmbH 1987—2002
c:\comp51\C51\BIN>lib51 delete user.lib<add>
LIB51 LIBRARY MANAGER U4.23
COPYRIGHT KEIL.ELEKTRONIK GmbH 1987—2002
***ERROR 223: CANNOT FIND MODULE
   FILE:    USER.LIB
   MODULE:  ADD
c:\comp51\c51\BIN>
```

图 10.20 删除模块出错

10.10.3 用户库函数的使用

为了使用已经制作好的用户库中的模块，在 Keil μVision2 集成开发环境中，只需要在其项目文件窗口中将用户自定义的库文件加入项目即可。库中的函数原型一般单独在一个头文件中声明，余下的工作如同使用 C51 的标准函数一样简单，此处不再重述。

由于库管理程序是以模块为单元来进行管理的，因此，在制作用户函数库的时候，最好是一个函数为一个模块文件。这样制作库时文件虽多,但管理和使用起来灵活、方便、效率高。此外,如果想要改动 C51 原有的库函数(如_getkey 和 putchar),其方法同自建用户库完全一样,但需要注意的是,它的输入/输出参数及该函数所在的库文件(会与存储模式相关)。

10.11 小结

本章介绍了 C51 的基本数据类型、存储类型及 C51 对单片机内部部件的定义,并介绍了 C 语言基础知识,最后通过编程实例介绍了各种结构的程序设计,这些是利用 C 语言编写单片机程序的基础,都应该掌握并灵活应用。只有多编程、多上机,才能不断提高编程的能力。要编写出高效的 C 语言程序,通常应注意以下问题。

(1) 定位变量

经常访问的数据对象放入片内数据 RAM 中,这可在任一种模式(COMPACT/LARGE)下用输入存储器类型的方法实现。访问片内 RAM 要比访问片外 RAM 快得多。片内 RAM 由寄存器组、位数据区、栈和其他由用户用 data 类型定义的变量共享。由于片内 RAM 容量的限制(128～256 字节,由使用的处理器决定),必须权衡利弊,以解决访问效率与这些对象的数量之间的矛盾。

(2) 尽可能使用最小数据类型

MCS-51 系列单片机是 8 位机,因此对具有 char 类型的对象的操作比 int 或 long 类型的对象方便得多。建议编程者只要能满足要求,应尽量使用最小数据类型。C51 编译器直接支持所有的字节操作,因而如果不是运算符要求,就不进行 int 类型的转换,这可用一个乘积运算来说明,两个 char 类型对象的乘积与 8XX51 单片机操作码 MUL AB 刚好相符。如果用整型完成同样的运算,则需调用库函数。

(3) 只要有可能,使用 unsigned 数据类型

8XX51 单片机的 CPU 不直接支持有符号数的运算,因而 C51 编译必须产生与之相关的更多的代码,以解决这个问题。如果使用无符号类型,产生的代码要少得多。

(4) 只要有可能,使用局部函数变量

编译器总是尝试在寄存器里保持局部变量。例如,将索引变量(如 FOR 和 WHILE 循环中的计数变量)声明为局部变量是最好的,这个优化步骤只对局部变量执行。使用 unsigned char/int 类型的对象通常能获得最好的结果。

思考题与习题

1. 改正下面程序的错误。

```
#include<reg51.h>
main()
 {
a=c;
int a=7,c;
delay(10)
void delay();
```

```
{
char i;
for(i=0;i<=255;i++);
}
```

2. 试说明为什么 xdata 型的指针长度要用两个字节？

3. 定义变量 *a*、*b*、*c*，*a* 为内部 RAM 的可位寻址区的字符变量；*b* 为外部数据存储区的浮点型变量；*c* 为指向 int 型 xdata 区的指针。

4. 编写程序，将 8XX51 单片机的内部数据存储器 20H 单元和 35H 单元的数据相乘，结果存到外部数据存储器中(位置不固定)。

5. 将如下汇编语言程序译成 C 语言程序(等效即可)。

```
      ORG 0000H
      MOV P1,#04H
      MOV R6,#0AH
      MOV R0,#30H
      CLR P1.0
      SETB P1.3
      ACALL TLC
      SJMP $
TLC:  MOV A,#0
      CLR P1.3
      MOV 5,#08
LOOP: MOV C,P1.2
      RLC A
      SETB P1.0
      CLR P1.0
      DJNZ R5,LOOP
      MOV @R0,A
      INC R0
      DJNZ R6,TLC2543
      RET
      END
```

6. 8XX51 单片机的片内数据存储器 25H 单元中放有一个 0～10 的整数，编写程序，求其平方根(精确到 5 位有效数字)，将平方根放到 30H 单元为首址的内存中。

7. 完成逻辑表达式 $P_{1.2}=P_{1.4}\times ACC.0+ACC.7$(×表示逻辑与；+表示逻辑或)。

8. 将外部 RAM 的 10H～15H 单元的内容传送到内部 RAM 的 10H～15H 单元。

9. 内部 RAM 的 20H、21H 和 22H、23H 单元分别存放着两个无符号的 16 位数，将其中的大数置于 24H 和 25H 单元。

10. 将内部 RAM 的 21H 单元存放的 BCD 码数转换为二进制数，存入 30H 为首址的单元，BCD 码的长度存放在 20H 单元中。

11. 将内部 RAM 的 30H 单元中存放的两字节二进制数转换为十进制数，存于 21H 为首的单元中，长度存放于 20H 单元中。

*第11章 以MCU为核心的嵌入式系统的设计与调试

11.1 嵌入式系统的开发与开发工具

11.1.1 以 MCU 为核心的嵌入式系统的构成

以 MCU 为控制核心的嵌入式系统是嵌入式系统的一种，它是以单片机为核心构成的计算机应用系统，是最具代表性和使用最广泛的嵌入式系统，以下简称它为单片机应用系统。

1. 典型嵌入式应用系统的构成

一个典型的以 MCU 为核心的嵌入式系统硬件构成如图 11.1 所示，通常由单片机、片外 ROM、RAM、扩展 I/O 口及对系统工作过程进行人工干预和结果输出的人机对话通道等组成。

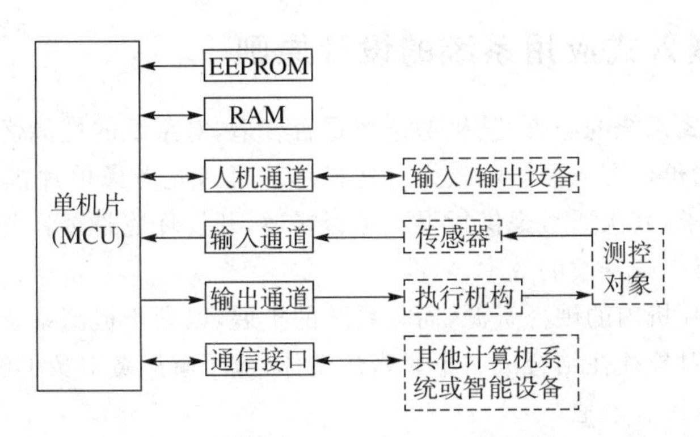

图 11.1　典型的 MCU 为核心的嵌入式系统硬件结构

单片机常用的输入、输出设备有键盘、LED、LCD 显示器、打印机等；用于检测信号采集的输入通道一般由传感器、信号处理电路和相应的接口电路组成；向操作对象发出各种控制信号的输出通道通常包括输出信号电参量的变换、通道隔离和驱动电路等；与其他计算机系统或智能设备实现信息交换的是通信接口。一个完整的嵌入式系统的设计，一般涵盖以上部分。

2. 嵌入式应用系统的构成方式

由于设计思想和使用要求不同，应用系统的构成方式也有所不同。

（1）专用系统

这是最典型和最常用的构成方式，它的最突出的特征是系统全部的硬件资源完全按照具体的应用要求配置，系统软件就是用户的应用程序。专用系统的硬件、软件资源被利用得最充分，但开发工作的技术难度较高。

（2）模块化系统

由图11.1可见，单片机应用系统的系统扩展与通道配置电路具有典型性，因此有些厂家将不同的典型配置做成系列模块，用户可以根据具体需要选购适当的模块，组合成各种常用的应用系统。它以提高制作成本为代价，换取了系统开发投入的降低和应用上的灵活性。

（3）单机与多机应用系统

一个应用系统只包含一块MCU或MPU，称为单机应用系统，这是目前应用最多的方式。

如果在单机应用系统的基础上再加上通信接口，通过标准总线和通用计算机相连，即可实现应用系统的联机应用。在此系统中，单片机部分用于完成系统的专用功能，如信号采集和对象控制等，称为应用系统。通用计算机称为主机，主要承担人机对话、大容量计算、记录、打印、图形显示等任务。由于应用系统是独立的计算机系统，对于快速测控过程，可由其独立处理，大大减轻了总线的通信压力，提高了运行速度和效率。

在多点、多参数的中、大型测控系统中，常采用多机应用系统。在多机系统中，每一个单片机相对独立地完成系统的一个子功能，同时又和上级机保持通信联系，上级机向各子功能系统发布有关测控命令，协调其工作内容和工作过程，接收和处理有关数据。多机应用系统还可以以局部网络的方式工作。

11.1.2 嵌入式应用系统的设计原则

单片机是嵌入式系统的心脏，其机型选择是否合适，对系统的性能优劣、构成繁简、开发工作的难易、产品的价格等方面影响较大。选择单片机首先考虑单片机的功能和性能是否满足应用系统的要求，其次要考虑供货渠道是否畅通，开发环境是否具备。对于开发人员熟悉的机型，这无疑将提高开发的效率。

应充分利用单片机内的硬件资源，简化系统的扩展，以利于提高系统的可靠性。

单片机和服务对象往往结合成一个紧密的整体，应了解服务对象的特性，进行一体化设计，在性能指标上应留有余地。

在保证系统的功能和性能的前提下，不要过分追求单片机或其他器件的精度，如8位单片机满足要求，就无需选16位单片机，以降低成本，增加竞争优势。总之，单片机用于产品的设计，要求性价比高、开发速度快，这样就能赢得市场。

软件采用模块设计，便于调试、链接、修改和移植。对于实时性较强的，比较合适采用汇编语言编程；对于复杂的计算或实时性要求不高的，开发人员对C语言又比较熟悉的，比较合适采用C语言编程。

应考虑应用系统的使用环境，采取相应的措施，如抗干扰等。

11.1.3　嵌入式系统的开发工具

对嵌入式系统的设计、软件和硬件调试称为开发。嵌入式系统本身并无开发能力，必须借助开发工具。

单片机的开发工具有计算机、编程器和仿真机。如果使用EPROM作为程序存储器，还需一台紫外线擦除器。其中最基本的、必不可少的工具是计算机和编程器。仿真机和编程器通过串行接口和计算机的串行口COM1或COM2相连，借助计算机的键盘、监视器及相应的软件完成人机的交流。

1. 编程器

编程器又称烧写器、下载器，通过它将调试好的程序烧写到程序存储器（单片机内程序存储器或片外的EPROM、EEPROM或FLASH存储器）中，不同档次的编程器价格相差很大，从几百元到几千元不等。档次的差别在于烧写的可编程芯片的类型多少，使用界面是否方便及是否还有其他功能等。目前市面上编程器型号很多，可以根据应用对象及单位经济实力进行选择。通常专用编程器应具备以下功能：对多种型号单片机（MCU）、E（E）PROM、FLASH存储器、ROM、PLD、FPGA等进行读取、擦除、烧写、加密等操作。高档的编程器可独立于计算机运作，编程的方法可以为脱机编程或在系统编程。

2. 仿真机

仿真机又称为在线仿真机（In Circuit Eluation，ICE），它是以被仿真的微处理器（MPU）或微控制器（MCU如单片机）为核心的一系列硬件构成，使用时拔下MPU或MCU，换插ICE插头（又称为仿真头），这样用户系统就成了ICE的一部分，原来由MPU或MCU执行的程序改由仿真机来执行，利用仿真机的完整的硬件资源和监控程序，实现对用户目标码程序的跟踪调试，观察程序执行过程中的单片机寄存器和存储器的内容，根据执行情况随时修改程序。

仿真机的随机软件通常为集成环境，即将文件的编辑、汇编语言的汇编和连接、高级语言的编译和连接及跟踪调试集于一体，能对汇编语言程序和高级语言程序仿真调试，采用窗口和下拉菜单操作。操作平台有DOS的，现在大多为Windows平台。熟悉Turbo C或Windows的读者，对这些操作方法不学自会。一般仿真机提供的集成软件，既可用于硬件仿真，又可用于软件模拟仿真（仅用计算机，不连仿真机）。在使用时，选择不同的工作模式或参数，即可选择是硬件仿真还是软件仿真。仿真机的价格通常在千元以上。

11.1.4　嵌入式系统的调试

当嵌入式应用系统设计安装完毕，应先进行硬件的静态检查，即在不加电的情况下用万用表等工具检查电路的接线是否正确，电源对地是否短路。加电后在不插芯片的情况下，检查各插座引脚的电位是否正常，检查无误以后，再在断电的情况下插上芯片。静态检查可以防止电源短路或烧坏元器件，然后再进行软、硬件的联调。

嵌入式系统的调试有两种方式。

1. 方式一　计算机＋模拟仿真软件＋编程器

这里有一种脱机编程的方式，即将单片机（或 EEPROM）从用户板（又称目标板）上拔下来，插到编程器插座上，编程器通过 RS-232 插座和 PC 的串行口 COM1 或 COM2 相连，运行烧写程序，用户的程序（后缀为.HEX 或.BIN）就被烧写进单片机内的程序存储器（或外部 EEPROM）中，再将单片机（或外部 EEPROM）从编程器上取下，插到用户板，上电后，就可以运行单片机中的程序。如果运行结果不对，修改程序，再将单片机（或 EEPROM）插入编程器，擦除干净后再重新烧写。方式一的流程图如图 11.2 所示，编程器与计算机的连接如图 11.3 所示。

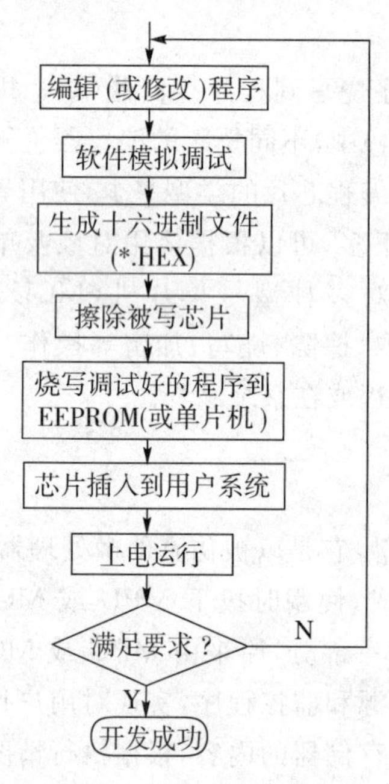

图 11.2　方式一的开发流程

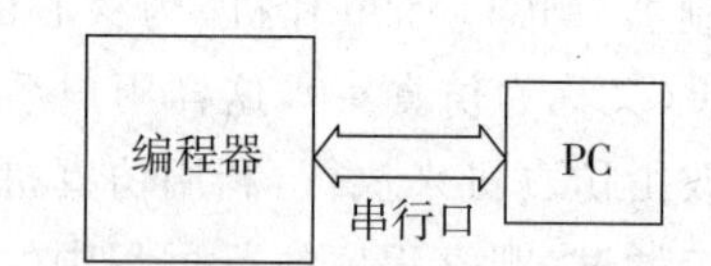

图 11.3　编程器与计算机的连接

可见，这种方式是通过反复地上机试用、插、拔芯片和擦除、烧写完成开发的，对于有经验的工作人员，也可以一次烧写成功。如果在烧写前先进行软件模拟调试，待程序执行无误后再烧写，可以提高开发效率。

另一种是在系统编程（ISP），这需要使用 ISP 型的单片机，并有相应编程电路。本教材实验指导中的开发板用 ISP 型的 51 单片机 89S52，实现在系统烧写功能并可立即执行，实现了编程器和实验台双重功能，价格在 200 元以下，能满足 51 单片机的开发和设计型实验教学。具体内容参见本书的实验指导部分。

这种开发方式的优点是所需的投资少，一般教学单位或小公司乃至个人，均会有 PC，所需购买的只是编程器，且一个实验室只需购买一两台即可。模拟仿真软件可以从网上下载或向商家索取。其缺点是无跟踪调试功能，只适用于小系统开发，开发效率较低。

2. 方式二　计算机＋在线仿真器＋编程器

方式一是软件模拟仿真方法，方式二是硬件仿真。使用该方式要购买一台在线仿真器，另外还需买一台编程器。利用仿真器完整的硬件资源和监控程序，实现对用户目标码程序的跟踪调试，在跟踪调试中侦错和即时排除错误。操作方法如下所示。

用串行电缆将在线仿真器通过 RS-232 插件和 PC 的 COM1 或 COM2 相连，在断电的情况下，拔下用户系统的单片机，代之以仿真头（如用外部 EPROM，还需拔下该 EPROM），如图 11.4 所示。运行仿真调试程序，通过跟踪执行，观察目标板的波形或执行现象，即时地发现软、硬件的问题，进行修正。当调试到满足系统要求后，将调试好的程序通过编程器烧写到单片机或 EPROM 中，拔下仿真头，还原单片机或 EPROM，一个嵌入式系统就调试成功了。

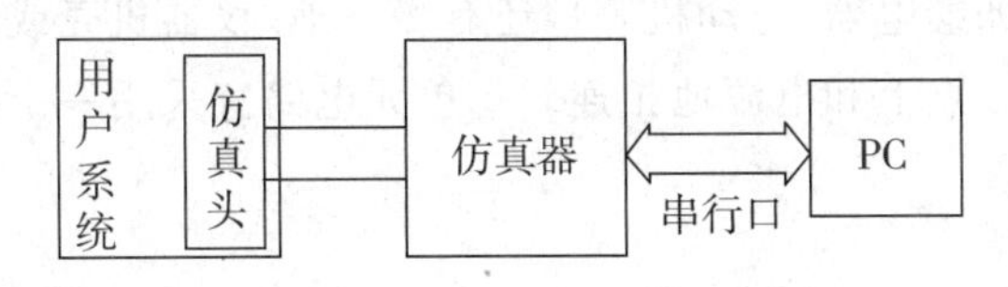

图 11.4　单片机的在线仿真

使用仿真器调试，仿真效率高，能缩短开发周期，只要有条件，应采用这种调试方式。

11.2　嵌入式系统的抗干扰技术

在嵌入式系统中，系统的抗干扰性能直接影响系统工作的可靠性。干扰可来自于本身电路的噪声，也可能来自工频信号、电火花、电磁波等。一旦应用系统受到干扰，程序跑飞，即程序指针发生错误，误将非操作码的数据当作操作码执行，就会造成执行混乱或进入死循环，使系统无法正常运行，严重的可能损坏元器件。

单片机的抗干扰措施有软件方式和硬件方式。

11.2.1　软件抗干扰

1. 数字滤波

当噪声干扰进入单片机应用系统并叠加在被检测信号上时，会造成数据采集的误差。为保证采集数据的精度，可采用硬件滤波，也可采用软件滤波，对采样值进行多次采样，取平均值，或用程序判断，剔除偏差较大的值。

2. 设置软件陷阱

在非程序区采取拦截措施，当 PC 失控进入非程序区时，使程序进入陷阱，通常使程序返回初始状态。例如用 LJMP ＃0000H 填满非程序区。

如果程序存储器空间有足够的富裕量，且对系统的运行速率要求不高，可在每条指令后加空操作指令 NOP。如果该指令字长为 n 字节，则在其后加 $n-1$ 个字节的 NOP 指令，这样即使指令因干扰跑飞，只会使程序执行一次错误操作后，又回到下一条指令处。如果跑到别的指令处，因别的指令也作了如此处理，后面的指令还可以一条一条往下执行。

11.2.2 硬件抗干扰

1. 良好的接地方式

在任何电子线路设备中，接地是抑制噪声、防止干扰的重要方法，地线可以和大地连接，也可以不和大地相连。接地设计的基本要求是消除由于各电路电流流经一个公共地线，由阻抗所产生的噪声电压，避免形成环路。

单片机应用系统中的地线分为数字电路的地线（数字地）和模拟电路的地线（模拟地），如有大功率电气设备（如继电器、电动机等），还有噪声地，仪器机壳或金属件的屏蔽地，这些地线应分开布置，并在一点上和电源地相连。每单元电路宜采用一个接地点，地线应尽量加粗，以减少地线的阻抗。

2. 采用隔离技术

在单片机应用系统的输入、输出通道中，为减少干扰，普遍采用了通道隔离技术。用于隔离的器件主要有隔离放大器、隔离变压器、纵向扼流圈和光电耦合器等，其中应用最多的是光电耦合器。

光电耦合器具有一般的隔离器件切断地环路、抑制噪声的作用，此外，还可以有效地抑制尖峰脉冲及多种噪声。光电耦合器的输入和输出间无电接触，能有效地防止输入端的电磁干扰以电耦合的方式进入计算机系统。光电耦合器的输入阻抗很小，一般为 100Ω～1kΩ，噪声源的内阻通常很大，因此能分压到光电耦合器输入端的噪声电压很小。

光电耦合器的种类很多，有直流输出的，如晶体管输出型、达林顿管输出型、施密特触发的输出型。也有交流输出的，如单（双）向可控硅输出型、过零触发双向可控硅型。

利用光电耦合器作为输入的电路如图 11.5 所示。

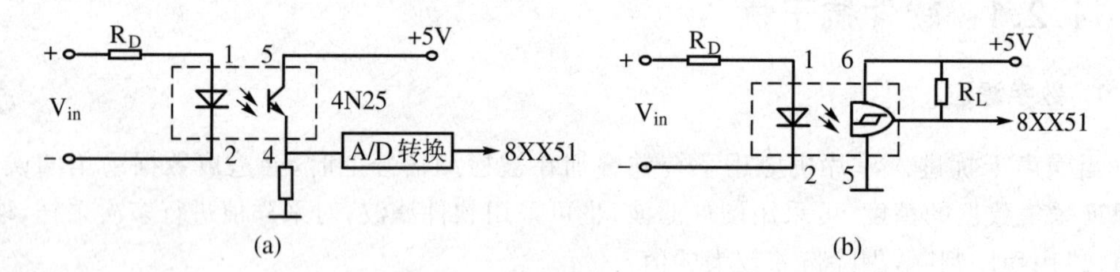

图 11.5 光电耦合输入电路

图 11.5(a)是模拟信号采集，电路用光电耦合作为输入，信号可从集电极引出，也可以从发射极引出。图 11.5(b)是脉冲信号输入电路，采用施密特触发器输出的光电耦合电路。

利用光电耦合作为输出的电路如图 11.6 所示，J 为继电器线包，图 11.6(a)中 8XX51 的并行口线输出 0，二极管导通发光，三极管因光照而导通，使继电器电流通过，控制外部电路。用光电耦合控制晶闸管的电路如图 11.6(b)所示，光耦控制晶闸管的栅极。

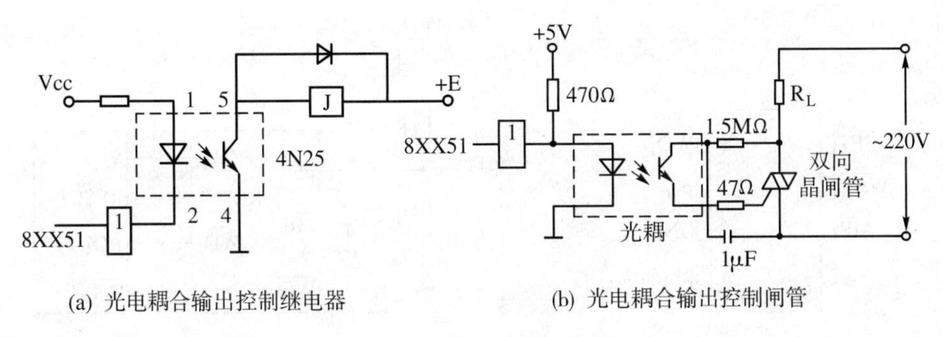

(a) 光电耦合输出控制继电器　　(b) 光电耦合输出控制闸管

图 11.6　光电耦合输出电路

11.2.3 "看门狗"技术

"看门狗"的英文为 Watch Dog Timer，即看门狗定时器，实质上是一个监视定时器，它的定时时间是固定不变的，一旦定时时间到，则产生中断或溢出脉冲，使系统复位。在正常运行时，如果在小于定时时间间隔内对其进行刷新(即重置定时器，称为喂狗)，定时器将处于不断的重新定时过程，就不会产生中断或溢出脉冲，利用这一原理给单片机加一个看门狗电路，在执行程序中在小于定时时间内对其进行重置。而当程序因干扰而跑飞时，因没能执行正常的程序而不能在小于定时时间内对其刷新。当定时时间到，定时器产生中断，在中断程序中使其返回到起始程序，或利用溢出产生的脉冲控制单片机复位。

目前有不少的单片机内部设置了看门狗电路(如 89S51/52)，同时有很多集成电路生产厂家生产了 μp 监控器，如美国 MAXIM 公司生产的 MAX706P(高电平复位)、MAX706R/S/T(低电平复位)、MAX708R/S/T(高、低电平复位)、其中 R、S、T 三种型号的差别在于复位的门限电平不同。这些芯片具有复位功能、看门狗功能和电源监视功能。下面以 MAX706P 为例，介绍 μp 监控器的应用。

1. μp 监控器 MAX706P

MAX706P 内部由时基信号发生器、看门狗定时器、复位信号发生器及掉电电压比较器构成，其中时基信号发生器提供看门狗定时器定时脉冲。芯片的引脚如图 11.7 所示，各引脚意义如下：

- pF_I，电源故障监控电压输入。
- pF_O，电源故障输出，当监控电压 pF_I<1.25V，pF_O 变低。
- WD_I，看门狗输入。
- $\underline{RE}SET$，高电平复位信号输出端。
- MR，手动复位输出。
- WD_O，看门狗输出。
- MAX706P 的典型应用电路如图 11.8 所示。

(1) 复位功能

当接在 MR 引脚上的按键按下，MR 接收低电平信号，RESET 变为高电平，延时时间为 200ms，使 8XX51 单片机复位。当电源电压降至 4.4V 以下，内部的电压比较器使 RESET 变为高电平，使单片机复位，直到 V_{CC} 上升到正常值。

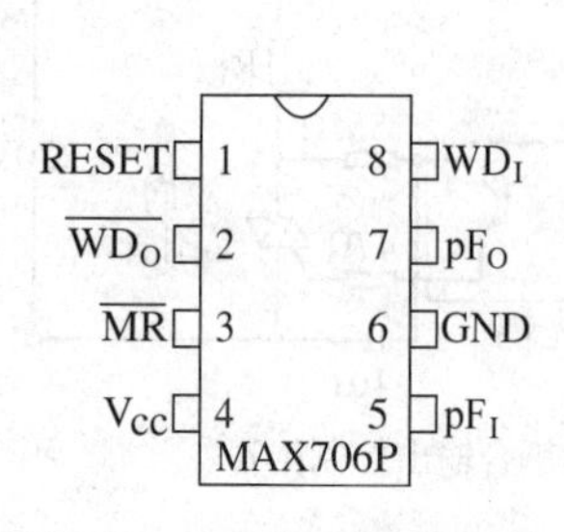

图 11.7　MAX706P 的引脚

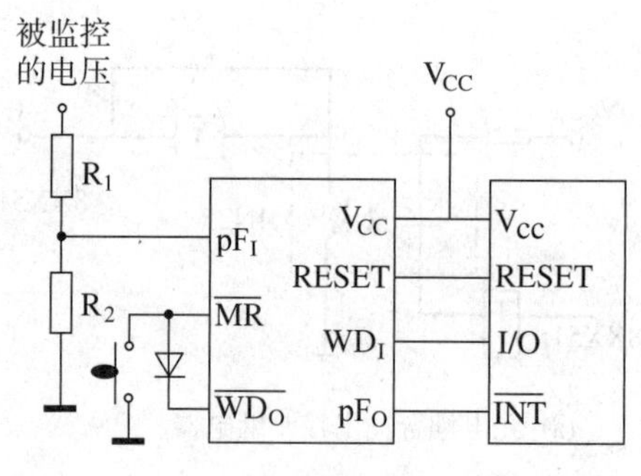

图 11.8　MAX706P 的典型应用电路

(2) 看门狗功能

MAX706P 内部看门狗的定时器的定时时间为 1.6s，如果在 1.6s 内 WD_I 引脚保持为固定电平(高电平或低电平)，看门狗定时器输出端 WD_O 变为低电平，二极管导通，使低电平加到 MR 端，MAX706P 产生 RESET 信号，使 8XX51 单片机复位，直到复位后看门狗被清零，WD_O 才变为高电平。当 WD_I 有一个跳变沿(上升沿或下降沿)信号时，看门狗定时器被清零。将 DI 接到 8XX51 单片机的某根并行口线上，在程序中只要在小于 1.6s 时间内将该口线取反一次，即能使定时器清零而重新计数，不产生超时溢出，程序正常运行。当程序跑飞，不能执行产生 WD_I 的跳变指令，到 1.6s 时 WD_O 因超时溢出而变低，产生复位信号，使程序复位。

看门狗定时器有 3 种情况被清零：发生复位；WD_I 处于三态；WD_I 检测到一个上升沿或一个下降沿。

(3) 电压监控功能

当电源电压(如电池电压)下降，监测点小于 1.25V(即 $pF_I < 1.25V$)，PF_O 变为低电平，产生中断请求，在中断服务中，可以采用相应的措施。

μp 监控器的型号很多，选择时应注意是高电平复位还是低电平复位，要和自己选择的机型匹配。美国 Xicor 公司的 X25043(低电平复位)、X25045(高电平复位)监控器拥有电压检测和看门狗定时器，还拥有 512×8 位的串行 EEPROM，且价格低廉，对提高系统可靠性很有帮助。

2. 89S51/52 单片机的看门狗

不少单片机内带有看门狗定时器。看门狗定时器也可以用软件的方式构成，这需要单片机内有富裕的定时/计数器。由于软件运行受单片机状态的影响，其监控效果远不及硬件看门狗定时器好。软件看门狗仅在环境干扰小或对成本要求高的系统中采用。

在 ATMEL 公司的 89S51/52 系列单片机中设有看门狗定时器，89S51 与 89C51 功能相同，指令兼容，HEX 程序无需任何转换可以直接使用。89S51/52 比起 89C51/52 除可在线编程外，就是增加了一个看门狗功能。89S51/52 内的看门狗定时器是一个 14 位的计数器，每过 16384 个机器周期看门狗定时器溢出，产生一个 $98/f_{osc}$ 的正脉冲并加到复位引脚上，使系统复位。使用看门狗功能，需初始化看门狗寄存器 WDTRST(地址为 A6H)，对其写入 1EH，再写入 E1H，即激活看门狗。在正常执行程序时，必须在小于 16 383 个机器周期内进行喂狗，即对看门狗寄存器 WDTRST 再写入 1EH 和 0E1H。

看门狗具体使用方法如下。

在程序初始化中：

```
        WDTRST EQU A6H
        ORG 0000
        LJMP STAR
        ⋮
STAR:   MOV WDTRST,#1EH            ;激活看门狗,先送 1EH
        MOV WDTRST,#0E1H           ;后送 E1H
DOG:
            ⋮
        MOV WDTRST,#1EH            ;先送 1EH,喂狗指令
        MOV WDTRST,#0E1H           ;后送 E1H
            ⋮
        LJMP DOG
```

在 C 语言中要增加一个声明语句。

在 reg51.h 声明文件中：

```
sfr WDTRST=0xA6;
main()
{
WDTRST=0x1e;
WDTRST=0xe1;                         /*初始化看门狗*/
while (1)
{
⋮
WDTRST=0x1e;
WDTRST=0xe1;                         /*喂狗指令*/
}}
```

注意事项：

(1) 89S51 单片机的看门狗必须由程序激活后才开始工作，所以必须保证 CPU 有可靠的上电复位，否则看门狗也无法工作。

(2) 看门狗使用的是 CPU 的晶振，在晶振停振的时候看门狗也无效。

(3) 89S51 单片机只有 14 位计数器。在 16 383 个机器周期内必须至少喂狗一次，而且这个时间是固定的，无法更改。当晶振为 12MHz 时每 16ms 内需喂狗一次。

11.3 单片机应用系统举例——电子显示屏

电子显示屏广泛用于火车到站时刻表显示、银行利率显示、股市行情显示等公众信息场合，仔细观察可以发现，它是由成千上万个发光二极管(LED)组成，为方便安装，将若干个

LED组合在一个模块上,若干个模块再组成大屏幕。

市场上出售的模块按LED的排列有5×7、5×8、8×8等几种类型;LED的直径也有大有小,有1.9、3.0、5.0等;点阵模块按颜色分有单色(红色)或双色,双色的LED在一个玻璃管中有红和绿两个LED,如果红、绿同时发亮,即可显示黄色,因此双色实际上可显示红、绿、黄三色。图11.9所示的是一个8×8的单色LED点阵模块图,型号为LMM2088DX。由图11.9可见,LED排列成点阵的形式,同一行的LED阴极连在一起,同一列的阳极连在一起,仅当阳极和阴极的电压被加上,使LED为正偏的LED才发亮。对于双色的LED模块,同一行的红管和绿管的阴极连在一起控制,阳极分别控制。

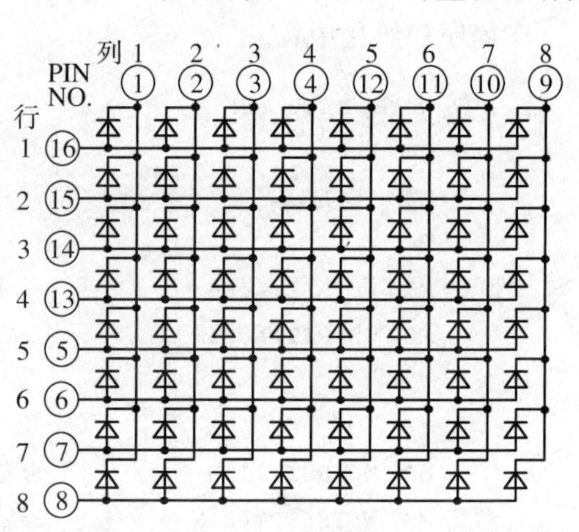

图11.9 LMM2088DX(8×8单色)引脚图

为了了解电子屏幕的设计原理,便于用实验实现,用6块5×8的模块构成一个15×16点阵的小型显示屏,可以显示一个汉字。电路如图11.10所示。

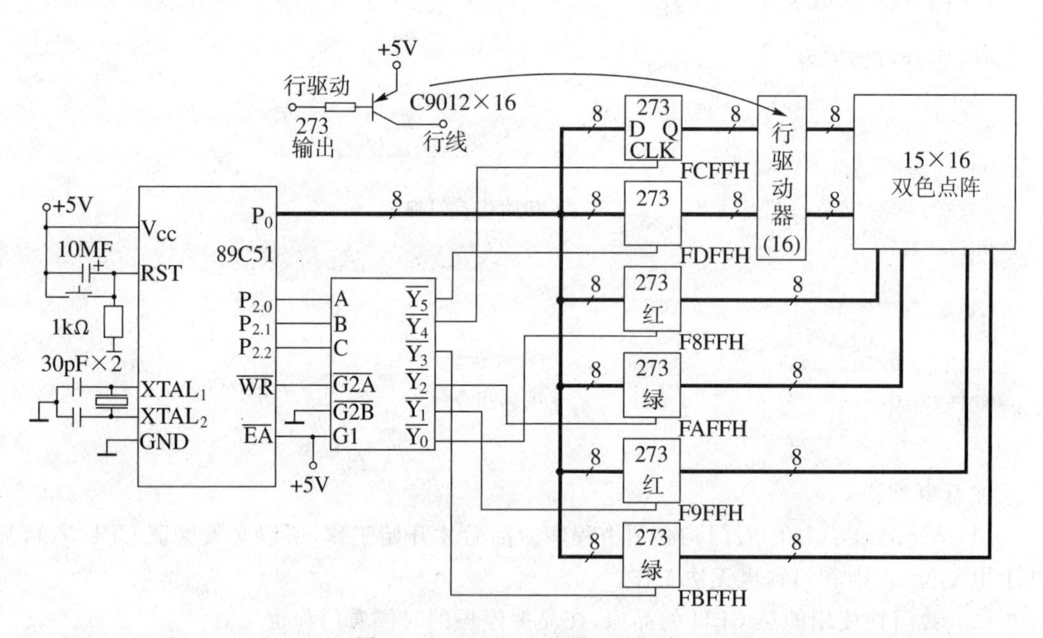

图11.10 LED电子屏显示电路

如果采用行循环扫描法,即左块第一行亮,右块第一行亮,然后左块第二行亮,右块第二行亮。对于列而言,一列只一个亮点,而对一行而言,有多个LED同时发亮,一个LED亮需10~20mA的电流。因此在行线上加上行驱动三极管,列上只用了锁存器,而省去了列驱动。

15行的行选由两个273完成,地址分别为FCFFH和FDFFH。16根列选也由两个273完成,由于列线分为红、绿两色,共需4片273控制,红色的列选地址为FAFFH和FBFFH。按照1亮的规则,一个16×16的汉字点阵信息(字模编码)需占32个字节,一个

“中”字的汉字字模编码显示如图 11.11 所示，按照从左到右、从上到下的原则顺序排列，存放于字模编码表(数组)中。行选轮流选通，列选查表输出，一个字循环扫描多次，就能看到稳定的汉字。

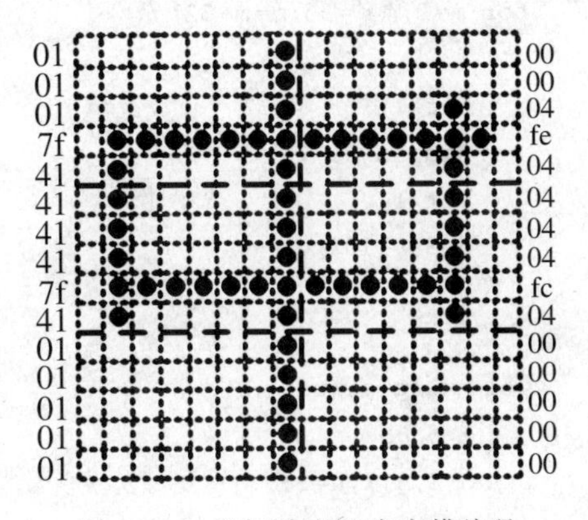

图 11.11 “中”字的汉字字模编码

下面的程序在小显示屏上轮流显示“我爱中华”4 个绿色汉字，4 个字模编码占 128 个字节，存放于 buff[128]数组中。每个字循环扫描显示 1000 遍，再换下一个汉字。根据行、列序号，利用公式计算字模编码在数组中的位置。为消除拖尾，显示间有清屏，显示和清屏的延时由定时器 T0 控制。程序如下：

```
#include<reg51.h>
#include<absacc.h>
#define red1 XBYTE[0xf8ff]                    /*第一红色 273 地址*/
#define red2 XBYTE[0xf9ff]                    /*第二红色 273 地址*/
#define green1 XBYTE[0xfaff]                  /*第一绿色 273 地址*/
#define green2 XBYTE[0xfbff]                  /*第二绿色 273 地址*/
#define hang1 XBYTE[0xfcff]
#define hang2 XBYTE[0xfdff]                   /*行 273 地址*/
#define uchar unsigned char
#define uint unsigned int
void delay(unint t);
void clr(void);
void display(uint b);
uchar code buff[128]={0x04,0x80,0x0e,0xa0,0x78,0x90,0x08,0x90,
          0x08,0x84,0xff,0xfe,0x08,0x80,0x08,0x90,
          0x0a,0x90,0x0c,0x60,0x18,0x40,0x68,0xa0,
          0x09,0x20,0x0a,0x14,0x28,0x14,0x10,0x0c,
          0x00,0x78,0x3f,0x80,0x11,0x10,0x09,0x20,
          0x7f,0xfe,0x42,0x02,0x82,0x04,0x7f,0xf8 ,
          0x04,0x00,0x07,0xf0,0x0a,0x20,0x09,0x40,
          0x10,0x80,0x11,0x60,0x22,0x1c,0x0c,0x08,
          0x01,0x00,0x01,0x00,0x01,0x04,0x7f,0xfe,
          0x41,0x04,0x41,0x04,0x41,0x04,0x41,0x04,
          0x7f,0xfc,0x41,0x04,0x01,0x00,0x01,0x00,
          0x01,0x00,0x01,0x00,0x01,0x00,0x01,0x00,
          0x04,0x40,0x04,0x48,0x08,0x58,0x08,0x60,
          0x18,0xc0,0x29,0x40,0x4a,0x44,0x08,0x44,
          0x09,0x3c,0x01,0x00,0xff,0xfe,0x01,0x00,
          0x01,0x00,0x01,0x00,0x01,0x00,0x01,0x00 }     /*"我爱中华"字模 */
main()
  {char m;
for(;;)
```

```
{
for(m=0;m<=96;m=m+32)
  {
  clr();
  display(m);                                /*显示*/
  clr();                                     /*清屏*/
  delay(10);                                 /*延时*/
 }
}
void display(uint b)                         /*显示函数*/
 {
uchar i,j,k,n=1;
uint c;
for(c=0;c<1000;c++)
  {clr();
  for(k=0;k<2;k++)                           /*k用以选择两个左右不同的273*/
   {for(i=0;i<8;i++)                         /*i选择不同行*/
    {green1=~buff[b+16*k+2*i];               /*查字模表,并取反*/
     green2=~buff[b+16*k+2*i+1];
     if(k==0)
      { hang1=~n;hang2=0xff;
      }
    else
     {hang2=~n;hang2=0xff;                   /*k=0,选上面一个273,同时关闭下半屏显示*/
     }
    hang1=0xff;hang1=0xff;n=n*2;
   }
  n=1;}}}
    void delay(uint t) {                     /*延时子程序,延时t=10ms*/
uint i;
for(i=0;i<t;i++){
   TMOD=0x11;
TL0=-10000%256; TH0=-10000/256;
TR0=1;
do{}
while(TF0! =1);
TF0=0;
   }
  }
void clr(void)                               /*清屏子程序*/
{
uchar xdata*ad_drl;
ad_drl=&green1;
hang1=0xff;hang2=0xff;
red1=0xff;red2=0xff;
```

```
    *ad_drl=0xff;
   ad_drl++;
   ad_drl=0;
   }
```

修改程序，可以变换显示颜色及跑马式显示等各种显示方式。如果要改换显示的汉字，可从汉字库中提取字模，提取汉字字模的方法可以查阅有关资料。

11.4　小结

本章介绍了以 MCU 为核心的嵌入式系统的设计方法、调试方法以及实际应用中应注意的问题，并以小型电子显示屏作为应用设计的实例、读者只要自己实践，就会感到设计一个小型嵌入式系统并不是很困难的。

思考题与习题

1. 单片机的抗干扰的措施有哪些？

2. 设计一个电子数字钟，并接一个小喇叭，使其能(其中 * 为选做的扩展功能。)：

(1)具有交替显示年、月、日、时、分、秒的功能。

(2) 具备校正功能。

(3)* 具备设定闹钟和定时闹钟响功能。

(4)* 具备整点报时功能。

(5)* 具备生日提醒功能。

3. 用单片机的定时器设计一个音乐盒，使其能用按键选择演奏两支小乐曲，已知乐谱和频率的关系如下表：

C 调音符	5̣	6̣	7̣	1	2	3	4	5	6	7
频率(Hz)	392	440	494	524	588	660	698	784	880	988

4. 设计一个模拟量采集系统，将所采集的模拟量显示在 4 个 LED 显示器或 4 个 LCD 显示器上。

5. 题目同习题 4，要求利用串行通信，使采集的数据或波形显示在 PC 的屏幕上。

*第12章 基于Proteus的单片机实验指导

本实验指导具有普遍的意义，其中的实验可以在面包板上进行，也可以在外购的实验台上进行(只需改端口号)，还可以在编者提供的基于 Proteus 的虚拟 80C51 实验板上进行。

实验是学习单片机必需手段和必由之路。编者为方便入门读者的学习与实验，采用以软代硬，以虚拟代现实的全新的实验思路，充分利用了最新的 Proteus 单片机仿真技术，只要读者有一台计算机，就可随时随地进行 8051 单片机的系统仿真实验，使得读者更快更有效地掌握 8051 单片机技术。

虚拟 80C51 实验板构建在 Proteus 软件上，充分地利用单片机的内部资源，能够方便地开设如下单元实验：

① 并行口的输入、输出实验，数码管的显示与控制

② 中断实验

③ 定时/计数器的应用设计

④ 串行通信实验(单片机和单片机、单片机和 PC 的通信)

⑤ 串行 EEPROM(I^2C 接口)

⑥ 串行 D/A 转换(SPI 接口)

⑦ 串行 A/D 转换(SPI 接口)

如果综合利用上述资源用户可以设计诸如多功能数字钟、波形发生器、数字电压表、音乐盒、频率计、抢答器、计算器、模拟量采样等应用系统。在一些硬件限制的情况下，本虚拟实验板搭配 Proteus Demo 软件甚至可作为学生的课程设计或毕业设计的实验平台。在有条件的学校，利用 Proteus 软件也可以进一步地开展单片机的系统设计，包括板级实现。而本章所涉及的 8051 单片机的开发设计方法在不同的开发场合都是有效的，具有一般性。

12.1 Proteus 使用介绍

12.1.1 Proteus 概述

Proteus 是英国 Labcenter Electronics 公司出品的电子设计自动化软件，包括 ISIS 和 ARES 两部分。ISIS 提供了 30 多个元件库数千种元器件和多种现实存在的虚拟仪器仪表，可以直观地仿真微控制器系统、数字电路和模拟电路的功能与结果。ISIS 的工作界面如图 12.1 所示。ISIS 软件是实训中所需要使用的工具，图 12.1 中仅简要标示了一下软件界面上的操作功能面板，而软件的详细操作与使用需要读者自己查阅相关的帮助文献资料。

ARES是一款高性价比的PCB设计软件，其工作界面如图12.2所示。与其他EDA工具软件相比较，Proteus软件的最大特色之处就是可以仿真包括外围接口模数混合电路在内的微控制器系统，是一款不可多得的优秀单片机系统仿真平台。至2010年3月，Proteus软件的最新版本是V7.7，支持的单片机类型有8051系列、AVR系列、PIC10系列、PIC12系列、PIC16系列、PIC18系列、PIC24系列、dsPIC33系列、BS系列、HC11系列、MSP430系列、ARM7/LPC2000系列、8086等。可以到Labcenter公司的网站http://www.labcenter.co.uk上下载最新Proteus的demo版本。Proteus的demo版软件除了不能存盘与打印外，其余功能与正版的没有差别。

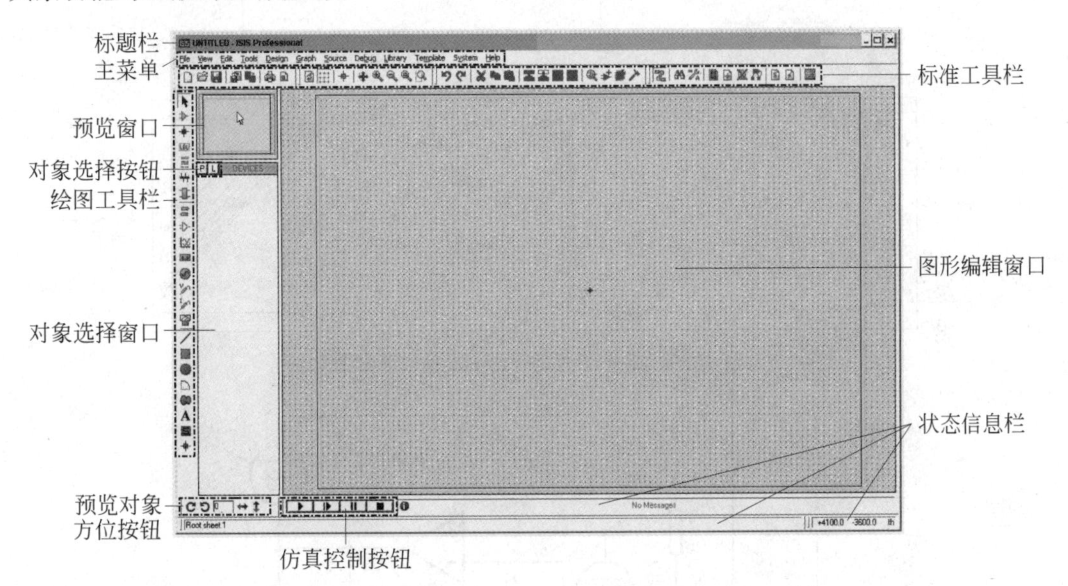

图12.1　ISIS软件界面及其功能位置示意图

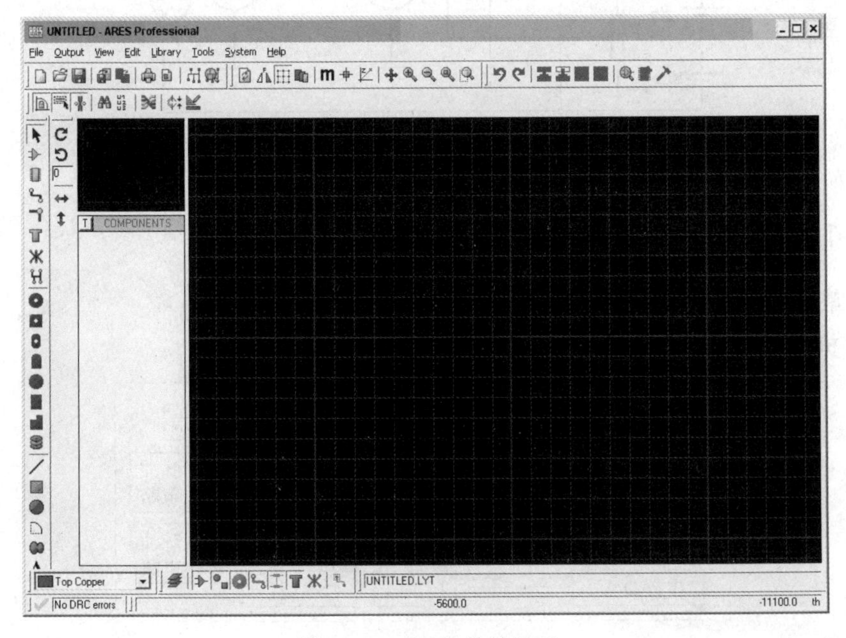

图12.2　ARES软件界面

Proteus 软件兼容 SPICE 器件模型，采用 VSM 技术，为用户提供交互式和基于图表式两种仿真模式。基于图表式的仿真模式与 PSpice 的电路仿真类似，其重点在于研究电路的工作状态或进行细节的测量，仿真形式如图 12.3 所示。交互式的仿真模式可以实时直观地查看电路的输出，其仿真形式如图 12.4 所示。在选用元器件时需要注意的一点就是并非所有的 Proteus 模型都可以用来仿真，可以用于仿真的元器件在其预览框中都有明确标示。

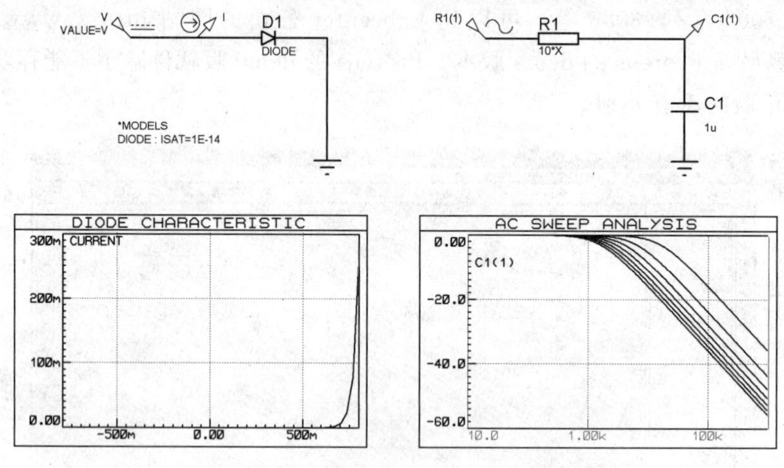

图 12.3　基于图表的 Proteus 仿真示例图

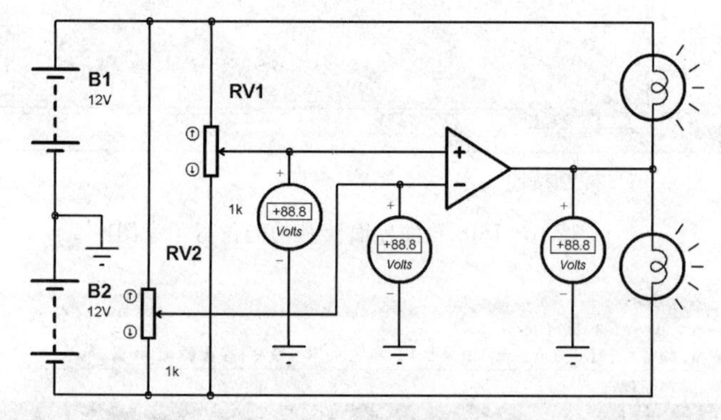

图 12.4　Proteus 交互式仿真示例图(出自 Proteus 软件)

12.1.2　基于 Proteus 的单片机实验板

(1) 单片机虚拟实验板的结构图

单片机虚拟实验板的结构框图如图 12.5 所示。

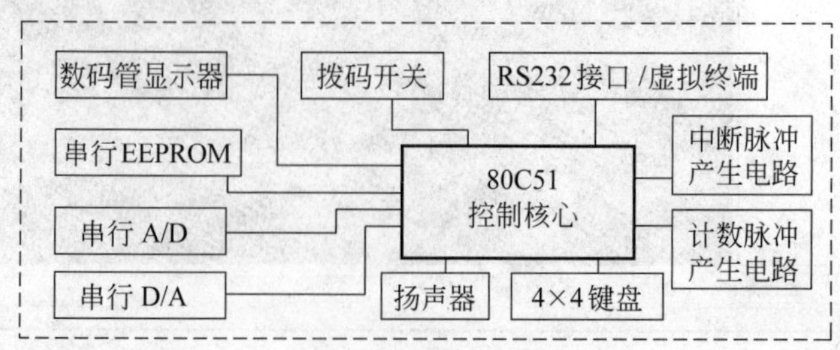

图 12.5　8051 单片机实验板结构框图

(2) 单片机虚拟实验板的电路图

基于 Proteus 的单片机虚拟实验板的电路仿真图如图 12.6 所示。其核心器件 80C51 单片机工作在非总线方式,其 I/O 口的使用情况如表 12.1 所示。值得注意的是,与真实电路有所不同的是,图 12.6 电路没有画出单片机的时钟电路和复位电路,是因为仿真的时候其时钟直接在单片机的属性中设置即可,而用不到时钟和复位电路。

表 12.1 实验板单片机端口资源分配表

I/O端口	用 途
P_0	① 8 位拨码开关输入; ② 4×4 矩阵键盘
$P_{1.0}\sim P_{1.5}$	6 位数码管位选
$P_{1.6}$	I^2C 接口数据线 SDA (24C04)
$P_{1.7}$	SPI 接口复用(双向)数据线 DATA (TLC5615 和 TLC549 复用)
$P_{2.0}\sim P_{2.6}$	7 段数码管段选
$P_{2.7}$	① 数码管小数点; ② 扬声器
$P_{3.0}$、$P_{3.1}$	UART 串口 RXD、TXD
$P_{3.2}$	外部中断输入(INT0)
$P_{3.3}$	I^2C 接口时钟线 SCL (24C04)
$P_{3.4}$	外部计数器输入(T0)
$P_{3.5}$	SPI 接口时钟线 CLK (TLC5616、TLC549)
$P_{3.6}$	TLC5615 片选信号
$P_{3.7}$	TLC549 片选信号

图 12.6 中有 3 个跳线 JP1~JP3,仿真实验前应注意加以选择好合适位置。JP1 的作用是将按键模拟产生的脉冲信号输入 $P_{3.2}$ INT0 端口或者 $P_{3.4}$ T0 端口。JP2 的作用是选择进入 MAX232 的数据来源,可以使 MAX232 自己输出的数据回送,也可以是 Proteus 中的虚拟串口终端设备(见图 12.6 右中部)。具备 RS-232C 串口计算机的读者也可以将 Proteus 提供的虚拟 RS-232C 串口设备代替虚拟串口终端,单片机可以通过虚拟 RS-232C 串口设备而直接操作仿真用的计算机串口,进而也可以与其他的物理 RS-232C 串口设备进行通信。JP3 的作用则是选择单片机 $P_{2.7}$ 口线的功能,是输出小数点信号或者是输出数字音频信号驱动喇叭发声。由于这个虚拟的喇叭与系统的声卡是联系在一起的,所以不用喇叭时跳线最好设置到左边,以免带来不必要的"噪声"。此外,图 12.6 中的 6 位数码管是采用动态扫描接口方式,因仿真器件封装的原因看得不够直观,图中右下角的 4×4 矩阵键盘不够明显也是这种原因。读者在使用时明白其结构即可。

基于 Proteus 的 80C51 实验板设计电路已放在清华大学出版社网站上,读者安装 Proteus(Demo)后即可直接使用。

(3) 单片机虚拟实验板的所用的仿真元器件

为方便读者自行绘制单片机实验板电路,将图 12.6 所用到的 Proteus 元器件及设备类别列出,如表 12.2 所示。

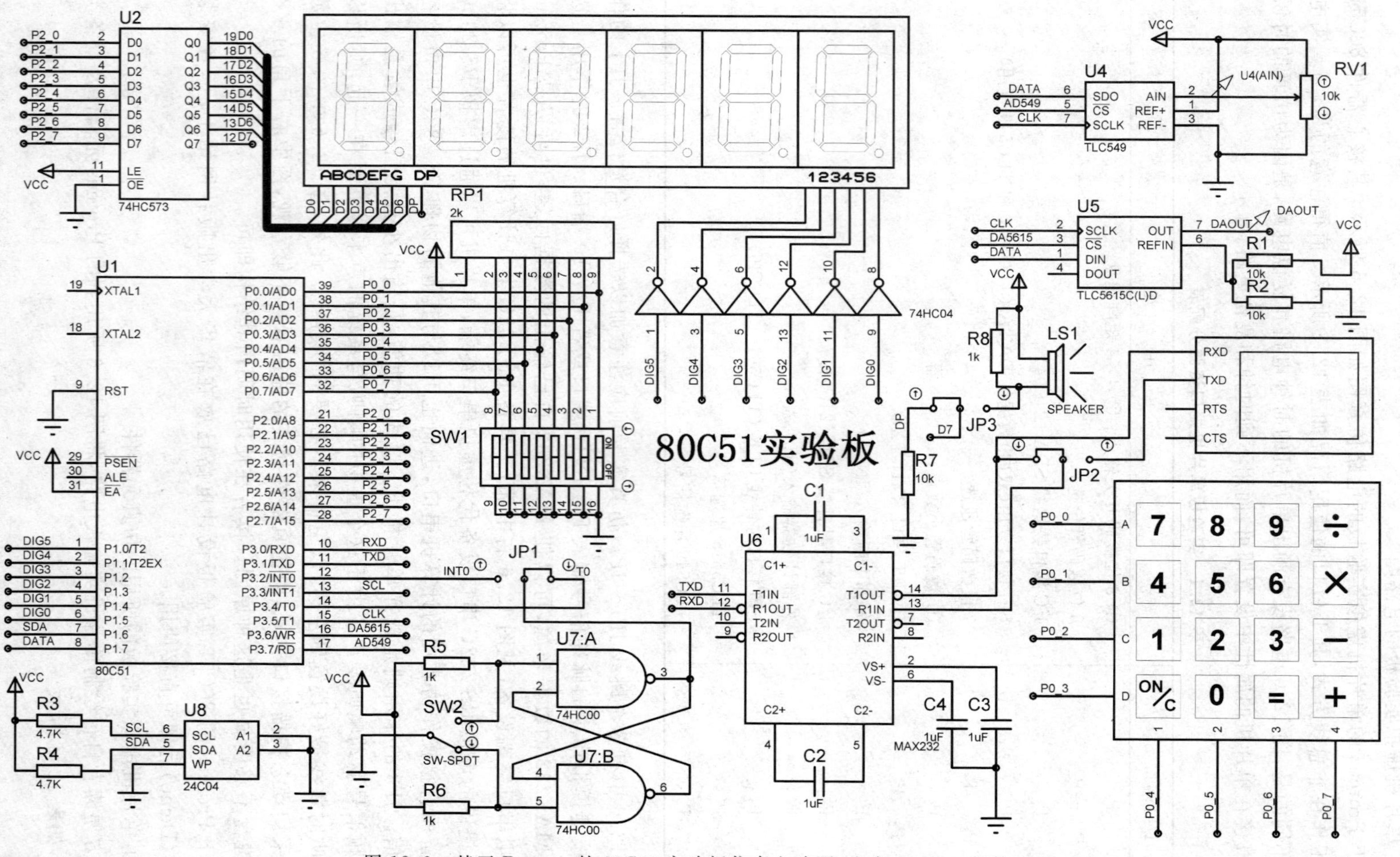

图 12.6 基于Proteus的80C51实验板仿真电路图（出自Proteus软件）

表 12.2　实验板所用 Proteus 元器件设备清单

元器件/设备名称	所属类	所属子类	备注
RES	Resistors	Generic	电阻
POT-LIN	Resistors	Variable	交互式可变电阻
RESPACK-8	Resistors	Resistor Packs	排阻
CAP	Capacitors	Generic	电容
80C51	Microprocessor ICs	8051 Family	8051 单片机
24C04A	Memory ICs	I2C Memories	I^2C 存储器
TLC549	Data Converters	A/D Converters	SPI 接口 ADC
TLC5615	Data Converters	D/A Converters	SPI 接口 DAC
MAX232	Microprocessor ICs	Peripherals	电平转换器件
74HC00	TTL 74HC series	Gates & Inverters	TTL 与非门
74HC04	TTL 74HC series	Gates & Inverters	TTL 非门
74HC573	TTL 74HC series	Flip-Flops & Latches	8D 锁存器
SPEAKER	Speakers & Sounders	—	系统声卡输扬声器
SW-SPDT	Switches & Relays	Switches	交互式按键开关
DIPSW_8	Switches & Relays	Switches	交互式 8 位拨码开关
JUMPER	Switches & Relays	Switches	交互式跳线
JUMPER2	Switches & Relays	Switches	交互式 2 选 1 跳线
7SEG-MPX6-CC-BLUE	Optoelectronics	7-SegmentDispays	6 位蓝色 7 段共阴极数码管（带小数点）
KEYPAD-SMALLCALC	Switches & Relays	Keypads	交互式 4×4 矩阵键盘
GND	Terminals	GROUND	参考地，在 Terninals 模式中选择
VCC	Terminals	POWER	电源，在 Terninals 模式中选择
VOLTAGE PROBE	—	—	电压探针，点击 Voltage Probe 模式
VIRTUAL TERMINAL	Virtual Instruments	VIRTUAL TERMINAL	虚拟串口终端

12.1.3　Proteus 中 51 单片机软件的开发

成功安装 Proteus 软件后，在其安装目录下，将有一个 Tools 子目录，在其 Asem51 子文件夹中有一款小巧免费的 8051 单片机开发工具 ASEM-51，可以完成本书所有的汇编实验。使用过程中，需要注意的是，该工具已经将交叉汇编和链接两步过程合二为一，其汇编不支持重定位段和外部符号，因此要求所有的汇编代码在一个文件中。该汇编工具 asem. exe 是

DOS 下的软件，可以在 Windows 控制台下直接使用。典型的使用的格式为：

```
ASEM<source>[<hex>[<list>]] [/INCLUDES:path]
```

其中命令参数必选项 source 是指 51 汇编语言源程序，默认扩展名为.A51。可选项[hex]和[list]分别代表 HEX 格式的编程文件名和列表文件名，默认使用源程序文件名。参数/INCLUDES:一般用来指示文件搜索路径，具体路径由 path 参数给出，可以为多条路径名，每条路径名用分号“;”隔开。

另外，更为方便的使用汇编工具的方法是在 ISIS 界面下设置好相关参数，直接在图形界面下操作。设置汇编工具位置的方法如图 12.7 所示，当然也可以设置其他的第三方汇编工具链。

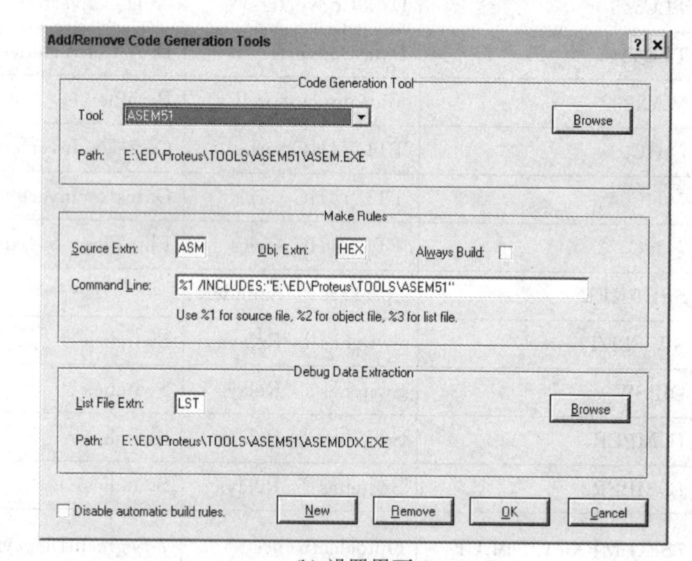

(a) 设置菜单项　　(b) 设置界面

图 12.7　ISIS 中 8051 汇编工具链的设置

设置好 ISIS 中的 8051 汇编工具链之后，需要设置单片机对应的原文件，一片 8051 单片机一般对应一个源文件，一个电路中允许有多个 8051 单片机，可以对应多个汇编源文件。源程序文件设置的方法如图 12.8 所示。图 12.8(a)标明了仿真单片机添加源程序的菜单项。图 12.8(b)是设置界面，其中有 3 处需要设置，图 12.8(b)中左上部下拉列表用来选择目标仿真电路存在的目标单片机，如果电路中不存在微控制器，该项是无效的；图 12.8(b)中右上部源程序工具链的选择，系统通常会有多个工具链存在，采用 8051 单片机则选择 ASEM51 选项；图 12.8(b)中下部是用户源文件的选择位置，一般单击 Change 按钮找到用户编写的源程序文件即可。

设置好汇编源码文件之后，接下来就可以选择 Source|Build All 命令来汇编过程，如图 12.9 所示。图 12.9(b)是汇编成功后出现的提示信息，如果汇编过程中出现错误，其文本框中也会给出相应的错误提示，用户根据提示处修改源文件，再次汇编，直至通过为止。

汇编成功后，生成的.HEX 编程文件会自动地装载到 8051 单片机器件中，可以不必再为单片机选择编程文件，如图 12.10 所示。

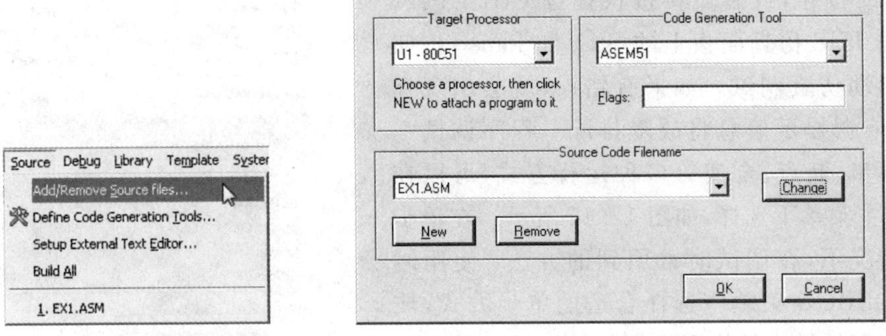

(a) 设置菜单项　　　　(b) 设置界面

图 12.8　ISIS 单片机仿真电路中汇编源码文件的设置

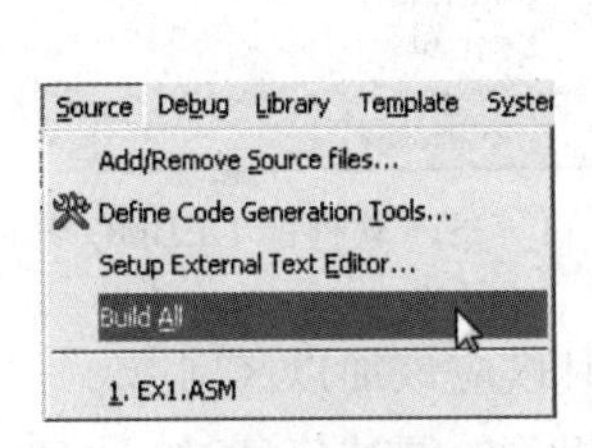

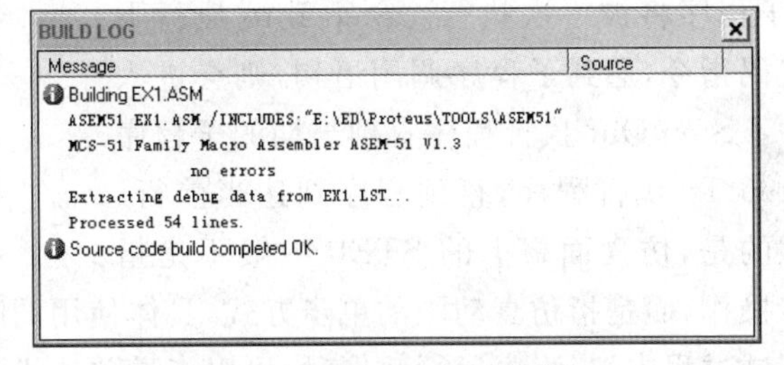

(a) 启动汇编菜单　　　　(b) 汇编成功后的提示信息框

图 12.9　ISIS 单片机仿真电路中汇编源码文件的汇编

图 12.10　ISIS 单片机属性设置对话框

12.1.4　Proteus 中 51 单片机系统的调试与仿真

在绘制好单片机系统的硬件电路图，软件程序也编写并且通过汇编后，接下来我们的任务就是要对系统进行调试。在 Proteus 中的调试均采用软件仿真的方式进行。仿真调试的

前期还需要确定的就是排除硬件连接错误。排除的方法很简单，选择 Debug|Start/Restart Debugging 按钮，或者直接按快捷键 Ctrl＋F12，或者单击 ISIS 仿真面板上的 Step 和 Pause 按钮均可以启动仿真调试。如果有错误，就会出现提示信息，依据提示信息将故障排除。程序调试一般拥有单步、断点、全速等多种运行方式，可以在 DEBUG 主菜单下选择，如图 12.11 所示。在单步运行的情况下，在调试时常用到的方法：使用时一般在 DEBUG 菜单中选择合适的单步方式，或者更为方便的做法是使用相应的快捷键。单步调试有 Step Over、Step Into 和 Step To 4 种方式。Step Over 执行下一条指令，遇到子程序调用语句，整个子程序将被一次执行。Step Into 执行下一条源代码指令，遇到子程序调用语句，则会进入子程序中。Step Out 执行程序直到当期的子程序返回。Step To 执行程序，直到程序到达当前行。需要注意的是，仿真面板上的 STEP 一般不是指令的单步操作，而是指仿真动画的单步方式，具体使用的时候应该加以区别。

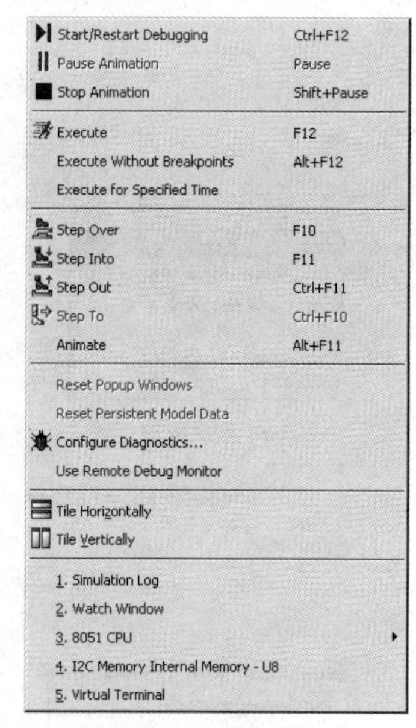

图 12.11 ISIS 软件的 DEBUG 菜单项内容

在调试过程中，当程序运行暂停时，可以查看单片机相关的调试信息，如图 12.12 所示。

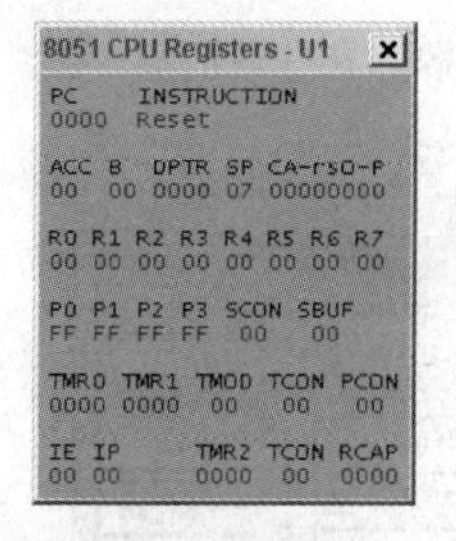

(a) 8051 寄存器窗口

(b) 8051 特殊功能寄存器窗口

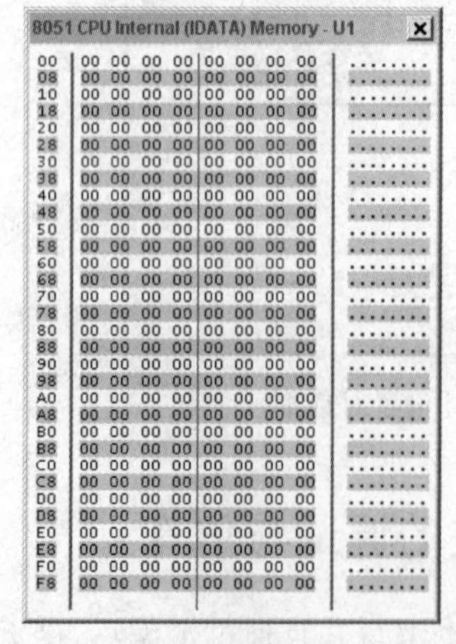

(c) 8051 内部 RAM 窗口

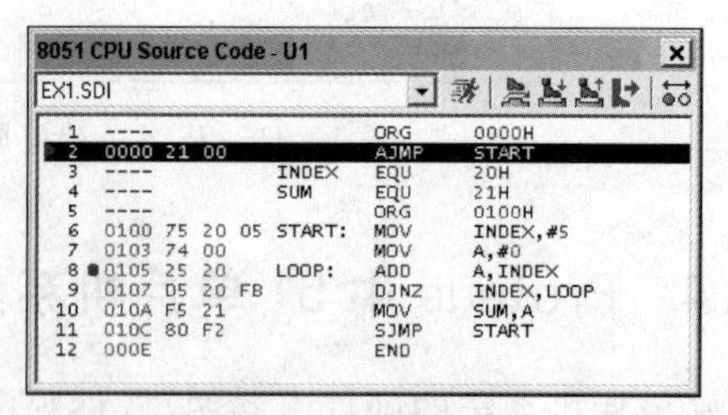

(d) 8051 源代码窗口

图 12.12 Proteus 的 8051 各种调试信息显示窗口

调试窗口中所显示的寄存器或者存储器的内容是允许手动去修改的，只能查看其结果。在源码显示窗口中，单击鼠标右键，可通过进一步设置显示行号、地址、机器码等信息，同时也可以设置断点，如图 12.12(d)中第 8 行处的实心圆圈所示。

更为方便地查看多个变量值的方法是将它们集中在 Watch Window 窗口中，如图 12.13(a)所示，添加查看变量的方法是右击鼠标，然后在弹出的快捷菜单中进行设置，如图 12.13(b)所示。添加方式有按照名称和按照地址两种，分别如图 12.14(a)和(b)所示。

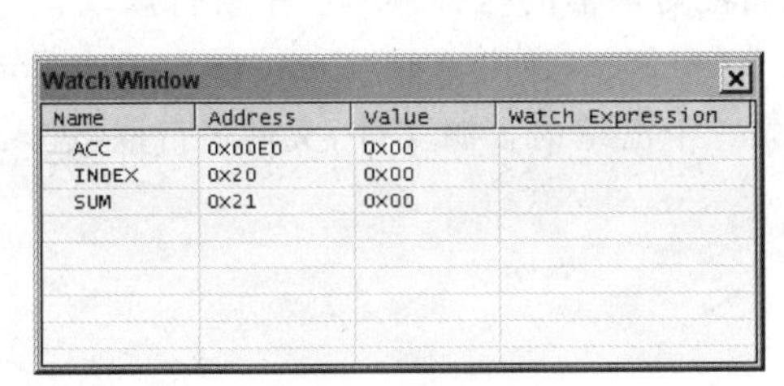

(a) Watch 窗口显示框

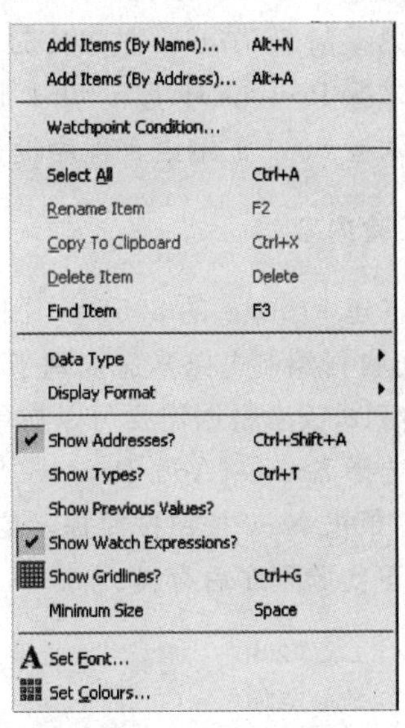

(b) Watch 窗口快捷菜单

图 12.13　Proteus 的 Watch Window 窗口

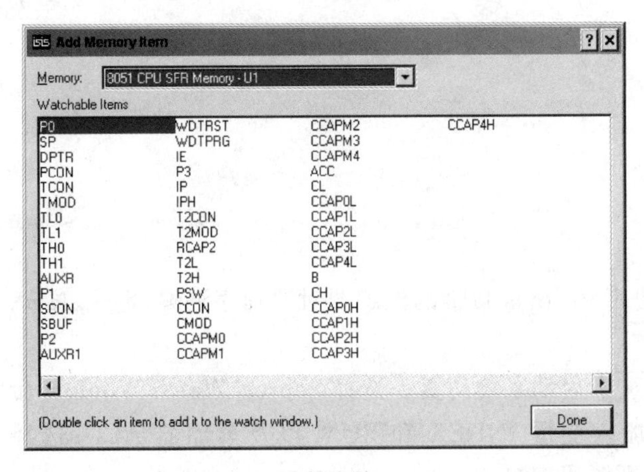

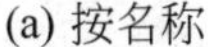
(a) 按名称

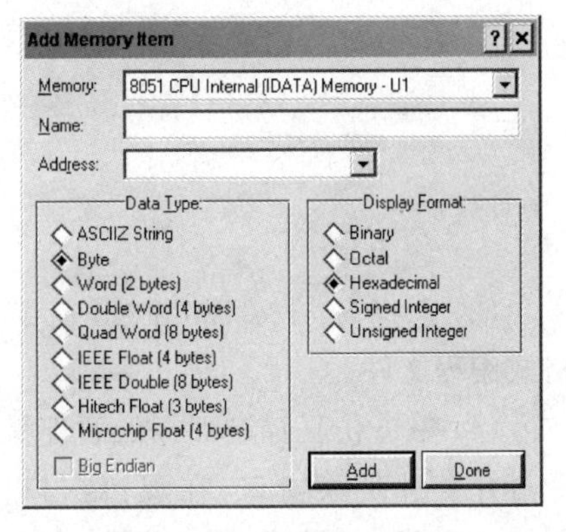

(b) 按地址

图 12.14　Watch Window 窗口的变量添加方式

12.2 实验指导

12.2.1 实验一 程序设计

1. 实验目的

(1) 熟悉 Proteus 软件的基本操作。

(2) 熟悉基于 Proteus 的 80C51 实验板的结构。

(3) 掌握 Proteus 环境下 8051 汇编程序的编辑、汇编及调试的方法。

(4) 掌握 8051 汇编语言程序设计的基本方法。

2. 实验内容

(1) 搭建 Proteus 的 8051 单片机环境，直接单击教材配套的 80C51 实验板设计电路（读者也可自行绘制电路），进入基于 Proteus 的 8051 实验平台。实验板默认的时钟频率为 11.0592MHz，读者根据需要可以在单片机属性对话框的时钟频率项中自行修改。

(2) 选择 Source|Add/Remove Source files 命令，弹出 Add/Remove Source Code Files 对话框后，单击 New 按钮按照提示信息建立一个汇编语言源文件，文件名自取，进入编辑窗口输入以下实验程序后存盘。

```
INDEX  EQU  20H
SUM    EQU  21H
       ORG  0000H
       AJMP START
       ORG  0100H
START: MOV  INDEX,#5
       MOV  A,#0
LOOP:  ADD  A,INDEX
       DJNZ INDEX,LOOP
       MOV  SUM,A
       SJMP START
       END
```

(3) 选择 Source|Build All 命令，使用 Proteus 自带的汇编器对源程序汇编，生成.HEX 格式编程文件。

(4) 单击仿真控制面板的暂停键 II ，启动系统仿真。选择 Source|Watch Window 命令打开变量观察窗口，在观察窗口中加入变量 INDEX 和 SUM 以及累加器 ACC；选择 Debug|8051 CPU|Source Code 命令打开源码窗口。

(5) 使用快捷键 F11，单步执行程序，观察 Watch 窗口中 ACC、INDEX、SUM 内容的变化情况。

(6) 在源码窗口最后一条指令 SJMP START 处设置断点，执行后观察 ACC、INDEX、SUM 内容的变化。

3. 程序设计

编写程序并在实验板上仿真调试。

(1) 将外部数据存储器 0001H 和 0002H 单元内容互换。

(2) 将外部数据存储器 010～01FH 单元内容移到 020～02FH 单元。

(3) 统计内部数据存储器从 30H 单元开始的 10 个字节中,正数、负数和零的个数,并分别置于 R4,R5,R6 中。

(4) 完成 8 位数除法,即 R2/R1＝R3…R4。

(5) 将外部数据存储器 0～05H 单元的 BCD 码转换为 ASCII 码放回原单元。

(6) 将外部数据存储器 0～05H 单元中的十六进制数转换成 ASCII 码放回原单元。

(7) 将 R0 中的二进制数转换成 BCD 码存于内部数据存储器的 22H～20H 单元。

(8) 完成两个 4 字节数的相加(即 32 位数),和存于内部数据存储器的 24H～20H 单元。

(9) 完成两个 4 字节数 BCD 码数的相加,和存于内部数据存储器的 24H～20H 单元。

12.2.2　实验二　并行接口

1. 实验目的

(1) 掌握 8051 单片机并行口的输入方式和输出方式的编程。

(2) 熟悉 8051 单片机并行口的 Proteus 仿真调试。

2. 实验内容

(1) 实验程序 A

实验仿真电路如图 12.6 所示,单片机的 P0 口接 8 位拨码开关,P1 口接 6 个数码管的位选,P2 口接 6 个数码管的段选。编辑以下程序并运行,观察执行现象。为显示的现象更为清晰一些,可以将单片机的属性编辑对话框中将时钟频率调至 1MHz,如图 12.15 所示。

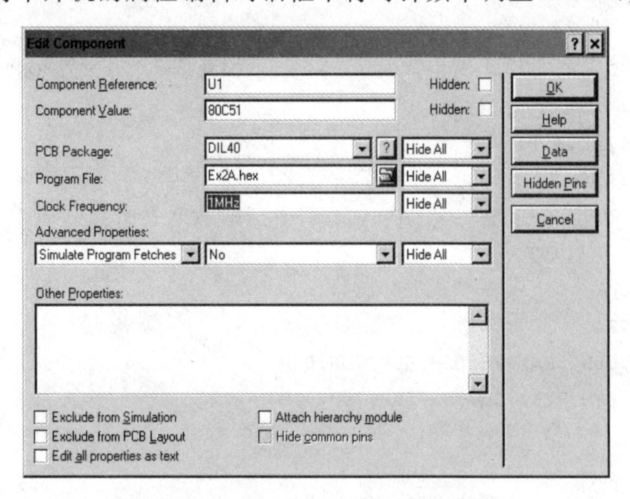

图 12.15　8051 单片机属性编辑对话框

```
        ORG  0000H
        AJMP START
        ORG  0100H
START:  MOV  P1,#01H
        MOV  A,#1
NEXT:   MOV  P1,A
        MOV  R3,#0
LOOP:   MOV  R4,#0
        DJNZ R4,$
        DJNZ R3,LOOP
        RL A
        SJMP NEXT
        END
```

自编程序：

① 使第三个数码管各段轮流亮。

② 使 6 个数码管共 42 段 LED 各段轮流亮。

(2) 实验程序 B

实验仿真电路如图 12.6 所示，将拨码开关的第几位置 ON，第一个数码管则显示几。程序如下：

```
        ORG  0000H
        AJMP START
        ORG  0100H
START:  MOV  DPTR,#TAB0
        MOV  P1,#01H
STA1:   SETB C
        MOV  R0,#1
ASP:    MOV  P0,#0FFH
        MOV  A,P0
ASP1:   RRC  A
        JNC  LED                              ;检测是哪个开关置"ON"
        INC  R0
        CJNE R0,#9,ASP1
        SJMP STA1
LED:    MOV  A,R0                             ;R0为开关号
        MOVC A,@A+DPTR
        MOV  P2,A
        SJMP STA1
TAB0:   DB 3FH,06H,5BH,4FH,66H,6DH,7DH,07H
        DB 7FH,6FH,77H,7CH,39H,5EH,79H,71H
        END
```

自编程序：

编写程序，完成拨 1 键置 ON，第一个数码管显示“1”，拨 2 键第二个数码管显示“2”，拨

3键第三个数码管显示“3”……

(3) 实验程序C

数码管跑马程序，实验仿真电路如图12.6所示，参考代码如下：

```
        ORG  0000H
        AJMP START
        ORG  0100H
START:  MOV  R0,#0                          ;R0存放字形表偏移量
WE:     MOV  A,#01H                         ;A置数码管位选代码
NEXT:   MOV  B,A                            ;保存位选代码
        MOV  P1,A
        MOV  DPTR,#TAB0                     ;DPTR置字形表头地址
        MOV  A,R0
        MOVC A,@A+DPTR                      ;查字形码表
        MOV  P2,A                           ;送P2口输出
        MOV  R3,#0                          ;延时
LOOP:   MOV  R4,#0
LOOP1:  NOP
        NOP
        DJNZ R4,LOOP1
        DJNZ R3,LOOP
        MOV  A,B
        RL A                                ;指向下一位
        CJNE A,#40H,NEXT                    ;6个数码管是否显示完
        INC  R0                             ;指向下一位字形
        CJNE R0,#10H,WE                     ;0~F是否显示完
        SJMP START
TAB0:   DB 3FH,06H,5BH,4FH,66H,6DH,7DH,07H
        DB 7FH,6FH,77H,7CH,39H,5EH,79H,71H
        END
```

自编程序：

编写程序，完成拨1键置ON，6个数码管轮流显示“1”，拨2键6个数码管轮流显示“2”，拨3键6个数码管轮流显示“3”……

3. 程序设计

编写程序并在实验板上仿真调试。

(1) 每两个数码管为一组交替点亮“8”。

(2) 对第四个数码管按照一段亮→二段亮→三段亮……→全部亮→灭一段→灭二段→灭三段→灭四段……→全部灭方式，如此反复进行。

(3) 测试第一个拨码开关K_1，当K_1开关向上拨到ON时，6个数码管同时实现“8”，当K_1开关向下拨时，6个数码管同时灭。

(4) 将开关K_1～K_6的置位情况显示在数码管上，开关置ON，对应数码管显示“0”；开关置OFF，对应数码管显示“1”。

(5) 将8位二进制开关 $K_1 \sim K_8$ 的置数以十六进制方式显示在两位数码管上，如 $K_1 \sim K_8$ 全部拨向下 OFF，第一个和第二个数码管则显示 FF。

12.2.3 实验三 中断实验

1. 实验目的

(1) 掌握 8051 单片机中断的产生及响应过程。
(2) 掌握 8051 单片机中断程序的编制。

2. 实验内容

实验电路如图 12.6 所示，将跳线 JP1 调至左边连接好 INT0。脉冲源向单片机的外部中断 $\overline{INT0}$。引脚提供中断所需的脉冲，每按两次开关 SW_2，电平变反一次，产生一个跳变沿，作为外部中断 $\overline{INT0}$ 的中断请求信号。

(1) 实验程序 A

```
        ORG  0000H
        AJMP START
        ORG  0003H                      ;中断服务
        RL A
        MOV  P2,A
        RETI
        ORG  0100H
START:  MOV  P1,#04H                    ;第三个数码管亮
        MOV  A,#01H
        MOV  P2,A
        SETB EA                         ;置 EA=1
        SETB EX0                        ;允许 INT0 中断
        SETB IT0                        ;边沿触发中断
        SJMP $
        END
```

① 分析该程序的功能及实验现象。

② 仿真运行该程序，观察执行的现象是否和估计一致。

注意：每按两次按钮，产生一次中断，LED 点亮有何变化，叙述程序的执行过程。

自编程序：

① 7 个发光二极管(即一个数码管的 7 段)同时点亮，中断一次，7 管同时熄灭，每中断一次，变反一次。

② 要求同①，每中断一次，变反四次。

(2) 实验程序 B

记录并显示 $\overline{INT0}$ 的中断次数(中断次数小于 16 次)，参考代码如下：

```
        ORG  0000H
        AJMP START
```

```
        ORG  0003H
        AJMP INT0R
        ORG  0100H
START:  MOV  IE,#81H                ;允许 INT0 中断,置 EA= 1
        SETB IT0                    ;边沿触发中断
        MOV  R0,#0                  ;计数初值为 0
LOOP:   MOV  P1,#01                 ;第一个数码管显示中断次数
        MOV  DPTR,#TAB0             ;字形码表首址送 DPTR
        MOV  A,R0
        MOVC A,@A+DPTR              ;查表
        MOV  P2,A                   ;显示
        SJMP LOOP                   ;结束
INT0R:  INC  R0                     ;中断次数加 1
        CJNE R0,#10H,RET0           ;中断是否满 15 次
        MOV  R0,#0                  ;循环
RET0:   RETI
TAB0:   DB 3FH,06H,5BH,4FH,66H,6DH,7DH,07H
        DB 7FH,6FH,77H,7CH,39H,5EH,79H,71H
        END
```

① 分析该程序的功能及实验现象。

② 仿真运行该程序,观察执行的现象是否和估计一致。

注意:每按两次按钮,产生一次中断,叙述程序的执行顺序。

3. 程序设计

(1) 使第六个数码管显示 H,每中断一次,H 左移一位。

(2) 利用实验板上的两位数码管,显示$\overline{\text{INT0}}$中断次数(次数不超过 FFH)。

(3) 利用实验板上的三位数码管,用 BCD 码显示$\overline{\text{INT0}}$中断次数(次数不超过 255)。

(4) 编程并运行,每中断一次,使置于 ON 的开关号显示在第一个数码管的相应段上。

12.2.4 实验四 定时/计数器

1. 实验目的

(1) 熟悉 8051 单片机定时/计数器的应用。

(2) 掌握 8051 单片机定时/计数器的编程方法。

2. 实验内容

实验电路如图 12.6 所示,将跳线 JP1 调至右边连接好 T0。脉冲源向单片机的计数器 T0 提供外部计数脉冲,每按两次开关 SW_2,产生一个计数脉冲。

(1) 实验程序 A

使用查询方式计数外部脉冲,计满两个脉冲,LED 显示段加 1,参考代码如下:

```
        ORG  0000H
```

```
        AJMP START
        ORG  0100H
START:  MOV  TMOD,#06H              ;计数方式 2
        MOV  TH0,#0FEH
        MOV  TL0,#0FEH              ;计两个脉冲
        SETB TR0
        MOV  P1,#3FH
        MOV  A,#0
COUN:   JNB  TF0,$                  ;等待计满两个脉冲
        CLR  TF0
        INC  A
        MOV  P2,A
        SJMP COUN
        END
```

修改上述程序使计 3 个脉冲 A 加 1，并将 A 值显示在数码管上。

(2) 实验程序 B

使用中断方式计数外部脉冲，计满两个脉冲中断一次，LED 显示段加 1，参考代码如下：

```
        ORG  0000H
        AJMP START
        ORG  000BH
        INC  A
        MOV  P2,A
        RETI
        ORG  0100H
START:  MOV  TMOD,#06H
        MOV  TH0,#0FEH
        MOV  TL0,#0FEH
        SETB EA
        SETB ET0
        SETB TR0
        MOV  A,#0
        MOV  P2,A
        SJMP $
        END
```

修改上述程序使计 3 个脉冲中断一次，A 加 1，并将 A 值显示在数码管上。

(3) 实验程序 C

实现一个简易电子琴。实验电路如图 12.6 所示，将跳线 JP3 拨至右边，使得 P2.7 脚的输出信号连通扬声器，Proteus 中的扬声器与声卡相连，打开连接声卡的音响后可以听到输出的声音。声音产生的基本原理是这样的：已知各音调的频率即知其周期，每过半个周期 P2.7 取反，送到 P2.7 接的扬声器后，即可从声卡输出该音调的声音，设计拨动按键 $K_1 \sim K_8$ 分别发出 $1 \sim \dot{1}$ 各音。各音调频率和要求的按键对应关系如表 12.3 所示。

表 12.3 实验板所用 Proteus 元器件设备清单

按键 Kn	1	2	3	4	5	6	7	8
音调	Do	Re	Mi	Fa	So	La	Xi	Dou
频率(Hz)	262	294	330	349	392	440	494	523
计数值(H)	F88C	F95C	FA15	FA68	FB05	FB90	FC0C	FC44

简易电子琴的参考代码如下：

```
        ORG  0000H
        AJMP START
        ORG  001BH
        AJMP TINT1
        ORG  0100H
START:  MOV  P1,#04H
        MOV  TMOD,#10H          ;写计时器控制字,T1 方式计时
        SETB EA                 ;开中断总开关
        SETB ET1                ;允许 T1 中断
        SETB TR1
ATEST:  SETB C
        MOV  R0,#0              ;R0 置按键号
        MOV  P0,#0FFH
DO:     MOV  A,P0               ;读按键
ROR:    RRC  A                  ;查哪键按下
        JNC  MUS
        INC  R0
        CJNE R0,#08,ROR
        SJMP ATEST
MUS:    MOV  A,R0
        MOV  DPTR,#LEDAB        ;显示键号
        MOVC A,@A+DPTR
        ANL  P2,#80H
        ORL  P2,A
        MOV  DPTR,#TAB          ;查音律表
        MOV  A,R0
        RL A
        PUSH ACC
        MOVC A,@A+DPTR
        MOV  TH1,A
        POP  ACC
        INC  A
        MOVC A,@A+DPTR
        MOV  TL1,A
        ACALL DAY
        SJMP ATEST
TINT1:  CPL  P2.7
```

```
        POP  DPH
        POP  DPL
        MOV  DPTR,#ATEST
        PUSH DPL
        POP  DPH
        RETI
DAY:    MOV  R2,#0F0H
DL2:    MOV  R3,#0F0H
DL1:    NOP
        NOP
        DJNZ R3,DL1
        DJNZ R2,DL2
        RET
TAB:    DW 0F88CH,0F95CH,0FA15H,0FA68H          ;音律表
        DW 0FB05H,0FB90H,0FC0CH,0FC44H
LEDAB:  DB 06H,5BH,4FH,66H,6DH,7DH,07H,06H     ;显示字符表
        END
```

3. 程序设计

(1) 利用 T_0 计数，使每计一个脉冲 P2.7 变反一次。

(2) 利用 T_0 定时，使数码管的“8”字每隔 100ms 依次往下亮一个。

(3) 利用 80C51 实验板做一个秒表。

(4) 设计电子时钟，并将小时、分、秒送数码管显示。（提示：定时器是每 100μs 中断一次，中断 10 000 次即为 1 秒，计满 60 秒为 1 分钟，计满 60 分钟为 1 小时，计满 24 小时后又从 0 开始。）

12.2.5 实验五 串行通信实验

1. 实验目的

(1) 掌握 8051 单片机串行通信的工作原理。

(2) 掌握 8051 单片机串行通信的编程方法。

2. 实验内容

实验电路如图 12.6 所示，将跳线 JP2 调至左边连接好 R1IN 和 T1OUT，使得单片机处于自发自收的电气连接状态。设置好合适的波特率和数据格式，串口虚拟终端可以监视单片机串口的输出内容。还须注意一点，由于串口虚拟终端接 MAX232 的输出，电平有个“反转”，因此应在串口虚拟终端的属性中设置好 Inverted 电平属性，如图 12.16 所示。

单机串口自发自收的参考程序如下：

```
        ORG  0000H
        AJMP START
        ORG  0100H
```

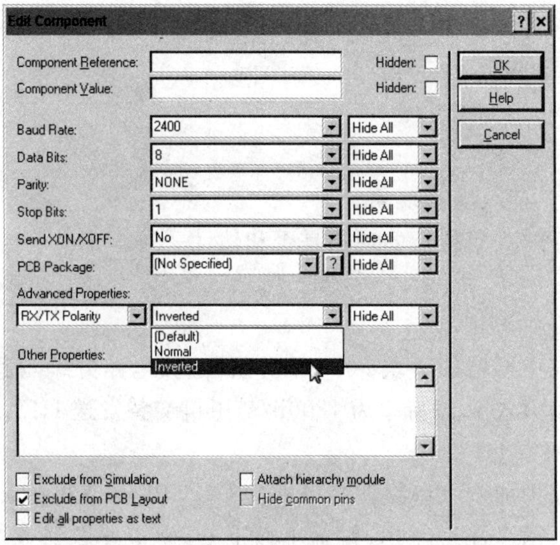

图 12.16　虚拟串口终端属性设置对话框

```
START:  MOV   TMOD,#20H
        MOV   TH1,#0F4H                 ;假定 fosc=11.0592MHz
        MOV   TL1,#0F4H                 ;设定波特率为 2400 波特
        SETB  TR1
        MOV   R0,#0
        MOV   SCON,#50H                 ;方式 1 发送,允许接收
ABC:    CLR   TI
        MOV   P1,#0FFH
        LCALL DAY1
        MOV   A,R0
        MOV   SBUF,A                    ;发送
        INC   R0
        CJNE  R0,#10H,RGIS
        MOV   R0,#0
RGIS:   JNB   RI,$
        CLR   RI
        MOV   A,SBUF                    ;接收
        MOV   DPTR,#LEDAB
        MOVC  A,@A+DPTR
        MOV   P2,A                      ;显示
        ACALL DAY1
        JNB   TI,$
        LJMP  ABC
DAY1:   MOV   R4,#04H
DA1:    MOV   R3,#0
NB:     MOV   R1,#0
NA:     DJNZ  R1,NA
        DJNZ  R3,NB
```

```
        DJNZ R4,DA1
        RET
LEDAB:  DB 3FH,06H,5BH,4FH,66H,6DH,7DH,07H
        DB 7FH,6FH,77H,7CH,39H,5EH,79H,71H
        END
```

① 分析该程序的功能及实验现象。

② 仿真运行该程序，观察执行的现象是否和估计一致。

3. 程序设计

(1) 在实验板电路中再增加一块 8051 单片机，连接电路并编写程序，实现单片机的串口双机通信：采用通信方式 1，波特率为 1200b/s，甲机交替发送 HELLO，乙机接收，并将接收到的数据显示在数码管上。

(2) 在实验板电路中加入串口物理接口模块 COMPIM，使得仿真单片机通过 PC 主机的串口与另一台 PC 通信：另一台 PC 键盘上按下 0～9 键发送到虚拟单片机中，并显示在虚拟实验板的数码管上，实验板拨码开关 K_1～K_8 的置数状态发送到另一台 PC 并在其屏幕上显示。另一台 PC 端的收发功能可以用超级终端等串口通信软件来实现，也可以自己编程来实现。

12.2.6 实验六　串行 EEPROM 实验（选做）

1. 实验目的

(1) 熟悉 I^2C 接口协议的工作原理。

(2) 掌握 8051 单片机扩展串行 EEPROM 的方法。

(3) 掌握 8051 单片机 I^2C 串行接口的编程。

2. 实验内容

实验的整体电路如图 12.6 所示。串行 EEPROM 接口的局部电路如图 12.17 所示，24C04 的 SCL 和 SDA 通过上拉电阻分别接至单片机的 $P_{3.3}$ 脚和 $P_{1.6}$ 脚，单片机通过普通 I/O 口模拟 I^2C 接口的时序来完成对 EEPROM 24C04 的读写控制。

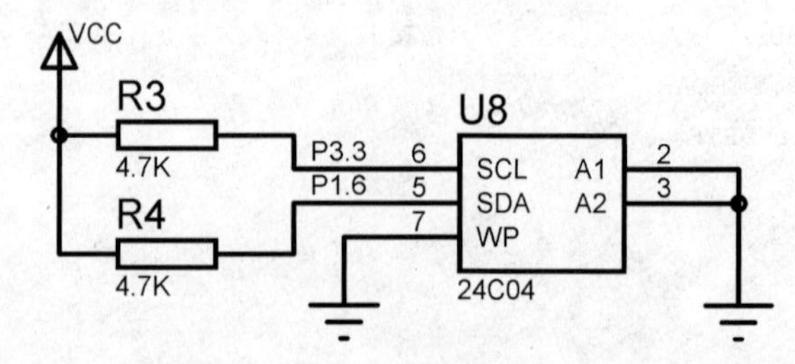

图 12.17　串行 EEPROM 实验接口局部电路图（出自 Proteus 软件）

编写程序，实现将字符写入 EEPROM，然后从相应单元读出并显示的数码管上。程序可参照第 9.2.3 节编写。

12.2.7　实验七　串行D/A实验(选做)

1. 实验目的

(1) 熟悉SPI接口协议。
(2) 掌握TLC5615的工作原理。
(3) 掌握单片机扩展串行DAC的方法。
(4) 掌握SPI串行接口的DAC器件的编程方法。

2. 实验内容

TLC5615是一个串行10位DAC芯片,只需要通过3根串行总线就可以完成10位数据的串行传送,易于和工业标准的微处理器或微控制器(单片机)接口,适用于电池供电的测试仪表、移动电话,也适用于数字失调与增益调整以及工业控制场合。

实验的整体电路如图12.6所示。串行接口DAC芯片TLC5615的局部电路如图12.18所示,TLC5615的片选端$\overline{CS}$接至单片机的$P_{3.6}$脚,时钟端SCLK接至单片机的$P_{3.5}$脚,串行数据输入端DIN接至单片机的$P_{1.7}$脚。单片机通过普通I/O口模拟SPI接口的时序来完成对TLC5615的写控制。

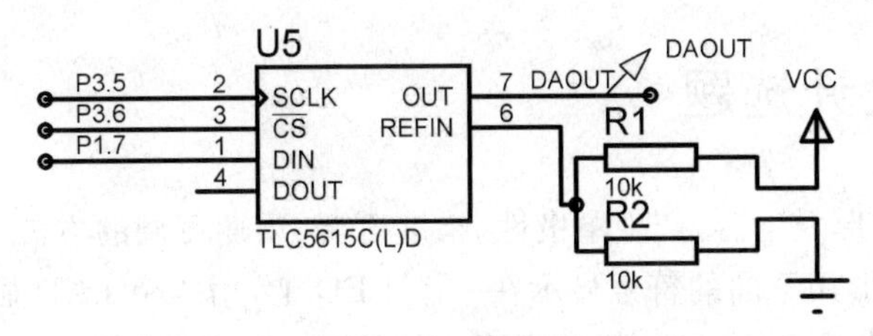

图12.18　串行10位D/A TLC5615实验接口局部电路图(出自Proteus软件)

读者自行编写程序,控制TLC5615,使其产生锯齿波、矩形波、三角波、正弦波等常见信号波形。在Proteus中仿真调试,并通过虚拟数字示波器去观察输出波形。为提高输出波形质量,在输出端接一合适的低通滤波器,请读者自行设计、调试,并对比输出波形。

12.2.8　实验八　串行A/D实验(选做)

1. 实验目的

(1) 掌握TLC549的工作原理。
(2) 掌握单片机扩展串行ADC的方法。
(3) 掌握SPI串行接口的ADC器件的编程方法。

2. 实验内容

TLC549是美国德州仪器公司生产的8位串行ADC芯片,可与通用微处理器、控制器通过SCLK、$\overline{CS}$、SDO三线进行串行接口。它具有4MHz片内系统时钟和软、硬件控制电路,转换时间最长17μs,所允许的最高转换速率为每秒40 000。

实验的整体电路如图 12.6 所示。串行接口 ADC 芯片 TLC549 的局部电路如图 12.19 所示，TLC549 的片选端$\overline{CS}$接至单片机的 $P_{3.7}$脚，时钟端 SCLK 接至单片机的 $P_{3.5}$脚，串行数据输出端 SDO 接至单片机的 $P_{1.7}$脚。单片机通过普通 I/O 口模拟 SPI 接口的时序来完成对 TLC549 的读控制。

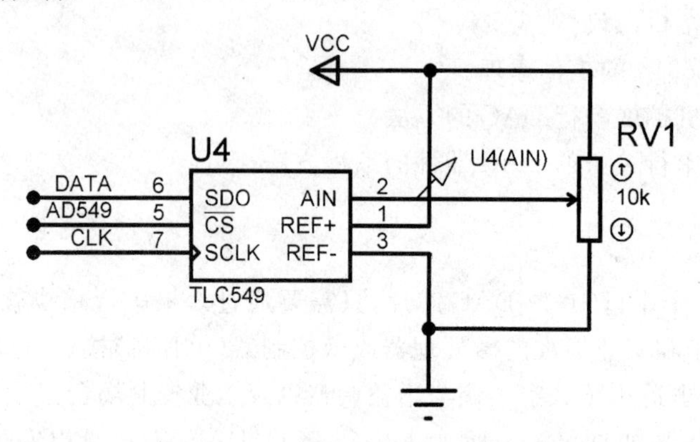

图 12.19　串行 8 位 A/D TLC549 实验接口局部电路图(出自 Proteus 软件)

读者自行编写程序在 Proteus 中调试运行，控制 TLC549，使其采样并转换模拟输入的直流电压，并将电压对应的数字量显示在数码管上。

12.3　课程设计选题

(1) 制作一个波形发生器，产生单极性、幅度可调、周期可调的方波、锯齿波、三角波、正弦波信号，不同的波形用不同的符号显示在一个 LED 上，用 4 个 LED 显示幅值和频率。

(2) 题目同上，要求幅值可调、频率可调(可以跳跃式分级调节)。

(3) 设计一个电子数字钟，使其：①具有交替显示年、月、日(有闰年和平年之分)和显示时、分、秒的功能；②具备时间校准功能；③具备设定闹钟和定时闹钟响功能。

(4) 设计一个电子数字钟，除了具备上述功能外，还具有准点报时、生日提醒等功能。

(5) 设计一个音乐盒，拨动实验板上不同键，奏出不同的乐曲。

(6) 用串行 A/D 芯片采集波形，在 LED 上显示采样的瞬时值、平均值、峰值(用拨键选择显示方式)。

(7) 将采样的数据串行传送到 PC，在 PC 屏幕上显示瞬时值、平均值、峰值。

(8) 题目同上，要求在 PC 屏幕上显示波形，要求有坐标和刻度。

(9) 充分利用实验板上的资源，完成波形发生、采集，传送到 PC，并在 PC 屏幕显示波形信号。

(10) 制作一个 I^2C 编程器，将磁盘上的数据写入 24C04，并在数码管上用不同的字母表示正在进行的读、写、校验过程，如果校验无误，数码管显示 good 字样。

(11) 制作一个 5 人抢答器，无人抢答时，5 只灯循环亮，谁先按下，那一个相对应的灯亮起，同时扬声器发声。

(12) 自己创新选题，在充分利用板上资源的基础上，扩展一部分硬件，构成一个综合应用系统。

附录A MCS-51指令表

MCS-51 指令系统所用符号和含义如表 A.1 所示。

表 A.1　MCS-51 指令系统的符号和含义

符号	含　义
addr11	11 位地址
addr16	16 位地址
bit	位地址
rel	相对偏移量，为 8 位符号数（补码形式）
direct	直接地址单元（RAM、SFR、I/O）
#data	立即数
Rn	工作寄存器
A	累加器
Ri	i=0、1，指数据指针 R_0 或 R_1
X	片内 RAM 中的直接地址或寄存器
@	间接寻址方式中，表示间址寄存器的符号
(X)	在直接寻址方式中，表示直接地址 X 中的内容；在间接寻址方式中，表示间址寄存器 X 指出的地址单元中的内容
→	数据传送方向
∧	逻辑与
∨	逻辑或
⊕	逻辑异或
√	对标志产生影响
×	不影响标志

MCS-51 指令表如表 A.2 所示。

表 A.2　MCS-51 指令表

十六进制代码	助记符	功　能	对标志影响				字节数	周期数
			P	OV	AC	C_Y		
		算术运算指令						
28～2F	ADD A, Rn	A+Rn→A	√	√	√	√	1	1
25 direct	ADD A, direct	A+(direct)→A	√	√	√	√	2	1
26　27	ADD A, @Ri	A+(Ri)→A	√	√	√	√	1	1
24 data	ADD A, #data	A+data→A	√	√	√	√	2	1

续表

十六进制代码	助记符	功　能	对标志影响				字节数	周期数
			P	OV	AC	C_Y		
38～3F	ADDC A,Rn	A＋Rn＋C_Y→A A＋(direct)＋	√	√	√	√	1	1
35 direct	ADDC A,direct	C_Y→A	√	√	√	√	2	1
36　37	ADDC A,@Ri	A＋(Ri)＋C_Y→A	√	√	√	√	1	1
34 data	ADDC A,＃data	A＋data＋C_Y→A	√	√	√	√	2	1
98～9F	SUBB A,Rn	A－Rn－C_Y→A	√	√	√	√	1	1
95 direct	SUBB A,direct	A－(direct)－C_Y→A	√	√	√	√	2	1
96　97	SUBB A,@Ri	A－(Ri)－C_Y→A	√	√	√	√	1	1
94 data	SUBB A,＃data	A－data－C_Y→A	√	√	√	√	2	1
04	INC A	A＋1→A	√	×	×	×	1	1
08～0F	INC Rn	Rn＋1→Rn	×	×	×	×	1	1
05 direct	INC direct	(direct)＋1→(direct)	×	×	×	×	2	1
06　07	INC @Ri	(Ri)＋1→(Ri)	×	×	×	×	1	1
A3	INC DPTR	DPTR＋1→DPTR	×	×	×	×	1	2
14	DEC A	A－1→A	√	×	×	×	1	1
18～1F	DEC Rn	Rn－1→Rn	×	×	×	×	1	1
15 direct	DEC direct	(direct)－1→(direct)	×	×	×	×	2	1
16　17	DEC Ri	(Ri)－1→(Ri)	×	×	×	×	1	1
A4	MUL AB	A・B→BA	√	√	×	0	1	4
84	DIV AB	A/B→A…B	√	√	×	0	1	4
D4	DA A	对 A 进行十进制调整	√	√	√	√	1	1
		逻辑运算指令						
58～5F	ANL A,Rn	A∧Rn→A	√	×	×	×	1	1
55 direct	ANL A,direct	A∧(direct)→A	√	×	×	×	2	1
56　57	ANL A,@Ri	A∧(Ri)→A	√	×	×	×	1	1
54 data	ANL A,＃data	A∧data→A	√	×	×	×	2	1
52 direct	ANL direct,A	(direct)∧A→(direct)	×	×	×	×	2	1
53 direct data	ANL direct,＃data	(direct)∧data→(direct)	×	×	×	×	3	2
48～4F	ORL A,Rn	A∨Rn→A	√	×	×	×	1	1
45 direct	ORL A,direct	A∨(direct)→A	√	×	×	×	2	1
46　47	ORL A,@Ri	A∨(Ri)→A	√	×	×	×	1	1
44 data	ORL A,＃data	A∨data→A	√	×	×	×	2	1
42 direct	ORL direct,A	(direct)∨A→(direct)	×	×	×	×	2	1
43 direct data	ORL direct,＃data	(direct)∨data→(direct)	×	×	×	×	3	2
68～6F	XRL A,Rn	A⊕Rn→A	√	×	×	×	1	1
65 direct	XRL A,direct	A⊕(direct)→A	√	×	×	×	2	1
66　67	XRL A,@Ri	A⊕(Ri)→A	√	×	×	×	1	1
64 data	XRL A,＃data	A⊕data→A	√	×	×	×	2	1
62 direct	XRL direct,A	(direct)⊕A→(direct)	×	×	×	×	2	1
63 direct data	XRL direct,＃data	(direct)⊕data→(direct)	×	×	×	×	3	2
E4	CLR A	0→A	√	×	×	×	1	1
F4	CPL A	$\overline{A}$→A	×	×	×	×	1	1
23	RL A	A 循环左移一位	×	×	×	×	1	1
33	RLC A	A 带进位循环左移一位	√	×	×	×	1	1
03	RR A	A 循环右移一位	×	×	×	×	1	1
13	RRC A	A 带进位循环右移一位	√	×	×	×	1	1
C4	SWAP A	A 半字节交换	×	×	×	×	1	1

续表

十六进制代码	助记符	功　能	对标志影响				字节数	周期数
			P	OV	AC	C_Y		
数据传送指令								
E8～EF	MOV A,Rn	Rn→A	√	×	×	×	1	1
E5 direct	MOV A,direct	(direct)→A	√	×	×	×	2	1
E6　E7	MOV A,@Rn	(Ri)→A	√	×	×	×	1	1
74 data	MOV A,#data	data→A	√	×	×	×	2	1
F8～FF	MOV Rn,A	A→Rn	×	×	×	×	1	1
A8～AF direct	MOV Rn,direct	(direct)→Rn	×	×	×	×	2	2
78～7F data	MOV Rn,#data	data→Rn	×	×	×	×	2	1
F5 direct	MOV direct,A	A→(direct)	×	×	×	×	2	1
88～8F direct	MOV direct,Rn	Rn→(direct)	×	×	×	×	2	2
85 direct2 direct1	MOV direct1,direct2	(direct2)→(direct1)	×	×	×	×	3	2
86　87 direct	MOV direct,@Ri	(Ri)→(direct)	×	×	×	×	2	2
75 direct data	MOV direct,#data	data→(direct)	×	×	×	×	3	2
F6　F7	MOV @Ri,A	A→(Ri)	×	×	×	×	1	1
A6,A7 direct	MOV @Ri,direct	(direct)→(Ri)	×	×	×	×	2	2
76　77 data	MOV @Ri,#data	data→(Ri)	×	×	×	×	2	1
90 data 16	MOV DPTR,#data16	data16→DPTR	×	×	×	×	3	2
93	MOVC A,@A+DPTR	(A+DPTR)→A	√	×	×	×	1	2
83	MOVC A,@A+PC	PC+1→PC,(A+PC)→A	√	×	×	×	1	2
E2　E3	MOVX A,@Ri	(Ri)→A	√	×	×	×	1	2
E0	MOVX A,@DPTR	(DPTR)→A	√	×	×	×	1	2
F2　F3	MOVX @Ri,A	A→(Ri)	×	×	×	×	1	2
F0	MOVX @DPTR,A	A→(DPTR)	×	×	×	×	1	2
C0 direct	PUSH direct	SP+1→SP,(direct)→(SP)	×	×	×	×	2	2
D0 direct	POP direct	(SP)→(direct),SP−1→SP	×	×	×	×	2	2
C8～CF	XCH A,Rn	A←→Rn	√	×	×	×	1	1
C5 direct	XCH A,direct	A←→(direct)	√	×	×	×	2	1
C6　C7	XCH A,@Ri	A←→(Ri)	√	×	×	×	1	1
D6　D7	XCHD A,@Ri	$A_{0\sim3}$←→$(Ri)_{0\sim3}$	√	×	×	×	1	1
位操作指令								
C3	CLR C	0→C_Y	×	×	×	√	1	1
C2 bit	CLR bit	0→bit	×	×	×		2	1
D3	SETB C	1→C_Y	×	×	×	√	1	1
D2 bit	SETB bit	1→bit	×	×	×		2	1
B3	CPL C	$\overline{C_Y}$→C_Y	×	×	×	√	1	1
B2 bit	CPL bit	$\overline{bit}$→bit	×	×	×		2	1
82 bit	ANL C,bit	$C_Y \wedge$ bit→C_Y	×	×	×	√	2	2
B0 bit	ANL C,/bit	$C_Y \wedge \overline{bit}$→$C_Y$	×	×	×	√	2	2
72 bit	ORL C,bit	$C_Y \vee$ bit→C_Y	×	×	×	√	2	2
A0 bit	ORL C,/bit	$C_Y \vee \overline{bit}$→C_Y	×	×	×	√	2	2
A2 bit	MOV C,bit	bit→C_Y	×	×	×	√	2	1
92 bit	MOV bit,C	C_Y→bit	×	×	×	×	2	2

续表

十六进制代码	助记符	功 能	对标志影响				字节数	周期数
			P	OV	AC	C_Y		
		控制转移指令						
*1	ACALL addr11	PC+2→PC，SP+1→SP PC_L→(SP)，SP+1→SP PC_H→(SP)，addr11→$PC_{10\sim0}$	×	×	×	×	2	2
12 addr 16	LCALL addr16	PC+3→PC，SP+1→SP PC_L→(SP)，SP+1→SP PC_H→(SP)，addr16→PC	×	×	×	×	3	2
22	RET	(SP)→PC_H，SP－1→SP (SP)→PC_L SP－1→SP，从子程序返回	×	×	×	×	1	2
32	RETI	(SP)→PC_H，SP－1→SP (SP)→PC_L，SP－1→SP 从中断返回	×	×	×	×	1	2
*2	AJMP addr11	PC+2→PC，addr11→$PC_{10\sim0}$	×	×	×	×	2	2
02 addr 16	LJMP addr16	addr16→PC	×	×	×	×	3	2
80 rel	SJMP rel	PC+2→PC，PC+rel→PC	×	×	×	×	2	2
73	JMP @A+DPTR	A+DPTR→PC	×	×	×	×	1	2
60 rel	JZ rel	PC+2→PC，若 A=0，PC+rel→PC	×	×	×	×	2	2
70 rel	NJZ rel	PC+2→PC，若 A≠0，PC+rel→PC	×	×	×	×	2	2
40 rel	JC rel	PC+2→PC，若 C_Y=1，则 PC+rel→PC	×	×	×	×	2	2
50 rel	NJC rel	PC+2→PC，若 C_Y=0，则 PC+rel→PC	×	×	×	×	2	2
20 bit rel	JB bit，rel	PC+3→PC，若 bit=1，则 PC+rel→PC	×	×	×	×	3	2
30bit rel	JNB bit，rel	PC+3→PC，若 bit=0，则 PC+rel→PC	×	×	×	×	3	2
10 bit rel	JBC bit，rel	PC+3→PC，若 bit=1，则 0→bit，PC+rel→PC						
B5 direct rel	CJNE A，direct，rel	PC+3→PC，若 A≠(direct)， 则 PC+rel→PC；若 A<(direct)，则 1→C_Y	×	×	×	√	3	2
B4 data rel	CJNE A，#data，rel	PC+3→PC，若 A≠data，则 PC+rel→PC；若 A<data，则 1→C_Y	×	×	×	√	3	2
B8～BF data rel	CJNE Rn，#data，rel	PC+3→PC，若 Rn≠data，则 PC+rel→PC；若 Rn<data，则 1→C_Y	×	×	×	√	3	2

续表

十六进制代码	助记符	功　能	对标志影响				字节数	周期数
			P	OV	AC	C_Y		
B6～B7 data rel	CJNE　@　Ri，＃data,rel	PC＋3→PC,若 Ri≠data,则 PC＋rel→PC 若 Ri＜data,则 1→cy	×	×	×	√	3	2
D8～DF rel	DJNZ Rn,rel	Rn－1→Rn,PC＋2→PC,若 Rn≠0,则 PC＋rel→PC	×	×	×	×	2	2
D5 direct rel	DJNZ direct,rel	PC＋2→PC,(direct)－1→(direct)	×	×	×	×	3	2
00	NOP	空操作	×	×	×	×	1	1

注：＊1 机器码 $a_{10}a_9a_8 10001 a_7a_6a_5a_4a_3a_2a_1a_0$，其中 $a_{10}a_9a_8 \cdots a_2a_1a_0$ 是 $addr_{11}$ 的各位。

＊2 机器码 $a_{10}a_9a_8 00001 a_7a_6a_5a_4a_3a_2a_1a_0$。

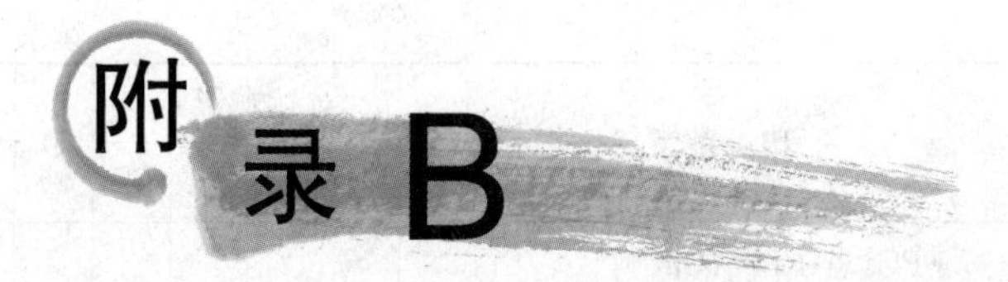

附录B 部分习题答案

第0章 计算机的基础知识

1. 40H,62H,50H,64H,7DH ,FFH。

2. 812 ,104, 213, 256, 2936, 941。

3.

十进制数	原码	补码	十进制数	原码	补码
28	1CH	1CH	250	FAH	FAH
−28	9CH	E4H	−347	815BH	FEA5H
100	64H	64H	928	03A0H	03A0H
−130	8082H	FF7EH	−928	83A0H	FC60H

4. 机器数真值分别为：27,−105,−128,−8,14717,31467,−27824,−12478。

5. (1) 33H+5AH=8DH, OV=1, CY=0。

   (2) −29H−5DH=7AH, OV=0, CY=1。

   (3) 65H−3EH=27H, OV=0, CY=1。

   (4) 4CH−68H=E4H, OV=0, CY=0。

6.

十进制数	压缩 BCD 数	非压缩 BCD 数	ASCII 码
38	38H	0308H	3338H
255	255H	020505H	323535H
483	483H	040803H	343833H
764	764H	070604H	373634H
1000	1000H	01000000H	31303030H
1025	1025H	01000205H	31303235H

7. ASCII 码表示的十六进制数分别为：105H, 7CAH, 2000H,8A50H。

第1章 MCS-51单片机结构

1. 单片微型计算机(即单片机)是包含CPU、存储器和I/O接口的大规模集成芯片,即它本身包含了除外部设备以外构成微机系统的各个部分,只需接外设即可构成独立的微机应用系统。微机处理器仅为CPU,CPU是构不成独立微机系统的。

2. 参见第1.1.1节。

3. 参见绪表0.1和绪表0.2。

4. 参见表1.4。

5. 参见表1.1和表1.2。

6. 当PSW=10H时,表明选中的为第二组通用寄器。R0~R7的地址为10H~17H。

7. 程序存储器和数据存储器尽管地址相同,但在数据操作时,所使用的指令不同,选通信号也不同,因此不会发生错误。

8. 内部数据、程序、外部数据、程序。

9. 振荡周期=0.1667μs,机器周期=2μs,指令周期=2~8μs。

10. A=0,PSW=0,SP=07,P_0~P_3=FFH。

第2章 51系列单片机的指令系统

1. 参见第2.1节。

2. 因为A累加器自带零标志,因此若判断某内部RAM单元的内容是否为零,必须将其内容送到A,JZ指令即可进行判断。

3. 当A=0时,两条指令的地址虽然相同,但操作码不同,MOVC是寻址程序存储器,MOVX是寻址外部数据存储器,送入A的是两个不同存储空间的内容。

4.

目的操作数	源操作数	目的操作数	源操作数
寄存器	直接	寄存器间址	直接
SP间接寻址	直接	寄存器	变址
直接	直接	寄存器间址	寄存器
直接	立即		

5. Cy=1, OV=0, A=94H。

6.

```
MOV @R1, #80H      (√)   |   MOV R7, @R1       (×)
MOV 20H, @R0       (√)   |   MOV R1, #0100H    (×)
CPL R4             (×)   |   SETB R7.0         (×)
MOV 20H, 21H       (√)   |   ORL A, R5         (√)
ANL R1, #0FH       (×)   |   XRL P1, #31H      (√)
MOVX A, 2000H      (×)   |   MOV 20H, @DPTR    (×)
```

MOV A, DPTR	(×)	MOV R1, R7	(×)
PUSH DPTR	(×)	POP 30H	(√)
MOVC A, @R1	(×)	MOVC A, @DPTR	(×)
MOVX @DPTR, #50H	(×)	RLC B	(×)
ADDC A, C	(×)	MOVC @R1, A	(×)

7. A=25H,(50H)=0,(51H)=25H,(52H)=70H。

8.

```
PUSH 30H   ;SP=(SP= (61H)), (SP)=((SP)=(24H))
PUSH 31H   ;SP=(SP= (62H)), (SP)=((SP)=(10H))
POP DPL    ;SP=(SP= (61H)), DPL=(DPL=(10H))
POP DPH    ;SP=(SP= (60H)), DPH=(DPH=(24H))
MOV A, #00H
MOVX @DPTR, A
```

执行结果将0送外部数据存储器的2410单元

9. 程序运行后内部RAM(20H)=B4H,A=90H。

10. 机器码　　源程序

```
7401          LA: MOV A,#01H
F590          LB: MOV P1,A
23                RL A
B40AFA            CJNE,#10,LB
80F6              SJMP LA
```

11.

```
ANL A,#0FH
SWAP A
ANL P1,#0FH
ORL P1,A
SJMP $
```

12.

```
MOV A,R0
XCH A,R1
MOV R0,A
SJMP $
```

13. (1) 利用乘法指令

```
MOV B,#04H
MUL AB
SJMP $
```

(2) 利用位移指令

```
RL A                    MOV B,A
```

```
RL A                MOV A,20H
MOV 20H,A           ANL A,#0FCH
ANL A,#03H          SJMP $
```

(3) 利用加法指令

```
ADD A,ACC
MOV R0,A                ;R0=2A
MOV A,#0
ADDC A,#0
MOV B,A                 ;B存2A的进位
MOV A,R0
ADD A,ACC
MOV R1,A                ;R1=4A
MOV A,B
ADDC A,B                ;进位×2
MOV B,A                 ;存积高位
MOV A,R1                ;存积低位
SJMP $
```

14.

```
XRL 40H,#3CH
SJMP $
```

15.

```
MOV A,20H
ADD A,21H
DA  A
MOV 22H,A               ;存和低字节
MOV A,#0
ADDC A,#0
MOV 23H,A               ;存进位
SJMP$
```

16.

```
    MOV A,R0
    JZ ZE
    MOV R1,#0FFH
    SJMP $
ZE: MOV R1,#0
    SJMP $
```

17.

```
MOV A,50H
MOV B,51H
MUL AB
```

```
MOV 53H,B
MOV 52H,A
SJMP $
```

18.

```
     MOV R7,#0AH
WOP: XRL P1,#03H
     DJNZ R7,WOP
     SJMP $
```

19. 单片机的移位指令只对 A,且只有循环移位指令,为了使本单元的最高位移进下一单元的最低位,必须用大循环移位指令移位 4 次。

```
ORG  0
CLR  C
MOV  A,20H
RLC  A
MOV  20H,A
MOV  A,21H
RLC  A
MOV  21H,A
MOV A,22H
RLC A
MOV 22H,A
MOV A,#0
RLC A
MOV 23H,A
SJMP $
```

第 3 章　MSC-51 单片机汇编语言程序设计

1. 因为是多个单元操作,为方便修改地址使用间址操作。片外地址用 DPTR 指示,只能用 MOVX 指令取数到 A,片内地址用 R0 或 R1 指示,只能用 MOV 指令操作,因此循环操作外部数据存储器→A→内部数据存储器。

```
      ORG  0000H
      MOV  DPTR,#1000H
      MOV  R0,#20H
LOOP: MOVX A,@DPTR
      MOV  @R0,A
      INC  DPTR
      INC  R0
      CJNE R0,#71H,LOOP
      SJMP $
```

2. 要注意两高字节相加应加低字节相加时产生的进位,同时要考虑最高位的进位。

```
ORG  0
MOV  A,R0
ADD  A,R6
MOV  50H,A
MOV  A,R7
ADDC A,R1
MOV  51H,A
MOV  A,#0
ADDC A,ACC
MOV  52H,A
SJMP $
```

3. A中放小于14H(20)的数,平方表的一个数据占两个字节,可用BCD码或二进制数存放。(如A中放的是BCD码,则要先转换成二进制数再查表。)

```
      ORG  0
      MOV  DPTR,#TAB
      ADD  A,ACC                         ;A*2
      PUSH ACC
      MOVC A,@A+DPTR
      MOV  R7,A
      POP  ACC
      INC  A
      MOVC A,@A+DPTR
      MOV  R6,A
      SJMP $
TAB:  DB 00,00,00,01,00,04, 00,09,00,16H,…
      DB … 04H,00
```

4. 先用异或指令判两数是否同号,在同号中判大小,异号中正数为大。

```
      ORG  0
      MOV  A,20H
      XRL  A,21H
      ANL  A,#80H
      JZ CMP
      JB 20H.7,BG
AG:   MOV  22H,20H
      SJMP $
BG:   MOV  22H,21H
      SJMP $
CMP:  MOV  A,20H
      CJNE A,21H,GR
GR:   JNC  AG
      MOV  22H,21H
      SJMP $
```

5. $f_{osc}=6MHz$

```
                                机器周期数
DELAY: MOV R1,#0F8H               1
LOOP:  MOV R3,#0FAH               1
       DJNZ R3,$                  2
       DJNZ R1,LOOP               2
       RET                        2
```

$$(1+(1+2*0xFA+2)*0xF8+2)*12/6MHz$$
$$=(1+(1+2*250+2)*248+2)*2us$$
$$=249.494ms$$

6. 将待转换的数分离出高半字节并移到低 4 位 加 30H；再将待转换的数分离出低半字节加 30H，安排好源地址和转换后数的地址指针，置好循环次数。

```
      ORG 0000H
      MOV R7,#05H
      MOV R0,#20H
      MOV R1,#25H
NET:  MOV A,@R0
      ANL A,#0F0H
      SWAP A
      ADD A,#30H
      MOV @R1,A
      INC R1
      MOV A,@R0
      ANL A, #0FH
      ADD A,#30H
      MOV @R1,A
      INC R0
      INC R1
      DJNZ R7,NE
      SJMP $
      END
```

7. 片内 RAM 间址寄存器只能有 R0 和 R1 两个，而正数、负数和零共需 3 个寄存器指示地址，这时可用堆栈指针指示第三个地址，POP 和 PUSH 在指令可自动修改地址。R0 指正数存放地址和 R1 指负数存放地址 ，SP 指源数据存放的末地址，POP 指令取源数据，每取一个数地址减 1。

```
      ORG 0000H
      MOV R7,#10H
      MOV A,#0
      MOV R4,A
      MOV R5,A
      MOV R6,A
      MOV R0,#40H
      MOV R1,#50H
      MOV SP,#3FH
NEXT: POP ACC
      JZ ZER0
      JB ACC.7,NE
      INC R4
      MOV @R0,A
      INC R0
      AJMP DJ
NE:   INC R5
      MOV @R1,A
      INC R1
      AJMPDJ
ZER0: INC R6
DJ:   DJNZ R7,NEXT
      SJMP $
      END
```

8. 可直接用 P 标志判断(JB P ,ret)。

```
      ORG 0000H
      MOV A,40H
      JB P,EN                  ;奇数个 1 转移
      ORL A,#80H               ;偶数个 1 最高位加"1"
EN:   SJMP $
```

9. 取补不同于求补码，求补码应对正、负数分别处理，而取补不分正、负数，因正、负数均有相对于模的补数。可用取反加 1 求补，也可用模(00H)减该数的方法求补。

```
      ORG 0000H
      MOV R7,#03H
      MOV R0,#DAT A
AB:   INC R0
      MOV A,@R0
```

```
MOV A,@R0          CPL A
CPL A              ADDC A,#0
ADD A,#01          DJNZ R7,AB
MOV @R0,A          SJMP $
```

10. 16个单字节累加应用ADD指令而不能用ADDC指令。和的低位存A，当和超过一个字节，和的高字节存于B，并要加进低位相加时产生的进位。16个单字节加完后，采用右移4次进行除十六求平均值的运算。商在BUF2单元，余数在BUF2-1单元。

```
      ORG 0000H
      MOV R7,#0FH
      MOV R0,#BUF1
      MOV B,#0
      MOV A,@R0
      MOV R2,A
NEXT: MOV A,R2
      INC R0
      ADD A,@R0
      MOV R2,A
      MOV A,B
      ADDC A,#0
      MOV B,A
      DJNZ R7,NEXT
      ;以上完成求和
      MOV R6,#04H
      MOV BUF2,A
      MOV BUF2-1,#0
NEX:  CLR C
      MOV A,B
      RRC A
      MOV B,A
      MOV A,BUF2
      RRC A
      MOV BUF2,A
      MOV A,BUF2-1
      RRC A
      MOV BUF2-1,A
      DJNZ R6,NEX
      SJMP $
      ;以上完成除十六运算
```

11. 将20H单元的内容分解为高4位和低4位，根据是否大于9分别作加37H和30H处理。

```
        ORG 0000H
        MOV A,20H
        ANL A,#0F0H
        SWAP A
        ACALL ASCII
        MOV 22H,A
        MOV A,20H
        ANL A,#0FH
        ACALL ASCII
        MOV 21H,A
        SJMP  $
ASCII:  CJNE  A,#0AH,NE
NE:     JC A30
        ADD A,#37H
        RET
A30:    ADD A,30H
        RET
```

12. 要注意，位的逻辑运算其中一个操作数必须在C。

```
ORG  0000H
MOV  C,20H
ANL  C,2FH
CPL  C
ORL  C,/2FH
CPL  C
ANL  C,53H
MOV  P1.0,C
SJMP  $
END
```

13.

```
ORG  0000H
MOV  C,ACC.3
ANL  C,P1.4
ANL  C,/ACC.5
MOV  20H,C
MOV  C,B.4
CPL  C
ANL  C,/P1.5
ORL  C,20H
MOV  P1.2,C
SJMP $
END
```

14. 设一字节乘数存放在 R1，3 字节的被乘数存放在 data 开始的内部 RAM 单元，且低字节存放在低位地址单元，R0 作为被乘数和积的地址指针，用 MUL 指令完成一字节乘一字节，每一次部分积的低位加上一次部分积的高位，其和的进位加在本次部分积的高位上，并暂存。3 字节乘 1 字节共需这样 3 次乘、加、存操作，以 R7 作循环 3 次的计数寄存器。

```
      ORG  0000H
      MOV R7,#03H
      MOV R0,#data
      MOV R2,#0
NEXT: MOV A,@R0
      MOV B,R1
      MUL AB
      ADD A,R2
      MOV @R0,A
      MOV A,#0
      ADDC A,B
      MOV R2,A
      INC R0
      DJNZ R7,NEXT
      MOV @R0,B
      SJMP $
      END
```

第 4 章　并行接口 P0-P3 和单片机的中断系统

1～3. 参考第 4.1 节。

4. 用 $P_{1.7}$ 监测按键开关，$P_{1.0}$ 引脚输出正脉冲，正脉冲的产生只需要将 $P_{1.0}$ 置零、置 1、延时、再置零即可。$P_{1.0}$ 接一示波器可观察波形。如果再接一发光二极管，可观察到发光二极管的闪烁。电路设计可参考图 B.1。

汇编语言程序：

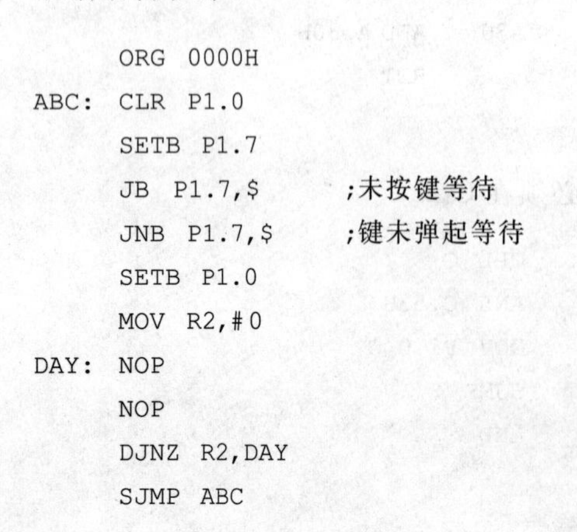

```
      ORG  0000H
ABC:  CLR  P1.0
      SETB  P1.7
      JB   P1.7,$        ;未按键等待
      JNB  P1.7,$        ;键未弹起等待
      SETB  P1.0
      MOV  R2,#0
DAY:  NOP
      NOP
      DJNZ  R2,DAY
      SJMP  ABC
```

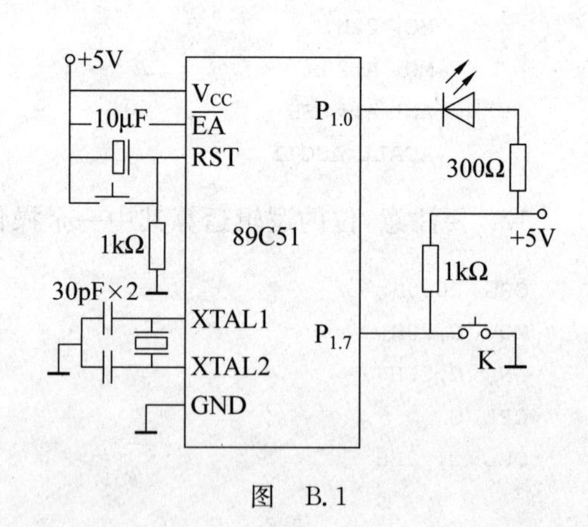

图　B.1

5. 电路见图 B.2，初始值送 0FH 到 P1，再与 0FFH 异或从 P1 口输出，或使用 SWAP A 指令，然后从 P1 口输出，循环运行，要注意输出后要延时。

汇编语言程序：

```
        ORG  0000H
        MOV  A,#0FH
ABC:    MOV  P1,A
        ACALL  D05
        SWAP  A
        SJMP  ABC
D05:    MOV  R6,250
DY:     MOV  R7,250

DAY:    NOP
        NOP
        DJNZ  R7,DAY
        DJNZ  R6,DY
        RET
        END
```

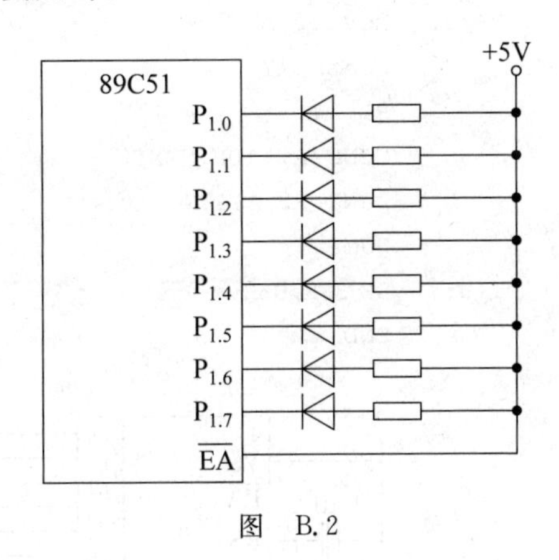

图 B.2

6. 如使用共阴极数码管，阴极接地，阳极 a～g 分别接 P_0～P_3 的某个口的 7 位，将 0～F 的段码列成表，表的内容顺次从该口输出。如数码管接 P_3 口。

汇编语言程序：

```
        ORG  0000H
        MOV  DPTR,#TAB
AGAIN:  MOV  R0,#0
NEXT:   MOV  A,R0
        MOVC  A,@A+DPTR
        MOV  P3,A
        MOV  R7,#0
DAY:    NOP
        NOP
        DJNZ  R7,DAY
        INC  R0
        CJNE  R0,#10H,NEXT
        SJMP  AGAIN
TAB:    DB  3FH,06H…                    ;段码表(略)
        END
```

7. 电路设计如图 B.3，编程如下：

```
        ORG  0000H
        MOV  A,#08H
        MOV  DPTR,#TAB
        MOVC  A,@A+DPTR
        MOV  P1,A
```

```
        MOV  R2,#08H
AGAIN:  MOV  A,#01
NEXT:   MOV  P3,A
        ACALL DAY
        RL   A
        CJNE A,#10H,NEXT
        DJNZ R2,AGAIN
        SJMP $
TAB:    DB 3FH,06H…
        END
```

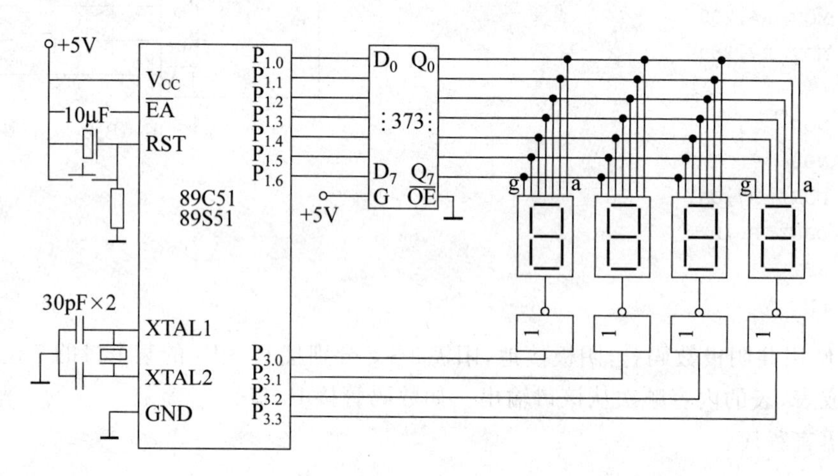

图 B.3

8. P1 口的 8 根线接行线，输出行扫描信号，

P3 口的 8 根线接列线，输入回馈信号(见图 B.4)。

9～12. 参见第 4.2 节

13. 电路设计如图 B.5 所示。

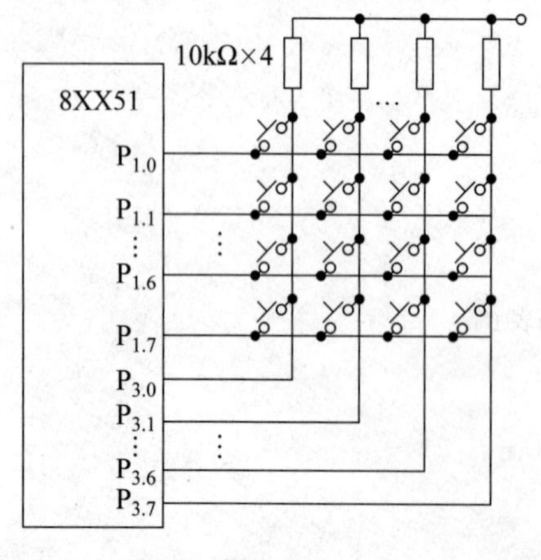

图 B.4

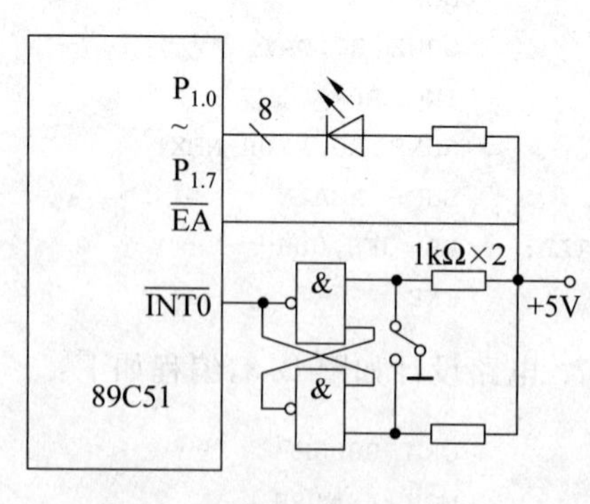

图 B.5

汇编语言程序：

```
        ORG  0000H
        AJMP  MAIN
        ORG  0003H
        RL  A                               ;中断服务
        MOV  P1,A
        RETI
MAIN:   MOV  A,#0FEH
        MOV  P1,A                           ;第一个灯亮
        SETB  EA
        SETB  EX0
        SETB  IT0
        SJMP  $
```

汇编语言中只有一个中断源，不存在占用别的中断源向量地址问题，程序顺序排下，应注意程序的执行过程。C语言无循环移位指令移位后，后面补零，因此和01相或。

14. 略。

15.

```
        ORG  0000H
        AJMP  MAIN
        ORG  0003H                          ;中断服务
        XRL  P1,#0FFH
        DJNZ  R0,NE
        CLR  EA
NE:     RETI
        ORG  0030H
MAIN:   SETB  EA
        SETB  EX0
        SETB  IT0
        MOV  P1,#0FFH
        MOV  R0,#0AH
        SJMP  $                             ;等待中断
```

因一亮一灭为1次，所以共10次。

16. 两个数码管阳极经驱动器接P1口，阴极分别接 $P_{3.0}$、$P_{3.1}$。

```
        aa  EQU 08H                         ;存储高4位的段码
        bb  EQU 09H                         ;存储第4位的段码
        i EQU 0AH                           ;存储计数值
Tab:    DB  3FH,06H…                        ;段码表略
        ORG  0000H
        AJMP  MAIN
        ORG  0013H
        AJMP  INTR
MAIN:   MOV  DPTR,#Tab
```

```
        CLR  A
        MOVC  A,@A+DPTR
        MOV  aa,A
        MOV  bb,A                          ;a=b=Tab[0]
        CLR  P3.0
        CLR  P3.1
        SETB  EA
        SETB  EX0
        SETB  IT0                          ;开中断
LOOP:   SETB  P3.0
        CLR  P3.1
        MOV  P1,bb                         ;显示低位
        ACALL  Delay                       ;延时
        CLR  P3.0
        SETB  P3.1
        MOV  P1,aa                         ;显示高位
        ACALL  Delay                       ;延时
        SJMP  LOOP
INTR:   CLR  EX0
        INC  i                             ;i 加一
        MOV  A,i
        ANL  A,#0FH                        ;取 i 的低位
        MOV  DPTR,#Tab
        MOVC  A,@A+DPTR
        MOV  bb,A                          ;查表 b=Tab[i 的低位]
        MOV  A,i
        ANL  A,#0F0H
        SWAP  A                            ;取 i 的高位
        MOVC  A,@A+DPTR
        MOV  aa,A                          ;查表 a=Tab[i 的高位]
        SETB  EX0
        RETI
Delay:                                     ;略
        END
```

17. 提示：将 X_1～X_3 分别接至一个三输入或非门的 3 个输入端，同时还分别接至单片机的 3 个 I/O 口，或非门的输出端接至单片机的外部中断引脚。中断服务程序中检查 3 个 I/O 口的值，便可知道具体的故障源。程序略。

第 5 章　单片机的定时/计数器与串行接口

1～3. 请参考本章内容。

4. 方式 0：16.38ms；方式 1：131ms；方式 2：512μs。

5. 使用方式 2：计数初值 C=100H－0AH=F6H。

查询方式：

```
        ORG  0000H
        MOV  TMOD,#06H
        MOV  TH0,#0F6H
        MOV  TL0,#0F6H
        SETB TR0
ABC:    JNB  TF0,$
        CLR  TF0
        CPL  P1.0
        SJMP ABC
```

中断方式：

```
        ORG  0000H
        AJMP  MAIN
        ORG  000BH
        CPL  P1.0
        RETI
MAIN:   MOV  TMOD,#06H
        MOV  TH0, #0F6H
        SETB  EA
        SETB  ET0
        SETB  TR0
        SJMP  $                         ;等待中断
```

6. 1000Hz 的周期为 1ms，即要求每 500μs $P_{1.0}$ 变反一次。使用 T1 方式 1，MC＝12/f_{osc}＝1μs，C＝2^{16}－500μs /1μs ＝FE0CH，除 TMOD＝10H，TH0＝FEH，TL0＝0CH 外，程序与 5 题相同，注意每次要重置 TH0 和 TL0。

7. f＝6MHz，MC＝2μs，方式 2 的最大定时为 512μs 合乎题目的要求。在 50μs 时，计数初值为 C1＝256－25＝E7H，350μs 时计数初值为 C2＝256－175＝51H。

汇编语言程序：

```
        ORG  0000H
        MOV  TMOD,#02H
NEXT:   MOV  TH0,#51H
        MOV  TL0,#51H
        CLR  P1.2
        SETB  TR0
AB1:    JBC  TF0,EXT
        SJMP  AB1
EXT:    SETB  P1.2
        MOV  TH0,#0E7H
        MOV  TL0,#0E7H
AB2:    JBC  TF0,NEXT
        SJMP  AB2
```

上述的计数初值没有考虑指令的执行时间，因此误差较大。应查每条指令的机器周期，扣除这些时间，算得 C＝E3H，这样误差较小。

8. $P_{1.0}$输出 2ms 脉冲，$P_{1.0}$输出 50μs 脉冲。

汇编语言程序：

```
    ORG  0000H
    MOV  TMOD,#02H
    MOV  TH0,#06H
    MOV  TL0,#06H
    SETB  TR0
    MOV  R0,#04H
NE: JNB  TF0,$
    CLR  TF0
    CPL  P1.1
    DJNZ  R0,NE
    CPL  P1.0
    AJMP  NE
```

9.

```
          ORG 0000H
MAIN:     MOV TMOD,#15H
LOOP:     LCALL Counter
          LCALL Timer
          SJMP LOOP
Counter:  MOV TH0,#0FDH
          MOV TL0,#18H
          SETB TR0
          CLR TR1
          JNB TF0,$
          CLR TF0
          RET
Timer:    MOV TH1,#0F9H
          MOV TL1,#30H
          SETB TR1
          CLR TR0
          JB TF1,$
          CLR TF1
          RET
          END
```

10. 略。

11. 参见第 5.3.1 节。

12. 方式 3 为每桢 11 位数据格式：

$$3600 * 11/60 = 660(\text{波特})$$

13. T1 的方式 2 模式不需要重装时间常数（计数初值），不影响 CPU 执行通信程序。

设波特率为 f_{baut} 计数初值为 x。

依据公式 $f_{baut}=2^{somd}/32*(f_{osc}/12(256-x))$，求得 $x=256-((2^{SMO}D/32)*(f_{osc}/f_{baut}))$。

14. 最低波特率为 T1 定时最大值时，此时计数初值为 256，并且 SOMD=0。

$$f_{baut}=(1/32)*(f_{osc}/(12(256-0))=61$$

最高波特率为 T1 定时最小值(1)且 SOMD=1 时：

$$f_{baut}=(2/32)*f_{osc}/(12(256-1))=31250$$

15. 取 SMOD=1，计算 TH1=TL1=B2。

发送：

```
      ORG  0000H
      MOV  TMOD,#20H
      MOV  TH1,#0B2H
      MOV  TL1,#0B2H
      SETB TR1
      MOV  SCON,#40H
      MOV  A,#0
NEXT: MOV  SBUF,A
TES:  JBC  T1,ADD1
      SJMP TES
ADD1: INC A
      CJNE A,#20H,NEXT
      SJMP $
      END
```

接收：

```
      ORG  0000H
      MOV  TMOD,#20H
      MOV  TH1,#0B2H
      MOV  TL1,#0B2H
      SETB TR1
      MOV  SCON,#50H
      MOV  R0,#20H
TEC:  JBC  RI,REC
      SJMP TEC
REC:  MOV  @R0,SBUF
      INC  R0
      CJNE R0,#40H,TEC
      SJMP $
      END
```

16. 略。

17. 利用串行通信方式 2(波特率固定)，采用奇校验方式，将校验位放在 TB8 中，乙机检验校验位。如正确，则存于片外 4400H 开始的 RAM 中；如错误，通知对方重发。R6 存放数据块长度汇编语言程序如下：

发送：

```
      ORG  0000H
      MOV  DPTR,#3400H
      MOV  R6,#0A1H
      MOV  SCON,#90H
      MOV  SBUF,R6
L2:   JBC  T1,L3
      AJMP L2
L3:   MOV  A,@DPTR
      JB  P,L4
      SETB  TB8
L4:   MOV  SBUF ,A
L5:   JBC  T1,L6
      AJMP  L5
L6:   JBC  RI,L7
      AJMP  L6
L7:   MOV  A,SBUF
      CJNE  A,#0FF0H,L8
      AJMP  L3
L8:   INC  DPL
      DJNZ  R6,L4
      SJMP  $
```

接收：

```
      ORG  0000H
      MOV  DPTR,#4400H
      MOV  SCON,#90H
L1:   JBC  RI,L2
      AJMP  L1
L2:   MOV  A,SBUF
      MOV  R6,A
L3:   JBC  RI,L4
      AJMP  L3
L4:   MOV  A,SBUF
      JB  P, L5
      JNB  RB8,L8
      SJMP  $
L5:   JB  JB8,L8
L6:   MOVX  @DPTR,A
      INC  DPL
      INC  DPH
      DJNZ  R6,L3
      SJMP  $
```

```
L8:  MOV  A,#0FFH
     MOV  SBUF,A
L9:  JBC  TI,L3
     AJMP L9
     SJMP $
     END
```

18. 电路图如图 5.18 所示，程序如下：

```
       ORG  0000H
       MOV  R5,#03H
       CLR  A
       MOV  SCON,A
LOOP:  SETB  P3.3
       CLR  A
       MOV  R7,A
DEF:   MOV  A,R5                      ;循环 4 次
       MOV  DPTR,#tab
       MOVC  A,@A+DPTR                ;查表 A=tab[R5]
       MOV  SBUF,A
       DEC  R5
       JNB  T1,$
       CLR  T1
       CJNE  R5,#0FFH,ABC             ;若 R5==255,则 R5=7
       MOV  R5,#07H
ABC:   INC R7
       CJNE  R7,#04H,DEF              ;循环 4 次
       CLR  P3.3
       LCALL  timer
       SJMP  LOOP
timer: MOV  A,#64H
FOR:   JZ  ENDD
       MOV  TMOD,#01H
       MOV  TH0,#0D9H
       MOV  TL0,#0F0H
       SETB  TR0
       JNB  TF0,$
       CLR  TF0
       DEC  A
       SJMP  FOR
ENDD:  RET
tab:   DB 0c0H,0f9H,0a4H…             ;略
       END
```

第6章 单片机总线与存储器的扩展

1. 参见第6.1节。

2. 6116为2KB×8位RAM,共11根地址线 $A_0 \sim A_{10}$,接线方法如图B.6所示。

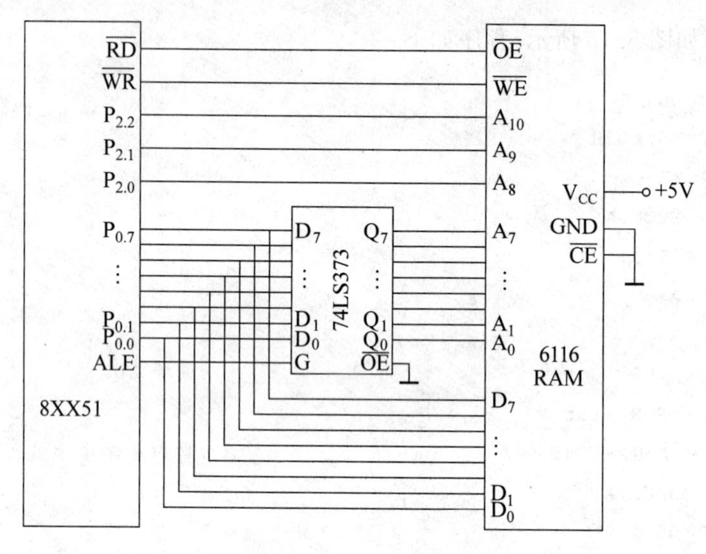

图 B.6

3. 2732为4KB×8位EPROM,6264为8KB×8位RAM。因各只有一片,所以各片选CE接地,电路如图B.7所示。

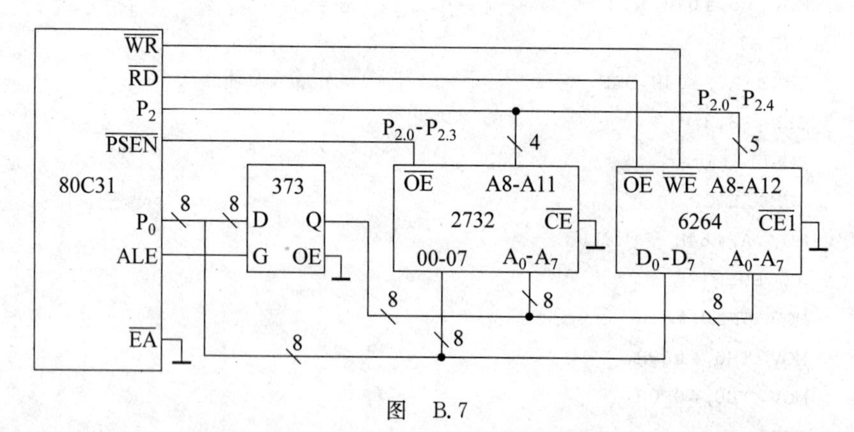

图 B.7

4. 6116为2K×8位RAM、2716为2K×8位EPROM,地址线均为11位,地址线接线方法如图B.7所示。

5. 电路如图B.8所示。

4片2764的CE分别接138译码器为y0、y1、y2、y3端,各片地址为:

2764(4) 0000H~1FFFH

2764(3) 2000H~3FFFH

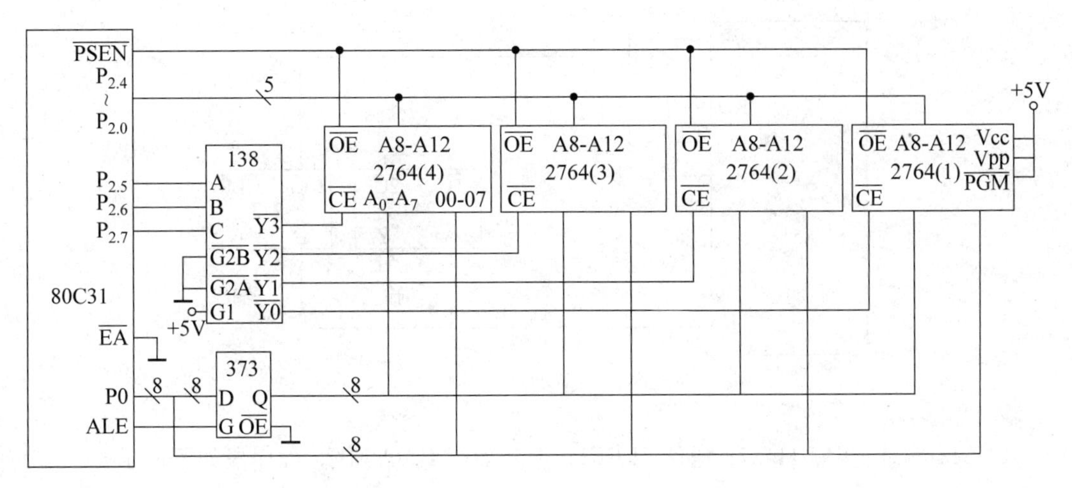

图 B.8

2764(2) 4000H～5FFFH

2764(1) 6000H～7FFFH

6. 设计电路如图 B.9 所示。

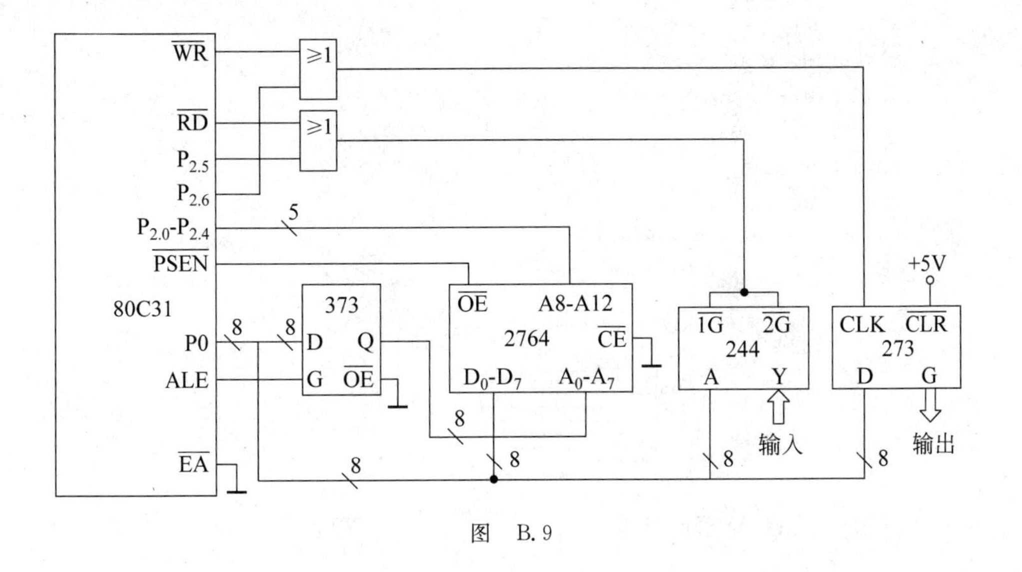

图 B.9

第7章 单片机系统功能扩展

1. 244 地址 EFFFH，273 地址 7FFFH，电路如图 B.10 所示，程序段如下所示：

```
MOV DPTR, #0EFFFH          ;DPTR 指向 244 地址
MOVX A, @DRTR,             ;从 244 输入
MOV DPTR, #7FFFH           ;DPTR 指向 273 地址
MOVX @DPTR, A              ;从 273 输出
```

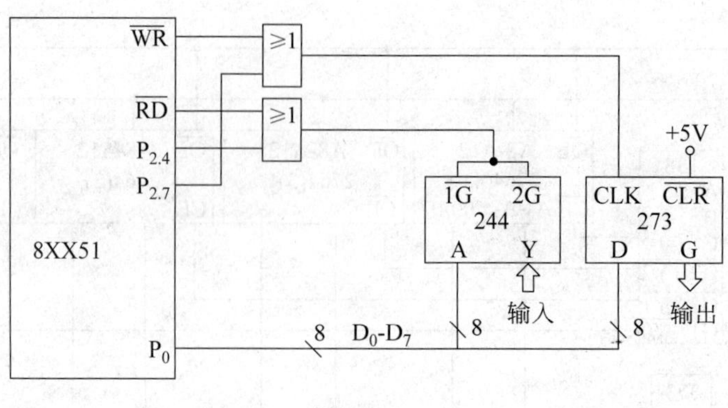

图 B.10

2. 244 地址 EFFFH,273 地址 7FFFH,电路如图 B.11 所示,程序段如下所示:

```
      MOV R0, #0
AGRD: MOV DPTR, #0EFFH         ;DPTR指向244地址
TEST: MOVX A, @DRTR,           ;从244输入
      JB ACC.0, TEST
      INC R0
      MOV A, R0
      MOV DPTR, #TAB
      MOVC A,@A+DPTR,
      MOV DPTR, #7FFFH         ;DPTR指向273地址
      MOVX @DPTR, A            ;从273输出
      SJMP AGRD
TAB:  DB 3FH,06H,5BH4FH…(段码表)
```

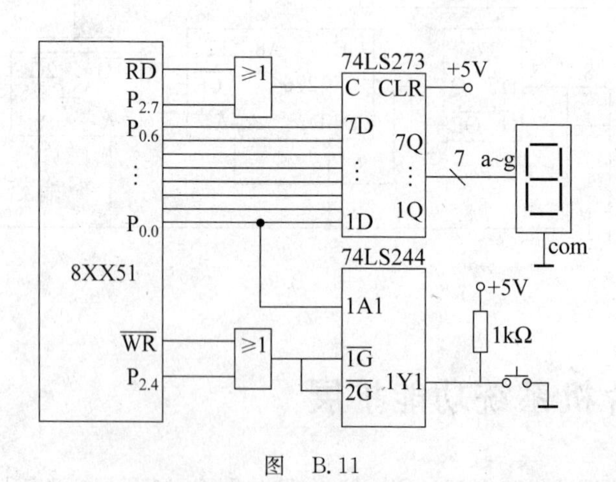

图 B.11

3. 8255 地址为 CFFDH~CFFFH,电路如图 B.12 所示。初始化程序如下:

```
MOV DPTR, #0CFFFH
MOV A, #0A2H
MOVX @DPTR, A
```

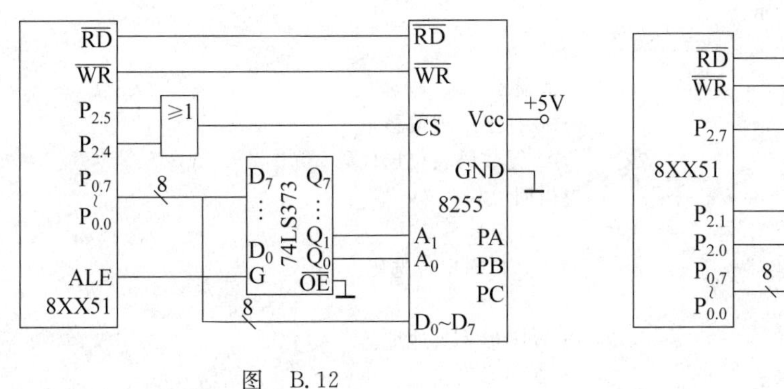

图 B.12

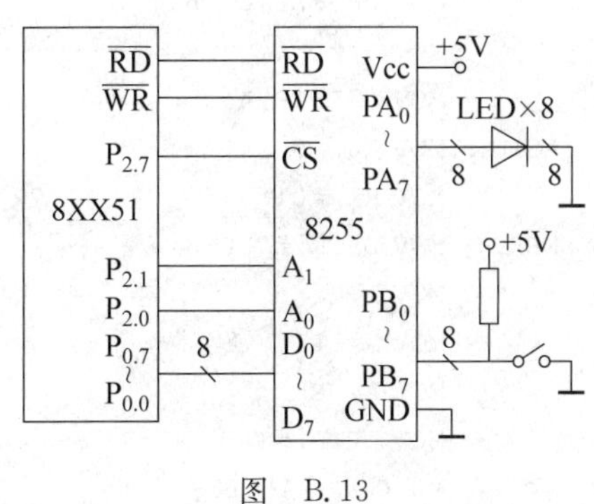

图 B.13

4. 按图 B.13 中的设计，8255A 口、B 口、C 口、控制口地址分别为 7CFFH、7DFFH、7EFFH、7FFFH，A 口方式 0 输出，C 口置位/复位控制。

汇编语言程序：

```
NEXT:  MOV DPTR, #7FFFH
       MOV A, #82H                  ;写控制字
       MOVX  @DPTR, A
       MOV DPTR, #7DFFH             ;指向 B 口
       MOVXA, @DPTR                 ;输入开关状态
       MOV DPTR, #7CFFH             ;指向 A 口
       MOVX  @DPTR, A               ;A 口输出
       AJMP  NEXT
```

5. 8255A 口、B 口、C 口、控制口地址分别为 7CFFH、7DFFH 、7EFFH、7FFFH，A 口方式 0 输出，C 口输出，控制字 80H(见图 B.14)。

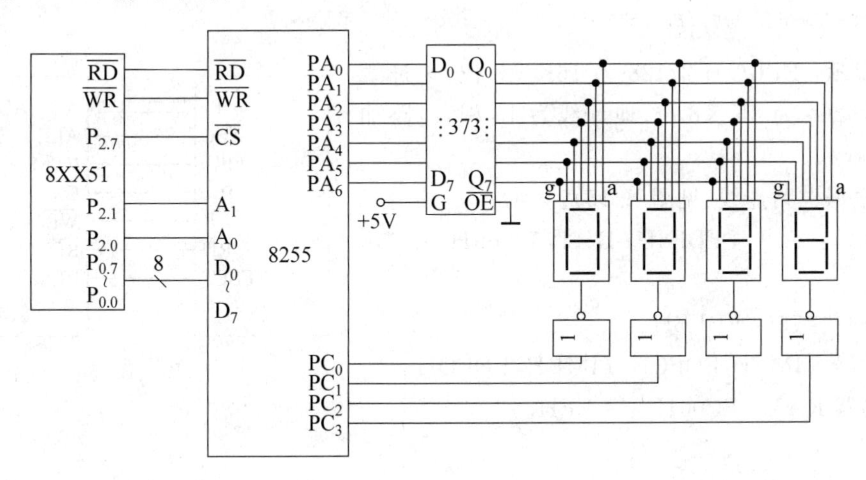

图 B.14

```
       ORG 0000H
       MOV DPTR,#7FFH               ;指向控制口
       MOV A,#80H                   ;A 口、C 口均采用基本输出方式
       MOVX @DPTR,A                 ;写控制字
```

```
        MOV DPTR,#7EFFH
        MOV A,#0
        MOVX @DPTR,A                ;清显示
AGAIN:  MOV R0,#0                   ;R0存字形表偏移量
        MOV R1,#01                  ;R1置数码表位选代码
NEXT:   MOV DPTR,#7EFFH             ;指向C口
        MOV A,R1
        MOVX @DPTR, A               ;从C口输出位选码
        MOV A, R0
        MOV DPTR,#TAB               ; 置字形表头地址
        MOVC A, @A+DPTR             ; 查字形码表
        MOV DPTR,#7CFFH             ;指向A口
        MOVX @DPTR, A               ;从A口输出字形码
        ACALL  DAY                  ;延时
        INC R0                      ;指向下一位字形
        MOV A,R1
        RL A                        ;指向下一位
        MOV R1,A
        CJNE R1,#10H,NEXT           ;4个数码管是否显示完
        SJMP AGAIN
DAY:    MOV R6,#50                  ;延时子程序
DL2:    MOV R7, #7DH
DL1:    NOP
        NOP
        DJNZ R7,DL1
        DJNZ R6,DL2
        RET
TAB1:   DB 6FH,3FH,3FH ,5EH         ;good的字形码
```

6. 提示：EPROM 27128为16K×8位，地址线为14根，6264为8K×8位，地址线为13根，电路如图B.12所示。

7. 根据电路连线(见图B.15)：

I/O口：A口，FDF8H；B口，FDF9H，C口，FDFAH。

命令/状态口：FDFBH。

定时器 TIMEL:FDFCH TIMEH:FDFDH。

存储器 RAM :FC00H～FCFFH。

8. 略。

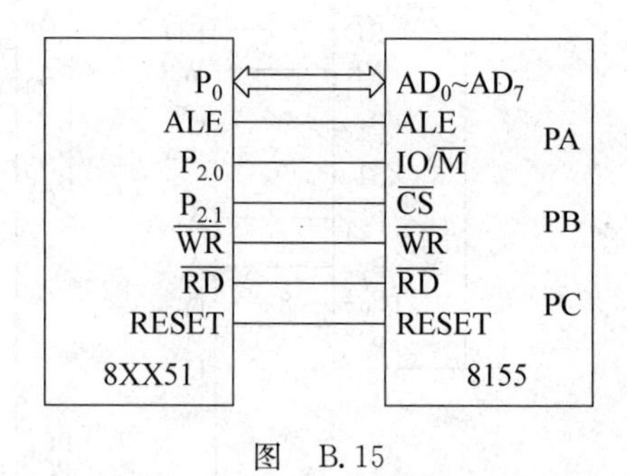

图 B.15

第8章 单片机典型外围接口技术

1. 电路参照图8.7，不同的是将$P_{2.7}$改为$P_{2.3}$，先计算各模拟量对应的数字量：3C对应的数字量：5V/3V=255/X，C=153=99H。

同样可算得 1V、2V、4V 对应的数字量分别为 33H、66H、CCH。

(1) 三角波

```
        MOV DPTR,#OF7FFH
NEXT1:  MOV A,#0
NEXT:   MOVX @DPTR,A
        NOP
        NOP
        INC A
        CJNE A,#9AH,NEXT
NEXTA:  DEC A
        MOVX @DPTR,A
        NOP
        NOP
        CJNE A,#0,NEXTA
        SJMP NEXT1
        END
```

(2) 方波

4V 对应的数字量为 CCH。

```
        MOV DPTR, #0F7FFH
        MOV A,#0
NEXT:   MOVX  @DPTR,A
        ACALL  D2MS
        XRL A,#0CCH
        SJMP NEXT
```

(3) 阶梯波

```
        MOV DPTR, #0F7FFH
NEC:    MOV A,#0
NEXT:   MOVX  @DPTR,A
        ACALL  D1MS
        ADD A,#33H
        CJNE  A,#0FFH, NEXTA
NEXTA:  MOVX  @DPTR,A
        ACALL  D5MS
        SJMP NEC
```

2. 电路参考图 8.8,增加一个地址,使用两条输出指令才能输出一个数据,其他同上题。

3. 电路参考图 8.7,地址为 7FFFH。

```
        ORG 0000H
        MOV DPTR,#7FFFH
        MOV R0,#20H
        MOV A, @R0
NEXT:   MOV X @DPTR,A
```

```
        ACALL D1MS
        INC R0
        CJNE R0,#30H,NEXT
        SJMP $
        END
```

4. 电路参考图 8.11，不同的是将 $P_{2.5}$～$P_{2.7}$ 改为 $P_{2.0}$～$P_{2.2}$，各地址分别为 FEFFH、FDFFH、FBFFH。程序参考第 8.1.2 节，注意修改 RAM 地址，循环执行该程序。

5. 电路参考图 8.2，不同的是 延时方式：EOC 悬空；查询方式：EOC 经非门接单片机 $P_{1.0}$端口线；中断方式同原图。

下面仅编写查询程序。IN2 的地址为 7FFAH，由于 EOC 经非门接单片机 P1.0 端口线，查询到 $P_{1.0}$为零，即转换结束。

```
        ORG 0000H
        MOV R7,#0AH
        MOV R0,#50H
        MOV DPTR,#7FFAH
NEXT:   MOVX @DPTR,A                    ;启动转换
        JB P1.0,$                       ;查询等待
        MOVX A,@DPTR                    ;读入数据
        MOV @R0,A
        INC R0
        DJNZ NEXT
        SJMP $
```

6. ADC0809 采集入中模拟信号，顺序采集一次，将采集结果存放于数组 ad 中。ADC0809 模拟通道 0～7 的地址为 7FF8H～7FFFH，ADC0809 的转换结束端 EOC 经逻辑非后接至外部中断 1，电路参考图 8.2。程序参考教材中图 8.2 所对应的代码，只需修改数据存储区地址。

7. 电路参考图 8.26，增加键盘的行线中图 8.2 所对应的代码数码管个数至 8 个，减少键盘列线到两根，程序略。

第 9 章　串行接口技术

1～3. 请参考教材。

4. 电路参考图 9.12，另外一片 24C04 的 A1 接到 V_{CC}其他引脚与第一片完全一样。

5. 略。

6. 可以，在操作 I^2C 总线时，将 SPI 总线上的所有器件的从机选择线置高，这样便不会对 SPI 总线有影响；在操作 SPI 总线时，让 I^2C 总线的 SDA 保持高电平，这样 I^2C 总线得不到起始信号，便不会对 I^2C 总线有影响。

7. TLC5615 经 SPI 总线接至单片机（见图 9.26），REF_{IN}作为衰减器的输入，OUT 作为衰减器的输出。根据 $V_o=2\times V_{REF_{IN}}\times\frac{CODE}{2^{10}}$，其增益为：$2\times\frac{CODE}{2^{10}}=\frac{CODE}{2^9}$。

8. 提示：用较快的速度对被测电压进行采样（采样时间间隔恒定为 t），将一定时间段（T）内的获得的采样值（v）的平方对时间积分（实为求和）后除以该时间段的长度，最后开平方，便是被测电压在该时间段内近似的有效值。

$$V_{有效值} = \sqrt{\frac{\sum_{i=1}^{k} v_i^2}{k}},$$

其中 $k=T/t$。

第 10 章 单片机的 C 语言编程——C51

1. 第 6 行，缺少“;”；第 8 行“;”多余；main 函数最后缺少“}”。
2. xdata 的地址范围为 0x0000～0xFFFF（共 64KB），它需要两个字节记录（$\log_2 65536=16$）。
3.

```
char bdata a;
float xdata b;
int xdata * c        (注意不要定义为"xdata int * c"或"int * xdata c",这样 c 为自身在
                     xdata 区,指向默认区域的 int 型数据的指针,与题意不符);
```

4.

```
main()
{
    int xdata c;
    c=DBYTE[0x20]*DBYTE[0x35];
}
```

5.

```
#include<reg51.h>
#include<absacc.h>
sbit P1_0=P1^0;
sbit P1_2=P1^2;
sbit P1_3=P1^3;
unsigned char * pData=&DBYTE[0x30];
TLC()
{
    unsigned char k,i;
    unsigned char d=0;
    for(k=10;k>0;k--)
    {
        P1_3=0;
        for(i=8;i>0;i--)
        {
            d<<=1;
```

```
                d|=P1_2;
                P1_0=1;
                P1_0=0;
            }
            *pData=d;
            pData++;
        }
}
main()
{
    P1=0x04; P1_0=0; P1_3=1;
    TLC();
    while(1);
        }
```

6. 略。

7. 略。

8.

```
#include<absacc.h>
main()
{
    char i;
    for(i=0x10;i<0x16;i++)
        DBYTE[i]=XBYTE[i];
}
```

9.

```
#include<absacc.h>
    main()
    {
        unsigned int * x,* y,* z;
        x=(unsigned int *)0x20;
        y=(unsigned int *)0x22;
        z=(unsigned int *)0x24;
        if(*x>*y)
            *z=*x;
        else
            *z=*y;
        while(1);
    }
```

10.

```
#include<absacc.h>
main( )
{
```

```
    unsigned char * pBCD= (unsigned char * )0x21;
    unsigned long * pBinary= (unsigned long * )0x30;
    unsigned char * pLen= (unsigned char * )0x20;
    * pBinary= 0;
    while( * pLen)
    {
        ( * pLen) - - ;
        * pBinary * =10;
        * pBinary+= * (pBCD+ * pLen);
    }     //程序认为 BCD 码是低位放在低地址的
}
```

11.

```
#include< absacc.h>
main( )
{
    unsigned int * pBinary= (unsigned int * )0x30;
    unsigned char * pBCD= (unsigned char * )0x21;
    unsigned char * pLen= (unsigned char * )0x20;
    * pLen= 0;
    while( * pBinary)
    {
        * pBCD= * pBinary%10;
        ( * pLen) + + ;
        pBCD+ + ;
        * pBinary/=10;
    }     //程序将 BCD 码的低位放在低地址
}
```

第 11 章　以 MCU 为核心的嵌入式系统的设计与调试

1. 参见第 11.2 节。

2. 提示：利用定时/计数器定时 100ms。中断 10 次达 1s，满 60s，分加 1s 清 0；满 60 分钟，小时加 1 分清 0，同时分、秒均有十位数和个位数，按十进制进位，并显示。显示可采用 6 个数码管(或 8 个数码管)，校对可用按键中断方式或按键的查询进行加 1 校对，用并行口接驱动器(非门或三极管)驱动扬声器发出闹铃声。如果采用 89C51/S51 做，由于片内已有程序存储器，4 个口用户均可使用。

3. 提示，两个定时器同时使用，一个定时器产生节拍，另一个定时器产生音符。

4. 略。

5. 略。

参考文献

[1] 李群芳,张士军,黄建．单片微型计算机原理与接口技术．北京:电子工业出版社,2002.

[2] 谢瑞和等．串行技术大全．北京:清华大学出版社,2003.

[3] 陈光东,赵性初．单片微型计算机原理与接口技术．武汉:华中科技大学出版社,1999.

[4] 谢瑞和,等．微机技术实践(修订版). 武汉:华中科技大学出版社,1995.

[5] 张迎新．单片微型计算机原理、应用及接口技术．北京:国防工业出版社,1999.

[6] 徐爱卿,孙函芳,盛焕鸣．单片微型计算机应用和开发系统．北京:北京航空航天大学出版社,1992.

[7] 赵长德,李华,李东．MCS 51/98 系列单片机原理与应用．北京:机械工业出版社,1997.

[8] 蔡美琴,张为民．MCS-51 系列单片机系统及其应用．北京:高等教育出版社,1992.

[9] 公茂法,马宝甫,孙晨,等．单片机人机接口实例集．北京:北京航空航天大学出版社,1997.

[10] 马忠梅,等．单片机 C 语言应用程序设计．北京:北京航空航天大学出版社,1997.

[11] 石东海,等．单片机数据通信技术从入门到精通．西安:西安电子科技大学出版社,2002.

[12] 余永权．ATMEL89 系列单片机应用技术．北京:北京航空航天大学出版社,2002.

[13] 李刚,林凌．与 8051 兼容的高性能、高速单片机——C8051Fxxx. 北京:北京航天航空大学出版社,2002.

[14] 杨振江,孙占彪,王曙梅,等．智能仪器与数据采集系统中的新器件及应用．西安:西安电子科技大学出版社,2001.

[15] 高峰．单片微机应用系统设计及实用技术．北京:机械工业出版社,2004.

[16] 徐爱钧,彭秀华．单片机高级语言 C51 应用程序设计．北京:电子工业出版社,1998.

[17] 孙育才．MCS-51 系列单片微型计算机及其应用(第三版). 南京:东南大学出版社,1997.

[18] 朱定华．微型计算机原理及应用．北京:电子工业出版社,2000.

[19] 杨全胜等．现代微机原理与接口技术．北京:电子工业出版社,2004.

[20] 何立民．I^2C 总线应用系统设计．北京:北京航空航天大学出版社,1995.

[21] 李刚,林凌,姜苇．51 系列单片机系统设计与应用技巧．北京:北京航空航天大学出版社,2004.

[22] 胡大可,李培弘,方路平．基于单片机 8051 的嵌入式开发指南．北京:电子工业出版社,2003.

[23] 谢自美,等．电子线路设计·实验·测试(第二版). 武汉:华中科技大学出版社,2000.

[24] 李朝青,等．单片机 &DSP 外围数字 IC 技术手册．北京:北京航空航天大学出版社,2003.

[25] 何立民．MCS-51 系列单片机应用系统设计系统配置与接口技术．北京:北京航空航天大学出版社,1990.

[26] 全国大学生电子设计竞赛组委会．全国大学生电子设计竞赛获奖作品精选(1994—1999). 北京:北京理工大学出版社,2003.

[27] 全国大学生电子设计竞赛组委会．第五届全国大学生电子设计竞赛获奖作品选编(2001). 北京:北京理工大学出版社,2003.

[28] 阎石,等．数字电子技术基础(第四版). 北京:高等教育出版社,1998.

[29] 周航慈．单片机应用程序设计技术．北京:北京航空航天大学出版社,1991.

[30] [美]Wayne Wolf. 嵌入式计算系统设计原理．孙玉芳等译．北京:机械工业出版社,2002.

[31] 谢自美,尹仕,肖看,等. 电子线路综合设计. 武汉:华中科技大学出版社,2006.

[32] 周润景,张丽娜,刘映群. PROTEUS 入门实用教程. 北京:机械工业出版社,2007.

[33] 广州市风标电子技术有限公司. VSM 帮助文档(Version 1.1).

图书资源支持

感谢您一直以来对清华版图书的支持和爱护。为了配合本书的使用，本书提供配套的资源，有需求的读者请扫描下方的“书圈”微信公众号二维码，在图书专区下载，也可以拨打电话或发送电子邮件咨询。

如果您在使用本书的过程中遇到了什么问题，或者有相关图书出版计划，也请您发邮件告诉我们，以便我们更好地为您服务。

我们的联系方式：

地　　址：北京海淀区双清路学研大厦A座707

邮　　编：100084

电　　话：010－62770175－4604

资源下载：http://www.tup.com.cn

电子邮件：weijj@tup.tsinghua.edu.cn

QQ：883604（请写明您的单位和姓名）

资源下载、样书申请

书圈

用微信扫一扫右边的二维码，即可关注清华大学出版社公众号“书圈”。